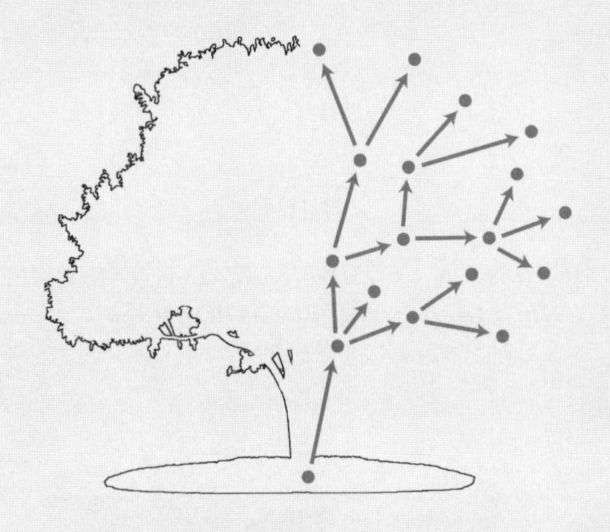

SHAPE

「形」で解き明かす社会の難問！

ジョーダン・エレンバーグ 著
Jordan Ellenberg

宮崎興二 編訳／パウロ・パトラシュク 訳

Shape：THE HIDDEN GEOMETRY OF INFORMATION, BIOLOGY, STRATEGY, DEMOCRACY, AND EVERYTHING ELSE

丸善出版

Shape

THE HIDDEN GEOMETRY OF INFORMATION,
BIOLOGY, STRATEGY, DEMOCRACY,
AND EVERYTHING ELSE

by

Jordan Ellenberg

この世に住むすべての人に、
そして、とくにCJとABに、
捧げる

本書について

世界の社会は、この数年間、新型コロナウィルスの流行とアメリカ大統領選挙の動向で大騒ぎをしてきた。そのような騒動、さらにはもっと身近にあるさまざまな社会現象や自然現象について、それらが共通して持つ因果関係などにまつわる謎を、本書では、《Shape》つまり《形》を手掛かりにして解き明かす。

単にSHAPEとした本書のタイトルは原著と同じで、本書こそ、この世に満ちあふれている形について書かれた書の中の書であり王である、と宣言していることになる。その王を守るのが形の数学、つまり精確な図に頼る幾何学、である。ところが本書に添付されているほとんどの図は、数学者たる原著者による乱暴な手書きとなっている。これを形の書の王者というのは、図や形で何もかもを押し切るのは頼もしいとしても、図々しい。

ところがその図々しさのおかげで、たとえばコロナウィルスは酔っ払いの乱れた歩き方、つまり数学上のランダムウォーク、を見せながら広がり、アメリカの大統領は選挙区の巧妙な区割り、つまり幾何学上のランダムなタイル貼り、に関係して決まる、という因果の謎が解ける。そこに共通して見られるのは、数学上の確率統計論で正確に計算することができる《乱れ方》である。乱雑な手書きの図はそれに花を添えている。

その乱れ方について、原著者は、ダジャレや皮肉を連発したり、風変りなパズルや個人的な経験談を披露したりしながら、誰にでもわかるように説明しようとする。やあ、そこのあなた、元気かい、パンツには穴が何個開いているか知ってるかい、と読者に親しく迫るのである。しかもそうした問いかけがコロナや大統領選に関係するから目は離せない。

このように親しみやすいとはいえ、原著者はアメリカ最高峰の数学者の一人で、時には難解な数学理論やアメリカ独特の社会構造がちらつく煙幕も張られる。それで和訳に当たっては、まず、その煙幕を、ヨーロッパ育ちで多言語と数学に強い訳者が取り除いて現代的な和文を作り、それを日本育ちの編訳者が伝統的な和風に整えた。ただしあまりに難解な煙幕の部分については完全に取り除くことはできなかった。本書に目を通す場合、その部分は避けて前に進んでいただきたい。そこではリンカーンやポアンカレといった誰でも知っている政治家や数学者が、思いがけない裏話を持って待っている。

2024年12月　　　　編訳者記

目　　次

【注】図中の手書きされた日本語は訳者によるものである

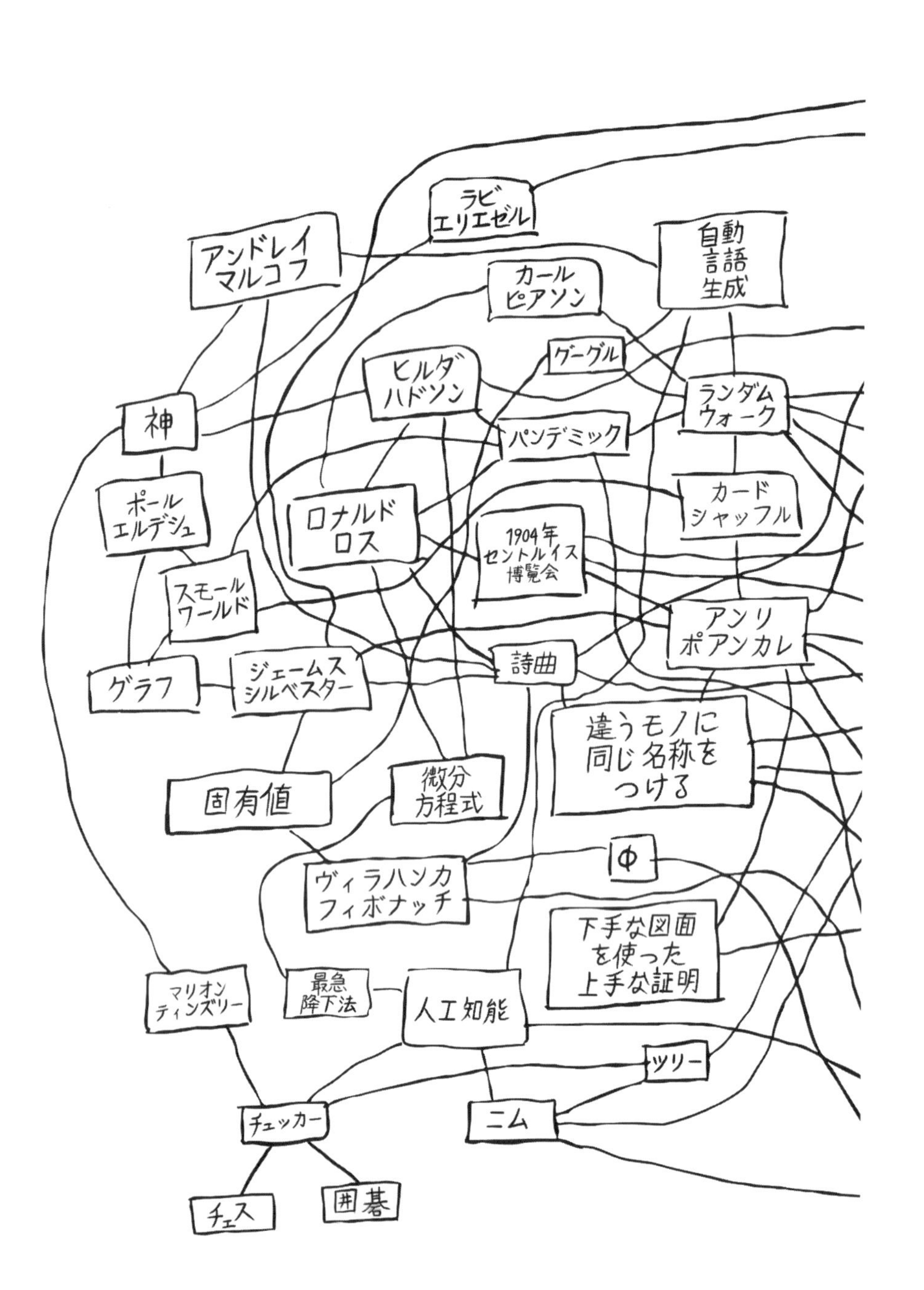

ラビ
エリエゼル
アンドレイ
マルコフ
自動
言語
生成
カール
ピアソン
グーグル
ヒルダ
ハドソン
神
ランダム
ウォーク
パンデミック
ポール
エルデシュ
カード
シャッフル
ロナルド
ロス
1904年
セントルイス
博覧会
スモール
ワールド
アンリ
ポアンカレ
グラフ
ジェームス
シルベスター
詩曲
違うモノに
同じ名称を
つける
固有値
微分
方程式
Φ
ヴィラハンカ
フィボナッチ
下手な図面
を使った
上手な証明
マリオン
ティンズリー
最急
降下法
人工知能
ツリー
チェッカー
ニム
チェス
囲碁

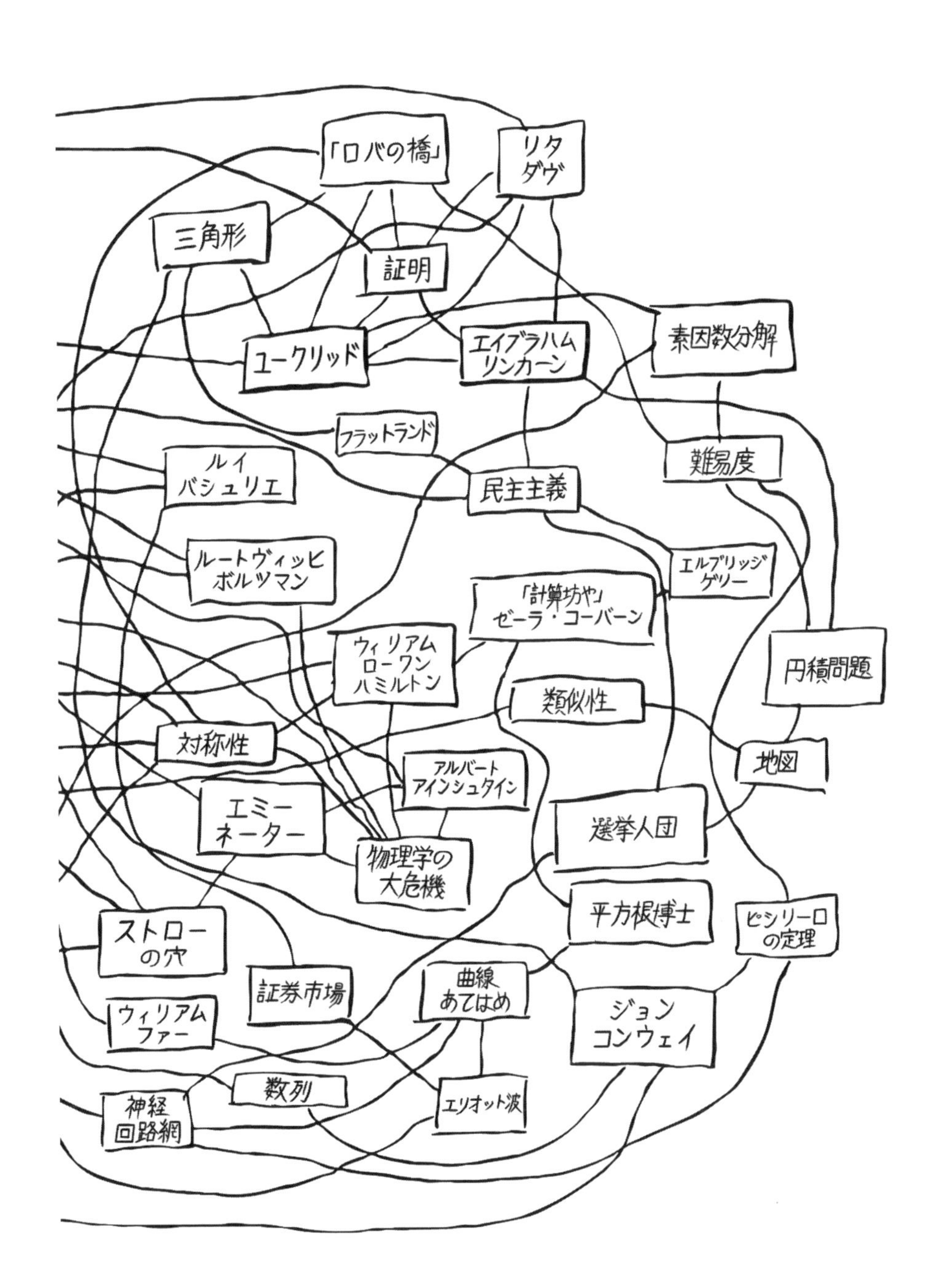

「ロバの橋」
リタ ダヴ
三角形
証明
ユークリッド
エイブラハム リンカーン
素因数分解
フラットランド
難易度
ルイ バシュリエ
民主主義
ルートヴィッヒ ボルツマン
エルブリッジ ゲリー
「計算坊や」 ゼーラ・コーバーン
ウィリアム ローワン ハミルトン
円積問題
類似性
対称性
地図
アルバート アインシュタイン
エミー ネーター
選挙人団
物理学の 大危機
平方根博士
ピシリーロ の定理
ストロー の穴
証券市場
曲線 あてはめ
ジョン コンウェイ
ウィリアム ファー
数列
エリオット波
神経 回路網

はじめに

私は世界を旅しながら、いろいろな人と一緒に形の数学について話し合ってきた数学者だ。その話し合いのあと、多くの話し相手は、心に「何か」がひらめいて、私にさまざまな思い出話をしてきた。多くの場合、その話は、長いあいだ誰にもけっして話してこなかったと思われる極めて珍しいものだった。いうまでもなく数学についての話がほとんどだったが、悲しい話も少なくなかった。例えば、何の理由もなく、学生時代の誰かをいじめた数学の先生の話とか……。ときにはハッピーエンドもある。子供のころ、突然のひらめきによって世界の理解が一気に深まった奇跡的な瞬間の思い出話とか、そしてその瞬間を取り戻せない大人のむなしさの話とか……（よく考えたら、どちらかというとそれも悲しいかもしれないが……）。

こういった数学の思い出話には幾何学のネタが多いんだ。幾何学は、歌を合唱するときの調子はずれの声と同じように、多くの人の高校時代ごろの記憶に刻まれやすいようだ。一部の人は幾何学が大嫌いで、そのせいで数学への関心をなくしたと言っている。一方で、幾何学は逆に数学の中で唯一理解できた分野だという人も少なくない。要するに、幾何学は、好き嫌いがもっともはげしく分かれる数学界の香辛料のようなものさ。それだけに幾何学に対して中立的な考えを持つ人はあまりいない。

幾何学は何でこのような立場に立つようになったのだろうか？ 幾何学は我々の身体そのものと密接につながっているため、原始的と感じる「何か」があると思われる。生まれたての赤ん坊が初めて知るのは、周囲に何があるか、それがどんな形をしているか、といったことに違いない。私は一部の学者などと違って、人間の知的生活がかつてサヴァンナを走りまわっていた原始的な狩猟民族あたりから始まったとは思っていない。原始人間が言葉などを持つ遥か前に、形や距離や位置の概念はあったに違いないと考えている。南アメリカのシャーマンはアヤワスカという神聖な覚醒茶を飲むとき、真っ先に浮かび上がるのは幾何学図形だと言われている（ま、本当を言うと、真っ先にくるのは抑えきれない嘔吐感だけど、それは置いておこう……）。経験者によると、そのときモスクを飾るアラベスク模様や六角形だらけのハチの巣模様などがよく見えてくるそうだ。それが本当だとすれば、理性を取っ払った後に残るのは幾何学のみであるということになり、これは極めて興味深い。

実は、私にも告白しなければならないことがある。昔は幾何学にほとんど関心がなかったのよ。不思議だろう？ 今や私は数学というより幾何学で働いて食っていっていると言っても過言ではないのに！

しかし、アメリカの巡回数学競争界で活躍していた子供のころの私は違っていた（そう！ 今なら信じがたく聞こえるだろうが、数学競争を売り物としてアメリカ各州を巡回する《プロ》業界が本当に存在した時代がかつてあったのだ）。私がいた高校のチーム名は、かの悪名高いバイク・ギャング「ヘルズ・エンジェルス」（地獄の天使）にならって「ヘルズ・アングルズ」（地獄の角度）といい、全員お揃いの黒Tシャツを着ながら、80 年代のポップバンドのヒューイ・ルイス＆ザ・ニュースのヒット曲「ヒップ・トゥ・ビー・スクエア」[*1] を大型の携帯ラジカセから大ボリュームで流して、舞台に駆け上がったものさ。そのころの私は「角 APQ は角 CDF に等しいことを証明せよ」的なお題が大嫌いな若者として近所でも有名だった。そう言っても、そのお題を解くことを拒否していたわけではないよ。しっかり解けたよ。ただし、私の解き方はあまりにも特殊で、幾何学図形を作る点に座標を与えた上で、数ページにわたる複雑な代数的な計算をして解いていったのさ。何でもいいからとにかく幾何学的に解くことをどうしても避けたかったのだ。おかげで、答を正しく出せたときもそうでなかったときもあったが、正しいか正しくないかにかかわらず、私の解き方自体が醜く分かりにくかったことだけは確かだった。

そんなわけで、幾何学を自然に理解できる能力を持っている人がいるとしても、私にはその力はなかった。今、赤ん坊でも解ける幾何学のお題を考えてみて欲しい。例えば、同じ図形が描かれた 2 枚の紙を同時に一人の赤ん坊に見せて、ときどきどちらかの紙を逆さまにする。すると、多くの赤ん坊は逆さまの図形の方をより長く見つめる傾向にあることが分かっている。何か、が違っていることに気づき、何が違っているかを一生懸命に考えているんだ。その赤ん坊の脳は、その違和感を理解しようと頑張っているわけだ。さらに、反転している図形に対して深い関心を持つ赤ん坊は、後に数学や空間思考が中心テーマになっているお題が得意になるといった研究の結果も出ているよ。そういった赤ん坊は図形を理解する能力に優れていて、回転や合体などといった図形の変形が想像しやすくなるらしい。残念ながら、私はそのような赤ん坊ではなかったため、そんな能力を持っていないのさ。例えば、クレジットカードの読み取り機に描いてあるカードの正しい入れ方を指示する図はあなた方もよく知っているだろう？ ところが私

＊1　(訳注)英語の曲名は「古臭いのがナウい」という意味を持っているが、《スクエア》という言葉は同時に幾何学の《四角・四角形》という意味もあるため、著者の数学チームは「4 人の《角》からできた《スクエア》はカッコイイ」としてその曲をテーマソングにしていた。

にはその図は何の役にも立たないのよ。だからその2次元の図を3次元空間に移すことがまったくできず、毎回毎回四通りの可能な入れ方をすべて試してから、ようやく支払いができるドジなのさ！

こういったのんきな人間がたまにいるにもかかわらず、形にあふれる世界をあるがまま理解するためには幾何学が必要不可欠であることは、今や一般常識になっている。アメリカ航空宇宙局NASAで有名な数学者として長年働いてきて、2016年の映画『ドリーム』の主人公にもなったキャサリン・ジョンソンは、NASAのラングレー研究所での自身の成功を次のように説明している。「ラングレーに勤めていたどのお偉いさんも数学の学位を持っていたのに幾何学をほとんど忘れていたのよ……。その人たちと違って幾何学をよく覚えていた私は大いに得したわ」。

形の魅力は偉大なり

詩人のウィリアム・ワーズワースの自伝的叙事詩『序曲』の第6節には、無人島に流された人の信じがたいたとえ話が出てくる。遭難した不幸な主人公の手元には食べ物も飲み物もなく、ただ一つ残されていたのは、2500年前に幾何学の公理や命題を書き残したユークリッドの『原論』のみだった。飢餓に苦しみながらも、その遭難者は、砂に図形を描いて与えられた命題を証明することで時間を過ごしたという。中年になってその詩を書いたワーズワースは遭難者を若い時代の自分にたとえて、次のように詠っている。

形に取り囲まれた心にとって、
抽象化された形の魅力は、
偉大だ。

(前に言ったアヤワスカの使用者たちも、遭難者の経験を似たような言葉で説明している。使用者によると、アヤワスカは、脳みそを再起動させて、人間の心を日常の迷路から救い出してくれるらしい。)

とはいえ、ワーズワースのたとえ話の最も不思議なところは、ほとんど実話に基づいているという事実だ。ワーズワースはその内容をジョン・ニュートンという奴隷商人の訓練時代を書く自伝からほぼそのまま写している。1745年にニュートンの上司はニュートンをシエラレオネ海岸のプランテーン島に一人で残して去っていった。ただし島は無人島ではなく、ニュートンの奴隷になったアフリカ人たちも一緒に住んでいた。そこでニュートンをいじめたのは食料の管理係だったそれなりに偉い女性だった。その女性は、自分たちを奴隷にする白人を嫌ってニュートンをそれとなくいじめた。その空気をまったく読めなかった奴隷制反対のニュートンは「彼女はなぜか私を最初から嫌っていたようである」と書いている。

数年後、海で死ぬ間際の経験を生かして「アメージンググレース」という名曲の作詞に挑んだ。さらに、奴隷商人の道を捨て、イギリス帝国における奴隷制度廃止運動で大活躍をするようになった。しかし、ブランテーン島の哀れなニュートンの手元にあった唯一の書物はアイザック・バロー編の『ユークリッド原論』だったのは事実で、ウツになったときはその抽象的な中身に没頭して、心の慰安を求めた。「その本を読むことでウツを忘れ、我が心を癒したのだ」と自伝にも書き残している。

ワーズワースがニュートンの自伝を引用しているのは、ワーズワース自身の幾何学への関心の大きさを語るたった一つのエピソードだったためだけではない。ワーズワースの同時代のイギリス文学評論家トーマス・ド・クインシーは、『アヘン常習者の告白』という作品で、ワーズワースについて次のように明言している。「ワーズワースは高等幾何学に深く感動していた。そこには幾何学の抽象的で純粋な世界と、人間性や感情が起伏する現世との間の対立への関心があった」。

学生時代のワーズワースは、もともと数学が苦手だったが、大人になってからアイルランドの天才的数学者ウィリアム・ローワン・ハミルトンと親交を始め、その影響で、ジョンでなく物理学者のアイザックのニュートンを語る『序曲』で次のような名言を残したと伝えられている。「一人ぼっちで思考の海を漂い続けている心よ、永遠に」。

ハミルトン自身も、数学だけでなく、古代言語から作詩まで、極めて幅広い分野に興味を持っていたが、子供のころのある人との出会いをきっかけに数学者になった。《アメリカの計算天才児》ゼーラ・コーバーンに出会ったのである。コーバーンはバーモント州の貧困な家族に生まれたが、ある日、父親のエーバヤは、一度も教えたことがない掛け算表を大声で唱える息子の姿を目撃して、後に優れた暗算能力の持ち主になるだろうと期待した（暗算と言えば不思議なことに、コーバーン一族の男性たちは全員手足に 6 本の指を持っていた）。喜んだエーバヤは、ゼーラ君を、本書最後の記念すべき第十四の章を飾るマサチューセッツ州知事であるエルブリッジ・ゲリーを含む自治体の高官の集まりの前に連れていくことにした。ゲリーたちは、ゼーラの能力を伸ばせる教師はヨーロッパにしかいないと助言して、親子にヨーロッパへ移住することを勧めた。それで二人は 1812 年に大西洋を渡り、ゼーラは、数学の勉強をしながら、計算のパフォーマンスでお金を稼いだ。ダブリンでは、背の高い巨人や、毛髪や皮膚が真っ白の白子や、足指でいろいろな曲芸を見せるアメリカのミス・ハニーウェルらと共に舞台に上がったという。そして、14 歳になった 1818 年に、13 歳のハミルトン君との計算対決に挑んだ。そのときハミルトン君も一生懸命戦ったにもかかわらず、最終的にアメリカの天才児に叶わなかった。とはいえ、残念ながらゼーラは、優れた才能の持ち主だったのに数学の学位を得ることに興味がなく、暗算だけを得意な趣味としていた。『ユークリッド原論』も単純明快に思えたが、「ドライすぎて、つまらなく」感じたという。ハミルトンの自伝によると、2年後、二人は再会する機会に恵まれ、そのときゼーラに、暗算の方法について教えて欲しいと声を掛けたが、「実は自分もやり方そのものをあまり理解していない」とのことだった。ちなみに、その時点でゼーラは6本目の指をロンドンの外科医に切ってもらっていたようである。最終的に学問を諦めたゼーラはアイルランドからイギリスに渡ったが、舞台で成功できず、アメリカに戻って、残りの短い人生を牧師として送った。

一方、1827年にワーズワースと出会ったハミルトンは22歳という若さでダブリン大学の教授の地位について、アイルランドの王室公認天文学者に任命されていた。ワーズワースは当時57歳だった。そのときの出会いを、ハミルトンは、妹に宛てた手紙で次のように書いている。「我々はとても長い深夜の散歩に出かけて、誰にも邪魔されずに、自分たちの白熱した考えや言葉に没頭した」。ハミルトンは作詩への関心を失っておらず、すぐワーズワースに自分の詩を送ったようである。しかし、プロの詩人の返事は丁寧でありながらも、その詩をあまり高く評価していなかったため、ハミルトンは直ちに詩を辞めることになった。とはいえ、その辞退の意も『詩学へ』という詩で表明し、それもワーズワースに送った。それに対する返事は歴史に残るべき「優しきお断り」の一つに数えられると思う。「数多くの詩を送ってくれて、まことにありがとう。毎回喜んで読ませてもらっているが、それと同時に、詩学の追求は、人類のために万遍なく働かせるべき君の優れた数学の才能の邪魔になっているのではないかと心配せざるを得ない……」。

しかしながら、ワーズワースの友人たちには、ハミルトンと同じように感性と理性との相互作用に興味を持った人間は少なかったようだ。例えば、1817年の、ベンジャミン・ロバート・ヘイドンという画家の邸宅で開かれた宴会で、ワーズワースの親友の詩人チャールズ・ランブは酔っぱらって、ワーズワースお気に入りのアイザック・ニュートンのことを「ニュートンってのは、三角形の辺と同じように明白でなければ、何も信じてくれないやつだ！」とかといってワーズワースを軽くいじめた。他方では、名高き詩人ジョン・キーツは、ニュートンが光学研究を進めたせいで、虹のロマンを奪ったと厳しく批判した。喧嘩を避けるために、それらの発言に苦笑いしかできないワーズワースの姿は想像しやすい。

ニュートンがらみの序曲に当初から注目していたトーマス・ド・クインシーは、さらに数学との関係を主張しながら「この上なく素晴らしい詩だと思われる」と宣伝師のように絶賛している（その時点で序曲はまだ出版されておらず、まるで序曲の《序章》のようだった！）。作中の詩人は『ドン・キホーテ』を読みながら眠ってしまい、砂漠を横断するベドウィンの旅人に出会う夢をみる。その旅人（後にドン・キホーテその人だったことが明かされる）は両手に1冊ずつの本を持っていたが、片方は石版、もう片方は輝く貝殻の形をしていた。貝殻の形の本に耳を寄せると世界の終焉を語る予言が聞こえてきたが、石版の本はなんと！『ユークリッド原論』そのものだった。ワーズワースは、原論を単なる自己啓発本ではなく、人間のみじめな存在を無感覚な宇宙とつなぐ卓越した道具であると解釈している。つまり、ユークリッドは「時間や空間の力を恐れずに、心と心を理性の絆で結んでいるのである」。デ・クインシーも、そういった数学の幻覚的な解釈に対して敏感だったことは偶然ではない。子供の時代から天才として認められながら大人になってアヘン依存症になってしまったのだ。それでもその経験を語った『アヘン常用者の告白』は時代のベストセラーになり、おかげで当時のセレブになった。

ワーズワースの幾何学に関する意見は、遠く離れた位置から尊重する対象を称賛する者の見方だった。それは、普通の人間にできそうもない技を見せてくれるプロのスポーツ選手をテレビで見て感服する我々の見方とよく似ているといえよう。

エドナ・セント・ヴィンセント・ミレイが著した、英語の有名な幾何学についての14行詩『裸の美を眺めた者はユークリッドのみ』[*2]にも似たような解釈ができる。ミレイはユークリッドを「神聖で恐ろしきある日」に、天から突然のひらめきを授かったたった一人の神秘的な人物として描いている。それは、（運が良ければ）遠くから美の足音を薄っすらと認識することしかできない我々普通の人間と大きく違っているという。

私は、以上のような、近寄れそうもない特殊な幾何学のイメージを本書で書くつもりはない。といっても、誤解しないで欲しい。数学者としての私も、幾何学のそういった威光のおかげで得した場面はよくあった。多くの人から、日常の現実を超越した、神秘的で、仙人のような人間として見られることは、正直言って、気持ちいい。

こんな生き方を世の中で広め続けると、多くの人は幾何学の勉強をある種の年中行事として見てしまうようになるだけだ。《決まっている》というイメージを持った他の分野と同じで、古臭い匂いがついたオペラとかと同じようなものだ。といっても《決まっているから》といって大切にされるものでも、おもしろくな

＊2　ミレイがその詩を書いた1922年の時点では《裸の美》を眺める者はユークリッドを遥かに超えていた。なぜなら、非ユークリッド的幾何学は既に発見されており、第三の章で紹介する通り、アインシュタインなどのおかげで応用され、その美しさはユークリッド幾何学に負けないどころか、それに勝るかもしれないことが理解されていたからだ。個人的に、その詩の創作者は、わざと時代遅れの観点を選んだのではないかと思っていたが、英文学専門家の友人たちに問い合わせた結果、ミレイは当時最新の数学や物理学の発明を単にフォローしていなかった可能性の方が高いと分かった。

いものは長持ちしない。オペラだって、毎日新しい作品が発表されているが、普通の人は知らないだろう？ オペラって言ったら、たいていの人の頭に、いまだにミンクの毛皮をまとってプッチーニを歌うソプラノ歌手の白黒映像が浮かんでくるだけだろう？

オペラと同じように、新しい幾何学も日常的に発明されていくが、残念ながらメディアなどに十分注目されないため、一般の人々の耳に届かない。その新しい幾何学はユークリッドのレベルを遥かに超えていることがあり、ユークリッド幾何学と同義語としては使われない。学校の教室の古臭い匂いをした文化財的な化石ではなく、今まで以上に素早く進化していく生き生きした幾何学だ。そのため、本書ではコロナウィルスの世界的な蔓延、アメリカの政治の真相、プロ級チェスの試合、人工知能や言語、さらには金融や物理学そして詩学などに見られる新しい幾何学を紹介していこうと思っている（ここで一つの秘密を教えてあげよう。ハミルトンと同様に詩人になる夢を持っていた幾何学者はたくさんいたのさ）。

現在の国際社会はワイルドな新興都市のように非常に活発でにわか景気に沸いている。その中で幾何学は、時空を超えた、どこか、ではなく、ほとんどすべての日常茶飯事の出来事の中に潜在している。それは美しいといえるのか？ それはその通りだろうが、裸ではない。なぜなら、幾何学者たちは作業服を着た美しか見ていないからだ。

第一の章

ユークリッドに一票！

1864年に、コネティカット州ノリッチのJ・P・ガリバー牧師は、当時の米大統領エイブラハム・リンカーンとの対談中に、歴史に残る大統領の優れた演説力の出所について問いかけたことがある。リンカーンは、次のような話をして、それは幾何学だ、と答えた。

「弁護士を目指して法学を勉強していた若いころの私は《証明》という言葉をたびたび目にしていた。その意味を、最初は分かっていると思い込んでいたが……、途中で本当は誤解していることに気づいてウェブスターの辞書を引くことにした。辞書には、確実な証拠、ないしは、疑いの余地がない証拠、などといったことが書いてあったが、具体的には何のことかさっぱり分からなかった。確実な証明など必要としていない現実の世界の動きが大量に頭に浮かんできたからだ。そこであらゆる百科事典や辞書などを調べ始めたが、思わしい答は出なかった。目の見えない人に青色を説明しようとするようなものだ。ついに私は、リンカーンよ、証明の意味さえ分からないのに、よくも弁護士になろうと思ったな！ と絶望しながら、スプリングフィールドの実家に帰ることにした。そこで、『ユークリッド原論』の全6巻に没頭し、中のすべての命題をしっかりと理解して、いつでも証明できるまでに読み倒した。そうしたら、ようやく、証明する、ことの本当の意味が分かって、安心して法学の勉強に戻ることができたのだ。」

ガリバーは大統領のこの説明に大いに納得し、

「人心を動かす力のある雄弁者は、まず、自分自身の言葉に対してしっかりとした定義を持たなければなりません。人間の誰でもがユークリッドを徹底的に勉強していれば、世界から半分以上の不幸をなくすことができるでしょう。なぜなら、人類を襲う不幸の大半の原因は、その人類を迷走させる誤解ですから。私自身はアメリカ・トラクト協会*1が配っている書籍のカタログに『原論』を含めるべきだと強く思っていますが、残念ながら、それを読む動機を誰にでも持たせることは難しいです。とはいえ、それを読む人が少しでも現れたら、それはそれで救済への道に繋がると考えています。」

と答えた。それを耳にしたリンカーンは、笑いながら

「ならば、私もユークリッドに一票！」

と言ったという。

つまりリンカーン大統領は、遭難したジョン・ニュートンと同様に、自分の人生の最もつらい時期に原論に癒しを求めた。1850 年代の当時、下院でのたった一回の任期を終えたあと、政治家のキャリアにこれ以上の見込みはないと判断し、各地を巡回する弁護士として改めて出直そうとしていたころだった。かつて建物などの鑑定士として働いた時期に幾何学の基礎を勉強した経験は持っていたが、そのとき足りなかった知識をこの機会に埋めようとしたのだ。

リンカーンと共に米国各州を巡回して、田舎の狭いホテルで同じベッドで寝たこともある弁護士ウィリアム・ハーンドンは、リンカーンの勉強の方法について、1889 年に出版したリンカーン伝で回想している。それによると、二段ベッドの下の方で眠り込もうとしたハーンドンは、上のベッドから長い脚を垂らしながら、ローソクの光でユークリッドを夢中になって読んでいるリンカーンの姿を見たという。また、ある日の朝、事務所に出勤したハーンドンは、もんもんと悩んでいるリンカーンの姿を目撃した。リンカーンは、真っ白の紙や、定規、コンパス、ペンや、いろいろな色の鉛筆、その他各種文房具などが散らかっている机の前に座っていた。机のまわりには幾何学図面が描かれた無数の紙が、何かの複雑な計算の跡を見せながら捨てられていた。しかもハーンドンが事務所に入ったことさえ目に入らないほど何かの研究に夢中だった。やがてハーンドンに気が付いたリンカーンは、円積問題（与えられた円と同じ面積の正方形を定規とコンパスだけで作図する不可能な問題）を解こうとしていた、と明かした。そのため二日もの間、全力を尽くしていたという。それを知ったハーンドンは「私は円積問題が作図不可能であることを、ずっと後で知ったが、当時のリンカーンもそれをまだ知らなかったのではないかと思う。しかし、その証明に失敗したリンカーンの気を損なわないため、私はそれ以降もその問題については一切話題に挙げないことにした」と言っている。

円積問題は非常に古くて、知名度が高いため、リンカーンがそれを知っていな

＊1　(訳注)主にキリスト教の宗教書を配るために 1825 年に設立された伝道協会。

かった可能性は極めて低いと思う。そもそも、「円を正方形化する」という言葉自体は昔から「不可能なことを企てる」という意味として日常会話レベルでよく使われている。例えば、リンカーンも知っていたに違いないダンテの『神曲・天国篇』にも「無駄に円を正方形化しようとする幾何学者と同じく、そのときの私は救い道が見つからない迷子のようだった」という一節がある。円積問題の源流があると考えられるギリシアには、仕事を必要以上に難しくしてほしくない人に対して「円を正方形化せよと言っているわけじゃないよ」という決まり文句がある。

定規とコンパスだけで円を正方形化したところで何の得もないが、その問題の難易度と知名度はさまざまな研究のきっかけになった。そのため、古代から1882年までにかけて、数えきれないほどの人間が挑み続けた。しかしながら1882年、ドイツの数学者フェルディナンド・フォン・リンデマンはそれが不可能であることを決定的に証明した（それにもかかわらず、リンデマンを信じたくない現代人がいまだに何人かいる……）。

自分の優れた知能に対してあふれるばかりの自信を持った17世紀の政治哲学者トーマス・ホッブズも実際にその問題を解くことに成功したと思い込んでいた。ホッブズ伝を書いたジョン・オーブリーによると、ホッブズ自身が幾何学に目覚めたのは中年になってからのことで、そのきっかけは偶然の出来事だったという。

> 「ホッブズは、ある日、ある紳士の書斎に入ったときに、机の上に第1巻・命題47「ピタゴラスの定理」のところで開かれていた『ユークリッド原論』を目にした。それを一目したホッブズは、おー、神よ！ こんなことできるはずがない！ と大声を出した。ホッブズには驚きなどを強調しようとするとき神の名を叫ぶ癖があったのだ。その後すぐ証明を読んだところ、途中で別の異なる命題に言及されていることに気付き、それも調べた。そして、必要なだけそのやり方を繰り返し続けたホッブズは、最終的にそうした記述の正しさを受け入れることになり、一層、幾何学を愛するようになった。」

その体験以降、ホッブズは熱心に円積問題の解決に挑み、数年にわたって複数の解を発表しながら、その間違いを指摘する当時のイギリスのプロの数学者に喧嘩を売り続けた。あるとき、喧嘩相手が、ホッブズの手紙に見る大きな黒丸で図示された2個の頂点間の距離が計算と少し違うと指摘したところ、ホッブズは、自分が描いた頂点の丸印がその微々たる違いを覆い尽くしているから、気にする問題ではないと返した。とにかく皆に、自分が円を定規とコンパスで正方形化したということを、他界する間際まで主張し続けた*2。

こうしたホッブズと同じく円積問題などに夢中になるマニアを記録している

1833 年の次のような文書は、21 世紀になった現代の一部の迷走的な考え方にも十分当てはまるのではないかと思われる。

「幾何学マニアは、プロの幾何学者が長年かけて研究しているにもかかわらず、そのプロにも分からない部分が残っていることに注目している。しかもマニアは、そのプロの知恵が一般人の考え方に対してあまりにも大きな影響があると批判して、それを疑う自分たちの無学を正当化しようとしている。さらに、自分より豊かな知恵を持つ専門家が、自分よりよい職場についた場合、その専門家は間違いなく真実を隠そうとしているに違いない、という悪口を広めようとしている。」

リンカーンは、そうした猪突猛進的な幾何学マニアと違って、不可能なことに挑む勇気を持ちながらも、失敗したことを素直に受け止める大人らしい性格を持っていた。誰も疑う余地のない原理（幾何学での公理）を下敷きに、しっかりとした理論に従った定理の積み重ねによる演繹によって誰も否定できない筋の通った理屈を組み立てる仕方は、リンカーンがユークリッドから習った最も貴重な教えだった。その下敷きとなった原理はアメリカの独立宣言に言及されている、いわゆる《自明な事実》とよく似ていると思う。その事実を認めない者は、基本的にいって話し相手にできず、交渉する価値さえないとみなしてもよい。そのため、リンカーンの最も有名な「ゲティスバーグ演説」の中でもユークリッドの声がはっきりと聞こえてくる。例えば、「人間はすべて平等に創られている、という信条に捧げられた新しい国家、それがアメリカである」という歴史的な名言の中に言及されている《信条》は、原論の英訳に使われている単語《プロポジション》で表わされており、その言葉遣い自体、原論の公理の書き方を思わせる。リンカーンがその単語を使ったのは、ユークリッドのプロポジションとは、そもそも、理屈で疑えない真実（公理）を表しているからである。

といっても、リンカーンは原論に民主主義を支える原理を見つけ出そうとした最初のアメリカの大統領ではない。数学が大好きだったトーマス・ジェファーソンはその道を先に歩いた。それを意識していたリンカーンは、1859 年にボストンで開催されたジェファーソン記念イベントに宛てた手紙に次のような一文を残している。

「分別のある考え方を持った若者がユークリッドの最も根本的な定義や公理を

＊2　意外に優しく接してくれた数学者たちとホッブズとのコミカルな戦記物語は、アミーア・アレクサンダーの『無限小：世界を変えた数学の危険思想』（岩波書店、2015）で詳しく語られている。

簡単に理解できることは疑う余地がない。と言うより理解しなければならない。それと同じく、ジェファーソンの思考の原理およびその真義は、自由な社会を裏付ける根本的な定義や公理を理解することである。」

ジェファーソンがユークリッドを勉強したのは、ヴァージニア州ウィリアムズバーグにあるウィリアム・アンド・メアリー大学に通っていた時代で、それ以降は幾何学を大事にし続けた*3。副大統領時代には、研究計画に悩んでいた学生の手紙に対して、以下のような助言を返したことがある。「三角法は最も価値のある知識で、いろいろな分野において、それを応用する機会にほぼ毎日出会えるだろう」(ただし同じジェファーソンは、別の場所で、高等数学は「単なるぜいたくにすぎない。それは間違いなく心を癒す素晴らしいぜいたくだが、プロの数学者でない限り、触れない方が無難だろう」とも書いている)。

政治から引退したのちの1812年には、先輩大統領のジョン・アダムズに宛てた手紙で次のように言う。

「私は、新聞を読む代わりにタキトゥスやツキジデス、そしてニュートンやユークリッドの著書に没頭することにした。おかげさまで、私は真の幸せを見つけた！」

以上のような史実から、アメリカの二人の《幾何学大統領》の違いが分かっただろうか。ジェファーソンにとってのユークリッドの研究は、古代のギリシアやローマの歴史家や、西洋近世の啓蒙時代に科学思想を広めた科学者たちに並ぶ、若き共和国を先導するエリートのための必須教育科目だった。それに対して自学自修の地方出身者リンカーンの場合はそれとは大いに違っていた。その違いを理解してもらうために、ガリバー牧師の記述の中のリンカーンの子供時代の回想録を改めて引用したい。

「小さいころの私は、隣人たちから親父についての思い出話を聞いてから、自分の小さな寝室に戻って、夜更けまで起きて、昼間耳にした分かりにくい言葉の本当の意味を理解しようとした。そして、わかった言葉を友達にでも理解できる言葉に言い換えようとした。これは子供のころからの私の趣味で、大人に

＊3　独立宣言における自明な事実を唱える部分はジェファーソンによるものではないと考えられている。なぜなら、ジェファーソンが書いた最初の版では「我々は、以下の事実を自明なことと信じる」(アメリカ政府の公式翻訳より)となっていたからだ。《神聖なる》という言葉を削除して、代わりに《自明》と書き換えたのはベン・フランクリンで、ジェファーソンの神秘的な言葉をよりユークリッド的な言い方に置き換えようとしたかったのだろう。

なった今でも同じことを常にやっている。つまり新しい言葉がひらめいたとき、その言葉を完璧に理解するまでは落ち着けなかった。私の演説にはその考え方の特徴が出ているのではないかと思っている。」

リンカーンは幾何学そのものを語っているわけではないが、幾何学者の考え方、すなわち理屈の組み立て方、を正確に言っている。なぜなら、幾何学者もリンカーンと同様に、半分しか理解していないことをそのままにはしておけないので、自分が思い付いたアイデアを分解して、そのアイデアにたどり着くまでのすべての段階をしっかりと突き止めるのだ。原論を読んだホッブズに衝撃を与えたのは、まさにその過程を形式化したユークリッドの能力だった。自分の考えを疑って分析する能力こそは、人間の心を混乱や闇から救い出せる唯一の道だとリンカーンは信じていた。

ジェファーソンと違って、リンカーンは、以上のようなユークリッド的思考は高等教育を受けた貴族などが独占すべきものではないと考えていた。貴族でもなく高等教育を受けたこともなかったからだ。リンカーンにとっては、ユークリッド的思考とは、自分の手で建てた「心のための木造の民家」だった。たとえ弱々しくてもしっかりと組めば、無敵で丈夫な論理を守る。そして、そのような無敵な心の宿を建てることができるのは国民の一人ひとりであるべきだ、とリンカーンは信じていた。

凍りついた形式

残念ながら、多くの優れたアイデアと同じく、リンカーンの国民のための幾何学思考は完全な実現には恵まれなかった。それでも 19 世紀中ごろには、かつて大学でしか学べなかった幾何学は高等学校でも勉強できるようになった。それはそれでよい展開だったが、残念なことに、その教育の仕方は非常に悪かった。原論は考古学博物館に展示すべき発掘物と同じように扱われ、その研究は公理や証明を暗記暗唱することに限定されていた。証明にたどり着くまでの道については何も教えない。そのため、証明を発明した数学者は忘れられるようになった。その時代を生きたある作家の証言によると、「ユークリッド第 6 巻を無理やり読まされた若者の中には、《ユークリッド》とは人名ではなく、項目の名前に違いないと勘違いした者もいただろう」と証言している。その証言は教育の一つの大きな矛盾や我々人間の最も悪い癖の一つを表していると思う。何かというと、教育者として最も尊重している記述をショーケースに閉じ込めて、退屈にしてしまう癖だ。

実在のユークリッドという人間についての確実な情報は極めて少ないことも事実だ。紀元前 300 年ごろに、アフリカ北部の大都市アレキサンドリアで生きていたことが知られているぐらいである……。それ以外はほとんど何も分かっていない。著したとされている原論は当時の古代ギリシア人の幾何学知識のすべてをまとめており、最後のデザートとして数論の基礎を紹介している。その内容の大半はユークリッドの前に生きた数学者も把握していたと考えられている。その知識を形式化して、体系的に整理したことはユークリッドの革新的な貢献だと思われている。そこでは否定不可能[*4]な数少ない《公理》から出発して、三角形・線分・角・円形などといった幾何学図形の特徴を明かす定理体系を一歩一歩着実に演繹していく。《ユークリッド》とは、実際、一人ではなく、当時の最強の幾何学者集団のペンネームだったという説もある。しかし、一人か集団だったかどうかにかかわらず、ユークリッドの前は、そのように知識を体系化させる発想自体、存在し得なかった。ユークリッド後、それが人類のすべての知恵や思想を整理するためのひな型となったのである。

もちろん、そういった堅苦しい幾何学の教え方と大いに異なる教え方も考えられる。そのやり方では、学生をユークリッド幾何学の《操縦室》に招待して、自分なりの原理つまり公理を定義する力を与えてから、それらの定義を適応することによってどのような事実が分かるかを自分で発見させるのだ。

そうした教育方法を採用した教科書の例として『創作的幾何学』を取り上げたい。その教科書の大前提は「独学は唯一の妥当な学び方である」といえよう。著者は、「自分で作図する前に他人の図を見ないこと」と忠告したあと、自らを他の学生と比較しないことも勧めてくれている。なぜなら、各人の、知識を習得する速度やペースは違うため、マイペースで進んで、楽しみながら勉強した方が、必要な知恵を身に着けやすいからだ。本の内容自体は単なる446個のパズルから構成されて、その一部は次のように極めて簡単になっている。「2本の線だけを引いて3個の角を作図せよ。2本の線だけを引いて4個の角を作図せよ。2本の線だけを引いて4個を超える角は作図できるか」。

このようなパズルは、多くの保守的な人間から「子供向けすぎる」という批判を食らいがちだが、現代に注目されている《体験型》教育の前身になると思う。この教科書が出版されたのはなんと1860年だった。

今から数年前に、ウィスコンシン大学付属図書館は昔の数学教科書を集めた大きなコレクションを寄付で手に入れた。それらの教科書のほとんどはウィスコンシン州各地の学生が昔使ったもので、より新しい教育思考を反映した教科書の導入によって捨てられたものだった。その古い教科書を読んでみれば、現在の教育にまつわる論争と同じような論争が過去に何度も繰り返されたことが分かる。そ

＊4　ユークリッドの五つの公理のうちの平行線公理からは2000年後にそれを否定する非ユークリッド幾何学が誕生した。その話を魅力的に語る書物はあまりにも多いため、本書では詳しくは触れないことにする。

の中には、学生が自分の証明の仕方を発見することを勧める創作的幾何学と似たようなものの他に、幾何学のお題を日常生活と連動させて、より身近に感じさせるものや、社会道徳を守るものなどなどがあって、現在でも偏屈に思われがちの教科書の分野が昔にも存在していたことが分かる。将来、似たような教科書が現れたときにはそれを偏屈に思う人間が出てくるに違いない。

創作的幾何学についてもう一つの事実を明かしたい。その序文に「幾何学教育は女性も含めたすべての人々に解放される」と書かれている。著者のウィリアム・ジョージ・スペンサーは早くも男女平等の教育を勧める革新的な教育者だった。同じころ、ジョージ・エリオット[*5]という作家が『フロス河畔の水車場』という本を出した。その中に、作中人物の一人が男子教員のステリング先生に「女の子って、ユークリッドを理解できないの？」と問いかけたのに対して、ステリングが「だって、女の子たちは暗記することができないのさ」と返す場面がある。エリオットは、ステリングのキャラクターを通じて、スペンサーも批判した当時のイギリス風の教育体制を風刺しているわけだ。その教育の仕方では、学生に古代の巨匠の著書を暗記することを強要するあまり、真の理解にたどり着けさせるどころか、それをわざと阻止することになる。ステリングのような教師にとってのユークリッドは、暗記に強い男性らしさ、を育てる強壮剤みたいなものとみなされ、強い酒や冷水浴と同じく、ストレートに体験して、耐え忍ぶべき試練と思われたわけだ。

とはいえ、当時のプロの数学者の中でもステリング風の教育方法に対する不満が沸騰する傾向にあった。例えば、後に詳しく語るイギリスのジェームズ・ジョゼフ・シルベスターなども、イギリスの教育システムの堅苦しさを大いに嫌っており、幼い学生からユークリッドを隠して、その代わりに幾何学を力学などといった物理学と結びつけながら、具体的な応用を中心に教えるべきだと主張していた。シルベスターは「中世までさかのぼる我々の教育制度では、それぞれの分野における応用的な思考に欠けている。それに対して、凍り付いた形式に固まった我々の学校と違って、フランス、ドイツ、イタリアなどといった大陸の国々の教員たちは、お互いの知能の直接的な触れ合いによって学生に知恵を教え込んでいるのだ」といっている。

見よ！

幸いなことに、現在の学校からはユークリッドを暗記させる教員が消えてくれている。19 世紀後半には、数学の教科書に練習問題が登場しはじめ、学生たち

＊5　ジョージ・エリオットとは、メアリー・アン・エヴァンスという女性作家のペンネームだったことがここでは重要な意味を持つ。

が自分たちで思考し証明を考えることを推奨し始めた。ハーバード大学学長のチャールズ・エリオットは、1892 年に、全米の高等教育に関する協議会を開いた。目的はアメリカの高等教育の内容の整備および標準化で、上記のような思考中心の教育を全国に広がる教育方針に変えたのである。

その考え方は現在まで生き残っている。1950 年に 500 人の高等学校の数学教師を対象とした大型の世論調査が行われ、それぞれの教師に幾何学を教える目的が問いかけられた。そのとき最も大きい割合を占めた回答は「明快な思考や正確な表現を身に着けさせること」だった。実際、その答を出した人数は、次に人気を集めた「幾何学の問題や原理の理解と応用を身に着けさせること」という答の 2 倍以上を占めていた。といっても幾何学の問題を解く鍛練など何の役に立つのだろう。人生のいつかに多角形の外角の総計は 360 度になることを証明しなければならない場面があるだろうか。私もその場面の出番を待ち続けてきたが、そういった瞬間は一度もなかった。つまり現代の教育者は、幾何学図形に関するいろいろな情報を無理やりに学生の頭に積め込むのではなく、学生が自分でそういった事実を見つけ出しそれを証明する能力を身に着けさせることこそが教育の本当の目的だとみなしている。言い換えれば小さなリンカーンを育てる教育制度の創設が望まれている。

要するに学生には、証明の結果ではなく証明の仕方を教えるべきであろう。それは世界が偽りの証明にあふれており、大人にはそれらと真の証明との違いを見分ける必要があるからである。本物の証明に慣れてもらえたら、説得力に欠けた偽りの証明に騙されにくくなるわけだ。

リンカーンもその違いをよく理解していた。リンカーンの親友で同じように弁護士を務めていたヘンリー・クレイ・ウィトニーは以下のような回想を残している。「リンカーンが、証明の過ちを暴露してその誤った証明で他人を騙そうとした者を赤面させる場面を何度も目にしたことがある」。日常生活では、真の証明をまとった偽物証明に出会うことが極めて多く、充分注意しないと誰でも騙されやすくなる。

そういった偽物を見分けるいくつかのヒントを教えてあげよう。例えば、一部の数学者が文書を、《明らかに》という言葉で始めるときは、その本当の意味は「私にこれは明らかに見えても、本当はそれをチェックすべきだったが、途中で混乱してしまったため、なんとなく明らかだということにした」という可能性が高い。新聞の解説記事で、同じように、「明らかに」と言いたいときは「誰でも賛成する事実だろう」といったような言い方をする。そういった言葉を見たときに、まずは賛成しない前提から読み続けた方が無難だと思う。なぜならその筆者は、そこで、自分の言葉を疑う余地のない公理として扱ってほしいという意図を読者に明示しているからだ。しかし、幾何学の歴史からいえば、ある仮定を公理として認めるまでの道は極めて長く、簡単には公理として扱うことはできない。

さらに誰かが、自分の言ったことは「論理に従っている」といった途端に、その言葉を疑い始めるべきだ。なぜなら、話題がはっきりと証明できる三角形の合同性ではなく、例えば、政治家や芸能人などを評価する場合や、あなたから何らかの譲歩を求めようとする場合は、それらを、周辺の文脈から完全に切り離して純粋な論理で語ることに無理があって、あなたを騙そうとしている可能性が高い。

しかし、正確な証明にたどり着いたときの満足感を体感したことが一度でもある人は、そのような意地悪い説得の仕方に簡単には騙されないだろう。

リンカーンがユークリッドから習ったもっとも重要なことは誠実さそのものだった。その誠実さとは、公明正大に証明できない物事を一切口にしないことを意味している。幾何学そのものは誠実である。そのため、リンカーンのあだ名は《誠実なエイブ》であるとともに《幾何学のエイブ》でもあるのではないかと私は思っている。ウィトニーによると「リンカーンにとって嘘をついて議論することは不可能だった。なぜなら、リンカーンの美徳感は、物を盗むような行為を絶対許せないからだ。リンカーンにとって、不正な議論をすることは、他人の持ち物を盗むのと同じく、その人から真実そのものを奪うことに等しかったのだ」。

とはいえ、私にはリンカーンに賛同できない部分もある。何かというと、過ちを犯した人間を、たとえどんなに誠実な理由があっても、恥ずかしがらせることだ。といっても、誠実に接することが最も難しい相手は自分自身であって、自分で犯した過ちは恥ずかしいこととして素直に認め、それを長い時間かけても正せばよい。緩くなったと疑っている歯を舌で確かめるのと同じように、自分自身の信念を定期的に疑い、探った結果としてその信念に対する自信を失うことを恥に思う必要はない。より安定した、もっと自信が持てる領域に退却して、そこからどうするかを考え直せばいいだけだ。

幾何学の最も価値のある教えは以上のようなことではないかと私は思っている。残念ながら、シルベスターなどが批判していた「凍り付いた形式尊重」は世界から完全に姿を消したわけではない。数学関係の文筆家で風刺画家で雄弁家のベン・オーリンが皮肉っぽくうまく表現した通り、我々数学教師が学生に教えている幾何学の多くの証明は、

「すでに知っていた事実をわけのわからない議論で蒸し返す過程にすぎない。」

この発言を補強するために、オーリンは、いわゆる「直角の合同定理」を例として取り上げている。高校一年生にその証明をさせる場合、どのような答が期待できるだろうか。

アメリカでふだん教えられている幾何学のスタイルでは、次のような《２列式》の証明を用いることが多い。

角度 1 と角度 2 はいずれも直角である	**前提**
角度 1 は 90 度である	**直角の定義**
角度 2 は 90 度である	**直角の定義**
角度 1 の角度は角度 2 の角度と等しい	**等価性の推移**
角度 1 は角度 2 と合同である	**合同性の定義**

ちなみに、等価性の推移は、原論におけるいわゆる《共通認識》の一つで、幾何学の公理にも先立つ最も根本的な原理の一つとみなされている。簡単に言い換えると、同じ第三の量に対してそれぞれ等価である二つの量は互いにも等価であることを述べている*6。

以上と同じように、論議をこまめに正確なステップに切り分ける過程そのものはとても楽しい。特に、最後にそれぞれのパーツをレゴブロックみたいに組み立てるときは非常に気持ちがよい。教員が学生に最も伝えたいのはそういった気持ちのよさに違いない。

しかし、ちょっと待てよ……。平行移動や回転運動にもかかわらず、二つの直角は等しいという事実は自明ではないか？ そもそもユークリッド自身も、直角の等しさを自分の名前で知られるようになった幾何学の原理の一つとしている。ユークリッドでも自明と認めた事実を高校 1 年生に改めて証明させようとすることはあまりにも理不尽に思われるかもしれない。

ところが、実は、ユークリッドが原論で決めた公理を現代の数学の知識で再評価した場合、厳密さに欠けていることが分かってきた。そのため、ユークリッドの方法で幾何学を教えるのは最善ではないという考えが主流になってきた。例えば、ダヴィッド・ヒルベルトは、1899 年にユークリッド幾何学の基礎を書き直したし、現在のアメリカの学校で教えられている幾何学は、ジョージ・ビーアコフが 1932 年に整理しなおした公理体系に基づいている。

その中で、直角の等しさについては、ほとんどの学生はそれが事実であることを普通に知っている。そのような明白な事実を証明することは、実際に我々の幾何学の授業の大半を占めている。例えば、私も大学 1 年のときの位相幾何学の授業をいまだによく覚えている。その授業を教えていたのは気品のあるお年寄りの先生だったが、ある当たり前の事実を証明するために 2 週間もかけてくれた！ それは何かというと、2 次元平面上にいくらグネグネした曲線を描いたとしても、その曲線が閉じている場合、曲線の内側と外側といった二つの領域に平面を分けている、ということだった。

「ジョルダンの曲線定理」*7 という名で知られているこの定理の証明が極めて

＊6　スピルバーグ監督の『リンカーン』という映画の脚本を書いたトニー・クシュナーは正にリンカーンにそのセリフを言わせている場面がある。

難しいことは事実である。他方では、私はその2週間を抑えきれないイライラ状態で過ごしたことも事実だ。「まさか、本物の数学って、これ？」としか思えなかった。単純明快なことを必要以上に煩わしくしているだけじゃないか……と思いながら、授業でよく眠ってしまった。私以外でも、後に世界的に有名な科学者や数学者になった数多くの同窓生たちも同じ反応をした。眠っているどころか、私の真ん前に座っていた、片方は後にトップクラスの数学者になったカップルは、先生が多角形の変形についての細かい説明を、背を向けて黒板に書いている間、情熱にまかせて抱き合ったりしていた。その様子は、自分たちの青春の熱い血を、黒板上の証明が神隠ししてくれることを望んでいるかのように激しかった。

そんなとき、今の私と同じように、年相応に経験豊かな数学者なら「若者たちよ、君らには数学において自明な主張と、自明に見えても落とし穴を隠している主張を、見分けることがまだまだできないのではないか？」とえらそうに忠告しながら恐ろしき《アレキサンダーの角付き球面》[*8]などを見せることによって、例えば3次元空間における内部と外部の見分け方の難しさを見せつけることができる。

しかし、教師がそのような態度をとってしまえば、教育者として失格だと言ってもおかしくない。現実問題として、教員が、自明に見える主張が自明ではないと言いながら、それらを証明するために授業の大半を使ってしまうと、今の学生たちも学生時代の私と同じようにイライラしたり、退屈したり、先生が背を向けたとき抱き合ったりするのは当然だとしか言いいようがない。

それについて、私は優れた教育者として名高いベン・ブラム=スミス氏の考え方は正しいと思っている。つまり、学生たちの数学に対する熱意に着火するためには、いわゆる「確信の階段」を真っ先に体験させればよいと思う。確信の階段とは、形式的な論理を後回しにして、自明な主張からそれほど自明ではない主張へと少しずつ進める過程を示す。

この確信の階段については、延々と語るよりも、実際に体験してもらった方が分かりやすいだろう。

＊7　私と違うジョルダンだけどね。

＊8　（訳注）アレキサンダーの角付き球面。

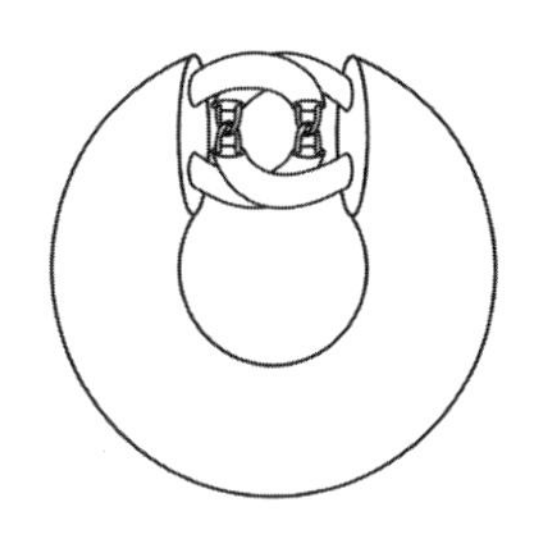

例えば次の図のような直角三角形を思い出して欲しい。

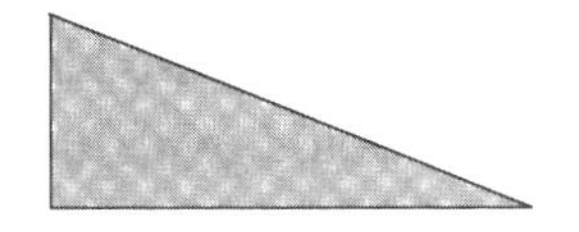

直交し合っている2辺の長さを知れば、3番目の最長の斜辺の長さを計算することができる。南へ3キロ歩いたあと東へ4キロ歩けば出発点とは違う場所に着くことは疑う余地のない事実である。では到着点と出発点は具体的に何キロ離れているのだろうか？　その距離の計算の仕方を教えてくれるのが、幾何学においてもっとも古くから証明されてきたと考えられる「ピタゴラスの定理」だ。その定理によると、

$a^2+b^2=c^2$

が成立する。この式で、aは3、bは4だとすれば、$c^2=3^2+4^2=9+16=25$となり、25の平方根の5が直角三角形の斜辺cの長さになることが分かる。

では、この計算が本当に成立するかどうかはどのように調べたらよいのだろうか？

そこで確信の階段を登ってみよう。第一の段として、直角を挟む辺がそれぞれ3と4の直角三角形を紙面上に描いてみるのはどうだろう。その後、斜辺を定規で計って、5であることを確かめればよい。次に直角を挟む辺がそれぞれ1と3の直角三角形を作図し、同じことを繰り返せば、斜辺の長さは1の2乗と3の2乗の和の10の平方根の約3.16…となることが分かる。このような例を増やせば増やすほど確信が持てる一方だが、いくら例を挙げてもそれは証明にはならない。証明するには次のような図を使えばよい。

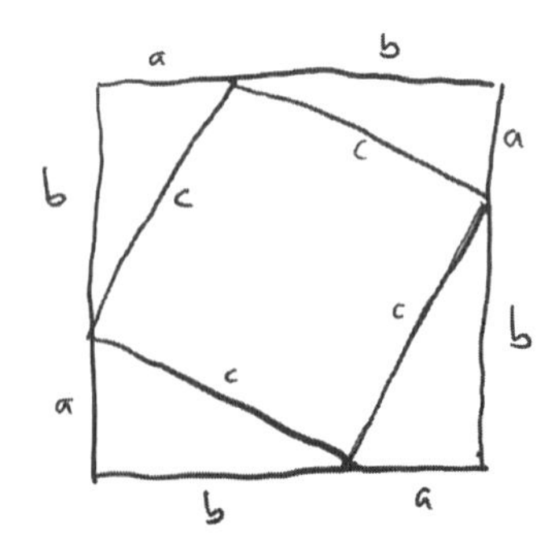

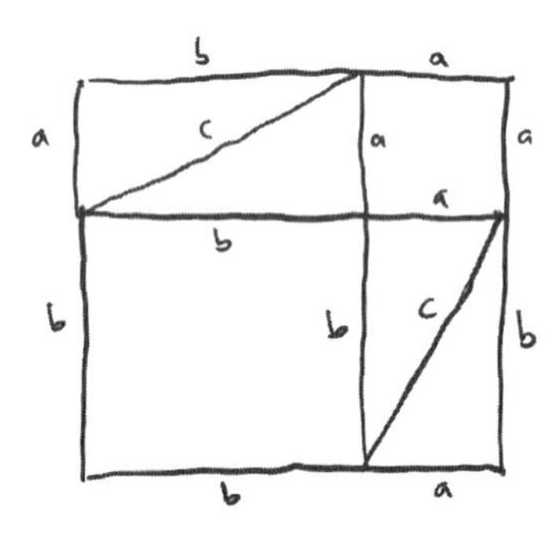

2枚の図の外周になっている辺長a+bの大きな正方形は同じものだ。しかし、それぞれの図の分割の仕方は違う。左の図では、大きな正方形は、辺長がa、b、cの4枚の直角abc三角形と辺長がcの小さな正方形に分割されている。右の図でも4枚のabc三角形が登場しているが、左とは配置の仕方が違って、

この４枚の三角形を外したら、辺長がそれぞれ a と b になっている２枚の小さな正方形が残る。つまり右図の辺長 a と b の２枚の正方形の面積の合計は左図の辺長 c の正方形の面積に等しい。したがって、$a^2+b^2=c^2$となる。証明終り。

ここで取るに足らない細部にこだわり始めたらきりがない。例えば、それぞれの図面に描かれている正方形が本当に正方形であることの証明はしていない（４本の辺長が互いに等しいことは証明にはなり得ない。なぜなら、正方形を２本の指で軽くつぶしてできあがる菱形の辺長も互いに等しい）。といっても、そんな指摘はあまりにも幼稚であることは誰でも気づくだろう。それに対して、ピタゴラスの定理の正しさの理由は、前ページの図を見れば子供でも分かる。このように図を作図によって分割して、ぞれぞれの部品を組み立て直すことによる証明は「分解的証明」ともいい、その分かりやすさや具体性は昔から認められている。12 世紀のバスカラ[*9] というインドの数学者も作図によるピタゴラスの定理の証明を残しているが、その図が充分に明快であることに自信があって、言葉による説明を追加せず、図の下に「見よ！」[*10] としか書かれていなかった。

1830 年にイギリスの数学愛好家ヘンリー・ペリガールも、リンカーンと同様に円の正方形化を考えている最中に、作図によるピタゴラスの定理の証明を発見した。その図にあまりにも感動したため、60 年後に自身の墓石に刻んでもらったという。

ロバの橋を渡る

定理を積み重ねていく演繹法による幾何学の証明を理解することは便利ではあるが、幾何学は演繹法に尽きるという誤解も危険だ。もしもそうだったとすれば、チェスから数独まで、数学にまつわるなんでもを演繹法で教えられることになってしまう。しかし、幾何学は、もっと幅広い分野を覆う。つまり空間や位置や移動といった、日常における根本的な概念と密接に繋がっており、我々は物事を幾何学的な観点から考えることを避けられないのだ。言い換えれば、誰でも幾何学的な《直感》を持っていることになる。

実際、フランスの幾何学者アンリ・ポアンカレは、直感と理論が数学を支えている２本柱であることを 1905 年のエッセーで主張した。数学者たちはそのうちのどちらかの方を重視する傾向にあるが、直感へ傾く者が《幾何学者》と呼ばれがちだ、とポアンカレは考えていた。とはいえ、２本の柱は両方とも必要だ。例

＊9　同名の数学者と区別するために、一部の資料では名前をバスカラⅡと記すことが多い。

＊10　一部の学者は、この証明を、バスカラが『周髀算経』といった、もっと古い中国の著書から取ったというが、賛否の諸説がある。また、ピタゴラスの弟子たちが、師の名で知られる定理の証明を知っていたかどうかについては確められていない。

えば、理論がなければ、形状さえ想像できない正1000角形といった図については具体的な見解を持ち得ない。他方では、直感がなければ、どの分野でも命を失ってしまう。ポアンカレにおいてはユークリッド原論は死んだプランクトンのようなもので、次のように説明されている。

あなた方は海の底に沈んでいる死んだプランクトン*11の丈夫な骨片をどこかで見たことあるだろう。優美なレース編みみたいなもので、その構造を理解するには生前の柔らかい有機組織を知らなければならない。同じように、我々の先祖たちが論理的に作った構造は、直観によって知ることができる。

学生たちに生前のプランクトンの論理的な構造を使わせる場合も、その骨片を見つける力、つまり直観力を殺してしまわないように気をつけなければならない。といっても、何もかもを直感に任せることもできない。

ユークリッドの五つの公理の内の一つである「平行線公理」の歴史はその意味で特に参考になる。それによると「平面上に直線Lと、その直線上に存在しない点Pが与えられたとき、Pを通ってLに平行な直線は1本しか引くことができない」*12。

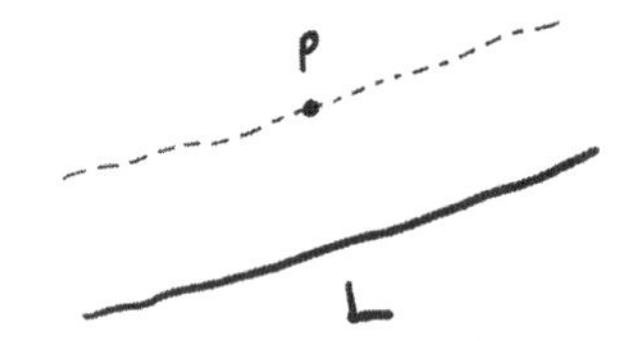

この平行線公準は「任意の2点を通る直線は1本だけある」などといった、原論における他の公理と比べて、複雑で長い。実際、最初の四つの公理だけでこの平行線公理を証明できた方が理想的と思ってきた数学者は昔から少なくない。

なぜそう思ってきたのだろうか？ 直感的に考えてみれば、5番目の公理は自

---

*11 (訳注)20世紀初めの哲学的生物学者アーネスト・ヘッケルが描いたプランクトンの一種の放散虫の骨片のいくつか。

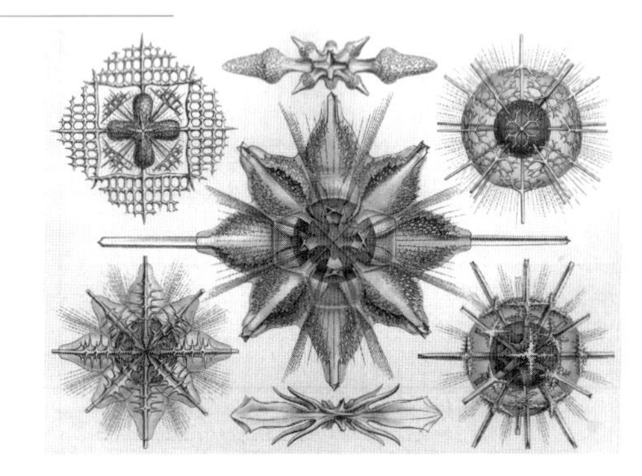

*12 ユークリッドはもっと複雑で分かりにくい言葉で表現したが、ここではその意味を残したまま簡略化した。

明に見える。それを証明することは、2+2=4と同じほど無駄だろう。そもそも、それを知っているというだけで十分だろう！

それにもかかわらず、代々の数学者たちはあきらめずに、最初の四つの公理から平行線公理を証明することに挑み続け、次々と失敗してきた。その結果、最終的に、最初から失敗する運命にあった、ユークリッド幾何学とは違う《点》《線》《面》の概念が考えられることが分かった。そういった《新幾何学》では最初の四つの公理が成り立っても平行線公理は成り立たないことが分かり、Pを通ってLに平行な線が無限に存在する幾何学と、平行線は1本も存在しない幾何学が見つかったのである。

「おいおい！　それはズルじゃないか？」という読者もいるだろう。普通の人間は線という言葉を使うときに、何らかの偏屈な別世界における線ではなく日常の線のことを言っており、その場合はユークリッド幾何学の平行線公理は間違いなく成り立っている。もちろん、ズルだ、というように反応するのは自由だが、自分が慣れていないからといって、数多くのおもしろくて不思議な幾何学を知らないままではもったいない。こうして新しく知られるようになったユークリッド幾何学でない非ユークリッド幾何学は、今やすでに数学の多くの分野において大活躍している。そもそも我々が生きている宇宙を正しく理解するには非ユークリッド幾何学が欠かせない。ユークリッド幾何学に対する何らかの原理主義的な《信仰》によって、非ユークリッド幾何学の発明を拒否していたら、人類はとんでもなく損していたに違いない。

理論と直感のバランスを取らないとうまく解けないもう一つの定理を紹介しよう。次図で示すように、2辺ABとACの長さが等しい二等辺三角形の底角BとCは等しい、という定理である。

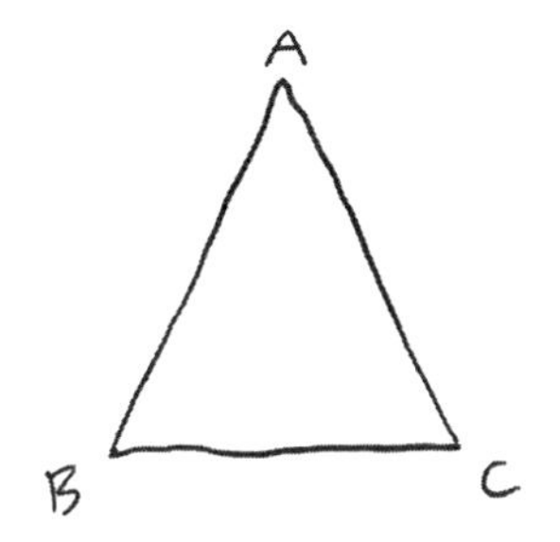

この定理は、俗に《ロバの橋》（ラテン語でpons asinorum、英語でasses' bridge）という名称で知られている。なぜなら、論理的な思考ができない愚か者には渡れない橋だから。

この定理の原論における証明はピタゴラスの定理と比べて複雑だ。正直に言うと、幾何学の授業でも、この橋を渡る前に、準備に数週間かけることをお勧めしたい。そのため、ここでは原論の第1巻・命題4がすでに正しいという前提から出発する。その命題によると、任意の三角形の2辺の長さと、それらが挟む角が与えられれば、残りの辺の長さおよび角は計算できる。つまり、次のような図を作図したとすれば、その図から得られる三角形は1枚しかないというわけだ。

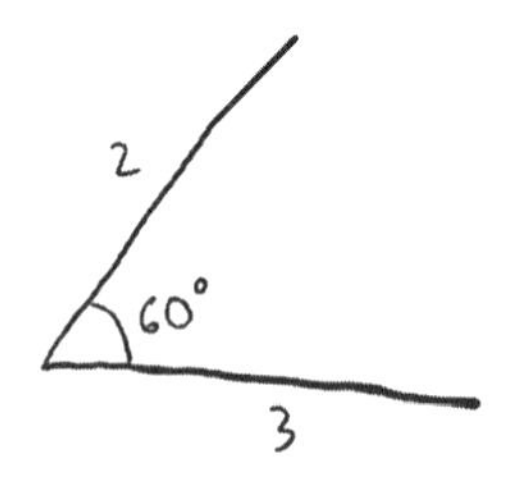

この命題の内容は次のように言い換えることができる。「2枚の三角形が与えられたとき、2辺とその間の角がたがいに等しければ、残りの辺と角も互いに等しい」。幾何学者の言葉では、この2枚の三角形は「互いに合同」という。

2辺が挟む角度がピタゴラスの直角三角形のように直角の場合には2枚の三角形が合同になることは想像しやすいだろう。

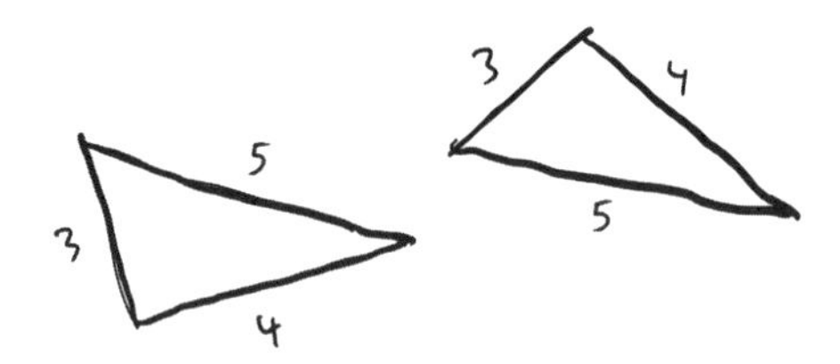

(ちなみに、与えられた2枚の三角形のすべての辺長が等しい場合もそれらは合同になっている。例えば、それぞれの辺の長さが3、4、5の場合、合同なピタゴラスの三角形となる。ユークリッドはその事実を後の命題1.8で証明している。では、同じ命題は四角形の場合でも成り立つだろうか？ 成り立つはずはない。すでに出てきた菱形の辺長は全部等しいが正方形ではない。)

では、ロバの橋に戻るとしよう。渡るためには2列式証明法を使う。

点Aを通る∠BACの2等分線Lを引く	**オッケー、認めるとしよう**
LとBCの交点をDとする	**これも異議なし**

(次の図では、ABとACが等しいことをお忘れなく。)

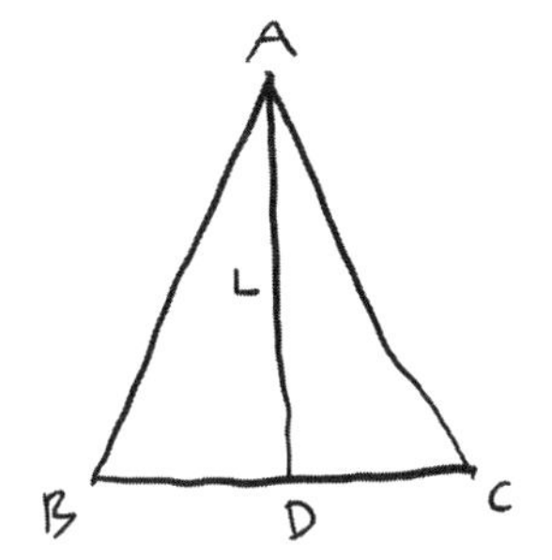

AD＝AD	**どの線分も自分自身と等しい**
AB＝AC	**前提だから**
∠BAD＝∠CAD	**AD は ∠BAC の 2 等分線**
△BAD と △ACD は合同	**ユークリッド 1.4（すでに言っただろ？）**
∠B＝∠C（∠ABD＝∠ACD）	**合同な三角形における対応角は等しい**

　証明終り。

以上の証明は、これまでより複雑だろう。なぜなら、今回は新しい図を使って L と名づけた新しい線と、BC との交点 D を求めた。その結果として 2 枚の新しい三角形 ABD と ACD が誕生して、それらが合同であることを証明した。

しかし、ユークリッドより 600 年後に北アフリカで活躍したアレキサンドリアの幾何学者パップスは『シュナゴゲー』という著書で、もっとしゃれた次のような証明を残してくれた（《シュナゴゲー》と聞いた多くの読者は、ユダヤ人が祈るために集まる建物《シナゴーグ》を頭に浮かべるだろうが、パップスの場合は単なる幾何学の命題集のことを指している）。

AB＝AC	**前提**
∠A＝∠A	**どの角も自分自身に等しい**
AC＝AB	**あれ？ これは上で言ったことの左右逆だろう？ パップスは何を考えているのか？**
△BAC と △CAB は合同	**ユークリッド 1.4**
∠B＝∠C	**合同な三角形における対応角は等しい**

おや、何が起こったのだろうか？ AD を引いたりせず、何もしていないのに、求める ∠B＝∠C が、何もない帽子の中から飛び出てきたウサギのように、突然現れた。この証明を読むと、誰でも何らかの不安を感じるに違いない。ユークリッド自身、こんな証明を嫌っていたのではないだろうか。それにもかかわらず証明としては問題ない。

パップスのもっともすぐれたひらめきは4行目の「△BACと△CABは合同である」というところにある。これはただ単にどの三角形でも自分自身と合同であるということしか言っていないように見えるが、もうすこし注意深く見て欲しい。例えば、次のような△PQRと△DEFが合同であると言ったとすると、その本当の意味合いは何だろうか、しっかり考えてみよう。

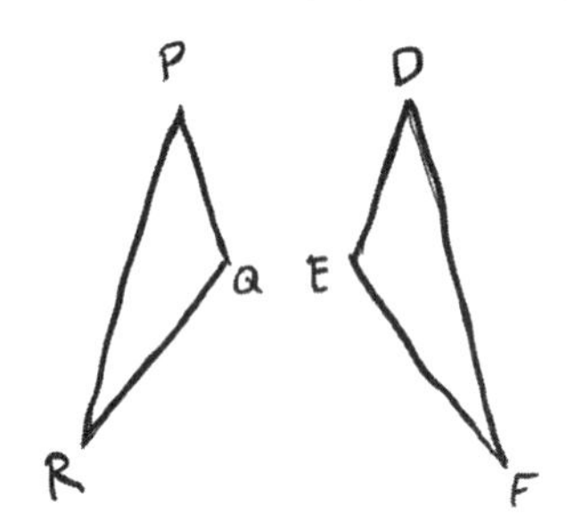

「三角形PQRとDEFは合同」といった単純な一言で、なんと、PQ＝DE；PR＝DF；QR＝EF；∠P＝∠D；∠Q＝∠E；∠R＝∠Fという六カ所もの等号関係を同時に主張しているのだ！

では、△PQRと△DFEは合同だろうか？ ユークリッド的感覚では、上の図面だと、PQの長さは、相当しているDFの長さと違うため、合同とは言えない。

はてな、と思った読者も少なくないだろうが、合同性の定義を真面目な幾何学者として厳密に当て嵌めるのなら、△DEFと△DFEは、同じ三角形であるにもかかわらず、合同ではない。なぜなら、DE≠DFだから。

しかし、先ほどのパップスによるロバの橋を渡る証明では、二等辺三角形BACは二等辺三角形CABと同じであることを言っている。何よりも、それが無意味な発言ではないことだけは理解していただきたい。英語のANNAという女性の名前は逆さまに読んだときも普通に読んだときも同じである事実は有益な情報を含んでいる。何かというと、ANNAという英語の人名はいわゆる「回文」であるということだ。つまり両方の名前はAとNという字でできているうえ、逆さまに読んでも、普通に読んでも一緒になっている。実際、△CABと左右対称で合同である△BACのことを回文的といっても不思議ではない。パップスは、おそらくその特徴に気づいたので、Lを引いた新しい図を考えずにロバの橋を素早く渡ることができたのではないかと考えられる。

とはいえ、パップスの証明は二等辺三角形が2個のたがいに等しい角を持っている理由を充分には説明していないという欠点がある。二等辺三角形が回文的であるといった直感的に理解できる事実は、その三角形を3次元の空中に取り上げ、空中でひっくり返して、同じ場所に置いたとき、その見た目が元から変わらないということを教えてくれる。すなわち、回文と同様に、二等辺三角形は左右対称的な図形だ。直感的に言えば、その対称性こそ、二つの角度が等しい理由となっている。

普通の幾何学の授業では、2次元平面上の図を3次元空間で手に取って裏返したりすることはない*13が、そういったことをする考え方も積極的に教えた方がよいと思う。数学特に幾何学は、ちょっと見ると抽象的でも、本当は人間が全身を使って体感できる教育研究分野だからである。幾何学者はしばしば手や指で目に見えない図を空中に作図したりすることがよくある。それどころか、身振り手振りを使って幾何学のお題を解こうとする子供たちの方が解に早くたどり着く傾向にあることが最近の研究で分かった*14。実は、最も有名な幾何学者の一人だったポアンカレも、幾何学を考えるときは自身の運動感覚を積極的に活用していたと言われている。実際、ポアンカレはビジュアルに物事を想像する能力が極めて低く、図だけでなく、人の顔さえ覚えることが苦手だったらしい。記憶から図を思い出そうとするときも、図の具体的な形ではなく、その図を見たときの目の動きを頭に描いていたという。

二等腕

あなた、《二等辺》という言葉の意味を深く考えたことが一度でもおありか？　英語や多くの欧米の言語で使われている言葉は、《イソスケレス》というギリシア語に語源を持っており、その具体的な意味は単に《等足》だ。中国語では《等腰》、ヘブライ語では《等脹脛》、ポーランド語では《等腕》という意味になる。とにかく、あらゆる言語では同じ長さの2辺を持つ三角形として定義しようとしているようだが、その理由は何だろう？　どうして《二等角三角形》と言わないのだろうか？　ロバの橋を渡ったときに、2本の等しい辺を持つ三角形は2個の等しい角も持っていることが分かった。つまり《二等辺三角形》」と《二等角三角形》は同じ意味を持っており、同じ三角形群を指しながらも、定義は同じではない。

それどころか他の選択肢もある。個人的には、二等辺三角形のことを《回文的三角形》といった方がふさわしいのではないかと思っている。つまり二等辺三角形は、左右反転したあとも変わらない三角形として定義できる。二等辺・二等角

---

*13　最近のアメリカの「各州共通基礎基準」（通称コモン・コア）では対称性をより積極的に教えることになっているが、残念なことにその基準自体の採用率は減っていく傾向にある。しかし、私はコモン・コアが消えたとしても、教育における対称性の重要さに対する共通認識が残ることを祈っている。

*14　それにもかかわらず、その子供たちの解を正確に証明する速度については特別には上がらないことも同研究で分かった。

であることはその性質から自動的に導かれるだけだ。そのような定義を不採用にしていた世界では、パップスの証明の方が主流になる。その世界で △BAC が二等辺三角形であることを証明したければ、△BAC と △CAB が同一の三角形であることを証明しなければならない。

良いといえる定義は、定義しようとしている単語の分野を超えた場合でも幅広く活用できるはずだと私は思っている。例えば、二等辺のことを「左右反転しても変わらない」という風に定義し直せば、三角形の分野を超えても、つまり《二等辺台形》とか《二等辺五角形》と言われたときでも、それらがどういった形をしているかは想像しやすくなる。二等辺五角形を定義しようとして、それを単に「2本の等しい辺を持つ五角形」と定義してしまえば、次のような、なんでもない五角形もその定義に当てはまってしまうのだ！

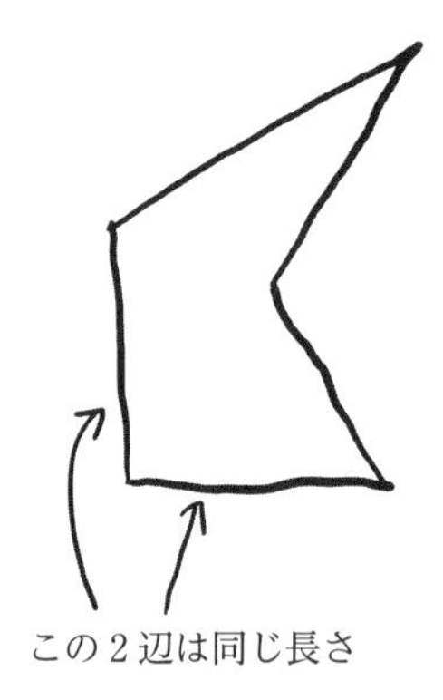

この2辺は同じ長さ

上のような不規則な図を二等辺五角形の定義に本当に含めていいのだろうか。それよりは、次のような美しい左右対称の図こそ《二等辺五角形》と呼ぶべきではないか。

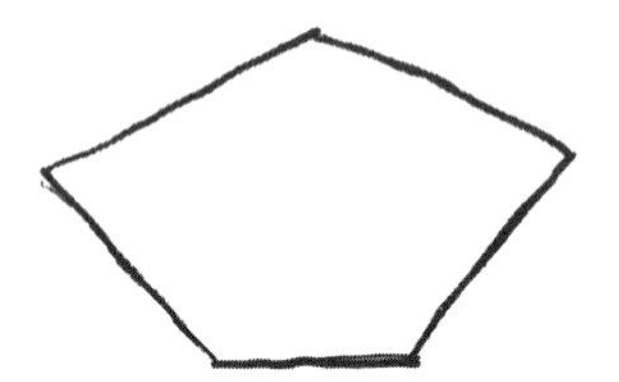

実際に幾何学の教科書を開けて確認してみて欲しい。二等辺台形の定義は「2個の等しい角を持つ台形」という風になっているはずだ。なぜなら、そちらの方が左右反転しても変わらないイメージが伝わりやすいからだ。つまり、その教科書にはユークリッド幾何学後に現れた対称性という概念が忍び込んできているわけだ。理由は、我々の脳は対称性を見つけて認識することを得意としているというところにある。この対称性に焦点を当てる教科書が近年次第に増えてきたおか

げで対称性に頼る証明も増えてきている。ユークリッドから多少離れてきているとはいえ、それこそが幾何学の《今》なのである。

第二の章

ストローの穴をのぞく

インターネットの国の住民たちが、何かの数学の問題を中心に一斉に大議論を起こす日は数学者にとってすごく楽しい。なぜなら、そんな日には、我々数学者が一生かけて育てた考え方や問題に挑戦する一般人がどんどん熱くなっていく姿を見ることができ、それによって自分たちの苦労が報われるかのように感じるからだ。きれいなおうちを持っている人なら誰でも、お客が突然遊びにきてくれたときはうれしいだろう？

インターネットの国を炎上させる数学問題の大半は、最初はつまらなく見えながらも、実におもしろいものが多い。

「一本のストローには穴がいくつ開いているか？」という問題はその例の一つだ。

この問題を聞いた人のほとんどは、最初、答は分かり切っていると言う。ところが、自分と違う答を出す人がいる、と聞くや衝撃を受け、中には怒り出す人も少なからずいる。それはつまり《解釈》（think）と《実体》（thing）の違いの数学的バージョンだ。

私が把握している限り、この「ストローの穴数問題」は、ステファニーとデーヴィッド・ルイス夫妻が 1970 年に「オーストラレーシア哲学研究」誌で発表した論文で初登場した。当時の二人は、ストローではなくトイレットペーパーの芯を例に挙げたが、問題の内容は同じだ。

その後、2014 年に、あるボディービルディングのネット掲示板で改めて出現した。言うまでもなく、ネット掲示板と研究雑誌で使われている言葉やその伝搬力は全然違うが、問題の本質は変わらず、穴数が《ゼロ》《一つ》《二つ》の三説が、それなりの支持を集めることになった。

数年後、スナップチャットに投稿された一つ穴説と二つ穴説を持ち上げながら、次第に熱くなっていく二人の大学生の映像が 150 万回を超えて視聴されて、うわさはうわさを呼んだ。それを機にストローの穴数問題はレッディット（Reddit）やツイッターから、「ニューヨークタイムズ」紙にまで広まり、バッズフィード（Buzzfeed）というニュースサイトの若くてイケメンのスタッフが制作した論争の映像は、早々と数十万回も視聴された。

この時点で、おそらくあなたも、すでに答を考え、それを支える理屈も検討し始めていることだろう。参考までに、一番よくある解答例やその裏付けとなっている理屈をまず紹介しておこう。

《ゼロ穴説》ストローは、穴の開いていない長方形のプラスチック板を丸めてから、一組の対辺同士を貼り付けて作る。したがってストローの胴体にはドーナツのような穴は開いていない。つまりストローには穴は開いていない。

《一つ穴説》ストローの端から端まで伸びる円柱状の空間としての空胴の穴が１個ある。

《二つ穴説》ストローをよく見ろ！　上と下に別々の丸い穴が二つあるだろが！

そこで、たとえ、そんなばかな、と思っても、あなた方は穴を十分理解していない、という事実を知ってもらうことが私の最初の仕事となる。

実は、上に並べた三つの答はいずれも大きな問題を抱えている。

まず、ゼロ穴説の支持者へ。何らかの物質を刳り抜いて作る穴だけがすべての穴ではないぞ。ドーナツの穴のようなのもあるぜ。ドーナツを作るときは、平面状のパン生地に穴を開けるのではなく、まずヘビのような長々と伸びた穴のない生地を作り、それを丸めて頭と尻尾をつなぐのだ。笑いものにされたければ、そこらのドーナツ屋でドーナツには穴は一つもないと言い張ってみろ。

次に二つ穴説だ。外側に開いた穴だけを数えるのなら、輪切りにした育ちの悪いレンコンの穴はどのように数えるんかい？　別にもおかしな点がある。二つの穴を持っているとした場合のストローの下の穴を塞いだとしよう。するとストローは、ものすごく背の高いコップのようなものへと変身するな？　そしてそのコップには上の穴が一つ残っているな？「はい、上の口の部分がその穴です」と答えるかもしれないが、そのコップの高さを、灰皿みたいになるまで低くすればどうだ。残った穴は灰皿の縁になるな。その縁のことを《穴》と呼ぶんかい？そんなことを認めると、何でも穴、と言うことになってしまうではないか。そもそも、「バケツに穴が開いている」と言うときは、バケツの上縁を穴と言うのではなく、上縁以外の場所に穴があって、そこから水が漏れて使えないということを伝えたいのだろうが。

というわけで、ゼロ穴説と二つ穴説は欠陥の穴だらけのことは十分理解してもらえたと思う。残る一つ穴説はどうだろうか？　三つの説のうちでこれが一番信頼されていることは事実である。が、その信頼もあてにならないという例を見せよう。あるとき、わが友ケリー嬢にストローの穴は一つしかないと自信満々に言ってみた。そのとたんケリーは顔をしかめて「いやねえ。なら、お口とお尻は同じなの？」と嘆いたのだ。ケリーはヨーガの先生だから、物事を身体にたとえて語るくせがあるのさ。そのケリーの心配には説得力があるだろう？ それでも、お口＝お尻、という等式を認めることができるケリーに嫌われる勇者がいるとしよう。しかし、その根性を認めても、難所がまだまだ残っている。それを知ってもらうために、以下にスナップチャットに投稿されていた、長男と次男の兄弟によるおもしろい論争の一部を紹介する。長男は一つ穴説、次男は二つ穴説である。

次男　花瓶を持ち上げながら「この花瓶にはいくつの穴が空いているの？ 一つ？」

長男　「うん」とうなずく。

次男　トイレットペーパーのロールを持ち上げながら、「それならこれは？」

長男　「一つだ。」

次男　「なんでよ！」もう一度花瓶を持ち上げる。「この二つが同じに見えるわけ？」

長男　花瓶の底を指で指しながら、「そうだよ。ここに穴をあけても穴の数は増えないよ。」

次男　がっかりしながら、「なんとまあ、新しい穴をあけると言っているくせに、穴の数は増えないの？」いらだった溜息をつく。

長男　「そうだよ。ここにもう一つの穴をあけてトイレットペーパーのようにしても穴の数は一つだ。」

次男　「ほら！ 今、もう一つの穴といっただろ？ ということは穴を一つ増やすってことだよね！ だからトイレットペーパーには二つの穴があるんだよ！」

おしまい。

二つ穴派の次男は、一つ穴派の長男には答えにくい問題を提起している。ある物体に新しい穴をあけると穴の数は増えるかどうか、ということだ。それでストローから離れて、問題をもう少し難しくしてみよう。

２本脚のズボンにはいくつの穴があいているのだろうか？ その質問に対して、もともと二つ穴説の人は、三つに増えると答えるのではないかと思う。２本の脚と１本の胴を通す三つの穴のことに違いない。それに対してもともと一つ穴説の人は、二つだと言うだろう。２本の脚が入る空間としての穴のことで、胴体が入る空間としての穴は脚の穴と重なって消えてしまうと考えるに違いない。

では、胴用の穴だけを縫い合わせて完全にふさいでしまえばどうなるだろうか。その場合、ズボンはＬ形に曲がった布製の１本の巨大なストローに変わるわけだ。ということは、もともとの二つ穴派にとっては、２本の脚用の 二つの 穴が残るはずだ。そうだろう？ 一方、一つ穴派から見れば、2本の脚用の空間としての穴はそのまま残る。この二つの空間の穴は、こけてズボンのヒザに穴が開いても、変わらない。ちょうど、紙風船にいくら穴を開けても球面状の1個の空間には変わりないのと同じことであろう。二つ穴派から見れば穴の数はどんどん増えるのにね。

では、紙風船でなく空気で膨らましたゴム風船を想像してみて欲しい。その風船を針でポンと破裂させるとする。つまり針で穴を開けるとする。残るのは口の結び目が残ったゴムの丸い円盤だけだ。ゴム風船に穴をあけると……穴が消える……！

もう十分混乱してきただろう。よっし！ それは最初からの狙い通りだ！

実は「ストローには何個の穴が開いているか」という問いには数学上は正確には答えられない。あなたに《穴》の正確な意味を教えることはできないのである。なぜなら、あなた自身があなたの好みで考えることだから。しかし、教えることはできないにしても、あなたの考え方に左右されない穴の定義を幾何学的に提案することはできる。その前に、意地悪な哲学的な結論を言っておこう。「ストローには二つの穴がある。しかしながら、それらは同じ穴である」。どういうことだろうか。

へたな図から出るうまい結論

以下で使う幾何学の公式名称は「トポロジー」（位相幾何学）という。物事の寸法や距離、曲がり方などを事細かに考えず、それらの変形の仕方に関心を持つことがこの幾何学の最大の特徴である。そう言うと、数学的な厳密さを無視する虚無主義的な幾何学かのように見えてしまうが実はそうではない。私を信用してついてきてくれ！

自分が証明したいことを証明するには、どれだけのことをどこまで無視してもよいか、ということを常に把握することが数学の基礎であることをまず理解しておいてもらいたい。そもそも、集中すべき物事だけに集中することは人間の知能の働きの基本だ。例えば、あなたが車道を横断しているときに、一台の車が赤信号を無視して突っ込んできたとしよう。次にどうするかを決めるために、どのような情報に集中すべきだろうか。運転手が何らかの理由によって行動不能になっているかどうかを確認するか？ それとも、車のモデルをチェックするか？ もしもひかれたとして、あとで病院に運び込まれる可能性に備えて、今朝家を出かけたときに清潔な下着を着たかどうかを考えるか？ といっても、そういったことは一切気にしないだろう。人間の思考能力のすべてが車の軌道を計算し、それを回避するための最短最速の身のかわし方を全力で見つけようとするだけだ！

数学に出てくる問題は生と死に関わるほどドラマチックではないが、似たような抽象化をする能力を必要とすることはいつもある。そして、抽象化する過程では、そのとき直面している疑問と直接関係ないことは故意に無視する必要がある。ニュートンは天体力学を発明する前に、それぞれの天体の動きがその天体の気まぐれではなく、宇宙そのものを支配する規律に従っていることを理解する必要があった。しかし、そのために天体の本質や形などを無視して、それぞれの質量と他の天体に対する相対位置だけに集中しなければならなかった。

数学そのものの始まりも良い例だと思われる。《数》の概念は、7頭の牛や7個の石や7人の人間と言った具体的なものを数えたり組み合わせたりするときに、すべて1+1=2といった同じルールに従って扱うことができる。そこから7階級の美や7種類の生き方といった抽象的なものを考える道も遠くない。数学の観点からは、何を扱っているのかが重要ではなく、その数だけを知っておけば十分だ。

トポロジーとは、その原理を形に当てはめる幾何学である。このトポロジーの現在の姿を成立させたのはフランスの数学者アンリ・ポアンカレである。またポアンカレか！ という読者もいるだろうが、この名前を聞くのに慣れてもらった方がいい。なぜなら、ポアンカレは特殊相対性理論からカオス理論やトランプの切り方を解説する理論まで、とんでもなく幅広い分野で活躍した天才だったからだ。

ポアンカレは、裕福な医学の教授の息子で、1854年にナンシーで生まれた。5歳でジフテリアにかかってしまい、数カ月は言葉さえ出ないほど深刻な状態を持ちこたえた。最終的に完治したが、その結果として虚弱体質のまま成長したという。後にポアンカレに師事した学生は大人になったポアンカレを次のように記録している。「何よりもポアンカレの瞳が印象に残っている。近視眼にもかかわらず、非常に明るくて鋭かった。それ以外は、腰が曲がっていて落ち着きが悪く、背の低いおじさんに過ぎなかった」。

ポアンカレの思春期時代にドイツがフランスを攻めて、東部のアルザスとロレーヌ地方を征服したが、ナンシー自体はフランスに残った。しかし、普仏戦争として知られているその戦争における急な敗北はフランス人全員にとっての国民的な心の傷となった。戦争後のフランスは失った領土を取り戻そうとした一方、勝ったドイツの効率的な官僚社会やその高い技術力を一生懸命に真似しようとした。ドイツ占領時代にドイツ語を習得せざるを得なかったポアンカレも、そういった新しい科学の教育を受けた初期のフランス人数学者の一人で、後にパリを数学界のトップ基地へと導くことに大いに努めた重要人物だった。学生時代のポアンカレは良い成績を上げたが、神童とはいえなかったようである。初めての重要な論文を発表したのは20代後半で、世界的に知られるようになったのは1880年代後半だった。1889年に、お互いの重力だけで動き回る天体の挙動にまつわる、いわゆる「三体問題」についてのエッセーを発表し、スウェーデンのオスカル王から賞を受けた。21 世紀になっても三体問題は完全には解明されていないが、それを含め、数えきれないほどの天文学などの問題の研究にいまだに使われている力学系理論の基礎を築いたのは正にそのエッセーだった。

ポアンカレは非常に規則正しい日々を送ったという。数学の研究のためには、毎日ちょうど 4 時間（午前 10 時から正午まで、そして午後 5 時から 7 時まで）だけを使っていたらしい。直感や無意識的なひらめきを重要視していたが、実際のところ、その考え方は、自分の日常生活と同じように規則正しくて、突然のひらめきよりも、知識の領域を慎重に広げながら、知らないことを少しずつ減らしていく真面目なやり方に頼っていた。ところが、そういった規則正しい研究者にしては珍しく、ポアンカレの筆跡はあまりにもきたないことで有名だった。両手で字が書けたらしいが、パリの数学界では「左手でも右手でも字がうまく書ける」（どちらの手を使っても読めない字しか書けない）という風にひそかに笑い者にされていた。

それにしても、ポアンカレが当時の最も有名で尊敬された数学者の一人だったのは間違いない。さらに、一般人に向けた科学や哲学の著書を通じて、その名声は専門家の世界を超えて、社会全体に広がった。非ユークリッド幾何学や当時発見されたばかりの放射性物質、数学における無限の理論、といった複雑な概念を分かりやすく解説していった大衆向けの著書は世界的ベストセラーとなり、英語、ドイツ語、スペイン語、ハンガリー語、日本語などにも翻訳された。文筆に優れ、数学の理念を、「幾何学とは、へたに作図した図面からうまい結論を導く技である」のようなおもしろい一言にまとめることが特にうまかった。

その言葉に励まされながら、これから下の図のような円について話して見ようと思う。

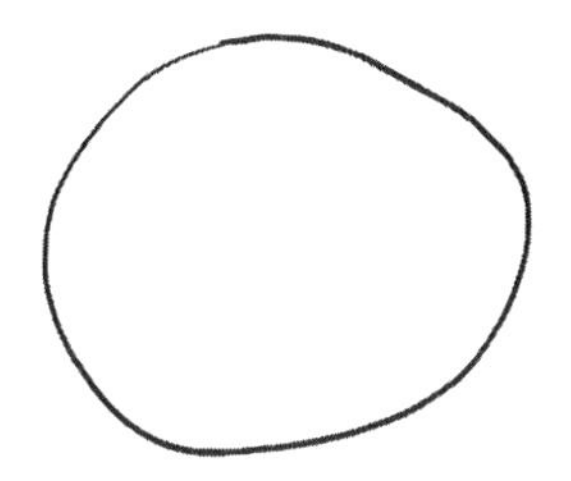

疑い深い読者なら、これは円ではないと怒るかもしれない。定規を取り出して、中心から枠までの距離が均等ではない、ということを簡単に見破ることができる。それは認めるとしよう。しかし、円周にはいくつの穴が開いているか、がこれから言いたいことなので、そんな図の上手下手は関係ない。私は作図が超苦手なので、筆跡のきたなさで（悪）名高きポアンカレにならおうとしているだけだ。ポアンカレの下で数学を研究したトビアス・ダンツィクによると、「ポアンカレが黒板に描いた円はいずれも原理上の円に過ぎず、凸状[*1]の閉じた曲線で

あることが本物の円との唯一の類似点だった」。つまり、ポアンカレにとって、そしてこれからの話においては、以下の図面はすべて円といえるわけだ。

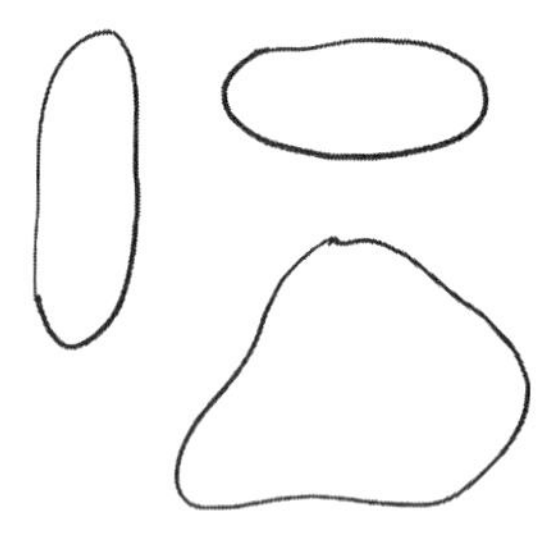

正方形も円だ！[*2] 円の正方形化など問題でない。

それどころか、このぐにゃぐにゃした落書きも円だ。

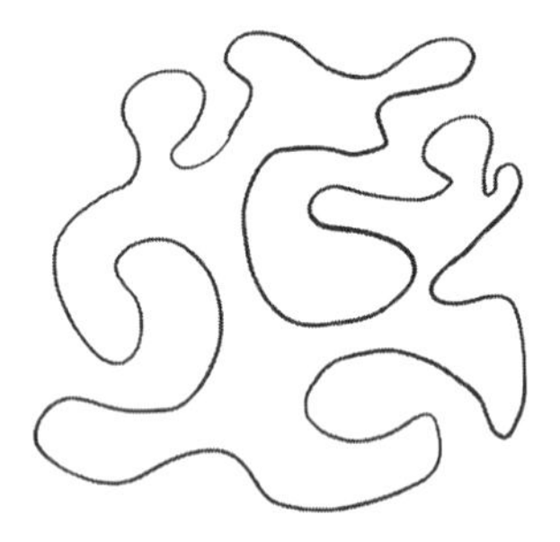

それに対して、次の図は円ではない。

＊1　ダンツィクは凸状という言葉を「常に外部に対して曲がっていく」という意味で使っている。ぐにゃぐにゃしたアメリカの選挙地区を語る第十四の章で再びこの概念が出てくるので、覚えておいてね。

＊2　さらに叱られる前に、追加説明しておこう。本来の位相数学の観点からみた任意の曲線にいくつの穴が開いているかを吟味していく過程においては、正方形と円は類似的であると言える。それに対して、その曲線の任意の頂点に接して、何本の接線を引けるかという観点から見た場合、正方形と円は大いに異なっている。

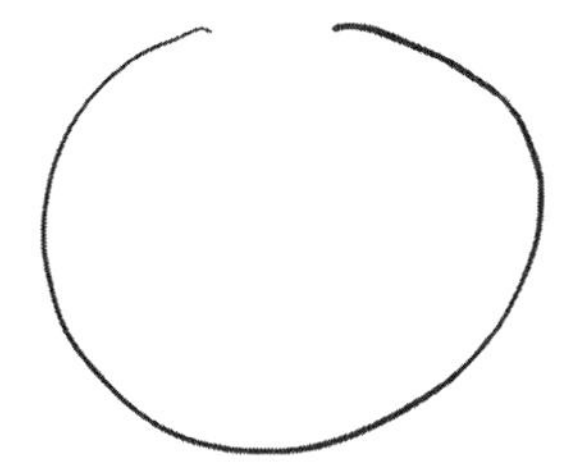

なぜなら、一部が消されて閉じられていないからだ。このように一部を消すと、ぺちゃんこにしたり、ぐにゃぐにゃ曲げたり、とんがらせたりするような大きな変化を加えることができる。へたに描いた閉じた円からへたに描いた開いた線に変えたわけだ。そして何より、穴がある図を穴のない図に変えたのだ。

こうしてみると、ストローの穴数問題はトポロジーの問題のように聞こえる。出てきた穴兄弟の話でも、ストローの大きさとか、曲がっているかどうかとか、切り口がユークリッドでも認めてくれる完璧な円になっているかどうかとかは、まったく話に出なかっただろう？ それは、そんな細部はそこでは大切ではないという事実が二人の兄弟たちにさえ分かっていたからだ。

では、そういった細部を取り除いたところで、何が残るのだろうか？ ポアンカレの考え方に従えば、ストローの高さは極力低くすることができる。つまり次の図のような細いプラスチックの輪はストローと同じだ。

その輪を、このページの上に立ててページの真上からページ方向に押さえ込み、完全にぺちゃんこにすると次の図のようになる。

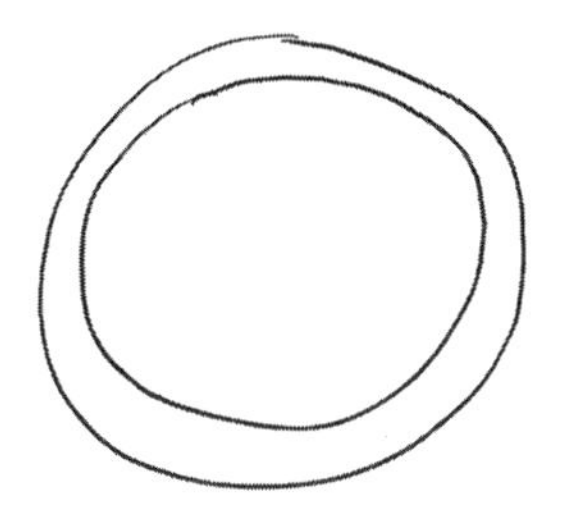

生まれたこの２次元の輪の正式名称は《アニュラス》（円環）といい、二つの同心円に囲まれた平面の領域を意味している。昔のレコード盤によく似ている。どちらにせよ、この図はストローをへたに描いた絵であることに変わりないが、平面上での穴は一つしかない。したがって、「ストローには二つの穴がある。しかしながら、それらは同じ穴である」。

では、ズボンの穴も似たような考え方で数えてみよう。ストローと同じく極端に短くしていくと、短パンになって、更にパンツになって、最後にフンドシにまで縮小してしまう。そのパンツを、上で描いた一つ穴のストローと同じようにこのページの上で平らにしてみると、次のようなダブルアニュラスと呼ばれる形が得られる。

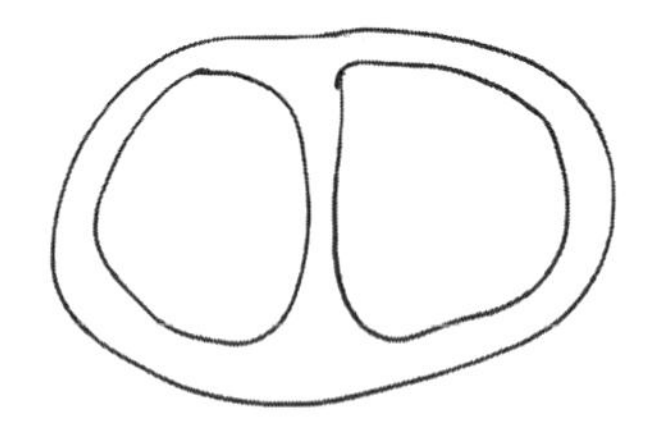

この図からもズボンには二つの脚用の穴が開いていて、それを胴用の穴がまとめていることがはっきり分かる。

ネーターのズボン

ズボンに二つの穴があることが分かったところで、我々の問題はまだ終わっていない。どれが脚の穴か胴の穴か、まだ分かっていないのである。先ほどの図では、ズボンの２本の脚が内側にきて、胴を通す穴は外側の輪郭となっていたが、１本の脚の穴を外側の輪郭にして、残りの脚と胴用の穴を、内側の二つの穴に当てはめることもできる。

ところが、ポアンカレの仕事のことを一切知らない私の娘は、ズボンには三つでなく二つの穴があると主張している。「ズボンは２本の脚を通す二つの穴としての２本のストローでできている。胴を通す穴は単に脚の二つの穴を束ねているに過ぎず三つ目の穴ではない」というのが娘の言い分だ。

それは見事に正しい！　それを理解するために、ズボンとストローの類似性を注意深く見てみよう。まず、ズボンの脚としての２本のストローをコップの中に差し込んでミルクシェイクを飲む状況を想像してみて欲しい。脚としての１本のストローに流れるシェイクの量は１秒に３ml、もう１本に流れる量は１秒に５ml[*3]だとすれば、それらをまとめる胴用の穴を通して口に入る量は１秒に８mlになる。いつもその調子でシェイクを飲んでいるとして、もしどちらかの脚用のストローを胴用の穴でできたストローと取り換えたとすると、口に入る量は3=5+8とか5=3+8となってしまう。そんなことはあり得ない。つまりどう見て

＊3　右と左のストローに入るシェイクの量が同じではないのはおかしいことは承知の上だが、今回の思考実験にとっては、それは重要ではない。ズボンの形をしたストローをすでに許してくれているなら、これも許してくれ。

も胴用の一つの穴が脚用の二つの穴をまとめていることになる。

実をいうと、私は以上で一つの隠し事をしたが、それを明かすときがようやく来た。ストローの上部の穴と下部の穴を同等に扱ってきたが、それは厳密には正確ではない。本当をいうと、片方の穴はもう一方の穴の《負の穴》だと言った方が正しい。それは、片方の穴から流入するシェイクはもう片方の穴から流出するからだ。

イタリアのエンリコ・ベッチらを含む、ポアンカレ以前の数学者は、ドーナツ形に見るような貫通孔などといった幾何学上の様々な穴の数を数えることに大いに苦戦してきた。その中で、現代数学における穴の新しい考え方を生み出したのは 1920 年代のドイツの数学者エミー・ネーターである。その考え方を説明するために、ネーターは穴を具体的な図形としてではなく、空間における何らかの方向として考え直した。

例えば 2 次元平面上で動くことのできる方向の数はいくらあるだろうか？ いうまでもないが、ある意味で無限だ。東南西北の四方向はもちろんのこと、南西へ、東北東へ、そして真南から東へ好きな角度の方向に移動できる。このように移動する方向は無限にあるにもかかわらず、ある 2 方向（例えば北と東）だけを使って移動先を示すことができる（その場合、西への 10 km の旅は東へ −10 km の旅として表現する）。ただし 1 直線上の真逆の 2 方向を選んではいけない。その線上の動きに限定されてしまうからだ。ストローの上部と下部はそういった禁止されている真逆の方向のペアの例だ。つまりストローは 2 次元でなく 1 次元の図形となる。それに対してズボンの胴と 2 本の脚の方向は次のような 2 次元的な図形を作る。

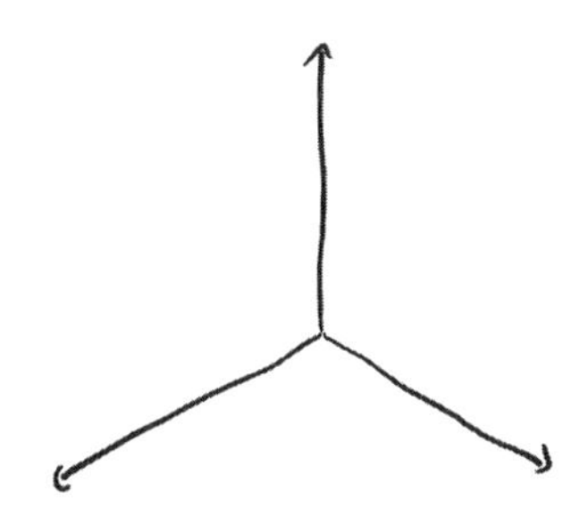

この図の 3 方向に従ってまっすぐな道を 1 km ずつ旅していくと、3 方向が互いに消し合って丸く閉じて次のように出発点に戻ることになる。

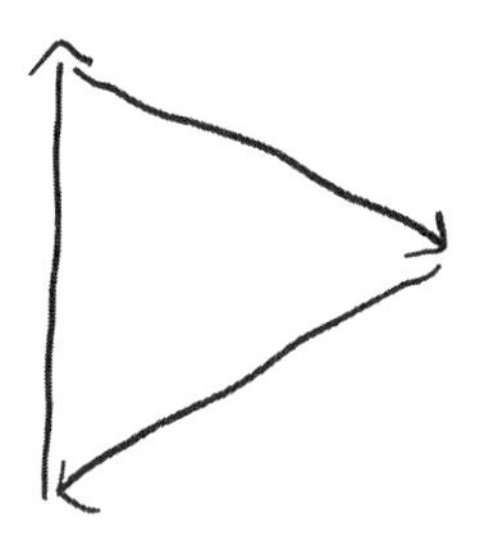

現代のトポロジーの基礎が説明されているとされているP・アレキサンドロフとH・ハインツによる1935年の教科書には次のように書いてある。「現代では、以上の事実が自明であるかのように扱われているが、8年ほど前はそうではなかった。エミー・ネーターのエネルギーや魅力的な性格は、それをトポロジスト間に常識として広めるために大いに役立った。ネーターの考え方は現代トポロジーの主流になっている」。

n次元幾何学を疑う者はもはやいないだろう

ポアンカレは現代「トポロジー」つまり「位相幾何学」の基礎を築いたにもかかわらず、《位相》という言葉を使わずに、ラテン語の《アナリシス・シトゥス》（位置分析学）という古い呼び方を好んでいた。幸いなことに、その偏屈な言い方は幅広くは流行しなかった。実際、ポアンカレより60年前にドイツのヨハン・ベネディクト・リスティングはすでにトポロジーという言葉を使っている。リスティングは実に多様多才な科学者で、1メートルの100万分の1を《マイクロン》と名付けた以外に、視覚の生理学や地質学の研究、そして糖尿病患者の尿における糖量の測定など、幅広く活躍した。リスティングの博士論文の指導教官はC・F・ガウスという著名な数学者で、この恩師が発明した磁力測定器を使いながら、地球の磁界の強さを世界各地で計りまわった。性格も大変明るく、多くの人に愛され、膨大な借金を重ねても、友人のために豪華な宴会などを開くことが大好きだった。物理学者のエルンスト・ブライテンバーガーは「さほど知られていないにもかかわらず、19世紀の科学に精彩をつけた博学者の一人」とリスティングを高く評価している。

1834年にリスティングは金持ちの友人であるサルトリウス・フォン・ヴァルテルハウゼンを連れて、シチリア島のエトナ火山の地質調査に参加した。火山活動のない合間の暇つぶしとしてリスティングは幾何学図形やその特徴についての研究を進め、その中でトポロジーという名称も創案したのだ。しかし、ポアンカレやネーターと違って、リスティングのやり方は系統的ではなかった。その数学へのアプローチの仕方は自身の人生の生き方と同じく折衷的で、何かに興味が湧いたときはしばらくそれに集中したが、熱が冷めるや新しいテーマに移る癖があった。そのため、たとえメビウスの前にその著名な帯を下図のように作図していたにもかかわらず、向き付けが不可能である有名な特徴に気付いていたかどうかははっきり分かっていない。

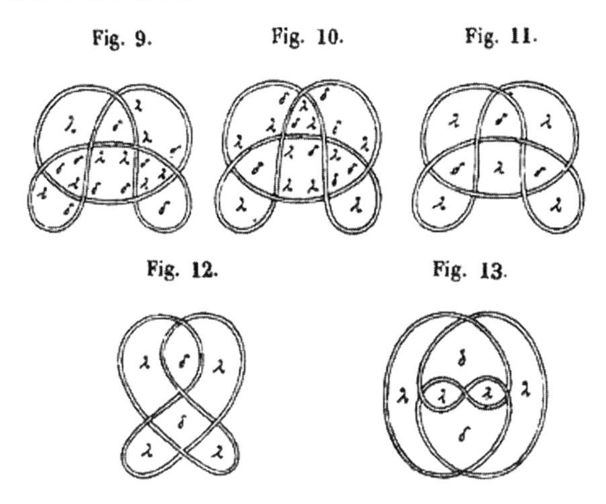

晩年のリスティングは、アメリカの生物を事細かに目録化しようとしたオーデュボンなどにならって、『空間形状集』という名目のもと、自分が知っていたあらゆる幾何学図形のカタログを作っている。それがあるのに、そのリストに含まれていない形を新しく発見しようとすることに何の価値があるのだろうか？ストローの穴数について考えたり、議論したりすることは間違いなくおもしいが、それはピンの頭に何人の天使が着陸できるかを議論している昔の神職者たちと何も変わらないではないか。

その問いかけに対して、ポアンカレは『アナリシス・シトゥス』の冒頭陳述で次のように答えている。

「n 次元の形の幾何学の必要性を疑う者はもはやいないだろう。」

ストローやズボンは非常に想像しやすいため、その形を語るために複雑な数学的な表記法を理解する必要はない。それに対して、普通の人間は 3 次元以上の空間の形を脳内にぼんやりとでも想像することは得意ではない。それにもかかわらず、我々はぼんやりとした絵ではなく、はっきりとした図面が見たい。後に人工知能や機械学習の幾何学を語る章では、数百・数千次元の空間における最高の山の探索の仕方を語っていきたいと思うので、お楽しみに。

三体問題の解決に挑んでいたポアンカレはその天体の位置や移動を同時に把握

する必要があった。それはすなわち位置の三つの座標と速度ベクトル[*4]の三つの座標といった、合計六つの座標（あるいは6次元）を同時に扱うことを意味している。しかも三体の軌道を同時にたどらなければならないので、結局合計18次元を把握しなければならない！

いうまでもなく、18次元のストローの穴数を数えたり、そのストローと18次元のズボンとの差を解明したりするための図を作ることは極めて困難だ。そのため、我々の日常的な穴の概念からそれなりにかけ離れた、形式的な新しい言語が必要になってくる。幾何学は現実の世界にある形についての直観的な観察から出発するが、それらの形の見た目や動きなどを十分観察してから、最終的に、直観に頼らずにそれらの特徴を説明する分野なのだ。それに向かっての旅はすでに始まっている。

先に取り上げた例を思い出してみよう。穴がなかった風船を覚えているかい？針で刺して穴を開けた瞬間、ポン！ と大きな音を立てて、ゴムの円盤に変わった。しかし、その円盤に穴はない。穴を開けたのに！

その矛盾を解くために以下のような考え方ができる。風船に穴をあけたにもかかわらず、穴があいていないということは、その風船はもともと −1 個の穴を持っていたということを意味しているのだ。

さあ、決断の瞬間が迫ってきたぞ！ マイナスがつく穴数を持つ物体があるという仮想のアイデアを認めるか認めないかのどちらかを選ばなければならない。数学の歴史はこのような究極の選択肢に溢れている。そのような分岐点に到着したときはどちらかを切り捨てない限り、前へと進めなくなる[*5]。その場合、何らかの絶対的で恒久的な真実があるわけではない。数学の道を辿りながら適切な定義を選ばなければならない。と言っても、片方の道が必ずしも真実で、もう片方が偽物とか間違いと見なす必要はない。ただ単に片方の道の方が《より良い》と判断するだけでよい。より良い道とは、より幅広い物事を高く評価する道を意味している。その中で数学者は、数百年の経験から判断して、一般的な原理を壊してしまう解答よりも、ちょっと見でおかしく感じる解答、の方がしばしば適切であることが分かっている。先の例でいうと、負の穴の数といった変な考え方を受

＊4　物理学者における速度には、一つの数値で表される速さだけでなく、動く方向も含まれる。そのため、速度の測定には、速さのほか、北と東の2方向への動き方の、合わせて三つの数字がいる。

＊5　米国の三代目大統領トーマス・ジェファーソンなどもそういった矛盾に満ちた考え方の持ち主の代表例だった。ジェファーソンはアメリカ革命を裏付ける自由や平等の理念をもっとも積極的に唱えたにもかかわらず、同時に「有色人種がユークリッドの図や証明を理解することは不可能である」と信じており、さらに口で奴隷制度を批判しながらも、数多くの奴隷を侍らし続けた。矛盾を嫌ったユークリッドを愛するのに、ジェファーソンは自分の矛盾を真正面から見つめる勇気を死ぬまで見つけられなかったようである。

け入れた方が便利である。少なくとも私は、ここでは、その変な考え方を選びたい。風船の穴数は −1 であると言った方が、ここでの問いかけの答にふさわしい。実際、トポロジーには穴数に関係する「オイラー標数」という、与えられた幾何学図形がいくらぐにゃぐにゃ変形しても一切変わらない位相不変量が存在していて、それを適用する場合、負の穴数は必要不可欠になる。ここでの 0 次元の穴と言うのは、一続きになった穴のない 1 個の図形のことで、1 本の線や穴のない 1 枚の面の場合は 1、2 本の線や穴のない 2 枚の面の場合は 2 と数える。1 次元の穴と言うのはある図形を二つに分けない円周のことで、平面や球面は 0、ドーナツ面は輪に垂直と水平な切り口があるから 2 と数える。2 次元の穴と言うのは空洞になった 3 次元空間のことで、平面は 0、球面やドーナツ面は 1 と数える。3 次元以上の穴については 4 次元以上の空間の数になる。そうした数について、

（0 次元の穴）−（1 次元の穴）+（2 次元の穴）

で計算される数をオイラー標数という。ゴム風船のオイラー標数は、

（0 次元の穴 1 個）−（1 次元の穴 0 個）+（2 次元の穴 1 個）= 2

となる。オイラー標数は定義によって非常に複雑になるが、簡単には、下表の穴数を使って、「1−穴数」あるいは「偶数次元の穴数−奇数次元の穴数」として求めることができる。

	オイラー標数	穴数
ズボン	−1	2
ストロー	0	1
潰された風船	1	0
空気が入った風船	2	−1

オイラー標数の名称は、それを初めて研究したスイスの博学者レオンハルト・オイラーの苗字からきているが、オイラー自身はそれを 2 次元でしか調べていない。その後、ヨハン・リスティングを含む数多くの数学者はそれを 3 次元に拡張することに努めたが、4 次元以上の空間への適用を解明し始めたのはポアンカレだった。

むずかしい話になってきたね。これ以上のトポロジーの授業を 1 ページに圧縮する代わりに、ポアンカレとネーターの結論を教えてあげよう。

二人による何次元にでも適応できる「穴論」によると、ある物体における 0 次元の穴数はその物体を別れて構成している部分の数と同じだ。1 個の風船やストローは一つの部分から構成されているため、0 次元の穴数は 1 となる。風船が 2 個あれば 0 次元の穴の個数は 2 となる。それに対して 1 個の円周や閉じた辺だけ

の多角形は1個の1次元の穴、1個の球面や凸多面体は1個の2次元の穴となる。この定義には、専門的な数学とは無関係に頂点、稜線、側面で構成されている多角形や多面体を調べている人にとっては多少の違和感があるかもしれないが、おかげさまで上記の風船のオイラー標数が求まることになる[*6]。

さて、ローマ字の大文字のBは2個の半円が一つにくっついている。つまり一続きの線としての1個の0次元の穴と2個の1次元の穴で構成されていると考えられる。したがって、そのオイラー標数は1−2=−1[*7]となる。ここで、Bの下の一部を消せば1個の1次元の穴を持つ1個のRになってオイラー標数は1−1=0、Rの右上の一部を消せば穴のないKになってオイラー標数は1−0=1となる。一方、Rの下の斜めの棒を切り離すとPと斜めになったIに分かれる。その場合、二つの部分から構成されているため0次元の穴数は2となり、Pについている1次元の穴1個と合わせるとオイラー標数は2−1=1となる。ここからIを2分割、3分割、4分割と小分けしていくと、オイラー標数は2、3、4とどんどん増え、その過程は無限に繰り返すことができる。

最後に、おまけを一つ。ズボンの三つの穴（出入口としての穴）のうち脚用の穴を縫い付けて一つにすれば、1次元の穴の数は胴用の穴と合わせて2になる。全体が一つになっていることには変わりないから0次元の穴数は1のままだ。したがって、オイラー標数は1−2=−1となる。つまり縫い合わせる前のズボンのオイラー標数と同じになっている！

＊6　(訳注) 0次元、1次元、2次元の穴の数を、多角形や多面体の頂点、稜線、側面の数に置き換えると、オイラー標数は下図に従って次のようになる。潰された風船の場合は左端の正方形と同じく4−4+1=1、空気が入った風船の場合は左から2番目の立方体と同じく8−12+6=2、ストローの場合は右から2番目の対面を取り去った立方体と同じく8−12+4=0、ズボンの場合は右端の対面を取り去った立方体2個を並列させた多面体と同じく12−20−7=−1。

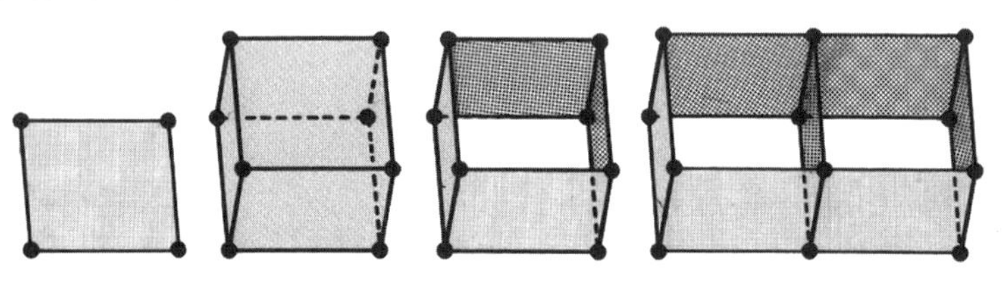

＊7　ちなみに、パソコンの英語のキーボードではBがもっとも低いオイラー標数の文字であるはず。とはいえ、一部の昔のキーボードには、オイラー標数が −2になっていた二重線のドルマークが存在した。また、アップル社のパソコンのキーボードにおける「コマンド」マークのオイラー標数は −4である。キーボード上で最も高いオイラー標数を持っているのは二つの0次元の穴が開いているビックリマーク《！》で2−0=2だ。

第三の章

形は違うが名は同じ

現代の幾何学は、「シンメトリー」（対称性）を重要な基礎としている。その場合、何の対称性を定義するかによってその幾何学の内容が決まる。

ユークリッド幾何における対称性は「等長変換」によって定義する。つまり、ユークリッド空間における対称性は、図の移動・回転・鏡映、およびそれらの組み合わせによって定義される。この対称性を使えば、第一の章で紹介した合同性も、より現代的に定義することができる。つまり、昔風に、相対する角度や辺長が互いに等しい２枚の三角形は合同であるというより、一方の三角形に任意の等長変換を適用することによってもう一方の三角形が作図できればこの２枚の三角形は合同である、と定義した方が自然ではないだろうか？ 実際に『原論』を読んでみると、ユークリッド本人が合同性をそのように定義しようと思いながらも、最終的に控えてしまったように読み取れる。

では、等長変換を対称性の基盤とする根拠は何だろうか？ 実際にその選択が妥当であることを証明するのは極めて困難だが、以下のように考えてみるといいかもしれない。ギリシア語では、《シンメトリー》の語源である《シュンメトリア》の文字通りの意味は「共通の尺度で割り切れる」ということだ。その場合、２次元平面上の線分の寸法を変えずに変換させようと思えば、等長変換を使うしかない。すなわち、等長変換そのものがシュンメトリア的といえる。ギリシア語で等辺・等長を表す《イソメトリア》という言葉はもっとふさわしいかもしれない。現代幾何学では、英語で等長変換のことを実際に《アイソメトリー》とも呼んでいる。

以下に２枚の合同な三角形を描いてみた。

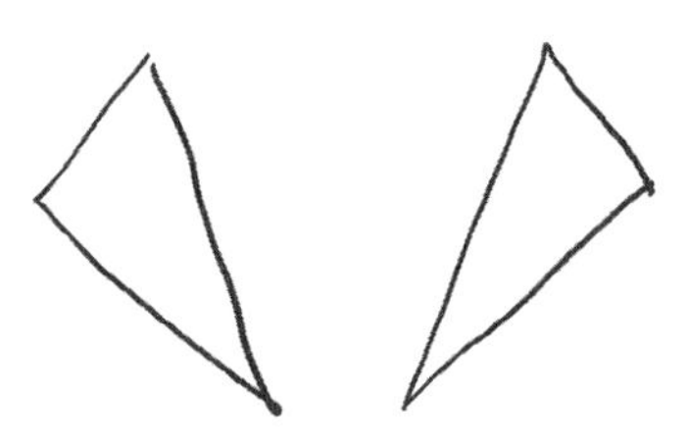

この2枚の三角形は、互いに数センチ離れているうえ裏返しになっていて重ねることはできない。そのため、初歩的に言えば、明らかに同じではない。それにもかかわらず、ユークリッド幾何を知っている現代の我々は、これらは同じと考える。

ここで名言の専門家ポアンカレを再び引用するときが来た。ポアンカレによると、「数学とは同じでないものに同じ名をつける術である」。よく考えると、この術は日常的に使われている。例えば、誰かに「あなたはシカゴ出身か？」と聞いたときに、その人が「違う！ 僕は25年前のシカゴ出身だ」と返事したら、その無駄なもったいぶりに少しは腹立つだろう？ なぜなら、我々は出身地などについて語るとき時間軸上の移動によるシンメトリーを暗黙のうちに認め合っているため、時間軸上の移動は省略した方が自然だからだ。ほとんどの人は、ポアンカレに従って、時間の経過によって形こそ違っても《25年前のシカゴ》と《今のシカゴ》が同じシカゴであることを周知している。

このシンメトリーをユークリッド幾何よりも狭い意味で定義すると違った幾何学が考えられる。例えば、上に描いた2枚の三角形をぴったり重ねるためには、まず一方を一度手に取って一時的に3次元空間を借りてさっと裏返したあと、すべての辺がもう一方の相対する辺と平行になるように回転させて、さらに2枚の三角形が重なるように平行移動させる必要がある。そのため鏡映のみを許す場合、鏡映と回転を許す場合、鏡映と回転と移動を許す場合に応じて合同の定義は異なってくる。そのうち鏡映は任意の三角形における最短辺から最長辺までの《道》のまわり方を変えず、回転は角度と辺長を変えず、移動は平行性を変えない。そういった不変的な特徴を数学では《不変量》と呼ぶ。

各幾何学で認められた対称性（対称変換）にはそれぞれに決まった不変量がある。例えば、等長変換によって図の面積を変えることはできない。その事実を物理学的な言葉で言い換えると、等長変換は「面積保存の法則」*1 に従っているといえよう。また、線分の長さも変えられないため、「長さ保存の法則」も存在していると言える。

以上のような2次元平面上の回転は分かりやすいが、3次元空間内の回転は極めて複雑になる。オイラーは18世紀の時点で、3次元の回転はある固定された軸のまわりでの回転と考えると理解しやすいという事実を明らかにした。しかし、それは問題の一部にすぎない。その軸を効果的に選ぶにはどうすればよいだろうか？ 例えば、ある物体を、真上を向いている軸を中心に20度回転してか

＊1　ここでどうしても指摘しないままではいられない事実がある。面積保存の法則は自然に長さ保存の法則に従っている。なぜならそれぞれの辺長が等しい三角形は合同だから面積も同じになる。もちろん三角形の辺長からその面積を計算するにはアレキサンドリアのヘロンの公式を使えばよい。

ら、北を向く水平の軸を中心に30度回転させたいとしよう。その結果は何らかの軸に対する何度かの回転になるが、どのようにしてその軸を特定すればよいのだろうか？ なんとなく上へ、そして北北西を向いている軸に対して、およそ36度回転しているだろうとなんとなく分かるが、正確には想像しにくい。そこで、3次元空間の回転を計算しやすくするために、詩人ワーズワースの友人ウィリアム・ローワン・ハミルトンは四元数を発明した。ハミルトンによると、1843年10月16日に奥さんと一緒にダブリンのロイヤル運河の辺を散歩している最中に……。

「妻が何やかやと話しかける途中、私の心の深い所にあるアイデアが湧いてきて、それがいかに重要であるかをその場で理解した。正に電気回路を閉じたときに発生される電気花火みたいなものだった！ そして、私はその瞬間にひらめいた公式をブローガム橋の石にナイフで刻もうとする衝動を抑えきれなかった……」。

ハミルトンは、その結末を詳しく調べるために残りの人生をすべて注いで、それをうたう詩まで残している。

「厳格な魅力にあふれる数学の女神マテシス（Mathesis）よ、
我々は線と数を使って、
まだ生まれていないあなたの子供たちを見ようとしている……」

まあまあ、ここで引用しなくても、その続きは大体想像できるだろう。

スクロンチョメトリー

前節では許容する変換の数を限定したとき何が起こるかを探ってみたが、以降では逆に多めの変換を許すとしよう。例えば、拡大縮小を対称操作群に含めた場合、その結果として次の2枚の三角形も合同とみなせる。

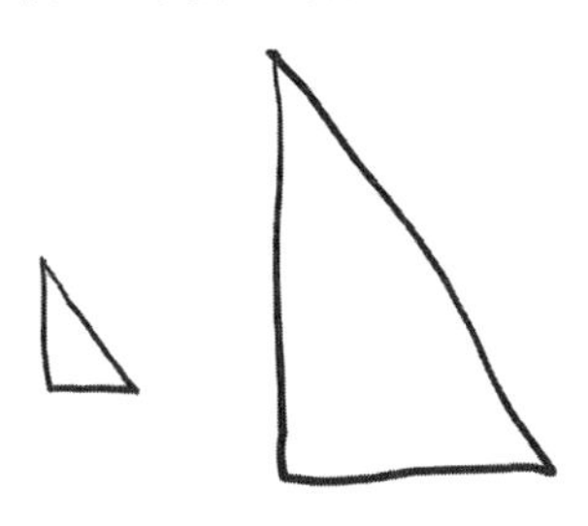

そのようにして広げた合同性の新しい定義からすると、今まで不変量だった面積が不変でなくなるが、角度は不変量のままで残る。高等学校で教えられる幾何学ではこの場合の三角形を《相似的》あるいは《類似的》と呼んでいる。

しかし、想像力を働かせば、合同や相似とは異なるまったく新しい概念も提案できる。例えば、ある図面を縦に一定量で伸ばし、同じ量で横に縮小するといった《縦横比》(アスペクト比)の変形はその一例だ。私はそういった変形を《スクロンチ》(伸縮変形 scronch) と名付けることにした[*2]。

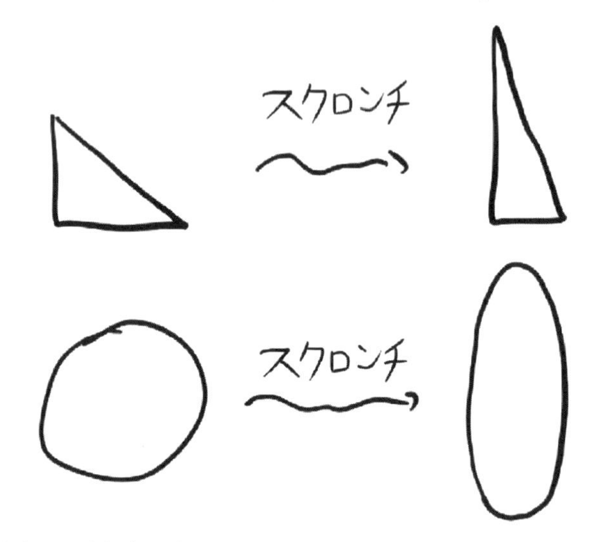

スクロンチさせた図面の面積は変わらない。そのことは長辺と短辺の掛け算だけで面積が決まる長方形の場合は分かり切った事実だが、三角形の場合でも証明できるか？ やってみて欲しい。長方形より少し難しいぞ！

スクロンチを許める「スクロンチョメトリー」(スクロンチ幾何学 scronchometry) における合同性の定義は次の通りだ。移動とスクロンチのみの適用によって重なる図は《スクロンチ合同》と呼ぶ。ところが、スクロンチ合同な三角形は同じ面積を持っているが、同じ面積を持っているすべての三角形はスクロンチ合同とは限らない。

単純な2次元平面でも、可能な対称操作があまりにも多いため、ここですべてを語ることはできないが、その多様性を少しでも匂ってもらうために、H・S・M・コクセターとサミュエル・グレイツァーによる力作『幾何学再入門』に掲載された系統図を挙げる。

＊2　このような変形は動画制作者や映画監督などの大好物だ。アニメのキャラクターなどの動きに活気をつけるための適用歴は100年以上にまでさかのぼる。

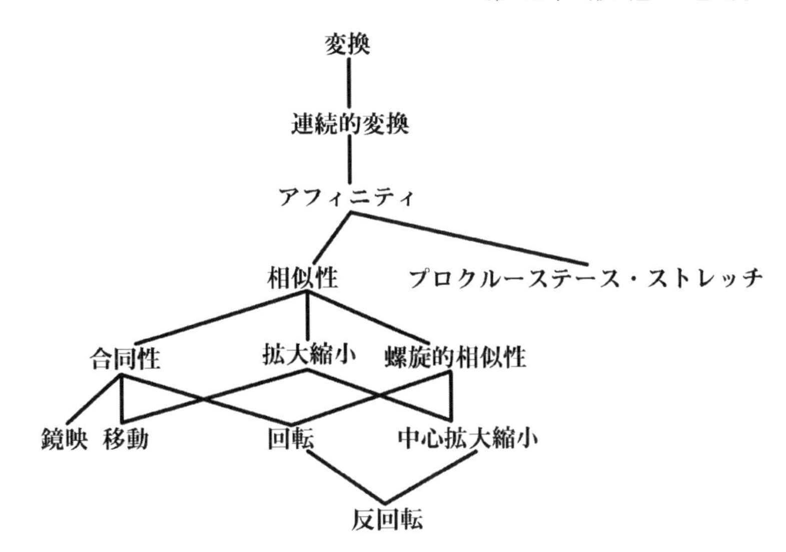

この図は家系図などによく似ているツリー型のグラフだ。それぞれの項目はその《親》の特例であると理解してもらえばよい。ここまで等長変換と呼んできた変形は相似性の特例で、鏡映と回転は等長変換の特例となっている。コクセターとグライツァーはスクロンチのことを、鋭く《プロクルーステース[*3]・ストレッチ》と名付けた。コクセターらが《アフィン変換》(平行投影変換) と呼んでいるものはスクロンチと相似性の両方を認めている対称変換のことである。いずれにしろ、対称性を使って、2次元幾何学上の定義の大半を非常に合理的に整理している。

ここで問題！ 楕円が円とアフィン関係にある図形であることを証明せよ。少し難しい問題！ 平行四辺形が正方形とアフィン関係にある図形であることを証明せよ。

ある図のペアが実際に《同じ》であるかどうかという問いかけに対して絶対的に正しいという答はない。なぜなら、同じとは、何について、何を比べようとしているのかに左右されるからだ。例えば、相似性では面積は不変量でないため、面積の合同性を問うときには相似性は使えない。また角度にしか興味がないときは、そもそも合同性にこだわる必要があまりなく、相似性だけで十分だ。とにかく、それぞれの対称変換群はそれぞれ違う幾何学に向いているため、物事を同じ名称で呼ぶかどうかの基準もそれと同時に変わっていく。

＊3　(訳注)プロクルーステースは、ギリシア神話に登場する強盗で、その名は「伸ばす者」という意味だった。プロクルーステースは犠牲者を寝台に寝かせて、背が短すぎる場合、無理に引き伸ばし、高すぎる場合、はみ出ている部分を切断して、身長が合うまで拷問し続けた。

ユークリッド自身が対称性について残した言葉は少ないが、後継者たちはそれを深く吟味して、その応用範囲を２次元からはるかに離れた空間まで拡張していった。それは、おそらく、物事の重要度を整理しようとするとき、対称性を使えば簡単にたどり着きやすいからだと思われる。リンカーンも幾何学的な対称性を表現した次のような言葉を自分のメモ帳に残している。

「ＡさんがＢさんを奴隷にする権利が自分にあると決定的に証明できるのであれば、Ｂさんも同じ理論に従ってＡさんを奴隷にする権利が自分にあることを証明できるのではないだろうか？」

すなわち、道徳はユークリッドの三角形の面積と同じように不変量であるべきだ、ということをリンカーンは表現しようとしている。三角形を裏返しにしたところで面積を変えることはできない。

我々は学校レベルの幾何学からさらに遠く離れていくことができる。その場合、鉛筆や教科書や厳しい目で見つめてくるユークリッドに別れを告げて、図を自由自在に伸ばしたり、縮めたり、曲げたりすることを許す世界を切り開くことができる。それで、図を割ったり、穴をあけたりすることはできないことを唯一の制限にしてみよう。そうすると次の図のように、三角形を膨らまして円形に変えたり、正方形に変えたりすることができる。

しかし、三角形を線分に変えることはできない。線分にするために三角形のどこかに穴をあける必要があるからだ。残りの対称変換群はコクセターとグライツァーのグラフの連続変形に当たる。そのような、だらりとした幾何学では、角

度も面積も不変量ではない。おかげさまで、取るに足らない物事をすべて切り捨て、ようやく純粋な「形」（シェイプ）に集中できるようになる。

時空間のスクロンチ

1904年に、ルイジアナ買収100年記念博覧会がセントルイスで開催された（ルイジアナ買収は実は101年前に行われたが、博覧会の準備に時間をかけすぎて、1年遅れてしまった）。同じ夏、同じセントルイスで、オリンピックも民主党全国大会も開催されたおかげで博覧会の観客動員数は2,000万を超える記録を達成した。その目的は、合衆国全体、特にその中部の科学や産業の成績を世界に紹介することだった。そのテーマソングの『セントルイスで会いましょう』は今でも人気のスタンダードナンバーになっている。フィラデルフィアからわざわざ自由の鐘を運んできて特別公開したり、アメリカ絵画の巨匠ジェームズ・マックニール・ウィスラーやジョン・シンガー・サージェントの絵画を展示したりした。工事現場で生まれた子供は、ルイジアナ・パーチェイス（購入）・オリアリー、と名付けられるエピソードもあった。アラバマ州のバーミングハム市は鉄工業を宣伝するために、18.5メートルの火と鍛冶の神ウゥルカーヌスの銅像を作らせた。アパッチ戦争で原住民たちを指揮した勇者ジェロニモは自分の肖像画にサインするため現場に現れ、障害者権利の擁護者ヘレン・ケラーも満席の観客の前で熱い演説をした。お馴染みのアイスクリームのコーンもその博覧会で発明されたという説もある。そして、同年の九月に芸術と科学の豪華な国際会議が開催された。マラリアの伝染過程を発見してノーベル賞を受賞したイギリスの医師サー・ロナルド・ロスのほか、ドイツの物理学者ルートヴィッヒ・ボルツマンやヴィルヘルム・オストワルトなども参加し、万物が原子から構成されているのか（ボルツマン）、それとも連続的な電子場からなっているのか（オストワルト）を激しく言い争った。そして、世界で最も有名な幾何学者ポアンカレもセントルイスを訪れて、国際会議の最後の日に「物理数学の概要」という講演を行った。そこで紹介した研究内容はいずれも最先端のもので、当時、議論が沸騰していたため、ポアンカレは自分の言葉に徹底的に気を遣うことにした。

> 「我々の患者（物理学）は危機を迎えており、大きな変革の兆しを目の前にしている。しかしながら必要以上に心配することはない。私はその患者が絶対に命を落とさないと確信を持っており、その危機を乗り越えてこそ未来はある。」

ポアンカレが警戒していた危機とは、実際に対称性に関係する問題だった。当時、目をちょっとそらしたりしても、物理の法則は対称性があって変わらない、と言われていたのである。つまり当時知られていた物理の法則は3次元空間においては不変だった。さらに、ポアンカレの理解では、乗り合いバスとかに乗っても、その法則は一切変わらないはずだった。もし変わるにしても、それは時間軸も視野に入れた少し複雑な対称性を見せるに過ぎなかった。

実は、移動している観察者の視点から見ても物理の法則は変わらない、といった考え方には疑問がある。そもそも、動いたときの感覚と、止まっているときの感覚は違うだろう？ 残念ながら、変わらないという見方は間違っている。我々はバスに乗らなくても、地球上に立っている時点で、高速で太陽のまわりを回転しているし、太陽そのものが銀河の中心のまわりに回転している。つまり、完全に不動の観察者は存在し得ないのだから、その観察者の観点からしか成立しない物理の法則を認めてはいけない。物理の法則は観察者の移動と独立して成立しなければならない。

当時の物理学はそのようには機能していなかった。それこそがポアンカレの《危機》だった。例えば、電気・磁気・光の三つを見事に統一したマクスウェルの方程式は期待にたがわず、それぞれが不変量ではないことを示していた。この物理学者に吐き気を覚えさせるほどの展開を解決するために、《エーテル》といった、絶対的に不動不変な宇宙の背景的なものが自明な事実として仮定されたのである。宇宙がニュートン力学で動き回る無数のビリアードの玉から構成されているとしたら、エーテルはビリアードのテーブルを覆う緑の布のようなイメージに近いと思う。その世界観における物理学の真の法則は、常に移動している地球にいる人間の観点からではなく、その不動不変のエーテルの観点から見た物理的な現象として理解された。残念ながら、エーテルの存在を証明しようとした数多くの実験が次々と失敗していったため、その場しのぎの新しい仮説が生み出された。速度の方向に向かって、物体が次第に縮小していくという、ローレンツの「縮小の法則」などがその例である。その行き当たりばったりの状況では、物理学の根本的な原理そのものがあやふやになるという危機を見越したポアンカレは、その危機を避けるための提案で講義をやめた。

「我々も、今はまだちらっとしか見えてない、まったく新しい物理を発明する必要があるかもしれない。もしかして、その物理では、慣性が速度と正比例して増えていくため、光速そのものが速度の限界となっていくかもしれない。そういった新しい物理学では、お馴染みのニュートン力学は初期段階の概算として残しても良いのではないかと思われる。なぜなら、さほど早くない速度の段階では、その力学は今でも成立するからである。そのようにして古い物理は新しい物理の一部として生き続ければよい。昔発見された原理を長らく信じたことを後悔する必要はないだろう。昔の法則を崩壊させてしまう速度はあまりにも早いが、日常的に出会うようなものではないため、日常的なレベルでは昔の知恵を活用し続ければよい。その知恵はあまりにも役に立ってくれているので、その活用の場を常に確保しておくべきだ。丸ごと捨ててしまうことはおろかすぎて、強力な武器を無意味に投げ捨てることに等しい。そもそも、我々はその時期にまだ到達しておらず、到達したとしても、ニュートン力学がその葛藤を無事に乗り越えていく可能性も十分残っていることだけは指摘しておきたい。」

患者（ニュートン力学）は、ポアンカレが予言した通り、葛藤に生き残っただけではなく、大いに変身した形で手術台から起き上がる寸前までいったのだ。国際会議後、一年たたずして、ポアンカレはマクスウェル方程式が対称的であることを証明した。しかし、それを可能にしたのはローレンツ変換という新しい対称変換群で、「このバスに乗ってから1時間が経ったので、出発地点から40キロ離れた場所にいるだろう」といったレベルよりはるかに複雑な形で時間と空間の相互関係を定義しなおした（その違いが際立ち始めるのは、バスが光速の9割以上の速度で動いたときだがね……）。ポアンカレは、かつてご都合主義的に作られた不格好なものにしか見えなかったローレンツ変換は実に自然な対称変換群だったことをみごとに証明してくれた。先ほどのスクロンチ対称変換群の拡大縮小していく図と同じように、ローレンツ変換を適用された物体の長さも変わる。それぞれの対称性をしっかりと理解しておけば、同じものと呼ばれている二つの物体がどれほど違ってもよいのかが明らかになってくる。ユークリッド幾何学と異なる対称性を持つ二次元幾何学を研究した先駆者のポアンカレはそういった思考を行う最適任者だったと言えよう。実は、ポアンカレが1887年に提案した「第四の幾何学」は我々の「スクロンチ平面幾何学」のことだった。

スクロンチ幾何学では「縦横幅保存法則」が働いている。その場合、横線と縦線によってつながっている頂点は、スクロンチされたあとも横線と縦線によってつながっている。ローレンツ的時空間も同様で、頂点は空間と時間の座標値によって定義される。ローレンツ対称変換群において保存される《時空間の線分》は、光が飛べる距離で離れた地点をつないだ線分として想像すればよい。すなわち、光速そのものが幾何学に組み込まれているわけだ。光が時空間の頂点Aから時空間の頂点Bまで到達できるかどうかといった問いかけに対する返答は不変量で、観察者がバスなどに乗っているかどうかと関係ない。

我々のスクロンチ平面はローレンツ的時空間の入門版と考えても良い。それは1次元空間と時間軸といった2本の座標を持った宇宙における相対論的力学の姿を見せてくれる。しかし、相対論を発明したのはポアンカレではなかった。先に引用した演説の最後の一言からその理由は明らかになってくる。物理学を根本から変えたくないことはポアンカレの本心だった。ポアンカレは数学を使って、マクスウェル方程式が暗示していた不思議な幾何学を解明したものの、マクスウェルの指が差していた知識のかなたまで進む勇気はなかった。なぜなら、物理学はニュートンが想像していたのと違っている可能性を認めても、宇宙の幾何学はユークリッドが想像していたのと違うことを認めるまでには至らなかったからだ。

マクスウェル方程式に新しい可能性を見出したのはポアンカレ一人ではなかった。同年の 1905 年に、若い物理学者のアルバート・アインシュタインも同じことに気付いていた。アインシュタインはポアンカレより大胆だった。つまり、新しく発見された対称性に従って、世界最高の幾何学者にさえできなかった幾何学の革新を行いながら、物理学を基礎から組み立て直したのだ。

当時の数学者もその新しい展開の重要性を早くも理解するようになった。中でもヘルマン・ミンコフスキーはアインシュタインの時空論を幾何学的に徹底的に解明した（ここまでスクロンチ平面と呼んできた特殊な平面の公式名称はミンコフスキー平面である)。さらに、1915 年、エミー・ネーターは対称変換群と保存則との関係を明らかにした。ネーターは抽象化の巨匠だったと言っても過言ではない。ポアンカレの穴論を単に穴の数を数えるレベルから、《穴の空間》の本質を探るレベルまで格を上げることや、数理物理学における数多くの保存法則を整理し、不要なものを切り捨てる作業を得意としていた。物理学では、特定の対称変換群における不変量をはっきりと見つけ出すことは何よりも大切だ。ネーターは、あらゆる対称変換群にそれぞれ特有の保存法則が紐づいていることを証明し、それまでごちゃごちゃしていた計算の積み重ねでしかなかった分野を、明確にまとまった数学理論として整理して仕上げた。それはアインシュタインでさえ成し遂げられなかった偉業だった。しかし、他のユダヤ人数学者と共に、ネーターは、ナチスによって 1933 年にゲッティンゲン大学から解雇されてしまった。それでもアメリカに避難することに成功し、ペンシルベニア州のブリンマー大学に勤め始めたが、悲劇的なことに、成功に見えた腫瘍除去手術後の感染症によって 53 歳という若さで他界してしまった。抽象化を何より愛していたそのネーターは、アインシュタイン本人が「ニューヨークタイムズ」紙に寄せた次のような追悼の手紙を気に入ったに違いない。

「ネーターは、現在の若い世代の数学者を育てるためにもっとも重要な数学的な方法論を発明した。純粋数学は論理の詩学と呼んでも過言ではない。形式論理学上の極力広いシステムを明瞭にそして論理的に統一させるための汎用性の高い計算式を探すことは純粋数学者たちの運命だ。ネーターはそういった論理上の美しさを求めながらも、自然の奥まった法則を明かして、神秘的に見える方程式を発見してくれた。」

第四の章

スフィンクスのかけら

さて、セントルイス博覧会に戻るとしよう。前章で軽く触れたが、マラリアがハマダラカの媒介によって伝染していくことを証明したサー・ロナルド・ロスも、そのとき講演した著名な科学者の一人だった。1904 年の時点でロスは世界的な有名人になっていて、博覧会で演説してもらうことは開催者にとって大収穫だった。「セントルイス・ポストディスパッチ」紙に「モスキートマン上陸！」といった大げさな見出しが出たほどである。

ロスの講演は「蚊の殺虫衛生政策のための論理的基礎」についてだった。ちょっと聞くと決しておもしろそうな話ではないものの、そのつまらないタイトルの裏には物理学や経済学そして詩学の研究にまで、大きな影響を与えた新鮮な幾何学理論の大展開の前触れがあった。それは後に《ランダムウォーク》（乱歩理論）という名称で知られるようになる。

9 月 21 日の午後、イリノイ州知事リチャード・イェーツが家畜のパレードを開催しているのを横目に、ロスは別の会場で自分の歴史的な講義を次のような仮定で始めた。

マラリアを運ぶ蚊たちが生まれて育った円形の湿地帯があるとして、その蚊を根絶させるためにその湿地帯を完全に干拓したとしよう。しかし、そうしたところで、すべての蚊が消えるわけではない。なぜなら、その領域の外から新しい蚊が飛んでくることも十分あり得るからだ。他方では、蚊の寿命は短く、人間と違って集中力や野心などを持たないため、円形の中心点に向かって一直線に飛ぼうとすることもない。そもそも、丸い領域の境界線から遠く離れる可能性も極めて低い。したがって、選んだ領域がそれなりに広ければ、その中心点周辺の一部からマラリアを根絶させることができるだろう。

では選ぶ領域はどれほど広ければよいのだろうか？ それは外から飛んできた蚊が大体どこまで飛べるかによる。ロスの言葉を借りると、

「一匹の蚊が任意の地点で誕生して、そこからあちらこちらに飛び回るとしよう。寿命が尽きたら死ぬ。その死骸が誕生地から与えられた距離で発見される確率はどれほどか？」

そして、ロスは聴衆に次の図を見せた。

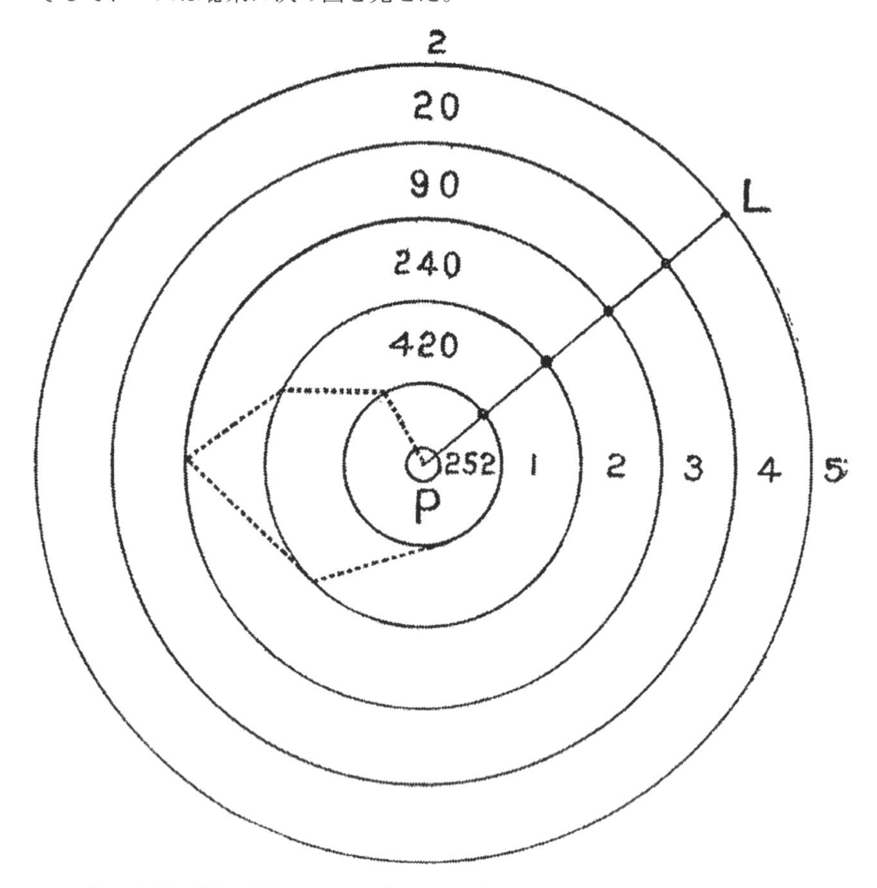

図の中の点線（折れ線）はランダムに飛び回る蚊の軌跡を示しており、実線の直線は明確な目的に向かって飛んだ蚊の軌跡を表す。ただしロスは「計算は極めて難しく、本講演では完全に説明することはできない」と断っている。

この図では、ランダムに飛んだ蚊は５角形を描いているが、21 世紀の我々は、パソコンを使って、例えば１万回も方向転換をする蚊などをシミュレーションして、ロスよりも正確な図を作ることができる。次の図はその場合の典型的な軌跡を示している。

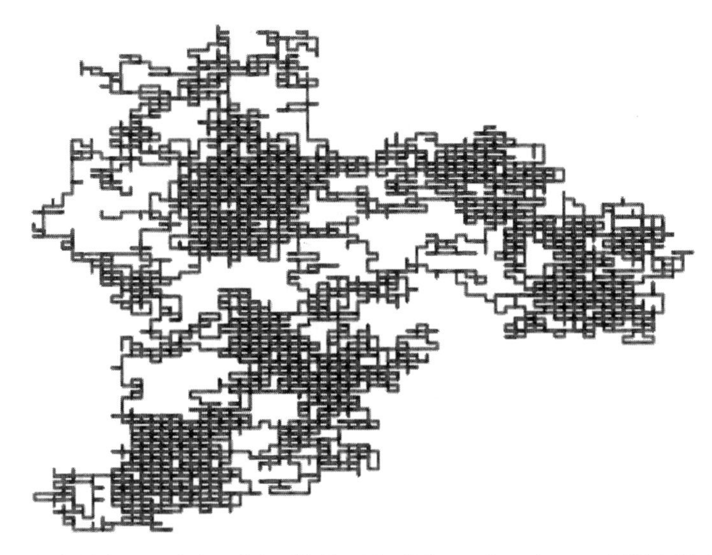

蚊は、ときどきこのように同じ場所で飛び回ることによって空間を埋めつくしながら、突然湧いてきた目的感に導かれて、居場所を大きく改めることもある。が残念ながら、1904 年のロスは、蚊が一直線に飛ぶといった、最もシンプルな場合しか想像できなかった。したがって、我々もその状況から出発するとする。

蚊の寿命は 10 日間で、毎日、北東あるいは南西へ 1 キロメートルを飛ぶといった 2 択しかないとすると、蚊は、1 日目に 2 カ所、その各地点から 2 日目に 2 カ所ずつ合わせて 4 カ所、その各地点から 3 日目に 2 カ所ずつ合わせて 8 カ所のどこかへ飛んでいく。つまり 10 日目に死ぬまで飛んでいく可能性のある場所の総数は 2×2×2×2×2×2×2×2×2×2＝1,024 カ所となる。さらに、蚊には何の特別の偏りもなく毎日別々の飛び方をすると仮定すると、蚊の飛ぶ軌跡は決まってくる。例えば、10 日間、連続的に誕生地からまっすぐ北東ばかり合わせて 10 km 飛んで死ぬ蚊は 1,024 匹のうちに 1 匹しかいないことになる。南西ばかり合わせて 10 km 飛んで死ぬ蚊も同じだから、1,024 匹の蚊のうち、誕生地から 10 km 離れた場所で死ぬ蚊は 2 匹しかいないわけだ。ロスの図面にも、一番外側の円の外には《2》と書いてある。では、誕生地から 8 km 飛んで死ぬ蚊は何匹いるのだろうか？ 8 km 飛ぶために、蚊は、例えば北東へ 9 km、そこから南西へ 1 km 行くか、あるいはその逆に、南西へ 9 km、そこから北東へ 1 km 行って死ぬ。その飛び方には、例えば、まず北東へ 9 km 行く場合、

北東、北東、北東、南西、北東、北東、北東、北東、北東、北東

など 10 通りある。同じように南西へ行く場合も 10 通りあるから、1,024 の可能な軌跡のうち、誕生地から 8 km 飛んで死ぬ軌跡は合計 20 通りある。ロスの図面にも、外から 2 番目の円形には《20》と書いてあるのが見えるだろう？ 気が

向いたら、読者も、誕生地から 6 km 離れた 45×2＝90 通り、4 km 離れた 120×2＝240 通り、2 km 離れた 210×2＝420 通りの軌跡を全部探し出してみて欲しい。そうすると、なんと！ 蚊が自分の人生を終わらす最も確率の高い地点は誕生した地点そのものであることが分かる。よく考えたら、それはそれでさほど不思議ではない。なぜなら、その蚊が抱いている問題は北東を表、南西を裏としたときの 10 回のコイン投げと同じだからである。8 km 飛ぶということは、9 回が表、1 回が裏という結果に相当している。それぞれの到達地点までの距離を縦方向、表が出る回数を横方向とする棒グラフとして描いてみれば、有名なベル曲線[*1]とよく似ている図が現れて、蚊が自分の誕生地から遠く離れない傾向にあることがよく分かる。

さらに正確な計算も可能だ。気合を少し入れたら、平均的に 10 日間しか生きない雄の蚊は、誕生地から平均 2.46 km しか飛べない傾向にあることが計算できる。それに対して、雌の蚊は 50 日も生きられるので平均 5.61 km まで飛ぶことができる。聖書のメトシェラのように、たとえ 200 日間の長命蚊がいたと仮定すれば、原理上では 200 km も飛ぶことができるだろうが、その場合でも平均的な距離は誕生地からわずかの 11.27 km にすぎない。すなわち、普通の寿命の 4 倍があったとしても、一生で飛べる平均距離は 2 倍しか増えないわけだ。その原理を解明したのはコイン投げの研究で知られる 18 世紀のフランスの数学者アブラム・ド・モアブルだ。その研究によると、n 回のコイン投げを行ったときの、表を 50％当てる確率からの偏向率は、大体、$\sqrt{n}$ に近い。したがって、普通の蚊と比べて n 倍の寿命を持つ蚊でも、短命の仲間より平均的に $\sqrt{n}$ 倍の距離までしか飛べない。そのような長寿の蚊は、いうまでもなく、ずっと遠くまで飛ぶことができるが、その可能性は極めて低いというわけだ。200 日間生きた蚊は、その 200 日目で誕生地から 40 km 飛ぶ確率はわずか 3：1,000 でしかない！

カット！

以上まで読んでくれた読者の中には、「2.46 は 10 の平方根でもなく、11.27 は 200 の平方根ではないだろう！」と攻めてくる人もいるだろう。よっし！ 本書を、鉛筆を手に持って、計算しながら読んでくれているとは誠によろしい。平均

＊1　(訳注)コイン投げをする場合の、表と裏の出方を見せるベル曲線。縦軸は投げる回数、横軸の左半分は表の出る回数、右半分は裏の出る回数。数多く投げるほど表と裏の出る回数は同じになる。

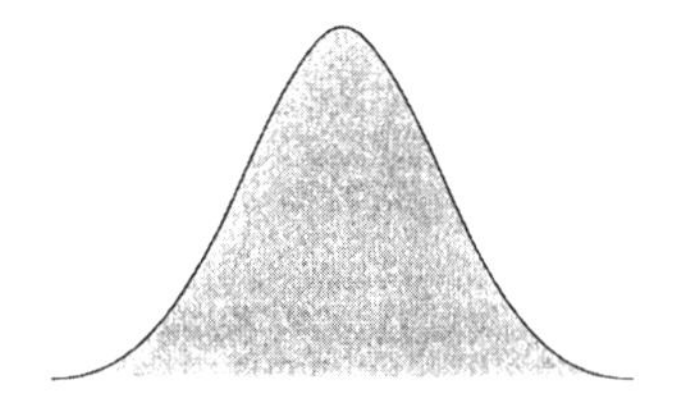

的な蚊が、一生のn日目の時点で自分の誕生地から飛んだ距離をもっと正確に概算しようとするなら、$\sqrt{2n8/\pi}$ kmになる。チェックしてみて欲しい。10日後は$\sqrt{2\times 10/\pi}=2.52$になるだろう？ 私が最初に提示した平均値に大分近い！ 200日後は$\sqrt{2\times 200/\pi}=11.28$。これも以上の近似値に極めて近い。

蚊が円形の領域を渡ろうとしているため、ここでπが出てきたのではないかと思う幾何学好きな読者も少なくないだろうが、残念ながら円とは関係ない。そもそも、ロスの単純なモデルでは、蚊は基本的に円形ではなく、一直線上に前後に動いているだけだ。πは円の幾何学から生まれた定数に違いないが、多くの有名な数学の定数と同じように、円と直接関係ないさまざまな場面で登場する。私の大好きな例をもう一つ教えよう。ランダムに選んだ二つの自然数が1以外の共通の因数を持っている確率は$6/\pi^2$であるが、円などはどこにも出てこない。

蚊の話に出てくるπは、訳ありの積分の計算からきているのだ。18〜19世紀のフランスの代数学者にとってはその計算は特別に困難だったが、今では大学の数学科では学部の3年目で習うことが一般的だ。しかし、あるトリックを教えない限り、それを自力で解ける学生は極めて少ない。その計算のすべてが2017年の映画『gifted / ギフテッド』で紹介されているので、興味がある方にお勧めしたい。当時9歳だったマッケンナ・グレイスが演じる7歳のメアリー・アドラーに出されるパズルとしてこの積分が登場してくる。

私がそれを知っているのは、その映画を、飛行機の中で見たからではなく、実際に撮影現場にいたからだ。そう！ 映画の制作者たちが、画面に出てくる数学の正しさを保証するための監修者として私を雇ったのさ。数学を題材にしている映画について、その数学を正確に描写するために製作者がどれほど注意を払っているか前から結構気になっていたが、実際に監修したおかげで、かなり苦労していることが分かった！ ロシア文化圏のマフィアを演じることで有名なベテランの俳優が子役を相手にしてリハーサルしている間でも、MITの講義室として出てくるエモリー大学の教室の奥で、1日中何もせずに立っているだけのプロの数学者一人に高い出演料を払うのだ。そのとき、メアリーという女の子が自分のおばあさんに対して、黒板に「正の」と書いてあるにもかかわらず、「負の」というセリフを言ったときに、ようやく私の出番だ！ と思った。それで、現場で最も話しやすく、信頼し合っていたメアリー役のマッケンナちゃんのお母さんに「この間違いがどれほど重大か誰かに言った方が良くない？」と話しかけてみたら、お母さんは、すぐ、監督のマーク・ウェッブ氏に、私が話した内容をすべて伝えた。すると、現場がすべて止まって、ライターたちにセリフを書き換える指示が出され、メアリー役がその新しいセリフを暗記するまで待った。その間、スタッフ全員は近くのテーブルのまわりに座って、上に並んでいたつまみ物を黙々と食べ始めた。数十人の世界トップレベルの映画職人がマカダミアナッツを同時に食べる間の製作費はいくらだろう？ その費用は制作会社が映画における数学の正確な描写のために払う金額だ、と思った私は、突然罪悪感が湧いて、監督に、「こんな数学的なことを本当に気にする観客はいるんかい？」と尋ねてみた。すると「ネット上の人間が気づくさ！」と、疲れ気味とはいえ感謝したような声の答が返ってきた。

とにかく、映画を作るということは、数学の論文を発表することとよく似ているのが分かった。映画でも、論文でも、全体の概要を考えるのは簡単だが、細かな細部をしっかり抑えておくために長い時間がかかるのさ。

毎日現場にいた私は、映画にもちょい役として出ることになっていた。マッケンナちゃんの前で数論のことを6秒間で話す《先生》を演じるのだ。その6秒のための準備は誠に大変で、楽屋でなんと1時間も過ごさなければならなかった！同じ日に『ギフテッド』制作チームの、細部にわたる実在性の表現に対する神経の細かさも見た。何かというと、普通の数学の教師としては履いたこともない高額なブランド靴をどうしても「履け」というのである。その後、映画業界に関するもう一つの残念な事実も知った。撮影が終わったあと、その高級な靴を返さなければならなかったのだ！

スープの味

私はときどき次のような質問を受ける。「200人しか参加していない世論調査が数百万人の考えを正しく反映しているなんて、本当に信じてもいいんですか？」そのような言い方をすれば、その世論調査は信憑性に欠けているように聞こえるに違いない。自分のお椀に入っているスープの種類を一口だけ飲んで当てるのと同じだ。実は、全部飲まず、一口でスープの味を当てることができるということは何も間違っていない！ なぜなら、その一口はスープの特徴をいつでもランダムに代表的に味わわせるからだ。一口でクラムチャウダーと分かれば、それがミネストローネだと間違えることなどないだろう？

世論調査の効き目の秘密は正にその「スープ原理」にある。全部調べなくても一部を調べるだけで全体像が分かるのだ。しかしながら、世論調査の結果では、特定の都市、州、国の世論をどれほど正確に反映しているかは分からない。その理由を知りたければ、蚊が自分の誕生地からふらふらと飛んでいく話を思い出して比べてみればよい。

例えば、私が住んでいるウィスコンシン州の例を考えてみよう。ウィスコンシンでは、民主党と共和党の支持率がほぼ半々に分かれている。では次のような飛び方をする蚊を想像していただきたい。200人に対する「どの党を支持していますか？」という質問に対しての答が、民主党だった場合、蚊は北東へ飛ぶとする。逆に共和党だった場合、南西に飛ぶとする。ロスのモデルとまったく同じだ！ その場合、200人がすべて民主党支持者になる可能性はほとんどない。誕生地から一直線状にまっすぐ北東に 200 km 飛んで死ぬ蚊がいるのと同じだからである。ウィスコンシン州の場合、両党の支持者数の間の平均的な違いは 200 人のうち 11 人ということが分かっていて、それから判断して、世論調査の結果が共和党支持者数 106 人、民主党支持者数 94 人なら現実に大分近いことが分かる。

とにかく、ランダムに選んだ 200 人のウィスコンシン州民の標本サイズが州全体の現実と大きく異なる可能性は非常に低いということを理解して頂きたい。つまり一口の味でスープの味が分かるわけだ。

しかし、待てよ！ 以上の事実が成立するためには、選んだ標本には特別の偏りはないという大きな前提を必須としている。ロスもその偏りの危険性をよく理解していた。そのため、蚊の移動モデルを紹介する前に、そこで考えられている領域全体において「食糧が同じほど得られやすく、また蚊の移動を邪魔する風や捕食者などが存在しないとする」といった補足条件を添えた。ロスにとってはその補足が非常に重要だった。なぜなら、それがなければ、モデルのすべてが台無しになるからだ。例えば、風が吹いているとしよう。蚊はとても小さいため少しの風でも軌道がずれてしまう。そのため、北向きの風は蚊が北東へと向かう確率を 50% から 53% に変えてしまう可能性が高い。その現象は、政党支持率の世論調査に参加した全員が共和党支持者である確率が 53% であるといった、目に見えない偏りに相当している。そういった偏りの原因は数多く考えられる。例えば、共和党支持者が民主党支持者よりも世論調査に対して友好的に答えてくれる可能性があるとか、共和党支持者の方が電話に出てくれる可能性が高いとか、そもそも、共和党支持者の方が電話を持っている可能性が高いとか、などなどである。とにかく、偏りが大きければ大きいほど、世論調査の結果は現実から離れていってしまう。

現実では、ある世論調査にどれほどの偏りが入っているかを知るのは極めて難しい。そのため、最もしっかり行われた世論調査についてでも、誤差範囲を常に警戒した方が無難だ。世論調査の結果が、見えない偏りによって左右されているなら、実際の選挙の結果も発表された誤差範囲外にはみ出る可能性も高くなる。2018 年で発表されたある論文は正にその事実を証明した。その論文によると、実際の選挙と世論調査の結果との差異は、誤差範囲から推測できる値の 2 倍近くずれることが普通にあり得るらしい。選挙に吹く風なんて、予測しにくいものだ。

その目に見えない偏りの《風》の考え方を少し変えてみよう。その風が存在しているということは、どちらかというと、蚊の日々の動きは完全に独立しているのではなく、相互関係にあることを意味している。すなわち、蚊が一日目に北東へと飛び出したら、それはそもそも風が北東に向かって吹いていることを表しているかもしれない。したがって、二日目も北東へと飛ぶ可能性が高くなる。その風の影響はわずかでありながらも、長期的に大きな偏りを生むことになる。

統計学には「平均の法則」という有名な誤った規則がある。それによると、コイン投げの結果として表が何回も連続的に出てきた後、「結果を平均化するために」裏が出る確率が上がるという。それがでたらめだと証明するのは簡単だ。コイン投げは一つひとつ互いに独立しているため、表が出る確率は毎回 50-50 で、直前の結果と全く関係ない。

現実はさらに過酷だ！ コイン投げに使っている硬貨は完璧でないため、ある種の「反平均の法則」が存在している！ 例えば、100 回のコイン投げで表しか出なかった場合、自分の強運に喜ぶこともできるが、冷静に考えてみれば、表しかない硬貨を使った可能性の方が高いだろう。つまり、表の出が続けば続くほど、次回も表が出る可能性も、どちらかというと、上がっていくと考えた方が正しい！[*2]

そこでドナルド・トランプの出番だ。2016 年の大統領選挙の直前には、ヒラリー・クリントンが最有力候補だったことを誰も疑っていなかった。トランプが当選する確率については、専門家を含め、誰も明白な答えを持っていなかったのだ。例えば、「ヴォックス」紙は 11 月 3 日に以下のような記事を公開した。

「ネイト・シルバー氏が先週発表した世論調査のみに基づいた予測によれば、クリントンが当選する確率は 85%と概算されている。しかしながら、木曜日の朝からクリントン当選の見込みが 66.9%まで落ちてきたため、勝ち目は少な目ではあるが、トランプが次の大統領になるチャンスは 1：3 で残っている。そこで、民主党支持者たちは《その》予測が六つのメジャーな選挙予報の中で例外であることを頼りにしている。なぜなら、残りの五つの予報ではトランプの勝ち目は 1～16%としか見込まれていないからである。」

プリンストン大学のサム・ワン教授もトランプの勝ち目を最初 7 %としか見込んでおらず、もしもクリントンが負けたら生の昆虫を食べてもよいと約束するほど自信があった。その結果として、選挙の 1 週間後に CNN の生放送中に生きたコオロギを呑み込むことになった。我々数学者たち[*3] は、間違うことがあったとしても、自分の約束を必ず守るからね。

ワン氏はなぜそこまで外したのだろうか？ ワン氏は、ロスと同じように、目に見えない風は存在しないと仮定したのだ。いわゆる《揺れる州》[*4] と呼ばれ

＊2　しかし、気をつけろ。その考え方にも極めて危険な落とし穴がある。例えば、「私は飲酒運転を何度も繰り返したにもかかわらず、いまだに誰もひいていないので、これからも大丈夫だろう」的な誤った結論に注意しよう。

＊3　ワン氏の専門は神経科学であるが、私は、何らかの時点で数学に没頭し始めた人間すべてを数学者と呼んでもかまわないと考えている。

＊4　(訳注)日本の報道界などでは《接戦州》と呼ぶこともしばしばある。

る、共和党と民主党の支持率が拮抗しすぎて勝利政党が激しく変動する一部の州が選挙の結果を左右することは予報者の全員が認めていた。揺れる州はフロリダ州・ペンシルベニア州・ミシガン州・ノースカロライナ州、そして、いうまでもなくウィスコンシン州を含んでいる。トランプが大統領になるためにはそれらのすべてを勝つ必要があったが、世論調査によれば、いずれの州でもクリントンがわずかに有利だった。

上記のシルバー氏が選挙当日の朝に発表したトランプの勝ち目表は以下の通りだった。

フロリダ州	45%
ノースカロライナ州	45%
ペンシルベニア州	17%
ミシガン州	21%
ウィスコンシン州	17%

つまり、どの州でもトランプが勝つ可能性はあったが、ロスの蚊が5回も連続的に同じ方向に向かう確率と同じように、大分低めになっていた。その確率（そして、サム・ワンがコオロギを食べるようになる確率）は $0.45 \times 0.45 \times 0.23 \times 0.21 \times 0.17$ と概算できる。その結果はおよそ1：600の勝ち目に相当している。そのような計算の仕方に頼ると、トランプがその中の3あるいは4州で勝つ確率は極めて低い。

ところがシルバーの考え方は違っていた。シルバーが開発したモデルは、世論調査員が目に見えない偏りを持っている可能性を十分視野に入れていたのである。トランプの勝ち目はいずれの揺れる州においても少な目だったことは事実だが、その中の一つでも勝ってしまえば、世論調査はクリントンの立場を現実よりもっと良いような結果を出している可能性があるとシルバーが解釈していた。すなわち、シルバーは先ほど私が冗談で反平均の法則と呼んだ現象を認めていたわけだ。したがって、トランプがすべての揺れる州で当選する確率は個々の確率から期待できるものよりも高い可能性を指している。そのためシルバーはトランプの勝ち目を皆と比べてはるかに高めに予報したが、それと同時にクリントンが圧倒的な勝利をおさめる可能性も1：4より高いとも予報した。ちなみに、ワン氏はその2番目の結果の可能性が極めて低いと見ていた[*5]。

そして、選挙マニアたちの多くが2016年の衝撃的な結果[*6]を受けて、「今後、世論調査は信じられなくなってしまった！」的な記事を次々と発表していった。

しかし、その結論は間違っている。我々は世論調査を信じ続けてもよい。なぜなら、テレビで出演している専門家の意見や、生放送される討論会からうけた直感的な印象と比べたら、世論調査は国民の考えを探るための有効な手段であることに変わりがないからである。シルバー氏は、2016年の米大統領選挙は勢力伯仲の接戦で、いずれの候補者も当選する可能性は十分あると主張した。それは見事に当たっていた！ そこで、「その答は責任回避にすぎない」と反論したいあなたに聞いておきたい。数学で分析したから！ と威張って主張しながら、確実に分かり得ないことが分かっていると嘘をついた方がマシか?!

「ネイチャー」誌への手紙

ロナルド・ロスは北東か南西かにしか飛べない蚊の生態の簡易モデルを作ることに成功したが、その蚊が自由に四方八方に飛ぶ場合については、当時知っていた数学のレベルを大いに超えていた。そのため、モデルを作った1904年の同じ夏にイギリスの統計学者カール・ピアソンに手紙を送ることにした。

当時の科学の主流にうまくはまらない新しいアイデアをピアソンと共有することは自然な成り行きだったと言える。なぜならピアソンは20代後半の時点ですでにロンドンのユニバーシティ・カレッジの応用数学の教授になるほど優秀だったからだ。その時点でピアソンは法学を学んでいたが、途中でそれを諦め、大陸に渡って、ハイデルベルクでドイツ民俗学の研究に没頭した多種多才な学者だった。おかげでケンブリッジ大学に民俗学の教授として招かれたが、再び数学へと軌道修正した。ピアソンは、宗教や社会的な規則に縛られていたイギリスと違って、活き活きとした自由な知的生活ができたドイツを愛していた。ゲーテのファンでもあって、《ロキ》というペンネームで『ウェルテルII世』という恋愛小説を書いたこともある。ハイデルベルク大学の事務員はピアソンの名前《カール》の綴りをCarlでなくドイツ風にKarlと間違えて書いてしまったが、それを大変気に入って、それ以後はKarlを使い続けた。さらに、ドイツ語では兄弟あるいは姉妹を性別の区別をせずに《ゲシュヴィスター》(Geshwister)というのに感激し、英語で現在でもよく使われている、同じ意味の《シブリング》(sibling)という言葉の普及に努めてもいる。

＊5　ここで一つだけ訂正しておきたい。ワン氏は予測不可能の《風》がまったく存在しないと想定していたわけではなく、その風の強さを低めに計算しただけだ。選挙後にワン氏は次のような反省の言葉を公表した。「私が最も大きく失敗したのは大統領選挙の予報だった。その選挙についての世論調査の結果はすべて勢力伯仲の接戦を指していた。私は自分の失敗を認めている。自分の予報モデルを作った7月にはいわゆる「ラストスパート相関誤差」を低めに概算してしまった。当時はマイナーな変数にしか見えなかったそれが、選挙の最後の数週間において大きな影響を持つようになった事実を素直に認めざるを得ない」。

＊6　(訳注)ドナルド・トランプはすべての揺れる州で当選し、45代目の米大統領になった。

ピアソンは宗教の束縛から解放された理性主義や女性解放運動の唱道者でもあって、「社会主義とセックス」などといった大騒動を起こす講義をしたこともある。グラスゴー・ヘラルド新聞はピアソンの講義を次のように伝えている。

「ピアソンは土地も資本もすべて国営化しなければならないと考えている。女性まで国営化しようとたった一人で企んでいるようだ。」

しかし、持ち前のカリスマ性のおかげで、そういった騒動を無視しながら無事に生き抜くことができた。学生の回想によると、「ピアソン先生は古代ギリシアの体操選手と同じく完璧な身体を誇り、カールしているきれいな髪の毛が目立つハンサムな容貌の持ち主だった」。1880年代初めの写真によると、高くそびえる広い額や鋭い視線、そして何かと厳しい警告を発するような口元が際立っている。

中年のピアソンは、大学でもっとも得意としていた数学の研究に戻った理由を、言葉よりも記号の方を扱いたかったからだ、と公言している。そう言いながら二つの数学教授のポジション公募に応募したがいずれも落選し、最終的にロンドンのユニバーシティ・カレッジの審査で内定通知をもらった。その知らせを知った親友のロバート・パーカーはピアソンの母親に以下のような手紙を送っている。

「私はカールのことをよく分かっているので、絶対にいつか自分の価値に見合った仕事を見つけるに違いないと信じてきました。そのため、失敗を重ねたときでも何とかなると思って希望を捨てませんでした。また、数学以外の研究で過ごした3〜4年間がカールにとってどんなに役立ったかも分かっています。その体験が、今度の成功に直接つながったわけではありませんが、カールをより幸せにし、まわりの人にもっと役に立てる人間に変えてくれると思っています。たった一つの道に集中しすぎる人間と違って、視界が狭すぎる、という風に責められることもないでしょう。すぐれたひらめきが自分の専門分野以外から生まれることが多い事実もご存じの通りです。カールはそういった専門外の知恵の宝箱を持っているため、それさえうまく活かせば、いずれクリフォード*7や他の先駆者よりも有名になる可能性があると考えています。」

とはいえ、ピアソンは友人が言うほどの自信は持っていなかった。教授として

＊7　幾何学者のW・K・クリフォードのこと。今ではそんなに知られていないが、当時は最も有名な数学者の一人だった。クリフォード代数の名付け親なので、少なくとも数学の分野でかなり有名であることは誰も否定できない。

の最初の半学期の 11 月にパーカーに対して次のような手紙を送っている。

「私に少しでもオリジナリティのあるひらめきがあったら、あるいは天才だったら、教授という立場で満足するわけがない。その代わりに、果てしない人生の旅に出て、永遠に残る何かを作ろうと努力していたはずだ。」

しかし最終的にパーカーの方が正しかった。ピアソンは統計学の創始者の一人として非常に有名になった。それは自分の体と比べるほどの優美さで定理を証明できたからではなく、数学の価値や力をいかに現実の世界に応用できるかを示したからだった。

世間に数学を広めることを目的にしたピアソンは 1891 年にグレシャム・カレッジの幾何学教授になった。グレシャム・カレッジは一般市民に向けて無料の授業を行う特殊な大学で、ピアソンは夕方に数学の授業をした。本来は幾何学の授業をするはずだったが、ユークリッドの円や正方形のすごさをひたすら賛美する退屈な授業より、もっとおもしろいことを試みようとした。何かというと、数学の教室で実際的な実験をして大評判になった。例えば、教室の床に 1 万個もの 1 ペニーの硬貨を散らかして、学生たちにそれらを拾わせてから、数えさせたのだ。そのようにして、コインの表が上を向いている確率は常に 50%に近いという大きな数の法則を実感させようとした。グレシャム・カレッジに向けた応募手紙では「私はこの大学を創立したサー・トーマス・グレシャムの幾何学の解釈を信じている。当時、幾何学は七つの学識分野の一つとみなされており、極めて広い意味で解釈されていた。そのため、私も純粋な幾何学の授業以外に、理科系全般、そして移動の幾何学、グラフィカルモデルを使った統計学や一般的な確率論、などを幅広く教えようと考えている。それによって毎日ロンドンの金融街に努めている事務官や計理士の役に立ちたいと思う」と書いている。その希望がかなったピアソンは、約束を守って、現代のデータのビジュアル化に先立つ「幾何学的統計学」などといった革新的な授業をすることになった。さらに、「標準偏差」や「ヒストグラム」(柱状図) など、現在広く使われている数学道具をそこで初めて導入している。グレシャムで教え始めてからまもなく、ピアソンの仕事の中で最も幾何学的と呼ぶことのできる「相互関係論」を開発したのもそのころである[*8]。

ロスがちょうど蚊のことで悩んでいた時期に、ピアソンはすでに生物学における応用数学の世界的専門家として有名になり、1901 年には、現代まで続いている「バイオメトリカ」という統計学の専門雑誌を創刊した。私の実家の本棚にも

＊8　ロスの仕事について更に詳しく知りたい読者に、恐縮ながら我が前作『データを正しく見るための数学的思考：数学の言葉で世界を見る』をお勧めしたい。

その雑誌のバックナンバーが多量に収納されていた[*9]（ただし誤解しないで欲しいね。私自身は大学の図書館で育ったわけではない。両親の二人ともが生物統計学者だっただけなんだ）。

ピアソンは、すでに、同じ分野を研究し始めていた生物学者たちが統計学を十分信頼していないと感じていた。「残念ながら、私には生物学者の集まりは居心地悪く、自分の考えを言葉にする勇気さえなかった。なぜなら、もしも統計学を口に出したら、生物学者たちの気持ちを損ねてしまい、建設的な結果に繋がらないだろうと感じたからだ。言葉選びがあまり得意ではないというか、私は相手に自分の意見を伝える前にやる気を損ねてしまう癖がある」。

私はピアソンが相手にしていた生物学者の気持ちに結構同感できる。数学者は他人から、傲慢で、冷たい奴としてみられる傾向にあるのさ。なぜなら、私たちは《おもしろい部分》に一刻も早くたどり着きたいため、他の分野で提示された問題に関係する専門知識を邪魔扱いして、純粋数学的な《核》を掘り出そうとしたがるんだ。そのため他の分野のための《外皮》を急いではがそうとすることによって相手の気持ちを損ねてしまうんだ。生物学者のラファエル・ウェルドンのフランシス・ガルトンへの言葉を拝借すると、「ピアソンは、自分の数学的な記号にあふれる世界から出てくるたびに、データをしっかりと理解せず、詰めの甘い理屈を何もかも無理やりに当て嵌めようとしている……」。また、別の手紙で、「私はピアソンみたいな実証的な実績が少ない純粋数学者が誰よりも怖い」と書いている。ウェルドンは単なるマイナーな生物学者ではなく、ピアソンと最も親密な関係を持っていた同僚の一人で、同じガルトンの弟子だった。そのため、これらの手紙は三人の仲の良い研究仲間のうちの二人が、三人目の辛口をこっそりと語り合っているように聞こえる。「僕らはピアソンのことは言うまでもなく好きだけど、ときどき本当にむかつくよね」と。

そのようなこともあって、ピアソンが当時の最も有名な医学者だったロスから手紙をもらったときは特別嬉しかったと想像できる。すぐ次のような返事を出した。

> 「そなたの蚊問題のもっとも簡単なケースを数学の公式として表すことは難しくないが、それを解くのは別だ。私はそのために１日以上かけたが、２匹の蚊の場合しか計算できなかった……。私の力を超えてしまっているようなので、数学解析の専門家に頼んだ方がよいかもしれない。残念ながら、そういった人

＊9　誠に残念なことに、当時のピアソンはイギリスの国民を改善する優生学的な思想や知能の遺伝に興味を持ち始めてしまった。バイオメトリカ創刊当初の記事の中には、イギリスの数千もの学童の活発力、自己主張性、自己反省能力、社交性、誠実性、気質、手書き能力などを計って統計処理したものも見かけられる。

に、これを蚊の問題として提示すれば、見向きもしてくれないと思う。そのため、他の数学者の関心をひくように、その設定をチェスかそれと似たような何かと置き換えた方がいいかもしれない。」

見知らぬ問題に対して数学界の興味をひこうと思っている現代の数学者は、それをソーシャルメディアに投げたり、一般公開されている数学のＱ＆Ａ専用のネット掲示板に投稿したりする、などといった数多くの選択肢を持っている。ところが、1905年には「ネイチャー」誌の投書欄しかなかった。そのため、ピアソンは、蚊への言及をすべて削除して書き直した問題をネイチャーに送った。ところが、ロスの名前も省略してしまったため、後にロスの怒りを買ってしまった。記事はネイチャーの1905年7月27日号に掲載されたが、同じ投書欄に他にも興味深い手紙があった。例えば、当時科学の最先端だったマックス・プランクの量子論を否定しようとする物理学者のジェームズ・ジーンズによる手紙や、当時発見されたラジウムの放射能をビーフシチューに当てたときに有機物の自然発生を観察したというJ・B・バークの報告もあった。今でも活発に繁盛している数学の分野の原点をこんなところで発見することをちょっと意外に感じる読者も少なくなかっただろう。

ピアソン＝ロスの記事に対する返答は間もなく届いた。ネイチャーの続刊で1904年のノーベル物理学賞受賞者の第3代レイリー男爵の手紙が発表され、男爵が1880年に行った音波の研究のかたわらでランダムウォーク問題をすでに解いたことを知らせてくれた。ピアソンが「レイリー男爵の解は間違いなく貴重で、私が提示した場合に十分であるかもしれない。私はそれを把握しておくべきだったが、最近たどった研究の道はレイリー男爵の仕事から大分離れている。さらに生物統計学の問題の解を音波についての論文の中で探しているがそんなことは普通ではあまり思いつかないだろう」(ピアソンはその問題の原点が生物統計学にあることを認めていた。しかし、相変わらずロスの名前を表に出さないところが興味深い)。

レイリーは四方八方に飛べる蚊がロスの1次元的な蚊とさほど変わらない事実を証明していた。自由に飛べる蚊でも誕生地から遠くまで離れずに、その出発地点から離れる平均距離は飛び続けた日数の平方根に正比例している。さらに、最も高い確率でたどり着く最終到達地点は出発地点そのもの、あるいはその付近であることも示した。それを受けたピアソンは、イギリス人らしい皮肉を込めて、歩き回る能力をまだ失っていないよっぱらいの最後の到達地点は出発地の付近というわけだ！ と結論付けた。

実は、ピアソンのその一言のおかげで、ランダムウォークを語るときに最もよく使われる見本は《蚊》ではなく《よっぱらい》になったのだ。昔の本ではランダムウォークのことをよく「酔っぱらいの乱歩」と呼ぶことが多かったが、単なる数学的な概念を表すために、多くの人の人生を崩壊させるアルコール中毒を見本として使うことはよろしくないとされたため、最近はこの見本を耳にしなくなった。

株式取引所までのランダムウォーク

20 世紀初頭にランダムウォークに関心を示したのはロスとピアソンだけではなかった。ルイ・バシュリエは、かつてパリの株式取引所に務めるノルマンディー地方出身の若者だった。1890 年代にソルボンヌ大学で数学を勉強して、ポアンカレが教えていた確率論の授業に特に興味を持っていたという。バシュリエは普通の学生ではない。早くに親をなくしたため子供のころから仕事をせざるを得ず、フランス数学を特殊なやり方で教える高等学校の教育を受けられなかった。そのため大学へ入ってからの成績も悪く、常にぎりぎりの点数で試験に合格していった。おまけに、趣味も当時の主流から見てあまりにも風変わりだった。当時は、天体力学などに関連するポアンカレの三体問題などが上級数学とみなされていたことに対して、バシュリエは、株式取引所で日常的に目にしていた株の変動を理解したかったため、その変動を数学で分析することに挑んだ。

その一方、巨匠ポアンカレは数理解析を人的事件に当てはめることについては警戒していた。その警戒心は、ドイツのスパイとして誤って罪に問われたユダヤ系の軍人（事件当時は陸軍中佐でなく大尉、事件後最晩年に中佐）アルフレッド・ドレフュスを中心とした 19 世紀末のドレフュス事件のころにまでさかのぼっていた。この親ユダヤ人派と反ユダヤ人派が対立する事件はフランスの社会全体を炎上させたが、ポアンカレは政治的な争いに興味がなく、長い間、中立の立場を保とうとした。しかし、（フランスの二人目の飛行士で、後にポアンカレのいとこのレイモン・ポアンカレ大統領の下で総理大臣にもなった）同僚のポール・パンルヴェはドレフュスの熱心な支持者で、やがてポアンカレを事件に巻き込むことになった。そのころ、法科学の創始者の一人にも数えられる警察署長アルフォンス・ベルティヨンはドレフュスが無罪であることは確率論的に信じがたいことを証明できると宣言した。それに対して、数学がそのように悪用されようとしている状況では、フランスのもっとも有名な数学者であるポアンカレも黙っていられないだろう、とパンルヴェは主張した。その言葉に乗ったポアンカレはベルティヨンの計算を査定する手紙を書き、それが 1899 年にレンヌで行われたドレフュスの再審で読み上げられた。パンルヴェの期待通り、その査定で、ポアンカレは、警察官の計算は数学に対する犯罪にすぎないと酷評した。ドレフュスの有罪を証明している数多くの《偶然》に対して、ポアンカレは、ベルティヨンの方法で見つかった偶然はあまりにも多すぎて、逆に何も見つからないと主張し、ベルティヨンの提訴には、科学的な信憑性がまったくない、と断言した。その上でポアンカレはもっと足を伸ばして、「社会学に対する数学の応用は恥ずべきことだ。道徳を数値に置き換えるのは全く無意味で危険だ。確率の計算は常識的な判断力の代替品にはなり得ない」と主張した。にもかかわらず、ドレフュスは有罪と宣告されてしまった。

翌年、ポアンカレの学生バシュリエは、卒業論文で、オプション取引の正しい計算の仕方を決めようとした。オプション取引とは、あらかじめ決められた将来の一定の日に、特定の株を、事前に定めた価格で取引できる権利のことをいう。いうまでもなく、その取引で利益を得るには自分が設定した期日の時点で株価が高くなっている必要がある。したがって、オプション取引の価値を評価したければ、その株価の将来的な変動を（ある程度）予測しなければならない。そこで、バシュリエは、株価の変動を、前日とは無関係に上下するランダムな過程として扱うことを思い付いた。どこかで聞いたことがある気はしないか？ そうだ！ ロスの蚊問題とほぼ同じであるが、今回の主役は財布の中身だ。バシュリエは5年前のロス、ならびに20年前のレイリーと同じ結論にたどり着き、一定の期間内の株価の変動は時間の平方根と正比例している傾向があると知った。

ポアンカレは自分の警戒心を抑えて、バシュリエの論文を暖かい言葉で迎え、自分の学生が設定した目標の現実性を褒めそやした。「初見では、執筆者は確率論の妥当な適用範囲を超えたのではないかという恐れを抱いても不思議ではないが、執筆者はその適用範囲をしっかりと限定しようと十分努力している」。最終的にバシュリエは《優》という成績で学位を得た（フランスの学問の世界で道を開こうと思ったら、そのワンランク上の《秀》が必要だったが……）。残念ながら、その先駆的な研究は当時の数学の主流から遠ざかりすぎていた。それにもかかわらず、バシュリエは最終的にブザンソン大学の教授として人生の最後を迎え、世界中の数学者たちが自らのオリジナルな仕事を正しく評価してくれていることも目にできた。とはいえ、ランダムウォークが金融の世界で幅広く使われるようになることは知らずに1946年に永眠した。今では、このバシュリエの発明は、100万冊以上売れたバートン・マルキール著『ウォール街のランダム・ウォーカー：株式投資の不滅の真理』などといった書物を通じて一般大衆にまで普及している。株価の上下の変動は世界の様々な出来事によって左右されるように見えても、大目でみると蚊の飛び方と同じで、ランダムに考えてよい。マルキールによると、市場の上下変動を事細かに観察するのは無駄で、自分の資金を指標債に投資した方が無難だという。いくら考えても、蚊の次の動きを正確に予測することは不可能だし、自分にとって有利に動かすのも不可能だ。バシュリエは、その事実を根本的な原理として、1900年に以下のように表現した。

「数学の観点から見たら、相場師が利益を得る確率はゼロである。」

生命力に見える予期しない動き

ピアソンがロスの蚊についての質問をネイチャーに送った同じ1905年7月にアルバート・アインシュタインがドイツの「物理学史論」誌で「熱の分子論から要求される静止液体中の懸濁粒子の運動について」という論文を発表した。主題は液体に沈んだ粒子の「ブラウン運動」(浮遊運動) についてだった。その運動を初めて観察したのは花粉を研究していたロバート・ブラウンで、《生命力に見える予期しない動き》と名付けた現象を、植物から切り離された花粉に残った何らかの生命力によるものではないかと疑ったのである。後には同じ動きを無機的な物質でも観察している。ブラウンは、ガラスのかけら、マンガンの粉、蒼鉛(ビスマス)、ヒ素、石綿、そしてなんと「ギザのスフィンクスのかけら」などでも試して同じ結果を得た。その最後の物質への言及は特におもしろく、当時の植物学者が普通にギザのスフィンクスのかけらを持っているかのようにさりげなく書かれている。

ブラウン運動はまもなく学者間の激しい論争の的になった。花粉やスフィンクスのかけらは19世紀の顕微鏡で観察できないほど些細な分子のような粒子によって叩かれて振動しているのではないか、という仮説が最も人気を集めた。分子のような粒子は花粉をランダムに叩いて、活き活きとした《ブラウンの舞》を躍らせているわけだ。他方では、当時の学者たちの多くは、物質がもっと小さい粒子から構成されていることを認めていなかったことも忘れてはいけない。そのため、論争の本質は謎の粒子の存在そのものだった。ルートヴィッヒ・ボルツマンは粒子論を支持し、ヴィルヘルム・オストワルトは反論していた。オストワルトやその支持者たちには、観察できない粒子の存在を仮定することは花粉を動かしている小さな妖怪の存在を信じるのと同じように見えた。ピアソンでさえ、1892年に出版した『科学の文法』で、「原子を実際に目で見たり、肌で感じたりした物理学者は一人もいない」と書いていた。しかし、ピアソン自身は自分なりに原子や粒子の存在を信じる方だった。粒子を観察できるか否かにかかわらず、その存在を仮定することによって物理学を統一し、明瞭にして科学の原理に従った実験によってそれを確かめればよいと考えていたのである。他方では、1902年のアインシュタインは自分のベルンのアパートで《オリンピア・アカデミー》と名付けた対談会兼夕食会を不規則に開催していた。スイスの特許局に勤め始める前で、時給3フランで物理学を教えるかたわら、路上でバイオリンを弾いて小銭を稼ぐほど貧しい生活を送っていたため、夕食自体は、ボローニャソーセージの一切れや、グリュイエールチーズの一切れ、果物、小さな蜂蜜の瓶、そして1~2杯の紅茶、からなっていた。アカデミーはスピノザやヒュームの哲学書や、デデキントの『数とは何か、そして何であるべきか』、さらにポアンカレの『科学と仮説』などの読書会だった。その中で最初に読んだ本はピアソンの『科学の文法』だった。それだけに、アインシュタインが３年後に発表した粒子についての難問の解明には、ピアソンが提示した思想との共通点を認めることができる。

いうまでもないが、目に見えない妖怪は予測不可能だ。妖怪が次に何をするかを予報できる数学のモデルなど存在しない。他方では、粒子や分子は確率論の法則に従って存在している。ランダムな方向へと移動している水の分子にぶつかったもう一つの粒子は同方向に少しだけ動かされるが、１秒間にそういった衝突が１兆回も起こるとしたら、その粒子は１秒の１兆分の１ごとにランダムに選択された方向へと少しずつ動いていくわけだ。その一つひとつの動きを予測することは不可能だが、粒子の長期間的な行動をある程度予測することはできる。

それはロスの蚊問題と同じだ。ロスは蚊を花粉と入れ替えて、１秒に１兆の移動を１日に１移動と置き換えているだけで、数学的に見れば、同じ現象だ。そして、レイリーと同じように、アインシュタインも粒子のランダムな連鎖行動を数学で計算して、粒子論を実験で確かめられるものに変えたのだ。後にジャン・ペランがまさにその実験を行い、粒子の存在を証明し、論争におけるボルツマン側の決定打となった。１個１個の分子そのものを観察できなくても、ランダムに振動する１兆の分子の蓄積した効果は観察できる。

ポアンカレの言葉を借りるなら、ブラウン運動や株価の変動や蚊の動きをランダムウォークの数学で同時に解析することは、まったく違うものに同名をつけることに等しい。ポアンカレがその名言を世界の数学者に向けたのは 1908 年のローマでの国際数学会での演説の際だった。ポアンカレは、複雑な数学を考えるのは、しばしば闇の中で手探りをしているように感じると認め、その状態を一転させるためには、違う問題が共有している共通の数学的な骨組みを発見すればよいと示唆した。すると、それぞれの問題はお互いに光を照らし合い、一般化の可能性をほのめかしてくれる。そこで一般化できたら、それは単なる新しい結果になるだけではなく新しい力になるのである。

ネクラソフ対マルコフ

ヨーロッパで以上のような動きがあったのと同じころ、ロシアには確率論や自由意志や神について激しく論争していた何人かの数学者がいた。そのうちの一人が、正教会の神学を学んでから数学者になったパヴェル・アレクセーエヴィチ・ネクラソフで、モスクワ派のリーダーだった。ネクラソフは神秘主義者と呼んでもいいほど熱心なキリスト教徒かつ極端な愛国主義者で、黒百人組[*10]に参加し

＊10 (訳注)20 世紀初めに愛国主義・皇帝崇拝・反ユダヤ主義などを唱えたロシアの極右集団。

ているという噂が出回るほどの保守派だった。ロシア皇帝をリーダーとする専制政治を全面的に支持していて、「民衆が政治に参加できるすべての社会制度を否定している」と言われていた。ネクラソフにとって専有財産制度は社会の根本的な原理で、それを維持するのは皇帝政権のみだったのである。そのため、学生運動を弾圧すべきだと考えていた反革新的な政治家の間でネクラソフは人気を集め、その支持でモスクワ大学長になってから間もなくモスクワ学区局長の位まで登った。

ネクラソフのライバルで、サンクトペテルブルク派を代表していたのはアンドレイ・アンドレーエヴィチ・マルコフだった。マルコフは無神論者で、ロシア正教会と冷酷な敵対関係にいた[*11]。国内の新聞に強烈な手紙を送りまくる習慣から「怒りに狂ったアンドレイ」というあだ名を得ている。例えば、1901 年にトルストイが正教会の破門を受けたことにならって、1912 年に破門を積極的に求めることにして、自分の希望を即座に叶えてもらった（正教会の最も厳しい処罰である、呪いをかけられる、寸前まで進んでいる）。

1917 年の共産党革命後にネクラソフが社会的地位を失ったことは当然だが、幸いなことに命だけは助かった。しかし数学界を左右する強力な黒幕の立場を失い、「二度と戻らない過去の幻」として見られるようになった。ネクラソフを弔う 1924 年の「イズベスチヤ」新聞の記事はネクラソフを「マルクス主義を理解しようと努力した人物」と表面的にほめながら、最後には侮辱しようとしていた。

意外なことに、マルコフの運命はネクラソフと比べてもさほど良くなかった。かつてネクラソフはマルコフをマルクス主義のシンパと批判したことがあったが、マルコフにとっての共産党のイデオロギーは宗教とそれほど変わらなかった。マルコフの共産党へのいら立ちは新しい怒りの的を見つけている。永眠する一年前の 1921 年、マルコフはサンクトペテルブルクの科学アカデミーに手紙を送って、一足の靴もないので以降の会議に参加することができない、と知らせた。それを受けた共産党は靴を送ったが、マルコフはその靴の質にあまりにも不満で、次のような返事を返した。

「私はようやく靴を送ってもらった。しかしながら、これらの靴の出来はあまりにも悪く私の足の大きさにも合わない。そのため、これまでと変わりなく、アカデミーの会議に参加しかねる。加えて、現在の我が国の低い物質文化の標本として、この靴を国立民俗博物館に寄付しようと考えている。」

＊11　精神分析ファンが喜ぶ事実を一つ教えておこう。マルコフのお父さんアンドレイ・グリゴリエヴィチ・マルコフはネクラソフと同様に神学校の卒業者で、政府の要人だった。

しかし、マルコフとネクラソフの意見の相違が宗教や政治の分野に残って、数学にまで漏れていかなければ、二人はそこまで仲が悪くなることもなかったかもしれない。

実は二人とも確率論を研究しており、特にピアソンが床に1万もの硬貨を投げて証明した巨大数の法則に興味を持っていた。ヤコブ・ベルヌーイが200年ほど前に証明したその定理のもっとも古い表現は次の通りだ。「硬貨のコイン投げの表が出る確率は、繰り返せば繰り返すほど50%に収束する」。これは何らかの物理学の法則ではない。表が永遠に出続けることを止める力などは存在せず、その可能性が極めて低いというだけだ。コイン投げの回数が多ければ多いほど、表の割合が60%か51%か50.00001%などになる。人生もコイン投げと同じだ。犯罪率や初婚年齢の平均などといった人間の行動を計る様々な統計も決まった確率へと収束する傾向にある。人間はまるで何も考えていない硬貨のようなものだ。

マルコフの恩師パフヌティ・チェビシェフを含んで、ベルヌーイ後の200年の間の数学者たちは巨大数の法則を精錬し、応用範囲を広めていった。しかしながら、それぞれが得たすべての結果は、毎回のコイン投げは直前のコイン投げからは必然的に独立している、という独立性を前提にしていた。

一方、ネクラソフは人間の行動に見られる統計学的な規則正しさはどこから生まれるか、という問題に大いに悩んでいた。そこで、ネクラソフはベルヌーイの定理に救いを求めた。前述した通り、巨大数の法則によると、表が出るか裏が出るかといった個々の出方、つまり変数、が、互いに影響し合わず独立して自由自在なとき、その何千回か何万回かの出方、つまり平均値、は半々になる、といったように予測できる。「見たことか！」とネクラソフは言った。「自然界で観察できる規則性は、我々が、あらかじめ決められた道に従う決定論的な粒子ではなく、互いに独立した、選択の自由を持つ存在であることを示している！」。言い換えれば、巨大数の法則は自由意志を証明している、とネクラソフは信じ、その思想を数百ページもの論文に書き留めて、恩師でありながら、愛国主義者の仲間でもあったニコライ・ヴァシリエヴィチ・ブガエフが発行していた専門誌で発表した。後にそれらは1902年発行の分厚い書物にまとめられている。

マルコフにとっては、そのネクラソフの考えは単なる神秘主義にしか見えなかった。さらに困ったことに、それは数学の化粧をまとっていた。マルコフは「ネクラソフの仕事は数学の悪用にすぎない」と酷評した。

私は無神論者と熱狂的な信者との論争ほどつまらないことを他に知らない。しかし、このネクラソフとマルコフの論争は、珍しいことに現在にも影響する発見に繋がっている。マルコフはすぐにネクラソフの大きな勘違いに気づいた。ネクラソフはベルヌーイの定理を、前後逆に解釈してしまっていたわけだ。ベルヌーイもチェビシェフも変数が互いに独立しているときに、その平均値が予測可能な値に収束していることを理解していた。しかし、平均値が予測可能な値に収束するからといって変数が互いに独立しているとは限らない！ 私はグーラシュ（ハンガリー風シチュー料理）を食べるたびに胃がもたれるけど、胃もたれしたことから必ずしもグーラシュを食べたとは断言できない。

したがって、マルコフは論争に勝つために、ネクラソフの仮定を否定する反例を一つでも見つければよかった。互いに関連している（独立していない）にもかかわらず、予測可能な平均値に収束する変数群さえ見つければ勝ちだ。そこでマルコフはそんな変数群としてマルコフ連鎖という確率に関係する数の流れを発見した。なんと！ その流れの根底にはロスの蚊、バシュリエの株価研究、そしてアインシュタインによるブラウン運動、などの解明を裏付ける共通した考え方があった！ マルコフは自分の名前を持つこの連鎖についての初めての論文を1906年に発表した。そのときはすでに研究職を退いたばかりの50歳で、純粋な思想的論争に注ぐ時間は十二分にあった。

マルコフの考え方を知るため、やはりロスの蚊の話を思い出そう。

マルコフの蚊はロスの蚊と比べて厳しく束縛された一生を送る運命にあった。つまりマルコフの蚊が飛んでいける場所は二つしかない。それらを沼地０と沼地１と呼ぶことにする。蚊は常にどちらかの沼地にいるが、十分に血が吸える沼地の方に長く留まる傾向がある。今、沼地０の方に多くの血があるとして、そこにいる蚊の90％はそのまま留まり、残りの10％だけが沼地１に移るとする。それに対して血の少ない沼地１の蚊は80％しか留まらず、20％は沼地０へ移る。その状態を以下に図示する（90％と80％が書かれている半円形の矢印は自分自身の沼地にいることを意味している）。

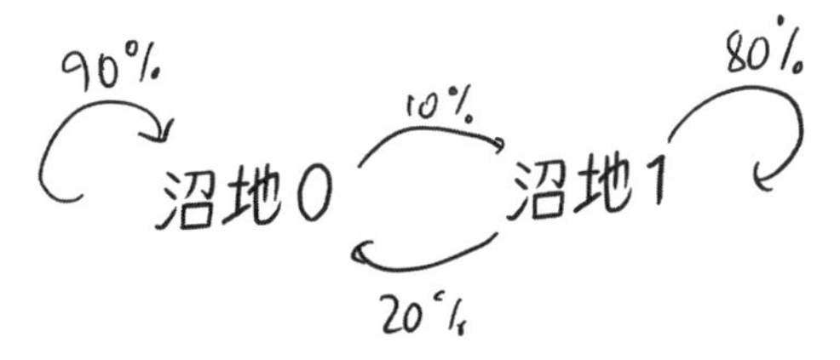

今、１匹の蚊がいるとする。その蚊の滞在日数は沼地０と１のどちらが多いか。もし血の量が同じだとすれば、コイン投げで、表が出れば０、裏が出れば１にいる、と言う風に決めて日数を数えればよい。その場合、前日にどちらにいたかに関係なく、最終的には50：50となる。ところが実は血の量は沼地０の方が多く、蚊もそれに従った確率で沼地０の方に長期間いることになる。

そこで、マルコフは、十分長い間の蚊の動きを観察した上で以下の事実を見抜いた。蚊が沼地で過ごした平均の時間を計算すれば、その平均値はコイン投げと同様にベル曲線を描く固定の確率に収束する。ただしそれは最終的に50：50になって正確なベル曲線を描くのではない！ 異なる血の量という非対称性の影響で、蚊は最終的に一生の3分の2を沼地0で、残りの3分の1を沼地1で過ごすことになる。

以上に現れる連鎖する数は前の数の確率の影響を受けていて独立してはいない。このように確率で求める数は互いに独立していないという事実はネクラソフの巨大数による自由意志の存在説に対するとどめの一撃になった。

マルコフが見つけた、項の順番が非常に重大な一連の変数は、現在ではマルコフ連鎖の名前で知られている。それぞれの項は前項に、ある意味では前項だけに、依存しているともいえる*12。昔は「巨大数の法則」しか存在しなかったところにマルコフの「ロング・ウォークの法則」が加わったといえる*13。

20世紀初頭には、現在のように密接につながった国際的な科学界がまだ存在していなかった。そのため、数学的な発明が国境を超えることは難しかった。アインシュタインはバシュリエの仕事を知らなかったし、マルコフもアインシュタインの発明を知らなかった。そして、皆がロナルド・ロスの先行研究のことを知らなかった。それにもかかわらず、全員が独立して同じ結論に至った。そのため、1900年代に世界各地で宇宙の根底にあるランダム性の理解にやむを得ず近付づこうという空気が独立に漂い始めたのではないかと感じざるを得ない（確率論を物理学と違う観点から結びつけるようになった量子力学も同時代に誕生した

＊12　数学的に正しい表現は以下の通り。マルコフ連鎖のすべての項は互いに独立している。ただし、前項次第であって、条件的に独立している。

＊13（訳注）沼地0と1の間を今日、明日、明後日と移り変わるマルコフ連鎖としての確率は次のように計算される。今日の居場所から明日の居場所へ移る確率と、明日の居場所から明後日の居場所へ移る確率は同じで次の上段と中段の表のような行と列で表される。その二つの行と列を欄外の数式のように掛け合わせると、今日の居場所から明後日の居場所へ移る確率が最下段の表のように求められる。

	明日は0	明日は1
今日は0	0.9	0.1
今日は1	0.2	0.8

	明後日は0	明後日は1
明日は0	0.9	0.1
明日は1	0.2	0.8

	明後日は0	明後日は1
今日は0	0.83	0.17
今日は1	0.34	0.66

$0.9\times0.9+0.1\times0.2=0.83$、$0.9\times0.1+0.1\times0.8=0.17$

$0.2\times0.9+0.8\times0.2=0.34$、$0.8\times0.8+0.2\times0.1=0.66$

ことも忘れないでおこう)。ある空間の幾何学について語ることは、その空間が、液体の入った瓶、あるいは株市場、そして蚊まみれの沼地だったとしても、その中でどのように動き回るかを語ることに等しい。そんなとてつもなく幅広い幾何学の分野、あるいはそれ以外の分野でも、マルコフ連鎖は極めて有意義に利用できる。

その例として純粋に文学的な英語の世界でのマルコフ連鎖の応用を見てみる。

色は匂へど散りぬるを

マルコフの研究は純粋な確率論を数学的抽象的に探ることにとどまっていた。実用性があるかどうかという問いかけに対するマルコフの返答は、知り合いに宛てた手紙によると「私は純粋な数理解析にしか興味がなく、確率理論の応用についても特に興味が湧かない」という。マルコフによれば「カール・ピアソンには特筆すべき実績がない」という。数年後にバシュリエの研究について質問を受けたときも「私はもちろんバシュリエの記事を読んだことがあるが、大嫌いだ。統計学の観点からは何とも言えないうえ、数学的には何の価値もないと思う」と答えている。

そのマルコフも、最終的には気持ちを和らげて、自分の発明を他の分野で応用するようになった。そのきっかけを与えたのは、無神論者か信者かを問わずロシア人がこぞって愛しているアレクサンドル・プーシキンの詩だった。もともとマルコフは、プーシキンの文学の美しさや奥深さを確率論でとらえることは絶対にできないだろうと思っていたが、試しに、プーシキンの韻文小説『エフゲニー・オネーギン』の冒頭における最初の2万字だけを、子音と母音の文字列として、自らの方法で分析することにした。

まず、子音の割合は56.8%で、母音の割合は43.2%だった。その場合、一部の人が予想するように、それぞれの文字が互いに独立しているとすれば、任意の子音に次ぐ文字も子音である確率は50%(正確には56.8%)となる。

ところが、現実にはその予想は違っていた。相次ぐ文字のペアを四つの種類(子音—子音、子音—母音、母音—子音、母音—母音)に分けて、時間をかけてそれぞれの発生率を計算すると、その結果は次の図のようになったのである。

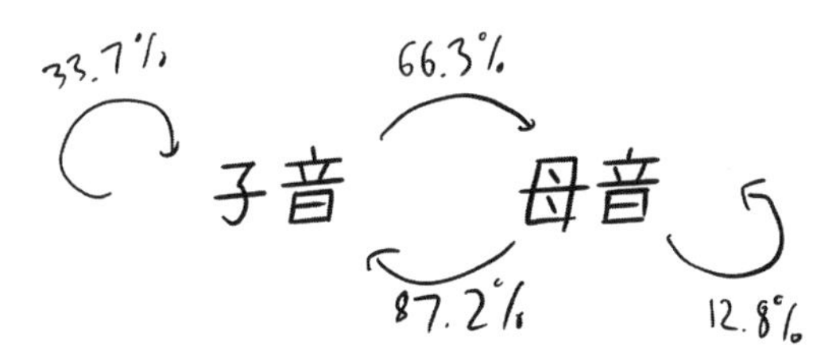

これは沼地の間を行き来する蚊の図と同じで、それぞれの確率が変わっているだけである。つまり、子音が続く確率は 33.7%、子音の次が母音になる確率はかなり高く 66.3%、母音が続く確率は子音が続く確率よりも小さく 12.8%、母音の次が子音になる確率は極めて大きく 87.2%となっていた。しかも、図に記されている確率は文書全体にわたってほとんど変わっていなかった。そのため、それぞれの文字の発生率をプーシキンの「統計学的なサイン」として解釈してもおかしくない。それに気づいたマルコフは、後にセルゲイ・アクサーコフの『孫バグロフの幼年時代』の中の 10 万もの文字を分析して、プーシキンと違って、母音が 44.9%を占めることを知った。確率が並ぶマルコフ連鎖も次の図のようにまったく違う形だった。

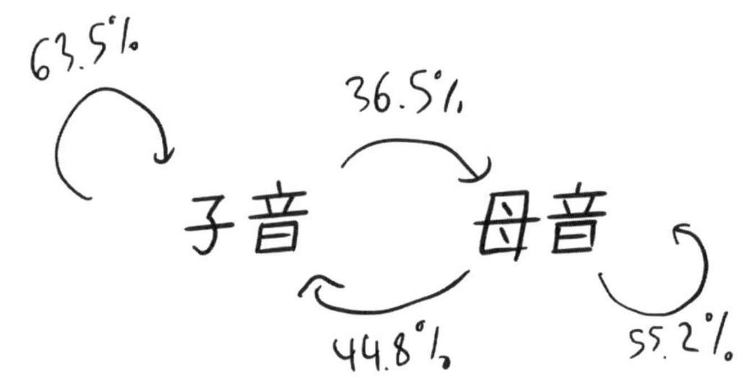

したがって、例えば作者不詳のロシア語の書物が発見されたとしたら、ロシア語が分からなくても、相次ぐ母音の確率を計算すれば、著者がアクサーコフかプーシキンかのどちらかである可能性があることが分かる！ なぜなら、アクサーコフは相次ぐ母音がお好みだったのに対して、プーシキンはそれらを極力避けるようにしていたようだから。

マルコフが文豪の文書を子音と母音から構成された二進数的な文字列に簡略化したことは許そう。当時の筆記道具は鉛筆と紙だけだったのだ。今では電子計算機の発明によってもっと複雑な文書解析が可能になって、二つの沼地の代わりに、ローマ字に相当する 26 の沼地のケースも簡単に分析できる。さらに十分大きい文書を分析すれば、英語全体のマルコフ連鎖が計算できる。グーグル社でシニア研究者として務めていたピーター・ノーヴィグは 3.5 兆字からなる資料をパソコンで分析した。そのうちの 4,450 億の文字が E だったため、E は英語で最もよく使われている文字だと分かった。しかし、この E が連続する確率はわずかの２%でしかなかった。それに対して E の後に R が入る確率は 13%で、R 自体の発生確率の 2 倍近くあった。ER は英語における 4 番目の発生率を誇る 2 文字列だ（トップ 3 の文字列を脚注にまとめてあるが、その前に自分で考えるとおもしろい）*14。

個々の文字を地図上の個々の地名と考えるともっと分かりやすいと思う。任意の文字が他の文字の次に入ってくる確率は、その文字が示す土地をつなぐ道で、確率そのものはそれぞれの道をたどりたくなる度合、あるいはその道の歩きやすさ、として考えればよいと思う。グーグルのノーヴィグの分析から分かったのは、EからRへの道が、広くて石畳で覆われたとても歩きやすい道だとすれば、EからBへの道は細くてイバラに覆われた歩きにくい道となる。ちなみに、それぞれの道は急な坂道になっていると考えられる。したがって、TからHまでの下り坂は反対のHからTの上り坂よりも20倍ほど歩きやすい（英語では、the、there、this、thatはよく耳にするが、それと比べてlight、あるいはashtray〈灰皿〉を口にする度合いは遥かにまれだ）。

ここまで来た以上、もっと深く探ってみよう。文書を、単なる文字列ではなく2文字列で構成されている、と考えれば、どうなるだろうか？　この節における原著の段落の頭文字で言えば次のような列をなしている。

ON，NC，CE，EY，YO，OU，…

文書をこのように区切れば、新しいルールが必然的に生まれてくる。例えば、ONという文字列の後にはかならずNで始まる文字列が来なければならない（ノーヴィグの分析によると、Nで始まる最も高い発生率の文字列はNSで、その次はNTである。それぞれの発生率は14.7%と11.3%である）。そのルールも分析の視野に入れておけば、精度を大いに上げることができる。

そのおかげで、工学者兼数学者のクロード・シャノンはマルコフ連鎖を文書の分析だけでなく、文書の自動生成にも適用できることに気づいた。例えば、ONで始まる、英語と同じ平均的な文字発生率を持った文書を生成したいとしよう。次の文字を選ぶためにウェイト付きのランダム生成のプログラムを書くことができる。平均値でいうと、次の文字がSである確率は14.7%で、Tである確率は11.3%で……、などとなる。そこで、Tを選んだとしよう。次の文字列はNTで、そこから好きなだけ同じ過程を繰り返せばよいだけだ。

情報理論という分野の出発点となった1948年のシャノンの論文「通信の数学的理論」が発表された時点では、いうまでもなく、3.5兆個の文字のデータベースにアクセスすることはできなかった。そのため、シャノンは英語のマルコフ連鎖を違う縫合で概算しようとした。目の前の文字列がONだった場合、自分の

＊14　THは1位で、2位はHE、3位はINである。これらの結果は何らかの《自然の法則》で生まれたものではないことに注意してもらいたい。例えば、同じノーヴィグが2008年に違うデータセットに対して同じ分析をかけたときは、INが1位、THが2位、3位から5位まではER、RE、HEだった。すなわち、分析の対象になっている文字群によって結果も多少違ってくるわけだ。

本棚からランダムな本を出して、最初の ON が出てくるところまで読み上げ、その ON に次ぐ文字が D だったとすれば、次の文字列は ND とする。そこで新しい本を開いて、ND を探す……、などと続けたのである（シャノンは空白のことも記録しておいたので、単語の分割点も決めることができた）。最後に、その過程を繰り返した結果として生まれた文字列を書き留めて、言語分析の分野において有名になった以下の文章を得た。

IN NO IST LAT WHEY CRATICT FROURE BIRS GROCID PONDENOME OF DEMONSTURES OF THE REPTAGIN IS REGOACTIONA OF CRE.

マルコフにならってシャノンが思いついたシンプルな過程によって生成されたこの文書は、英語ではないが、英語に見える。マルコフ連鎖の不思議な力が見えてきただろう？

前述した通り、マルコフ連鎖の内容はそれぞれの文字列の発生確率を計算するために使った文字の集成資料に依存している。ノーヴィグはインターネット上のホームページや我々全員のメールの文書を、シャノンは自分の本棚の本を、マルコフ自身はプーシキンの文学を、それぞれ使った。以下は、私自身が、1971 年にアメリカで生まれた赤ん坊の名前のリストを使って訓練させた、マルコフ連鎖で生成した言葉である。

Teandola, Amberylonm Madrihadria, Kaseniane, Quille, Abenellett ...

ここまではマルコフのアルゴリズムを 2 文字列に対して当てはめてきたが、3 文字列を基本単位にとったときはどうなるだろうか。3 文字列の数は 2 文字列よりはるかに多いので管理しなければならないデータ量も大量になるが、生成される言葉はかなり人名らしくなってくる。

Kendi, Jeane, Abby, Fleureemaira, Jean, Starlo, Caming, Bettilia ...

5 文字列にすると、データベースに入っている人名がそのまま出てくることが多いが、まだまだ新しい名前も生成できる。

Adam, Dalila, Melicia, Kelsey, Bevan, Chrisann, Contrinam, Susan ...

2017 年に生まれた赤ん坊の名前のデータベースを使って訓練させて生成した新しい人名は以下の通りである。

Anaki, Emalee, Chan, Jalee, Elif, Branshi, Naaviel, Corby, Luxton, Naftalene, Rayerson, Alahna ...

以上の名前は、やっぱり《今風》に感じる（最新の流行を知らない人からすれば珍しいかもしれないが、以上のリストの名前の半分ぐらいは実在している！）。それに対して、1917 年の赤ん坊の名前のリストを使えば、かなり保守的な人名が生成される。

Vensie, Adelle, Allwood, Walter, Wandeliottlie, Kathryn, Fran, Earnet, Carlus, Hazellia, Oberta ...

マルコフ連鎖を使った生成モデルは非常に単純だが、それぞれの時代に流行した人名のスタイルをそれなりに忠実に反映しているのではないかと私は思っている。そのうえ、それなりの創作力と呼び得る何かも感じ取れる。そもそも、以上に生成した名前の一部は決して悪くない。Jalee という名の子供は想像できるし、ちょっとレトロな感じを出したければ、Vensie も結構いけていると思う。ただしわが子に Naftalene という名を付ける人はあまりいないだろう。

マルコフ連鎖の、言語のようなものを生む能力は文書の一段落を作る。では言語と言うものは単なるマルコフ連鎖にすぎないのか？ 我々が話すとき次に口に出す言葉は、最後にしゃべったいくつかの言葉や他に聞いた会話を通じて身に着けた言葉を、確率に従って並べているだけなのか？

ご安心を。そんなことはない。そもそも、我々が会話をしているときは、常に身の回りの世界を見て、その状況に言及しながら言葉を選んでいる。単にすでに言ったことに影響された言葉を使っているわけではない。

例えば、オープン AI 社のチャット GPT の全身だった GPT3 というアプリはシャノンの文書生成アルゴリズムの非常に複雑な末裔だ。GPT3 のインプットは 3 文字だけではなく、多くの言葉を含む多量の文書になっているが、原理は同じである。直近で生成した文書を分析したあと、次の言葉を《それ》とか《幾何学》とか《雪あられ》とかのどれにするかは確率の問題である。

こんなことは単純に聞こえるかもしれない。例えば、この本の最初の 5 行を GPT3 に渡して、その文書に含まれている言葉を使ったあらゆる可能な組み合わせの確率をリストアップすることもできるだろう。

といっても、ちょっと待ってよ。それが何で単純に聞こえるのか？ 本当は単純ではない。実は、以上の文書は、私が GPT3 に直近の 3 節を入力して、自動生成してもらった。10 回ぐらい試して、中で最も人間らしく聞こえたバージョンを選んで以上にはめ込んだのだ。アウトプットしてもらった 10 個の文書はいずれもこの本の文書スタイルに極めて近く、それを書いている人間の私の心を結構動揺させてしまう。以下のような、ナンセンスな文書もそうだろう？

「ベイズの定理を知っている読者は、次のようなことを簡単に理解できるだろう。次の言葉が英語の定冠詞《ザ》である確率は50%で、《幾何学》である確率も50%だったとすれば、その次の言葉が《ザ・幾何学》か《雪あられ》である確率は $(50/50)^2=0$ である。」

実際、以上の問題とシャノンの文書生成アルゴリズムとは大きく異なっている部分がある。とてつもなく巨大な本棚を持っているクロード・シャノンが本書の直近の500単語から出発して新しい文書を生成し始めたとしよう。その場合、次の言葉を決めるために、自分の本の中でその500の単語が同じ順で登場する本を見つけなければならない。といっても、その本は存在しない！（少なくとも私は、以上に書いた500単語を全く同じ順で書いた本が世の中にないことを願っている）。その場合、シャノンのアルゴリズムは最初の一歩で頓挫してしまう。目の前の二文字がXZで、次の文字を当てようとする状況とよく似ている。本棚のどこかで、XZが相次いで登場している1冊の本が存在している可能性はゼロではない。その本をどうしても見つけられないクロードはあきらめるだけか？もっとがんこで、忍耐強いクロードを想像しよう！ クロードはその状況を以下のようにして解決することができる。我々は相次ぐXZをまだ見たことはないが、XZとよく似ている2文字列は他に何かないか、もしあればその後にどんな文字が出てくるか、は検討することができる。そのように考え始めると、それぞれの類似的な文字列の間の距離、すなわちある種の文字列の幾何学、を吟味することに等しい。しかし、ここでの距離あるいは近似性・接近性を有意義に定義することは簡単ではない。500単語の文書の場合はその難しさは累乗で拡大してしまう。500単語の文書が「他の文書と似ている」というのは何を意味しているのだろうか？ そんな文書、あるいは文章体の幾何学は本当に存在しているのだろうか？ そして、パソコンはどのようにしてそれを理解するのだろうか？ 後にその問題に戻るとしよう。その前に世界最強のチェス選手の人生物語を語りたいと思う。

第五の章

不死身の勝負

人類の数多くの試合の歴史に残る最も優れたチャンピオンは、テニスのセリーナ・ウィリアムズでもなく、ホームラン王のベーブ・ルースでもなく、出版界のベストセラーを書き続けたアガサ・クリスティーでもなく、そして豪華コンサートの女王ビヨンセでもない。

フロリダ州の州都タラハシーで、年寄りの母親と同居していた物腰柔らかな数学教師兼キリスト教牧師のマリオン・フランクリン・ティンズリーで、二度と現れないほど強いチェッカー[*1]の選手だった。

ティンズリーは、オハイオ州生まれで、州都コロンバスで育った。幼いマリオン君にチェッカーを教えたのは、両親の家に下宿していたカーショー夫人だった。「夫人が僕の駒を次々とボードから消していったときの笑い声をよく覚えている」と大人になったティンズリーは振り返って語っている。さらに、当時のチェッカー世界チャンピオンのエイサ・ロングが近くのトレド市に住んでいたことはマリオン君にとって大変な幸運だった。1944 年からは毎週末にロングと練習試合をし、2 年後には 19 歳という若さで米国チェッカー大会の 2 位を獲得できるほど急成長した。ただし、残念なことに、数年前に実家を出て行ったカーショー夫人とは一度も対戦できなかった。オハイオ州立大学の数学科の博士課程で勉強中の 1954 年には米国大会で優勝し、翌年には世界大会でも優勝して世界

＊1　(訳注)チェッカーは、8×8 の白黒の正方形のマスが一松模様に並んでいるボードで遊ぶ、チェスと比べて比較的単純な、二人用のボードゲームである。二人のプレーヤーはそれぞれ、図のように 3 行に並んだ 12 個の白あるいは黒の駒を持っている。駒は黒いマスにおく一種類しかなく、それを、目の前に相手の駒がいないときは左右の斜め前だけに移動させる。目の前に相手の駒がいて、かつその斜め後ろのマスが空いている場合は相手の駒を取りながら飛び越えて進む。その結果、相手の駒を全滅させるかあるいは相手を動けなくするかすれば勝ちとなる。

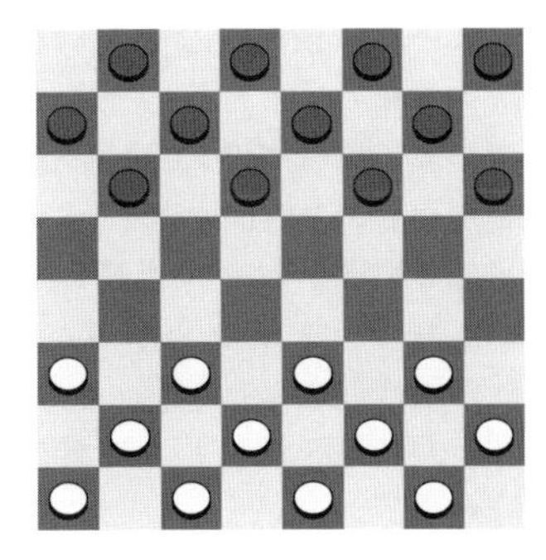

チャンピオンのタイトルを（不規則に）40 年も維持し続けた（チャンピオンではなかった年は単に休憩していただけだった）。1958 年に、イギリスのデレク・オールドバリーを相手に、9 勝 1 敗および 24 回の引き分けで自分のタイトルを守った。1985 年の世界選手権の決勝戦で、6 勝 1 敗、引き分け 24 回で自分の恩師ロングを破った。そして、1975 年のフロリダオープンでエヴェレット・フーラーに対しても 1 回だけ負けたことがあるが、最終的にその選手権でも優勝した。とにかく、1951 年から 1990 年まで 1,000 回以上のプロのチェッカーの試合に参加して、敗けたのは以上の 3 回のみだった。

ティンズリーのチェッカーの遊び方は威圧的ではなかった。相手をいじめたり、挑発したり、あるいは馬鹿にしたりすることは一切なかった。ただ単に勝って、勝って、勝ちまくることしかなかった。当時の全米チェッカー連合会長官のバーク・グランドジャンによると「ティンズリーの勝ち方は《不死身流》だった」という。1992 年に参加した世界大会の試合に出る前にインタビューに応じたティンズリーは「私は決して負けないと感じているので、ストレスも緊張感もない」と語った。

なのに、ティンズリーは最終的に負けてしまった。前章を読んでくれた読者はその結末をなんとなく予期していたかもしれないが、1992 年の試合に勝ったにもかかわらず、数年後に歴代最強のチェッカー選手よりも強い選手に敗れた。その選手の名は《チヌーク》で、アルバータ州立大学のジョナサン・シェファーが開発したコンピュータ・プログラムだった。今でも現役のチェッカーの世界チャンピオンだ。いうまでもないが、読者が本書をいつどこで読んでいるにしろ、私は以上の発言を撤回するつもりはない。なぜなら、チヌークは永遠にチェッカーの世界チャンピオンの地位を保持できることを知っているからだ。マリオン・ティンズリーが「負けることはないと感じていた」ことに対して、チヌークは何も感じていない。チヌークが負けないことは数学で証明されている。ゲームオーバーだ。

ティンズリーが初めてチヌークと出会ったのは 1990 年で、14 回の模範試合を行った。そのうちの 13 回は引き分けで終わったが、もう一つの試合の 10 手目でチヌークは致命的な間違いを犯した。それを見たティンズリーは「君はそれを後悔するだろう」と突っ込んだ。にもかかわらず、チヌーク自身が負けたことに気づくまでにはさらに 23 手もかかった。

しかし、1992 年の時点では勝利の天秤がチヌークの方へと傾き始めた。ロンドンで開催された世界初の人間対パソコンの世界大会でティンズリーは敗れてしまった。チヌークを作ったシェファーは「その勝利を喜んだ者は誰もいなかった。試合前の私は、勝ったらパーティーでもして祝おうかと思っていたが、実際にその結末を目にした途端に気が乗らなくなった」と悔やんだ。関係者たちも全員が憂うつになった。ティンズリーでさえ勝てなくなるということは、チェッカーで人間が機械に勝つ時代は終ったと分かったからだ。

とはいえ、その決定的瞬間はまだまだ先だった。チヌークはティンズリーをもう一度破った。試合が終わってティンズリーがシェファーと握手しようと立ち上がったとき、そのジェスチャーを見て観客は二人が引き分けたと誤解してしまった。なぜなら、ティンズリーが負けたことを理解していたのはティンズリーとチヌークだけだったからである。その後、ティンズリーは立ち直って、3連勝で世界チャンピオンのタイトルを保持したが、チヌークはトルーマン大統領時代以来、ティンズリーに対して2回も勝てるたった一人の相手になった。

哀れな人間にすぎないあなたの気持ちが少し楽になるなら、一つだけ教えておこう。厳密にいうと、ティンズリーが1試合丸ごと負けることは一度もなかった。1994年の8月に、67歳のティンズリーは再びチヌークの挑戦に応じることにした。その時点では、チヌークはティンズリー以外の世界トップの選手に対して94連勝中だった。当時のチヌークのメモリーは、現在の安物の携帯電話の4分の1に過ぎないが、1ギガも入っていた。それは、当時、恐るべきメモリー量だった。試合はボストン港が見えるボストン・コンピュータ博物館で開催され、ティンズリーは緑のスーツに「イエス」と書いたピンでネクタイを留めていた。客席に座っていたのは主にチェッカーのプロ選手たちだった。最初の6回のゲームは3日間に渡って行われたが、緊張感や危機感に乏しい引き分けで終わった。そのあと4日目に、前夜、腹痛で眠れなかったティンズリーはゲームの延期を要請した。心配になったシェファーはティンズリーを病院に連れていった。ティンズリーは明らかに気が付いていて、万が一に備えるためにシェファーに姉妹の電話番号を教えて、自分のそれまでの人生や後始末について言い残したという。最後に「自分は準備ができている」と言った。ティンズリーはレントゲン検査を受けて、午後を休息しながら過ごしたが、次の朝、再び睡眠がとれなかったことを皆に明かした。そして、全員に対して「これ以上続けられないため、本試合およびチャンピオンのタイトルをチヌークに譲ることに決めた」と宣言した。その瞬間をもって、チェッカーで人間が機械に勝てる時代は幕を閉じた。同日の午後にレントゲンの結果が返ってきたところ、ティンズリーの膵臓に腫瘍が見つかり、八カ月後、膵臓癌のため永眠した。

試合巧者とニムの木

どんなゲームでも絶対に負けない、ということは、どのようにして証明できるのだろうか？ あなたがいかに強くても、気が付いていない弱点が絶対にあるはずだろう？ 1984年の『ホットドッグ』というスキー映画でも見られるように、勝ち目のない若者が、どこかにベテランを破る道があるという希望を持つことはいかにも人間らしい。

ところがゲームについては、絶対に負けない、ということを証明できる場合がある。幾何学に数多くの証明問題があるのと同じようなものだ。ゲームも幾何学だからね。実際、チェッカーの試合は幾何学的に図面化することができ、それに従って負けないことを証明することができる。と言ってもそうしようとすれば、膨大なページが必要なうえ、それを理解することは普通の人間には不可能だ。そのため、ここでは、より単純なゲームであるニムを例にして解説してみたい。

ニムのルールは以下の通りだ。二人のプレーヤーが、いくつかの小石を盛った山の前に座る（山の数とそれぞれの小石の数は自由に決めても構わない）。プレーヤーは順番を決めた後、山を一つ選んで、1個以上の小石を取り去る。取り去る数は自由だが、絶対の約束事は、同時に二つ以上の山から小石を取り去ってはいけないことと、パスしてはいけないことだけで、最後の小石を取り去ったプレーヤーを勝ちとする。

では、ニムで遊ぶアクバルとジェフという二人の若者が試合をするとして、極めて簡単な場合から見ていこう。

2個ずつの小石が積まれた2個の山があるとする。じゃんけんの結果、先手はアクバルに決まった。アクバルは2個の小石を取り去って、片方の山を丸ごとなくすことができるが、それはまずい。なぜなら、次の手でジェフに残りの山を取り去られたら、負けてしまうからだ。では、1個の小石を取り去ったらよいかというと、それもよくない。なぜなら、ジェフには絶対勝つ手が渡る。残った片方の山から小石を1個取って、それぞれの山に1個ずつの小石を残せばよい。その結末に気づいたアクバルは仕方なくどんなに不愉快でも1個の小石を取り去らざるを得ない。どちらの山を選ぶかは関係ない。その結果、ジェフは残ったどちらの山を選んでも勝つ。

すなわち、アクバルには、先手で何をしたかにかかわらず、ジェフがとんでもない失敗をしない限り、勝ち目がない。

では、山の数を2から3に増やせばどうなる？ あるいは、それぞれの小石の数を10、あるいは100に増やしてみたら……？ ゲームは一気に複雑になってしまい、頭の中でシミュレーションしにくくなる。

そのため、ここでは、鉛筆と紙を使って幾何学的に図面化して考えてみる。そうすると、上で触れた2個の石から構成されている二つの山を使う場合は次のようになる。

先手のアクバルには二択しかない。小石を、1個取り去るか、2個取り去るかである。次の図面では、一番下にゲーム開始時の状態が描かれていて、ゲームが進むとともに、図は、木のように、上の方へと伸びていく。一周するようなループはない。

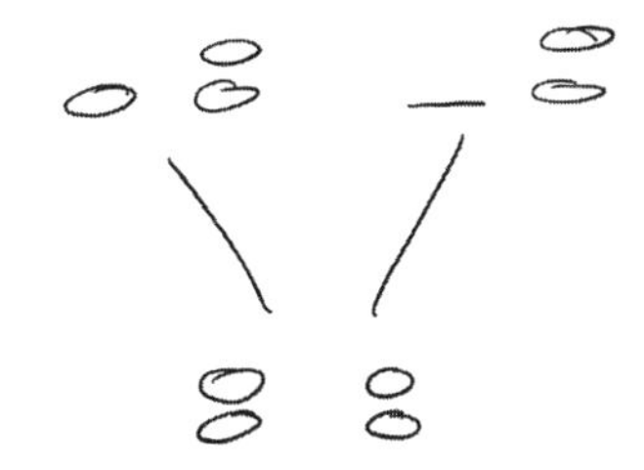

厳密にいうと、アクバルには、実際には4択があると気づいた読者も間違いなくいるだろう。小石を、「左の山から1個取り去る」、「右の山から1個取り去る」、「左の山から2個取り去る」、「右の山から2個取り去る」の4択である。図式化されたニムには対称性があるため、前章のタイトルになっている、ポアンカレの「違うものに同名をつける」という言葉にならって左と右に区別する。

さて、次はジェフの番だ。選択肢はアクバルの手に依存している。つまり、アクバルが左の山の1個の小石を取り去った後のジェフには、「左の山をなくす」、「右の山をなくす」、「右の山から1個の石を取り去る」という3択がある。アクバルが左の山をなくした場合は、ジェフは右の山から1個か2個の石を取り去ることができ、いずれにしてもジェフの勝ちとなる。

このように文で説明するのは、しんどいし、読みにくいし、分かりにくい。次のように図面化した方が分かりやすい。ほら！

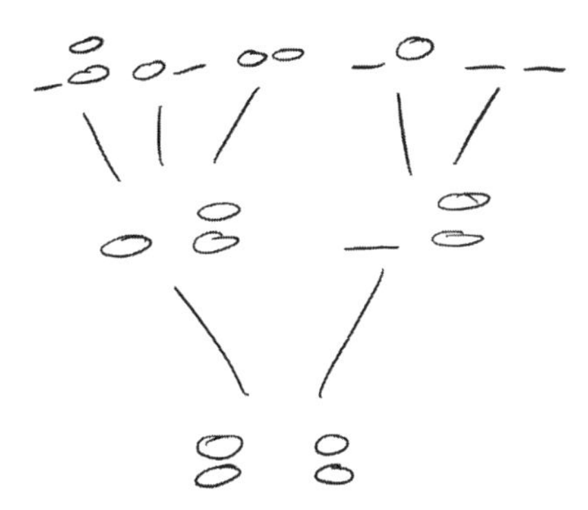

その後のゲームの進み方を図面化するにはそんなに長い時間はかからない。プレーヤーは毎回4個の小石のうちの少なくとも1個を必ず取り去らなければいけないため、ゲームは絶対に4手以内に終わるはずだからだ。次の図はその完成図である。

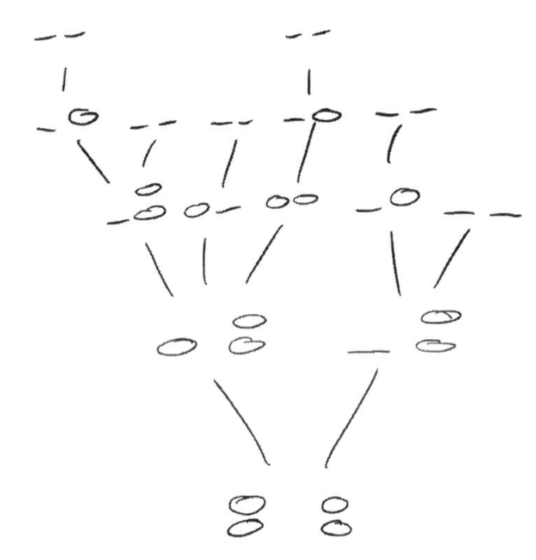

以上のような図のことを数学ではまさに《木》と呼ぶ。各部分については、ここでは、底の部分を《根》、根から出る線分を《枝》、枝の分岐点を《節目》、節目に付く行き止まり部分を《葉》と呼ぶことにする。

この木はニムの全様を表すことができるといっても過言ではない。つまりゲームを物語る図だ。プレーヤーは何かの選択をするたびに、この木の枝を登っていく。ただし、ある枝に一度登ったら、下に降りることはできず、その枝から伸びる別の枝へ登るしかない。こうして次第に少なくなっていく枝を登っていって、もう枝がなくなれば必然的に終わりを迎える。あなたの人生も数学の木に過ぎないということだ。

木は生きている

木の幾何学は、ゲームの図式化以外にもいろいろな実生活上の分野でも使える。家系図なども木の形をしていて、分岐していくゲームの選択肢の代わりに、分岐していく子孫を表す。家系図の根はその家族の祖となる夫婦で、葉は子供を作らなかった子孫だ。ただし家系図の場合は、逆さまに描いて、根を一番上に配置するのが一般的だ。そのため英語では、子孫のことを、先祖から上へ伸びる枝ではなく《下へと降りていく者》（descendants）という。

人間の動脈も木を成している。その根は心臓で、そこから酸素を体に運ぶために太い大動脈が出ていく。大動脈は、さまざまな動脈に分岐し、最後には一本の髪の毛よりも細い小動脈まで続いていって、血が酸素を運ぶ旅もそこで終わる。下の図は動脈についての宇宙人向けのテスト問題のように見えるだろうが、肝臓に入っていく動脈の様々なパターンを表しているだけだ。

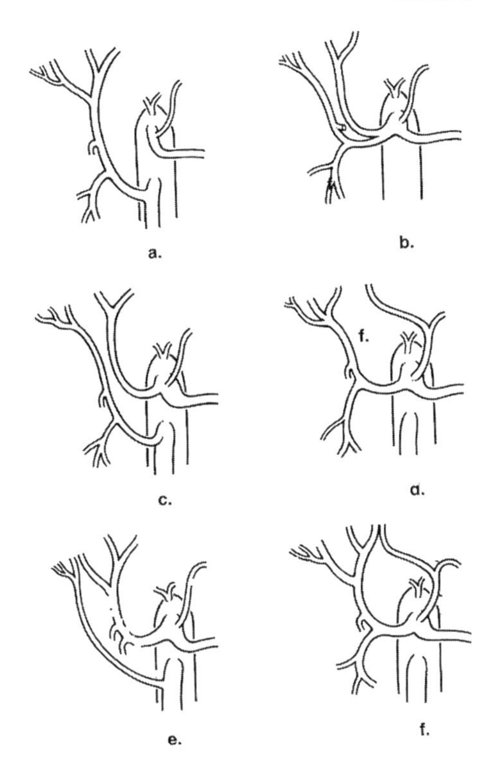

河川も、上流から流れる木で表される。川が流れ込む海を根として、上流に向かうと、だんだん細くなっていく数多くの枝つまり支流に分岐する。その枝の先端はそれぞれの支流の源だ。

スウェーデンの生物学者カール・フォン・リンネが初めてまとめた生物の系統樹といった階級組織も、文字通りの木になっている。《界》は《門》に分岐して、門は《綱》に、綱は《目》に、目は《科》に、科は《属》に、そして《種》に分岐していく。次の図に《木の木》つまり樹木類の系統樹を簡単に図示してみた。

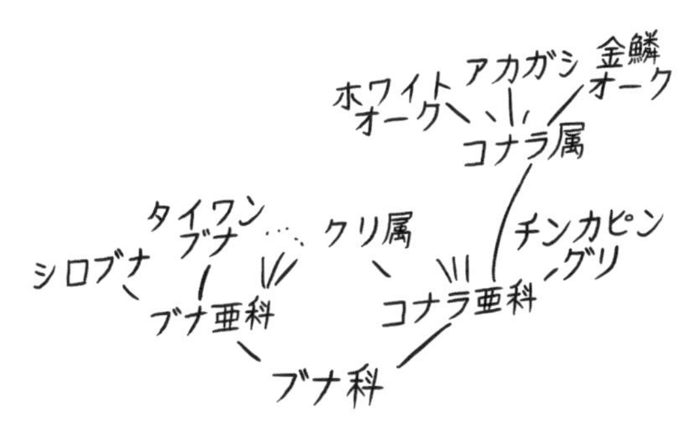

《善》と《悪》も木を成している！『乙女たちの鏡』はキリスト教の修道女を目指す女性のための自己啓発本で、ドイツのシュワルツワルトの修道士ヒルシャウのコンラッドが12世紀にまとめたとされている。12世紀の書物の著者を正確に知ることは困難だが、書物そのものは間違いなく存在している。その中の最も興味深い挿絵には《善行》と《非行》の木が描かれている。非行の方（下図）がおもしろいため、それをちょっと覗いてみよう。

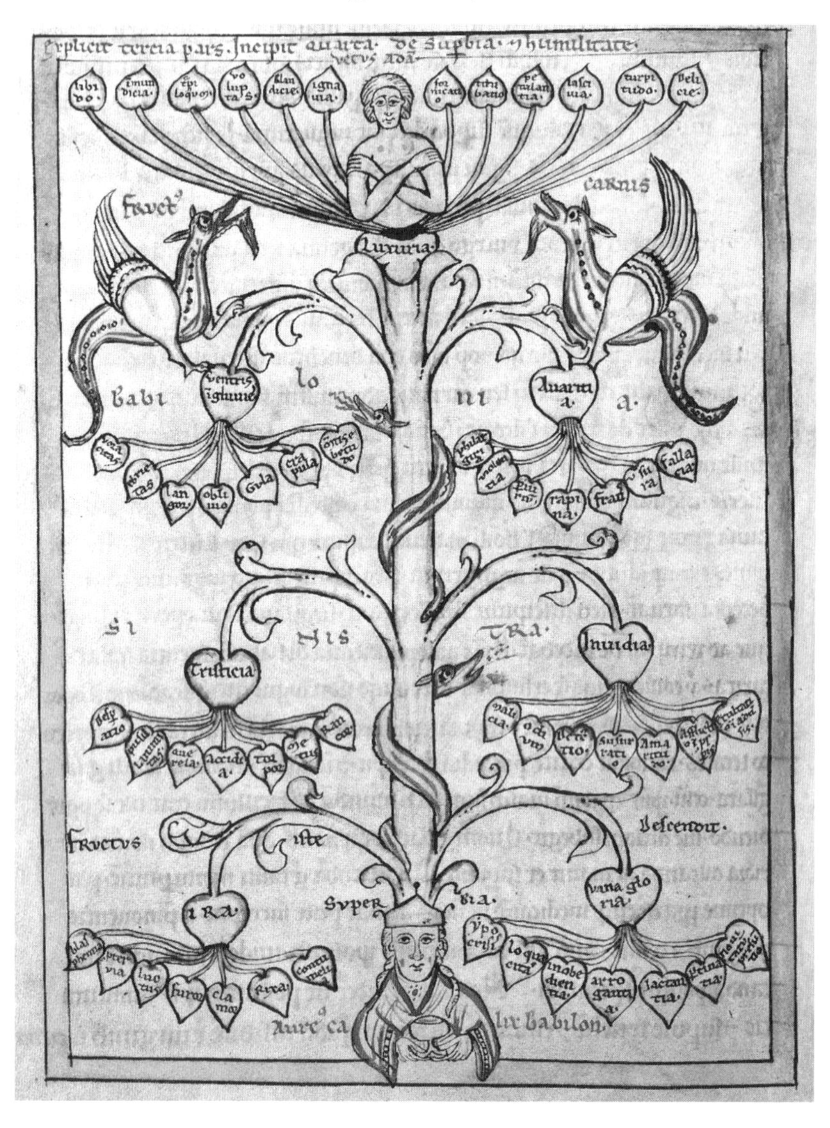

《非行》の木の根は、あらゆる非行の根源である《傲慢》としての豪華な衣装を身にまとった紳士の頭から出ている。その直系の子孫は《怒り》と《貪欲》である。ページの最上部に咲いている花の名は、にやにや笑う男性の股間部に記されている通り、《肉欲》そのものだ。それぞれの非行には独特の子供もいる。怒りの子供は《冒とく》や《侮辱》なども含まれており、肉欲は《性欲》、《不貞》、そして《卑劣》などを生んでいる（正直言って、私は、それぞれの微妙な違いを理解できないため、中世時代の修道士にはなれなかっただろう……）。

現代に近づくと、木は道徳の階層を表すよりも、企業的な組織を図式化する道具に変わる。その図を見れば、自分が誰から指導を受けたらよいかとか、誰が誰の下についているかをはっきりと知ることができる。次ページの図はそういった組織図のもっとも古い例の一つで、スコットランド出身の技師ダニエル・マッカラムがニューヨークとエリー鉄道会社のために1855年に作成したものだ。マッカラムは後にアメリカに渡り、南北戦争時代の北軍で鉄道を管理する士官を立派に務めた*2。

鉄道会社の《社長》は木の根っこにいて、情報は遠く離れた小枝や葉っぱから社長へと流れてくる。権限力は反対方向に流れて、社長から、数多くの従業員を通っていく指揮系統を通じて、《労働者》や《機械工》や《部品掃除係》といった小枝や葉っぱに分散していく。ただし、これは純粋な木ではない。組織図の他に、会社が管理している路線も描かれている。外側は20世紀後半のアメリカの郊外住宅地の地図のようでもある。

いずれにしても元に戻ることができないからこそ、階級組織やニムの流れや人生そのものを木として図式化できる。私があなた方の上司だったとすれば、あなた方は確かに私の上司ではない。それが階級組織の根本的な原理というものだ。ニムで何をしたとしても、その前のいずれかの状態に戻ることは不可能だ。その事実はニムを含む数多くのゲームがいずれは終了することを保証している。

私は血管や河川や非行の木よりも数値の木が好きだから、以下でそういった木の作り方を教えてあげよう。

任意の数（例えば1,001）を選ぶところから出発して、その数を斧で割り始める。「斧で割る」とは、掛け算の結果が1,001となる二つの数を見つけることを意味する。例えば、1,001＝13×77である。77はさらに77＝7×11として割ることができるが、13は割れない。掛け算して13になる（1と13以外の）整数のペアはない。

＊2　19世紀のスコットランド出身で南北戦争時代の士官、という容姿を聞いた多くの読者は豪華なあごひげを想像するかもしれない。肖像画に見るマッカラムは正にその通りだ。

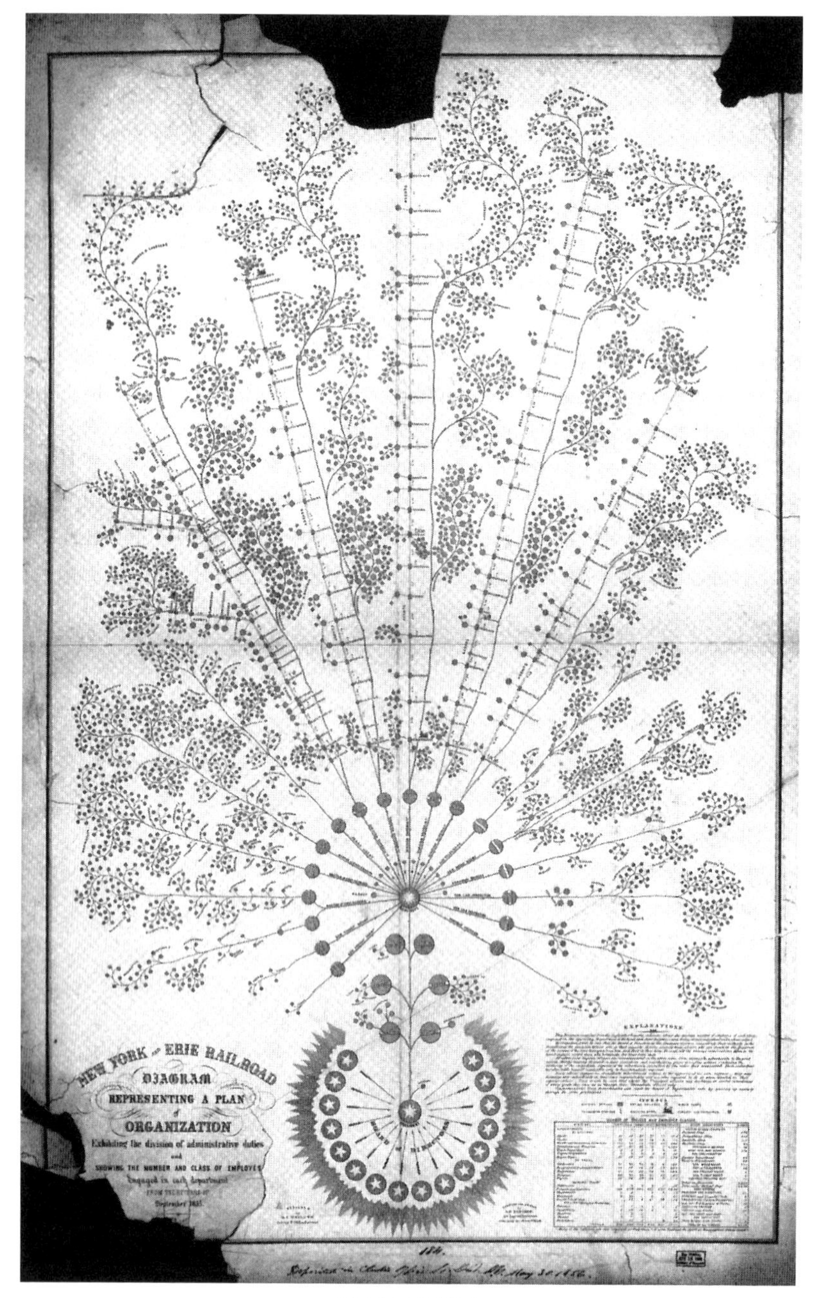
NEW YORK ERIE RAILROAD
DIAGRAM
REPRESENTING A PLAN
ORGANIZATION
Exhibiting the division of administrative duties
and
SHOWING THE NUMBER AND CLASS OF EMPLOYES
Engaged in each department
EXPLANATIONS

世界初の組織図

すなわち、13をいくら斧で切ろうとしても、きれいには割れない。7も11も同じだ。では、私たちが1,001を斧で割った過程を木として表現してみよう。その木の枝の本数は斧を振った回数を表している。

斧で割れずそれ以上伸びることもない木の葉は《素数》という。素数は他の自然数を構成しているレゴブロックの最小単位みたいなものだ。「え？ すべての自然数は本当に素数で構成されているの？ なんでそんなこと言い切れるの？」と思う読者もいるだろうが、以上のような木の存在自体がその根拠だ。自然数には二つの小さい因数に割ることができるものとできないもののどちらかしかない。因数に割ることができない数を素数という。したがって割ることができなくなるまで斧を振るい続けた木に残された葉としてのすべての数は素数となる。例えば、1,024といった数を斧で割れば、次のように枝が相当長く伸びていく。

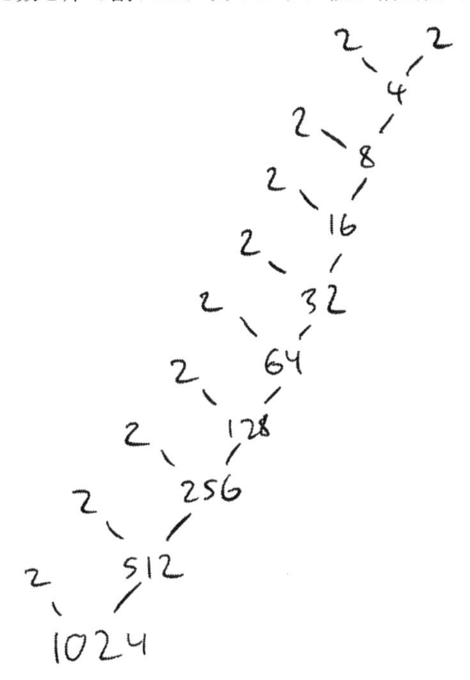

他方では、1,009 といった素数に対しては一度も斧を振るうことができない。とはいえ、斧を振るう過程は無限に続くことはあり得ず、次第に小さくなっていく因数の列はいつか止まらざるを得ない。とにかく斧を振るい終えたら、それ以上因数に分けられず、素数の葉を持つ木が残されるだけである。得られたすべての因数の掛け算の結果は最初に考えた根の数となる。

すべての自然数を素数の掛け算として示すことができることを初めて証明したのは 13 世紀末のペルシア（現在のイラン南部）の数学者カマール・アル=ディーン・アル=ラリーシーで、それを発表した本の題名は『友愛の証明についてのわが友への覚書』*3 という。

しかし、数学者たちがわずかの一行で証明したこの事実に気づくには、素数の定義を決めたピタゴラス教団員からアル=ファリーシーまでの 2000 年もかかった！ それも幾何学と関係している。『ユークリッド原論』を読む限り、ユークリッドがあらゆる自然数を素数の因数に分解できる事実を理解していたことは明らかだ。1,024 と同じく何回も割られたり、1,009 と同じく 1 回しか割られなかったり、1,001 と同じく少しだけ割られたりいろいろな因数分解があり得る。しかし、ユークリッドはそういった素数について一言も書いていない。理由は、それを記す方法がユークリッドの手元になかっただけのことではないかと考えられる。ユークリッドはすべての物事を幾何学図形として理解していたため、例えば数は線分の長さで表すものとしか考えていなかった。そのため「ある数が 5 で割り切れる」というのは、その数に相当する線分を有限の長さの線分に 5 回切り分けられるということを意味していた。二つの数を掛け算するときは、辺長がそれぞれの数に相当している長方形の面積が頭に浮かんでいたに違いない。そもそも三つの数の掛け算を《立体》(solid) と呼んでいたが、それぞれの数に相当している長さ・高さ・奥行を持つ直方体を想像していたのであろう。

このようにユークリッドは、数を線分の長さとしてみなしたおかげで、先人よりも深い数の理解に至ることができた。ただしそうした整数論はユークリッドの足かせにもなった。二つの自然数の掛け算を 2 次元の長方形の面積、三つの自然数の掛け算を 3 次元の直方体の体積とするとしたら、四つの自然数の掛け算は何になるのだろう？ 日常的な 3 次元空間の知識で想像できるものではない。したがって、ユークリッドはそういったものに対して何も言わない。それに対して、代数学を切り開いた中世のアラビアの数学者たちは、数論を、日常的な体験から切り離して考えた。おかげで、のちの世では、もっと抽象的な高い次元の精神の

＊3　アル=ファリーシーにとっての《友愛》とは、友情などのことではなく、自分自身を除いた約数の和が互いに等しくなる自然数の一組のことをいう。例えば 220 の自分自身を除く約数の合計は 284 となり、284 の自分自身を除く約数の合計は 220 となる。そういった組を算数で《友愛数》という。

世界を眺めることができるようになった。次元の数は無限で、それらを想像することは少し難しくても、不可能ではない。それはそれとして、今はひとまずニムのゲームに戻ろう。

ニムの木

前節では、鉄道会社の組織も、我々哀れな人間が罪深い存在に没落していく道も有限の木として表せることが分かった。ただし、それぞれの木に登ろうとしたら、必ず《葉っぱ》という終着点にたどり着かざるを得ない。すなわち、誰かが勝って、誰かが負ける必要がある。では、勝者と敗北者をどのように判定すればよいのだろうか？

いよいよ木の育ち方の出番だ！

ゲームの木を作るコツはその終了時点から出発することだ。なぜなら、その時点で誰が勝ったかがはっきり見えているからだ。ニムの終了時点は卓上の小石の数がゼロになった瞬間で、最後の石を取り去った者が勝つ。つまり、石の数がゼロになる時点で番が私に回ってきた場合、私の負けだ。したがって、負けの位置をたどっていくために、石が残っていないすべての節目（頂点、分岐点）に《負》という字を記しておくことにする。それに対して、１個の石しか残っていない節目に着いたときは、その石を取り去って勝つという選択肢しかないので、そこに《勝》の字を書く。

２個の石が残った節目はもっと複雑だ。両方の石を取り去ったら間違いなく勝てる。しかし、不注意あるいは寛大さなどの結果として１個の石しかとらなかった場合は相手の勝ちになってしまう。この勝ち負けが紙一重の節目にはどんな字を書けばよいだろうか？ そこで、競争的なゲームを遊ぶプレーヤーは、愚かでもなく、無頓着でもなく、必要以上に寛大でもない、ということを前提にして、その節目にも勝という字を記す。しかし、勘違いを防ぐためにはっきり言っておくが、それは、次の手とは別で、必ずしも勝つという意味ではない。そういった節目に勝と記すのは、いずれかの選択肢が相手の負けに繋がっていることを意味している。そのため、必勝より勝利への道、と解釈した方がより正しいのではないかと思う。

それぞれ２個の石から構成されている二つの山が残るときの話は別だ。私が何をしたとしても、次の手で相手が有利になるため、負と記さざるを得ない。

以上の考え方に基づいて文字を添えた木は次のようになる。

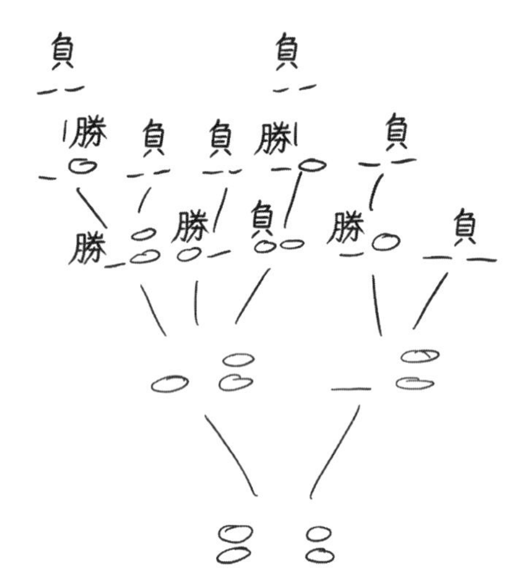

こうして完成した木を使うと、ゲームを一歩一歩遡っていくことができる。例えば、石が２個と１個の二つの山がある場合、選択肢は三つある。１個の山を取り去る、２個の山を丸ごと取り去る、２個の山から１個の石を取りさる、の３択だ。それぞれの節目には《勝》《勝》《負》という印をつけておく。その場合、相手の負に繋がる選択肢は一つしかないので、それを選ぶべきだ。そのため、現在の節目にも勝と付ける。なぜなら、２個の石の山と１個の石の山を前にしたプレーヤーは、ただ単に正しい手を選べば《勝つ》。

勝つとは、相手に負けの手しか残されていない状態のことをいう。この宣言は悪趣味のジムに飾られている刺激的なポスターに出てきそうに聞こえるかもしれないが、数学的に100％正しい。木の言葉に翻訳するなら、負で終わる枝が出ている節目には勝の印を付ける、ということになる。それができない節目には、もちろん負を付ける。ようするに、《負ける》とは、相手に勝ちの手しかない状態のことをいう。

以上の事実を分かりやすいルールとしてまとめると、

ルール１：あらゆる選択肢の結果が勝の節目は負とする。
ルール２：選択肢のうち一つでも負になる節目は勝とする。

以上のルールを使えば、木の先端から根っこまでのすべての節目には、次のように勝か負の印をつけることができる。木にはループがないため、永遠にぐるぐる回る危険性はない。

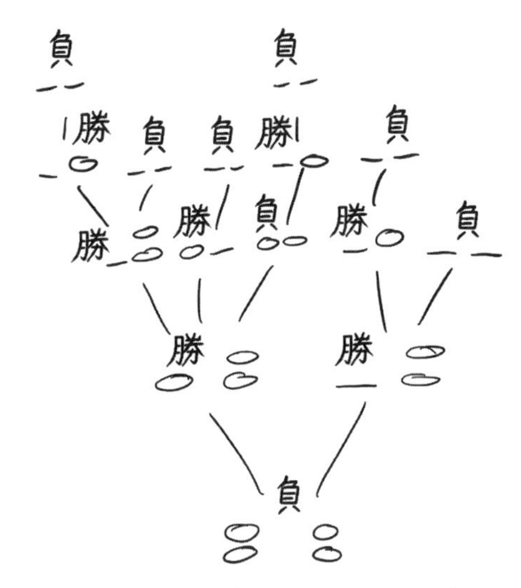

そして根にはなんと負印がつくのだ。したがって、ジェフがとんでもない過ちを犯さない限り、先手のアクバルに勝ち目はない。

その過程のすべてを言葉で説明することもできるが、正直にいうと読者各自でそれを試して頂いた方が楽しい。人間相手のゲームはさらに楽しいので、友達も誘って2個の石で作られる二つの山のニムで遊んで欲しい。そのとき、ちょっと意地悪をして、友達に先手を譲ってはどうか。繰り返して勝ち続けると、木の力を自分の体で体感できる！

木によるニムの分析は石や山の数と関係なく、あらゆるニムの変形にも当てはめることができる。20個の石で作られる二つの山のニムの勝ち方を知りたければ、木を描いて探ればよいだけだ（ちなみにその変形ではアクバルが勝つ）。

二つの山しかないニムの場合は、木のすべての節目に印をつける面倒くさい過程を省略する方法もある。アクバルとジェフがそれぞれ100個の石の山を前にしてニムを遊んでいるとしよう。といっても、その木を手で描く気分にはなれないだろう。したがって、もっと賢いやりかたを教えてあげよう。自分より年下の兄弟がいるとわかりやすいが、年上に対する意地悪として、下の子が年上の言葉を繰り返してものまねをすることがよくあるだろう。「私のものまねをやめなさい！」「私のものまねをやめなさい！」「お前は本当にむかつくな！」「お前は本当にむかつくな！」……などなどというのさ。では、そのやり方で年下のジェフが年上のアクバルとニムで遊んでいるとしよう。つまり、ジェフはアクバルの手をそのままものまねして遊んでいるとする。アクバルが自分の前の山から15個の石を取り去ったとき、ジェフも自分の山から15個の石を取り去るとすると、両方の山に85個の石が残される。次にアクバルはジェフの山から17個の石を取り去って、68 個の石を残す。ジェフはアクバルの山に対して同じことをする。とにかく、常にアクバルのものまねを繰り返すことによって、それぞれの山の大きさが変わらないままで続けていけば、実はジェフは必ず勝てるのだ。石の個数が等しい二つの山のニムは後手のジェフにとって必勝のゲームだから、ものまねの戦略は、むかつくだろうが無敵だ。

では、石の個数が等しくない場合はどうだろうか？ そのときは、先手のアクバルはそれぞれの山が同じ大きさになるだけの個数を取り去ればよい。そうしたら、二人の立場が逆転する。次の番以降に、アクバルがジェフのものまねを繰り返せば必ず勝てる。

「引算ゲーム」というニムの変種もある。その変種では山は一つしかなく、プレーヤーは一度に 1 個から 3 個までの石しか取り去ることができない。ニムと同じく、最後の石を取り去った方が勝ちだ。この引算ゲームも木の構造を持つので、ニムと全く同じ方法で分析することができる。アメリカでは「サバイバー」という人気テレビ番組の第 5 期のおかげでこのゲームは話題を集めた。タイランドが舞台だったため、番組では「タイ 21」という名称で紹介されたが、そのゲームはタイランドの伝統的な文化や歴史とは何の関係もない。おそらく、プロデューサーたちは、アジアの文化が複雑で謎が多いというアメリカ人の先入観にアピールしようとしただけだと考えられる。ちなみに、似たような理由でニムも長い間「古代中国のゲーム」として紹介される根拠なき習わしがあった。実際のニムの初登場は、レオナルド・ダ・ヴィンチの友人で近代会計学の父として知られているイタリアの修道士ルカ・パチョーリが 17 世紀初頭に残した数学のパズル集においてだ。原点は架空の古代中国にあるといういかがわしい先入観があるが、むしろパチョーリにある、と言った方が数学的に正しいのではないか。

サバイバーには「テレビ番組としては最もいかがわしくばかばかしい番組である」というイメージが一般的になっているが、それは古代中国を思わせるいかがわしい先入観に過ぎず、大間違いである。サバイバーはどちらかというと、最も頭の良い番組の一つだといってもよいかもしれない。人間がリアルタイムで即興的に考えたり、数学を現実に当てはめたりする番組は他にはないだろう。ニムが登場する第 5 期の第 6 話は正にそういった内容だった。

その番組で、ダラス・カウボーイズの旧アメフト選手のテッド・ロジャーズ・ジュニアは仲間たちと一緒に、石でなく旗の山から 1~3 本の旗を取っていく引算ゲームをした。そのときテッドは仲間に対して「最後に 4 本だけの旗が残るように取っていけ！」と命令した。仲間の一人だったテキサス出身のジャン・ゲントリーは「本当？ 5 本でなく 4 本を残すの？」と確認したところ、大柄のテッドは「4 本だぜ」と迷わずに返した。そのときテッドは数学者風に、ニムの木に印をつけるのと同じ図計算を頭の中で行ったに違いない。その賢さに驚く必要はない。名刺にどんな肩書を書いてあるにしろ、誰でも、いざとなると、頭の奥に眠っている数学者に頼れる！

引算ゲームでは1～3本の旗が残っておれば勝ちだ。では、次の根のように4本が残ればどうなる？

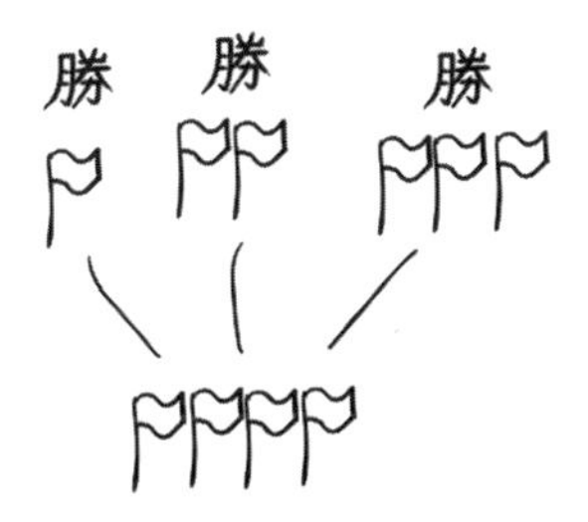

4本の旗しか残っていないのだから、相手チームが1本取ろうが2本取ろうが3本取ろうが、3本までなら何本取られても味方の勝ちだ。大柄のテッドは正しかった！ したがって、相手に4本の旗を残すことが最強の戦略だ。ゲーム開始時に5、6、7本の旗があったら、4本しか残らないようにすればよい。

しかし、8本の旗でスタートするとどうなる？ 自分が3本取れば、敵は1本取る。自分が2本取ったら、敵も2本取ればよい。そして、自分が1本取ったら、敵は3本取ることによって、自分は勝ち目のない4本の旗と立ち向かうことになってしまう。8本の旗で始めるのは、4本の旗で始めると全く同じだ。12本スタートも、16本スタートも同じだ。まとめると、4本の旗の倍数でスタートすると、自分の負けで、そうではない場合は、相手に4の倍数の旗さえ残せば、必ず勝てる。

なんと、新しい定理を証明したではないか！

せっかく定理が証明できたので、文書にしてみよう。

サバイバー定理　4本・8本・12本あるいは4本の倍数の旗で始まる「引算ゲーム」は先手の負けである。4本の倍数から始まらないゲームでは、相手に4本の倍数を残すようなプレーさえすれば、先手の勝ちになる。

以上のようなニムや引き算ゲームは結局数学だ。というより数学そのものは一種のゲームと言っても過言ではなく、世界各地の数多くの人々はそれを毎日楽しんでいる。

では、そういったゲームのような数学をなぜ学校でもっと教えようとしないのだろうか？ ニムや引き算ゲームがうまくなっても、リアリティ番組のスターのキャリアを目指さない限り大して役に立つとは言えないが、物事を数学的に考える能力を身に付ければ世の中の理解がよくなることを事実として認めるとすれば、教養としての価値がずいぶん上がるだろう。教育体制全体、そして特に我々数学教師が、学生たちの自然な遊戯本能をつぶしてしまっているのではないか、としばしば叩かれるが、数学の授業でこのような「ゲーム」をもっと使えばそのような心配はなくなるうえ、学生たちも数学に対してもっと興味を持ってくれるようになるのではないだろうか。

私はそう思うが……現実はそんなに甘くはない。私が数学を教え始めてから20年以上も経っている。最初は数学の概念を正しく教えるベストな方法を見つけ出すことに夢中だった。先に例を出して、後にそれを説明した方が分かりやすいだろうか。それとも、説明で初めて、後に例を示した方が効果的ではないか。提示した例を学生に分析させることによって、原理を自分たちで発見させた方がよいのか、それとも黒板に原理だけを書いて、学生たちにそれを応用させた方がよいのか……。そもそも、黒板などといった古臭いものが本当に必要なのか？

そんな迷いの中で、私は、たった一つの《正しい》方法などないということに気が付いた。特に個々の学生は一人ひとりユニークな人間であるため、全員が「唯一の正しい教育方法」に同じように反応する保証はない。白状するが、私自身、ゲームはさほど得意ではない。負けることは、嫌いだしストレスにしかならないのでね。

トランプゲームで友達に大きな点差で敗れて大喧嘩になったこともある。そのため、私自身はニムや引き算ゲームに焦点を合わせた数学の授業をするのにあまり熱意を持てない。が、しゃべっている私の前に座っている学生がそれに魅了される可能性はある。

したがって、数学教師たちは数多くの教育戦略を同時に展開し、それぞれの学生がポジティブな反応を見せる方法を探り続けるべきではないかと思う。そのようにすれば、退屈して授業中に教師の目を盗んで抱き合ったりする個々の学生が、教師が延々と話す内容に興味を示す確率を大いに高めることができると考えている。

ミスター・ニマトロン

2×2のニムで遊んでみただろうか？ あまりおもしろくないだろう？ 一度戦略が分かったら、作業ゲームになってしまって、機械的な行動を繰り返す仕事と同じように感じてしまわざるを得ない。なぜなら、ニムを実際に機械化することは簡単だからだ。以下に1940年にアメリカで登録された第2,215,544号の特許を紹介する。

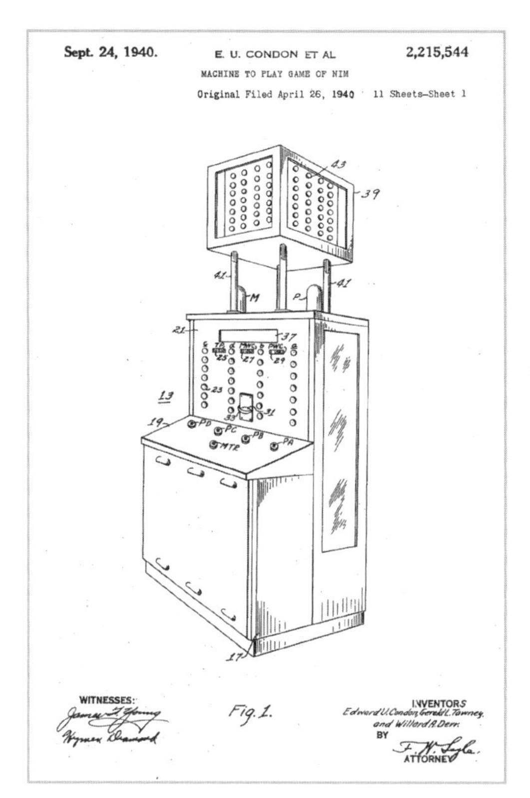

ニマトロンの
特許申請書

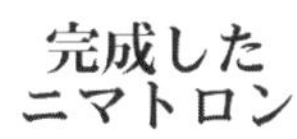

完成した
ニマトロン

この特許はニムを完璧に遊べる機械を登録している。当時の流行に乗っており、石の代わりに電球を使っていた。設計したチーム代表のエドワード・コンドンは当時ウェスティングハウスという電機メーカーに勤めていた。数年後にマンハッタン計画の副長に指名されたが、その職場での、プロジェクトの耐えがたい内密性に早ばやと飽きて、6週間後に退任した。しかし、1940年の時点ではアメリカはまだ平和だったため、コンドンは「明日の世界」をテーマとしていたニューヨーク万国博覧会で《ニマトロン》と名付けたその機械をデビューさせ、その夏に10万回以上のゲームを楽しんだ。「ニューヨークタイムズ」紙はそのイベントについて以下のような記事を残している。

「ウェスティングハウス社は、高さ240 cm、幅90 cm、重さ1トンもある《ミスター・ニマトロン》という新型ロボットを発表した。人間を相手に、ニムという古代中国に由来を持つゲーム[*4]の一変形を遊ぶ機械である。遊び方は縦方向に4列に並んだ電球を交互に消していくことで、最後の電球を消した者の勝ちである。たいていの場合はニマトロンが勝つことになっているが、ウェスティングハウス社はニマトロンに勝った者全員に《ニム・チャンピオン》と記されたメダルを献呈することになっている。」

といっても、ミスター・ニマトロンが完璧なニム選手だったとすれば、それに勝てるはずがない。それで、人間にもチャンスを与えるために、9種類のスタート地点をオプションとして提供することになっていた。その内の一部は（完璧に遊べば）人間が勝てる地点だったが、ほとんどの人間は完璧に遊ぶことはできなかった。コンドンによると、「ニマトロンの敗北のほとんどは、クレームをつけたお客さんに対して、機械が実際に負けることがあり得るといった事実を証明しようとした展示スタッフによるものだった」。

イギリスの電機メーカー・フェランティは1951年に自社製の《ニムロッド》と名付けたニムを遊ぶロボットを発表し、世界各地で大評判になった。ロンドンでは、霊媒師のチームが、完璧なプレーをするニムロッドに、集中した脳波を使って勝とうとしたが、無念にも失敗した。ベルリンでは、1963年に西独の首相になったルードヴィヒ・エアハルトはニムロッドに3連敗もした。フェランティ社の《コンピューター1号》の開発に携わっていた人工知能の先駆者アラン・チューリングの回想によると、ニムロッドの人気は、展示場の1階に設けられていたビール飲み放題のバーの客がゼロになるほどだったという。

ところで、ニムを遊ぶ無敵のコンピューターに出会うことはドイツ人が無料のビール飲み放題を無視するほどおもしろいだろうか？ チューリング自身は、そ

＊4　先述した通り、ニムは古代中国とはほとんど関係がない。

うは思わず「我々の最先端の高価なコンピューター技術を、ゲームのために無駄使いしていることを疑いたい」と言っている。本書をここまで読んでくれた読者も、ニムを完璧に攻略するには特別な洞察力などは一切不要であることを理解しているだろう。十分の時間をかけてニムの木のすべての節目に勝・負印をつけていけばいいだけだ。

三目並べを遊んだことがある人もその事実に気づいただろう。なぜなら、三目並べの流れも木型のグラフとして表すことができるからだ。三目並べの木の初期段階は以下のような構造をしている[*5]。

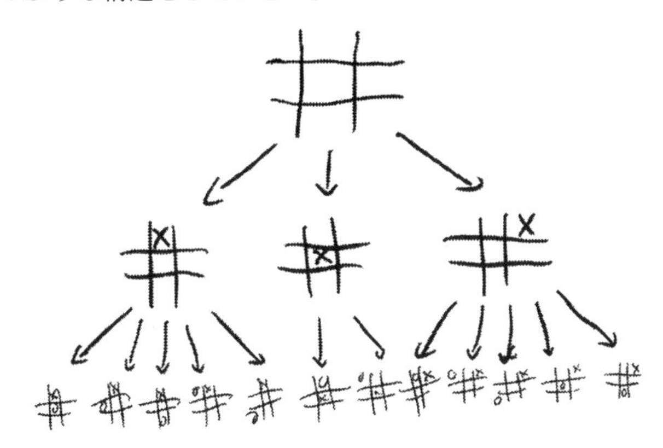

しかし、三目並べでは引き分けも有り得る点はニムと大きく違うところだ。その状態のことを、英語ではなぜか《猫遊び》といって、遊んでいる相手が7歳以上だった場合、たいていのゲームは引き分けで終わる。

といっても、それは問題ない。《勝》と《負》の他に、引き分けを表す《分》印を追加すればよいだけだ。さらに、ルールの数も二つから三つへと増やせばよい。

三目並べの分析ルール

ルール1：次に取るあらゆる選択肢が勝につながるなら、今の状態は負とする。

ルール2：次に取ることのできる選択肢の中で負につながるものがあるなら、今の状態は勝とする。

ルール3：次に取ることのできる選択肢の中で負につながるものはないが、勝につながるものもない場合、今の状態は分とする。

＊5　この木でも、第三の章のタイトルになっている「違うものに同名をつける」原理を存分に活かしている。つまり、三目並べの独特な対称性のおかげで、四カ所ある各辺上の3目、二カ所ある対角線上の3目、二カ所ある中心線上の3目は、それぞれ同一視することができる。

ルールの3はちょっと長くて読みにくいが、引き分けにつながる状態をうまく記述しているのではないかと思われる。前半は自分が勝っていないことを表しつつ、後半は負けてもいない、つまり相手の勝利を防ぐ何かしらの手が残っている、ことを言っている。自分も相手も勝てないという状態は引き分けそのものだ。

とにかく、ここで最も理解して頂きたいのは次の事実だ。三目並べを遊ぶときは、常に以上にまとめた三つのルールのいずれかが当てはまる節目にいる。したがって、ニムと同じように、木の根に向かって印をつけていくことができて、最終的にその根は《分》であることが分かる。そうだ！ 三目並べに必ず勝てる秘密の攻略法など存在しない。両プレーヤーが完璧に遊んだ場合、ゲームは必ず引き分けで終わるしかない。

多くのゲームはこういった木の構造を見せる。碁盤目ゲームとしてのチェッカーもその一つである。そして、数百年に渡って神業と称賛されてきたチェス[*6]も木の構造を持っている！ 我々人類は、その木の板のマス目上で戦争の極意を詩的に学ぶことができる力がチェスにはあると信じて奥深い意味を当てはめてきた。チェスを使った無数の映画や小説があり、ABBA のメンバーたちはミュージカルまで作った。

それにもかかわらず、チェスも単なる木にすぎない。プレーヤーたちは交互に駒を動かすだけで運の要素はない。そして最長のゲームでも 5,898 手を超えることはない。ただし、二人のプレーヤーが勝利を求めて遊ぶときは、その手数に至ることは基本的に不可能だ。歴史に残る最も長いプロのチェスの試合はわずかの 269 手で終わったが、そこに至るまでに 20 時間もかかった。

チェスを知らなければ、そういった限界があることに驚く人もいるだろう。ニムと違って、駒を動かすたびに必ずしもその駒数を減らすわけではない。もし減らないとするなら、ルークとナイト[*7]は永遠に走り回ることができる。それを

＊6　（訳注）チェスは、お馴染みの将棋と多くの類似点を持っている。チェッカーと同じく正方形の 8×8 の市松模様のボードを使うが、チェッカーより遥かに複雑で難しい、二人用のボードゲームである。将棋と同じく、各プレーヤーは 16 個の駒で構成される《軍隊》を率いる。軍隊の最前列は将棋の《歩》に相当する 8 個の《ポーン》で、後列は左右対称的に並ぶ 5 種類の駒で構成される。各兵の動き方は大いに違っていて、合わせて 6 種類の兵の短所と長所を駆使して、相手の《キング》を移動不能にさせたプレーヤーが勝ちである。遊戯人口 6 億人以上、競技人口 30 万人以上を誇っているため、ゲーム理論やコンピューター学等で最も研究されてきたゲームと言っても過言ではない。

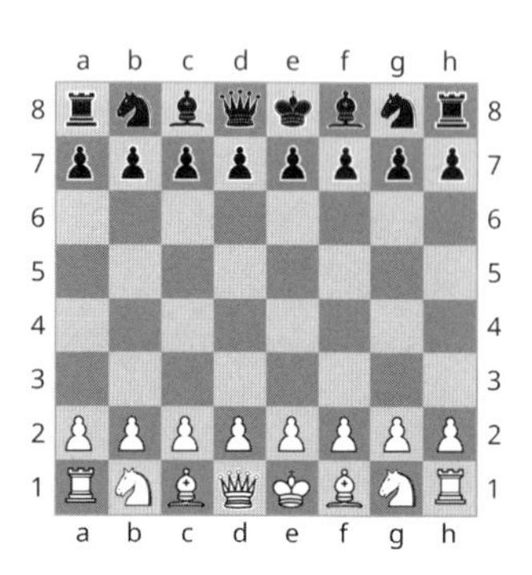

防ぐために、現代の大会レベルのチェスのルールを決めた師匠たちはそういったナンセンスな状況を防ぐルールも決めてくれた。例えば、ポーンを一度も動かさずに、あるいは相手の駒を一度も取り去らずに50ターンも経過したら、その試合は引き分けとみなすルールがある。手詰まりを防ぐルールは、数学で素数として1を数えないことと似たような理由による。もしも1を素数として認めたとしたら、素因数分解は無限に可能になってしまう。つまり、15＝3×5×1×1×1…、それは厳密には間違っているわけではないが、有意義でもない。チェスにおける手詰まりを防ぐルールもゲームが退屈な無限ループに陥らないことを保証してくれる[*8]。

神秘性に満ちたチェスでも、結局、チェッカーやニムと同じ種類のゲームだ。そのため、二人の完璧なプレーヤーがチェスを遊ぶときも、白が必ず勝つか、白が必ず負けるか、それとも必ず引き分けになるといった三択しかない。そして、その結果を予想するためにチェスの木に《勝・負・分》の印をつけていけばよいだけだ。チェスを解決することは極めて複雑な問題ではあるが、けっして難しすぎるとも言えない。例えば、核時代の政治や都市の修復、幼年時代を懐かしむ心、南北戦争の長期間に渡る反響、そして人工知能による人心の入れ替えなどをまとめて歌う詩曲をうまく書く方がチェスより遥かに難しい。そのチェスの難しさは二つの非常に大きい数値の掛け算とよく似ている。計算するには間違いなく長い時間を要するが、原則として単純な方法論にさえ従っていけが、確実に結果にたどり着ける。

しかし、「原則として」という簡単な言葉は、チェスの場合、とてつもなく深い淵を隠そうとする薄い縦にすぎない。

2石×2山のニムは先手の負けだ。しかし、我々には、チェスが先手の勝ちか負けかあるいは必ず引き分けで終わるかどうかいまだに分かっていない。なぜなら、チェスの木の葉っぱは非常に多く、その正確な数はいまだに知られていないからだ。

とにかく、ニマトロンなどといった原始的なロボットが出す数を遥かに超えていることだけは確実に言える。マルコフ連鎖を使って英文を生成しようとしたクロード・シャノンはチェスを遊ぶ人工知能の可能性を真面目に吟味した初の論文

＊7　(訳注)《ルーク》は縦と横方法に何マスでも移動できる、《飛車》に相当する櫓型の駒。《ナイト》はL形に飛んで他の駒を跳び越せる、《桂馬》に近い駒で、自由度が非常に高い。

＊8　学者ぶった読者へ。厳密にいうと、チェスを含むチェッカーは有限の木ではない。二人のプレーヤーはもしもそうしたければ、お互いのキングを無限にボード上に躍らせるなどして、決着をつけないこともでき、おまけにそれを防ぐルールも存在しない。しかし、現実には、お互いに勝利を得ることが不可能であることに気づいた時点で、そのゲームを引き分けと判定することが常識になっている。

の執筆者でもある。シャノンは葉っぱの数を120ものゼロがある巨大数だと概算した。それは宇宙に存在している万物の数よりも遥かに多く、紙と鉛筆を使って、勝・負・分の印を付けていける数ではない。原則として可能だが、実現することは不可能に近い。

原則が分かっても現実的に実現できない計算は計算機時代に付き添ってきた低音のBGMといってもおかしくない。そこで、素因数分解をもう一度思い出してもらおう。素因数分解は深く考えずに、自動的なアルゴリズムにさえ従えば簡単にできる。

例えば、1,001を素因数分解しようとすれば、最初に2で割れるかどうかを調べることで始める。割れないので、3、4、5、6を順番に調べて、ようやく7で割れることが分かる（1,001＝7×143。したがって『千一夜物語』を『百四十三週物語』と改めてもよいかもしれない）。斧を振り続けていけば、143＝11×13であることも分かる。

しかし、200桁の数の素因数分解はどうなる？ 実はその問題はチェスと同じほど困難だ。現在の最先端技術を使ったとしても、解決する前に宇宙が消滅するほど難しい。非常に単純な算数にすぎないのに現代人には無理だ。

そして、それが無理な問題であることは実にありがたい。なぜなら、現実の世界では、その解決が非常に困難である事実を活かせる、安全保障に関わる応用が考えられているからだ。

安全保障と素因数分解との密接な関係を理解する前に、南北戦争時代の南軍の暗号やガートルード・スタインが1914年に出版した『やさしいボタン』という実験的な散文詩を語らなければならない。

誰にでも分かる秘密

さっきまでニムで遊んでいたアクバルとジェフが、今度は誰にも分からない秘密の暗号文で連絡を取り合う遊びを始めた。その文を読むためには、共通の秘密の《キー》が必要になる。

そこで、ガートルード・スタインの『やさしいボタン』に収録されている最初の詩の最初の部分「A CARAFE, THAT IS A BLIND GLASS」（花のないガラスの水差し）をそのキーとして使って、アクバルがジェフに、「NIM HAS GROWN DREARY」（ニム遊びが退屈になってきた）というメッセージを暗号文で送ることになった。その場合、二つの文の個々のアルファベットは次のように対応する。

メッセージ	NIM	HAS	GROWN	DREARY
暗号キー	ACA	RAF	ETHAT	ISABLI

この対応関係を使って、暗号文を作るため、各アルファベットに、Aは0、Bは1というように、0を含める自然数を語順に従って当て嵌めていく。そうすると、Nはアルファベットの13番目の文字だからN=13となる。加えて、上の対応関係のメッセージと暗号キーの各アルファベットを加えて暗号文を作ると考えると、N=13=13+0=13+Aより、N=N+Aとなる。

同様に、K=10=8+2=I+C、M=12=12+0=M+A、Y=24=7+17=H+R、A=0=A、X=23=18+5=S+Fなどとなり、それに従って、メッセージの暗号化を進めると、NKM YAX K…といった文字列で始まる次の暗号文を作ることができる。

メッセージ		NIM	HAS	GROWN	DREARY
暗号キー	+	ACA	RAF	ETHAT	ISABLI
暗号文	=	NKM	YAX	KKVWG	LJEBCQ

残念ながら、途中でちょっとした問題にぶつかってしまう。R(17)+T(19)=36であるが、英語のアルファベットには26文字しかない。しかし、それは大した問題ではない。Zを超えても、振り分けをAから再開したらよいだけだ。つまり、A=26、B=27となるから、36=10=Kになる。

こうして送られてきた暗号化されたメッセージを読み解くために、ジェフはまず本棚から『やさしいボタン』の一冊を取り出す必要がある。そして、その本を開いて、暗号化されたメッセージの各文字から詩の対応する各文字を差し引いていく。N−A=13−0=13=N、K−C=10−2=8=Iといった具合である。3番目のKにたどり着いたときにK−T=10−19=−9という結果になってしまうが、ご心配なく。

−9の文字はAの前の9番目の文字だが、Aの直前の文字はZなので、Aの前の9番目の文字はZの前の8番目のRだ。その結果、次のようにメッセージが浮き上がる。

暗号文		NKM	YAX	KKVWG	LJEBCQ
暗号キー	−	ACA	RAF	ETHAT	ISABLI
メッセージ	=	NIM	HAS	GROWN	DREARY

文字の足し算と引き算が苦手な人は次の便利表を使って欲しい。

	A	B	C	D	E	F	G	H	I	J	K	L	M	N	O	P	Q	R	S	T	U	V	W	X	Y	Z
A	a	b	c	d	e	f	g	h	i	j	k	l	m	n	o	p	q	r	s	t	u	v	w	x	y	z
B	b	c	d	e	f	g	h	i	j	k	l	m	n	o	p	q	r	s	t	u	v	w	x	y	z	a
C	c	d	e	f	g	h	i	j	k	l	m	n	o	p	q	r	s	t	u	v	w	x	y	z	a	b
D	d	e	f	g	h	i	j	k	l	m	n	o	p	q	r	s	t	u	v	w	x	y	z	a	b	c
E	e	f	g	h	i	j	k	l	m	n	o	p	q	r	s	t	u	v	w	x	y	z	a	b	c	d
F	f	g	h	i	j	k	l	m	n	o	p	q	r	s	t	u	v	w	x	y	z	a	b	c	d	e
G	g	h	i	j	k	l	m	n	o	p	q	r	s	t	u	v	w	x	y	z	a	b	c	d	e	f
H	h	i	j	k	l	m	n	o	p	q	r	s	t	u	v	w	x	y	z	a	b	c	d	e	f	g
I	i	j	k	l	m	n	o	p	q	r	s	t	u	v	w	x	y	z	a	b	c	d	e	f	g	h
J	j	k	l	m	n	o	p	q	r	s	t	u	v	w	x	y	z	a	b	c	d	e	f	g	h	i
K	k	l	m	n	o	p	q	r	s	t	u	v	w	x	y	z	a	b	c	d	e	f	g	h	i	j
L	l	m	n	o	p	q	r	s	t	u	v	w	x	y	z	a	b	c	d	e	f	g	h	i	j	k
M	m	n	o	p	q	r	s	t	u	v	w	x	y	z	a	b	c	d	e	f	g	h	i	j	k	l
N	n	o	p	q	r	s	t	u	v	w	x	y	z	a	b	c	d	e	f	g	h	i	j	k	l	m
O	ø	p	q	r	s	t	u	v	w	x	y	z	a	b	c	d	e	f	g	h	i	j	k	l	m	n
P	p	q	r	s	t	u	v	w	x	y	z	a	b	c	d	e	f	g	h	i	j	k	l	m	n	o
Q	q	r	s	t	u	v	w	x	y	z	a	b	c	d	e	f	g	h	i	j	k	l	m	n	o	p
R	r	s	t	u	v	w	x	y	z	a	b	c	d	e	f	g	h	i	j	k	l	m	n	o	p	q
S	s	t	u	v	w	x	y	z	a	b	c	d	e	f	g	h	i	j	k	l	m	n	o	p	q	r
T	t	u	v	w	x	y	z	a	b	c	d	e	f	g	h	i	j	k	l	m	n	o	p	q	r	s
U	u	v	w	x	y	z	a	b	c	d	e	f	g	h	i	j	k	l	m	n	o	p	q	r	s	t
V	v	w	x	y	z	a	b	c	d	e	f	g	h	i	j	k	l	m	n	o	p	q	r	s	t	u
W	w	x	y	z	a	b	c	d	e	f	g	h	i	j	k	l	m	n	o	p	q	r	s	t	u	v
X	x	y	z	a	b	c	d	e	f	g	h	i	j	k	l	m	n	o	p	q	r	s	t	u	v	w
Y	y	z	a	b	c	d	e	f	g	h	i	j	k	l	m	n	o	p	q	r	s	t	u	v	w	x
Z	z	a	b	c	d	e	f	g	h	i	j	k	l	m	n	o	p	q	r	s	t	u	v	w	x	y

例えば、R＋T＝k が知りたければ、R列T行（あるいはT列R行）にkとして出ている。またk－R＝T が知りたければ、R列（あるいはR行）のkを決めるT行（あるいはT列）として出ている。

さらに、アルファベットの対称性を利用することもできる。Zにたどり着いたときに、Aから再開するというルールに従えば、アルファベットを、

ABCDEFGHIJKLMNOPQRSTUVWXYZ

のような、線形ではなく、次のような円形で表現することができる。

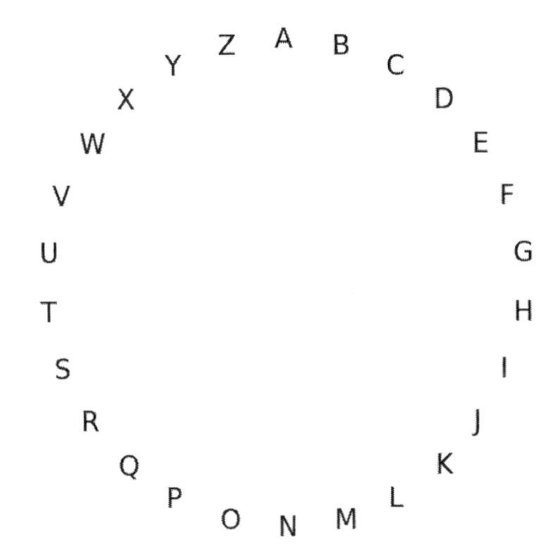

『やさしいボタン』におけるすべてのA文字は0だから、暗号化されたメッセージでも、Aに対応するメッセージ、例えばNやM、はそのままだ。Cは2だから、Cに対応するメッセージ、例えばI、はCから時計回りに2コマ進んだKとなる。

その方法の公式名称は、(それを発明していない) 16世紀のフランス外交官ブレーズ・ド・ヴィジュネールにちなんでヴィジュネール暗号という。数学や科学全般における出典の誤りはあまりにも多く、統計学者兼歴史家のスティーブン・スティグラーが「科学におけるほとんどすべての重要な発明はその発明者の名前で知られていない」と指摘するほどだ(以上の発言は「スティグラーの法則」とも知られているが、スティグラーは、その事実を初めて指摘したのは社会学者のロバート・マートンであることを指摘している)。

ヴィジュネールはフランスの貴族の家に生まれて、数多くの外交官や国王に仕えた多才な文人で、ヨーロッパ各地のエリート界に多くのコネを持っていた。そのため、特にローマに滞在していたときに、当時の最先端の暗号技術を身に着けたと考えられる。16世紀のローマの暗号技術界は厳重に守られた秘密や激しい競争の世界だった。そこで、自分のライバルでありながら、当時のカトリック教皇の御用暗号師だったパウロ・パンカトゥッチオに対するいたずらとして、ヴィジュネールは非常に解読しやすい暗号を使った手紙を送ったという。経験豊かなパンカトゥッチオはそれをすぐに解読したが、メッセージの内容は自分をどこまでも侮辱する長文だったことに気づいた。「哀れな暗号の奴隷よ！　あなたのすべての力を暗号解読に注いでしまっているのではないか……。その時間を無駄に過ごすよりも、より建設的な趣味でも見つけたらどうか？　世界中の宝物を手にしたとしても、無駄にした自分の人生の1分でも買い戻すことはできない。この言葉の真実を疑うなら、次の短い手紙を解読して、自分の無能さを自分で計ってみろ」。その時点でヴィジュネールは、パンカトゥッチオが解読しそうもない、自作の強固な暗号に切り替えて、残りの手紙を完成させた。以上の逸話はヴィジュネールの「暗号および機密事項の書き方について」という論文に出てくる。ヴィジュネールが残した数多くの書物は、後に忘れられてしまったが、この論文だけは暗号学の古典の一つになった。ヴィジュネールは、以上の比較的単純な方法も含め、数多くの複雑な暗号方法を紹介している。その本の高い知名度のおかげで、この暗号はヴィジュネールの名前で知られるようになったが、1553 年にその原則を初めて紹介したのは、カメリーノの枢機卿ドゥランテ・ドゥランティの御用暗号師ジョヴァン・バティスタ・ベラソだった。

ベラソは自信満々で、「この暗号はあまりにも素晴らしくて、誰でも簡単にメッセージを暗号化できるが、キーとなる短文がなければ、絶対に誰も解読できない」と誇らしく宣伝していた。当時の人間たちはその自慢話におおむね賛成していたようだ。そのため、この暗号は長らく「解読不能の暗号」という別名でも名高く知られ続けた。ヴィジュネール暗号の初の解読の仕方は《カシスキー解析》という名で知られているが、スティグラーの法則に従って、イギリスのチャールズ・バベッジはフリードリヒ・カシスキーに 20 年も先立って発明した。とはいえ、暗号キーは短文ではなく、『やさしいボタン』といった長文だった場合、その解読は現在でも極めて困難だ。

完全勝利

暗号の強さは、結局、それを利用している人間たちの義務感に依存している。例えば、奴隷制度といった悲惨な社会経済体制を守るためにアメリカ合衆国に戦争をしかけた「アメリカ連合国」という分離国家の話は有名だ。そのアメリカ連合国の軍（南軍）の暗号技術がいかにもろかったかという事実はあまり知られていない。南軍は延々と繰り返される短文を暗号キーとしたヴィジュネール暗号を使っていたが、メッセージの全文ではなく、自分たちで秘密にしておくべきと思った部分だけを暗号化していた。その例として、1864 年 9 月 30 日に、連合国大統領ジェファーソン・デイヴィスがカービー・スミス大将に宛てた手紙を取り上げたい。

> 「…HJ—OPG—KWMCT の北部を巡回している ZMGRIK—GGIUL—CW—EWBNDLXL」

とあるが、暗号キーがなくても、英語がそれなりにできる人だったら、HJ—OPG—KWMCT は「川の」（“OF—THE—RIVER”）という言葉にすぐ気づいてしまう。そうして一部の文字が分かってしまえば、それらを使った残りのメッセージは簡単に解読できる。108ページの文字の正方形を見てみて欲しい。OがHに相当していることは、暗号キーにおける相当文字がTであることを意味している。FはJだから、暗号キーではそれはEになるだろう。それらの関係を、先ほど紹介した「文字の算数」で表すなら、H−O＝T、J−F＝E。その計算を残りの文字に対しても行えば、暗号キーが見えてくる。

	OF	THE	RIVER
−	HJ	OPG	KWMCT
	TE	VIC	TORYC

ここまでたどり着いた北軍の暗号解読者は暗号キーの半分以上を明かすことに成功しており、最終的に圧倒的に敗れた南軍の運命を知っていれば、暗号キーは「COMPLETE VICTORY」（完全勝利）だったことの皮肉に笑うしかない。暗号キーを知った北軍はわずかの数分間で残りの文書を解読して、南軍の動きを察知することができた。

それに対して、長文を使ったヴィジュネール暗号は、暗号キーを知らない限り、いまだにほぼ解読不可能だ。そのうえ、ジェフとアクバルが暗号キーとして使ったガートルード・スタインの『やさしいボタン』には問題がある。第三者も簡単にその本を手に入れることができるので、万が一それが暗号キーだったと気づいた時点で終わりだ。逆に、アクバルとジェフは第三の友人シバを暗号化された会話に招待しようと思えば、シバに『やさしいボタン』の一冊を届ければならない。誰かに暗号キーを届けるときにそれ自体を暗号化することはできない。なぜなら、相手がまだ暗号キーを持っていないため、暗号化された文書を解読することはできない。といって暗号化されていない暗号キーが相手以外の第三者の手に入ってしまった場合は、自分の手紙などを暗号しても無駄になってしまう。

暗号キーの共有は必然的に長らく暗号に付き添ってきた根本的な問題とみなされたが、必要悪として許容されてきた。結局、暗号キーを知らなければ、友人のシバも、敵の暗号解読者も暗号された手紙を読むことができない。暗号キーを届けなければ、シバは暗号化された手紙を読めないし、暗号キーを送った場合、それは敵の手に落ちるリスクも背負わなければならない。では、シバに第三者が解読できない形で暗号キーを届ける方法は本当にないだろうか？ 実は、その難題を解決してくれたのが素因数分解だ。

数学者たちは早くも巨大数の掛け算がいわゆる「落とし穴関数」、あるいは「落とし戸関数」であることに気づいた。《落とし戸》という言葉は、閉めるのは簡単でも開けるのは難しい、つまり片方向からからは入りやすいが、反対方向からは非常に出にくい扉のことを表している。なぜなら、1,000桁から構成されている二つの巨大数の掛け算は、携帯電話の演算アプリでも使えば、あっという間に計算できるが、一兆年かけても、その結果から逆算して元の掛け合わせた2個の数を計算できるアルゴリズムは存在しない。そこで、巨大数の掛け算と素因数分解に対するそういった非対称性を活かすことによって、第三者にばれずにシバに暗号キーを届けることができる！ ロン・リベスト、アディ・シャミア、レオナルド・エーデルマンの三人のコンピュータ・サイエンティストはそれを行うアルゴリズムを1977年に発明し、自分たちの頭文字を使ってRSAという名前を付けて公開して、初めから誰とも共有してくれた。RSAの物語は、実はもっと複雑で、奥深い。スティグラーの法則に従ってRSAに名前を与えた三人は、それを初めて発明した者ではない。本当の発明者は、1970年代にイギリスの政府通信本部（GCHQ）に努めていたクリフォード・コックスとジェームズ・エリスの二人だった。そのため二人の研究は国家秘密扱いされ、二人がRSAの三文字の由来となった三人の科学者よりも先に発明していた事実は1990年代まで一般的には知られていなかった。

RSAのアルゴリズムを詳細に解説するには、本書で語っていきたい範囲を超える複雑な整数論が関わってくるため、省略するが、その根本原理だけ説明しておこう。シバはとても大きな素数pとqを頭で覚えておいて、それらをアクバルともジェフとも、誰とも共有していない。その二つの数値が暗号キーになる。RSAのアルゴリズムを使って、暗号化されたメッセージを解読するためにはその二つの数値を知らなければならない。

しかし、メッセージを暗号化するためにはpとqは不要で、$p \times q = N$という、さらに巨大な数値を使う[*9]。したがって、ヴィジュネール暗号と違って、解読は単なる暗号化の逆算だけでは終わらない。RSA暗号法では、暗号化と解読は別々の過程になっていて、落とし戸のおかげで、RSAの解読はヴィジュネールより何倍も困難となる。

巨大な数値Nのことを一般的に《公開キー》と呼ぶ。シバはそれを誰に教えても構わない。自宅の入り口の看板にしても問題ない。アクバルがシバに暗号化されたメッセージを送ろうとするとき、その数Nを知っておくだけで十分だ。シバはそれを受けて、誰も知らないpとqを使って、それを解読することができる。Nを知っている誰でもがシバに暗号化されたメッセージを送ることができるし、それらのメッセージを皆の前で公開しても構わない。暗号化されたメッセージは誰でも見られるが、それらを解読できるのは、pとqといったプライベートキー

＊9　本書を仕上げてくれた勤勉な編集者は私になぜpとqを小文字にして、Nを大文字にしなければならないのかを聞いてきた。我々数学者は小さ目に思う数値を小文字で表して、非常に大きい数値を大文字で表す習慣がある。RSAの場合は、pとqは300桁以上の巨大数ではあるが、その掛け算の結果であるNは遥かに巨大な数で、それと比べたら微々たるものにしか見えないため、小文字にした。

の持ち主シバしかいない。

公開キーによる暗号化の発明は何もかもを単純明快にしてくれたのだ。おかげさまで、あなたはパソコンや電話や冷蔵庫などといったデジタルの機材を使ったり、数多くの人々に対して頑丈に暗号化された安全な情報通信ができたりする時代に生きている。しかし、その頑丈さは、前述の、片方からは簡単に開けられない落とし戸に依存している。もしもある日、誰かがその落とし戸の下に脚立を立てて、自由自在に開け閉めできるようになったとすれば、その暗号方法はすべて崩壊してしまう。すなわち、巨大な数値Nをｐとｑといった素因数に分解する簡単な方法が見つかったら、Nを使って暗号化されたすべてのメッセージは解読されてしまう。

コンピューターでチェッカーに勝つという問題と同じく、コンピューターで簡単に素因数分解するという問題が解決される日がきたら、あくる日から情報通信は突然危険になってしまう。そういった黙示録的なシナリオに従った推理小説などを空港の本屋などでよく見かける。私は実際に次のような広告に出会ったことがある。

「思春期のバーニー・ウェバーはミルウォーキーに住む数学の天才だ！ 財務省秘密検察局、CIA、そしてイエール大学のいずれもがバーニーをミルウォーキーからさらおうとして争っている。バーニーが知っていた素因数分解を先に手に入れるのは誰だろうか！」

（その最後の文書を読んで笑おうと思わない場合、バーニーが何を知っていたかをもう一度確認すること）。

私のプログラマーは神だった

チェッカーを極めた人工知能チヌークは古今のあらゆるチェッカー選手よりも強かったことを前で説明した。しかし、実を言うと無敵ではない。チェッカーの木のどこかの隅に、人間も機械も予想していないチヌークに勝つ戦略が隠れているかもしれない。しかし、それを確実に知るためには、チェッカーの木を根から葉っぱまで分析して、その根っこに勝・負・分のいずれかの印をつけなければならない。では、チェッカーは先手必勝なのか、後手必勝なのか、それとも引き分けゲームなのか？

無駄にわくわくさせてもしょうがないので、早速その答を教えてあげよう。チェッカーの根には《分》印がつくのだ。すなわち、数学的な観点から見たチェッカーは２色に色分けされて大型化した三目並べに過ぎない。絶対にミスを犯さない二人のプレーヤーによるチェッカーの試合は必ず引き分けで終わる。ほとんどミスをしないマリオン・ティンズリーのキャリアを追跡した人にとってそれは不思議な事実ではないだろう。実は、ティンズリーの相手もほとんどミスしていなかった。そして、そういった、完璧に近い選手が争った試合の大半は実際に引き分けで終わった。そのため、プロのチェッカーの間では「三手制限」という新規ルールが設けられた。三手制限とは、冒頭の 3 手を厳選された 156 通りのオープニング手のうちからランダムに選ぶということをいう。それぞれのオープニング手は《恐ろしきエディンバラ》《ヘンダーソン》《荒れ地》《フレーザーの地獄》《ワーテルロー》や《オリバーの竜巻》などといったカラフルな名称で知られる。しかし、三手制限を導入してからでも、現代のプロレベルのチェッカー試合の大半は引き分けで終わってしまうことに変わりはない。

とはいえ、大半の試合が引き分けに終わるという事実は単なる記録データに過ぎず、代々のチェッカー選手がどうしても見つけられなかった必勝の戦略が本当に存在しないことを証明するのは別の話だ。

1994 年にティンズリーに勝って世界チャンピオンになったチヌークは当時 5 歳だった。そこからシェファーとそのチームがティンズリーでもあなたでも誰でも勝てないプログラムを完成させるまでにさらに 13 年もかかった。

やる気があるなら、チヌークへの挑戦はいつでもできる！ チヌークは今でもカナダのアルバータ州・エドモントンにあるサーバー上で生きており、世界各地のプレーヤーからの挑戦を 24 時間受け付けている。興味があれば、ぜひやってみて欲しい！[*10]

無敵なチヌークに挑戦することは不安ではあるが、不思議なことに、それと同時に癒されているようにも感じ取れる。自分よりも強いのに、どうしても自分を破ろうとする人間相手に遊ぶのとは大いに違う。そんな人間相手の場合はストレスだけを感じて、癒されやしない。私は昔、当時 15 歳だった従兄弟のザカリーと碁を打ったことがある。ザカリーは「シニスターマスタード」というメタルバンドでドラムを演奏しながら、アリゾナ州で最も優秀なチェッカー選手でもあった。ザカリーにとっては初めての囲碁だったので、私は試合の流れを最初にそれなりに有利な方向へと持っていくことができた。しかし、ザカリーは途中でルールやゲームの理論を次第につかみ、最終的に私に圧勝した。おそらく、ティンズリーとチェッカーを楽しむ感覚もそれと似ているのではないかと思う。優しくて丁寧な数学の先生のあだ名は《容赦なきティンズリー》だったほどで、ティンズリーに挑戦するということはぼろ負けするということにほぼ等しかった。1994 年のチヌークと同じように、ティンズリーは、基本的に完璧なチェッカー選手に近かった。しかし、チヌークと違って、勝つか負けるかを本気で気にしていた。「私は不安だらけの人間だ」とティンズリーはインタビューで告白している。「負

＊10　（訳注）チヌークの住所は https://webdocs.cs.ualberta.ca/~chinook/play/

けるのは大嫌いだ」。ティンズリーの考え方では、自分とチヌークは同じチェッカーを極めた存在だったにもかかわらず、根本的に違っていた。1992 年の試合の前に「私をプログラムした者はチヌークのプログラマーより遥かに優れている」と記者の質問に答えている。「チヌークのプログラマーはジョナサンだ。私のプログラマーは神だった」。

人間の感情とは？

シェファーによると、チェッカーの木には 500,995,484,682,338,672,639 通りの節目があるという。しかし、プロレベルの大会のルールに従って遊ぶときはそのうちの多くの節目にはたどり着くことができない。ただし木の構造をしているため、ゲーム終了時の節目から逆算して、それぞれの節目に《勝・負・分》の印をつけ分けることはできる。

しかし、チェスや囲碁と比べて少ないその節目数でも、人間の力で分析することは不可能だ。幸いなことに、103 ページで紹介した三つのルールを使えば、その数を大いに減らすことができる。コンピューター学でも、園芸でも、必要以上に調べなくてもよい枝を切り捨てる過程のことを《剪定》という。コンピューター学では剪定は特別に大切で、強力な道具だ。コンピューターの進化を考えるとき、たいていの人間はだんだん大きくなっていくデータセットの処理の高速化を想像しがちだが、解決しようとしている問題に不要なデータを剪定することによってそのデータセットを縮小させることは同じぐらい大事だ！ 計算しない方が何よりも早いのでね。

チェッカーの始め方はよく知られたものに 7 通りあるが、シェファーとそのチームはいずれもが分か勝のいずれかにつながることを証明して、チェッカーを解決した。

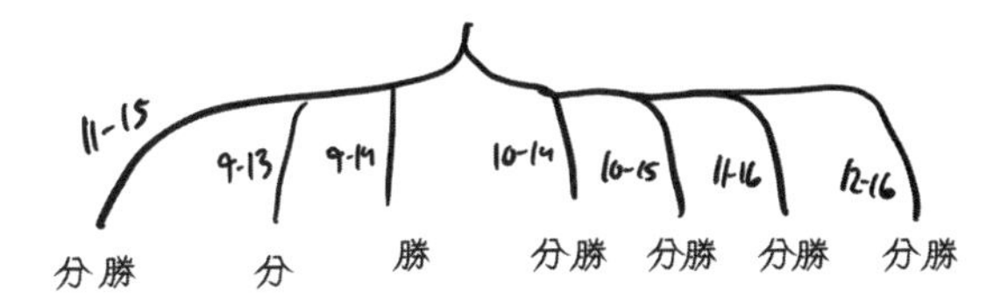

そこで、ゲームを始める黒に《9-13》といった、勝てる選択肢を白に一つも残さない手があることが分かるので、チェッカーの木の根は負ではないことが分かる。他方では、残りのオープニング手も白に負の節目を残さないためその根は勝でもない。したがってチェッカーは分、つまり引き分けである。

チェスに関しては同じ分析がいまだにできていない。へたしたら、その分析は元から不可能であることも考えられる。チェッカーの茂みのような低木に対して、チェスの木はセコイアみたいな巨大樹木だから、その根は勝・負・分のどれになるかは、いまだに知り得ない。

しかし、チェスについても解決できた日がきたとしよう。そのときはどうなるか？ 例えば、完璧なゲームは必ず引き分けで終わると知っていれば、今までと同じように人生のすべてをチェスに捧げる人がまだいるだろうか？ 勝つ方法は相手が過ちを犯すことしかないと知っていても、同じ達成感が味わえるだろうか？ 韓国の元囲碁棋士イ・セドルは 2016 年に《アルファ碁》（AlphaGo）というディープマインド社の人工知能に敗れてからプロ引退を決めた。「僕が最強の人間囲碁棋士になったとしても、勝てないものがあるからだ」とその理由を説明した。囲碁はいまだに解決されていないのに！ チェスがセコイアだったとすれば、囲碁の木は 10^{100} 本のセコイア以上も大きい。しかし、囲碁やチェスのインターネット掲示板を見てみると、多くの選手はイ・セドルと同じ不安をたびたび感じていることが分かる。節目に勝・負・分という印をつけた木に過ぎないゲームを《ゲーム》と呼んでもよいかどうか？ それとも、チヌークが「あなたの負けだ」と冷静に教えてくれたタイミングで皆が諦めた方がよいのか？

それにもかかわらず、人間対人間のチェッカー試合が世界各地で行われ続けており、世界チャンピオンのタイトルを争い続ける人間はまだまだ存在している（本書を書いた時点では、その地位の持ち主はイタリアのセルジオ・スカルペッタだった）。チェッカーには、かつてほどの人気がなくなったことは確実であるが、その人気が落ち始めたのはシェファーによる解決より前だったうえ、優秀な新しい選手が次々と出てきている。

チェッカーのおもしろさは単なる勝利を得るだけだとすれば、いまだにチェッカーを遊び続ける意味はあまりないと思う。しかし、チェッカーで勝つことが最も得意だったティンズリーでさえ勝利はおもしろさと等しくはないことをよく知っていた。1985 年のインタビューで、「私は負けることが大嫌いだが、負けるまでに数多くの美しいゲームを遊べたら、それはそれでおもしろい。チェッカーはあまりにも美しいゲームだから、負けても本当に気にならないさ」と言っている。チェスも同様だ。10 年連続で世界 1 位を維持してきたマグヌス・カールセンは「僕はコンピューターを相手にしない。自分にとっては人間と戦った方がおもしろいので」と言う。同じく 1 位を最も長く維持したガルリ・カスパロフも対人間のチェスの時代が終わったことを否定している。なぜなら、カスパロフから見たパソコンの計算に基づいた遊び方は人間の遊び方と根本的に違うからだ。「対人間のチェスは神経戦だ」とも言う。チェスは単なる木ではなく、木を超える戦いだ。カスパロフは 20 年前にベセリン・トパロフとの試合を振り返って、「ベセリンの遊び方の幾何学的な美しさに感激した」と語っている。木の幾何学は勝利への道を教えてくれるが、そのゲームの美しさについては何も教えてくれない。美の幾何学はさらにとらえがたいもので、ルールにのっとりながら一歩一歩計算することしかできない機械にはそれを理解することはできない。

つまり完璧さは必ずしも美しいわけではない。例えば、完璧なチェス選手は勝つことも負けることも一切できないことが証明されている。我々人間がそもそもゲームに興味を持っているのは、人間そのものは完璧ではないからだ。それは、おそらく、悪いことではないと思う。英単語の意味合いの観点で言えば、「完璧なプレーはプレーではない」。ゲームを遊ぶ（プレーする）行為の中に見出せる人間性は、その不完全さによるものだ。一人ひとりの人間が所有している、ユニークで、ざらざらとした荒いところを、他人のそういった荒いところに対して摩擦させていくことによって、人間特有の感情というものが生まれてくるのであろう。

第六の章

試行錯誤の力

前章では、チェスの木にすべての《勝・負・分》印をつける方法を我々は知らない、という事情について見てきた。それは我々が馬鹿だからというわけではなく、チェスの木の枝があまりにも多いため、これまで見てきた木を作るには宇宙の寿命よりも長い時間がかかるからだ。（とてつもなく多い）葉っぱから出発して、同じような（再帰的な）操作を繰り返しながら印をつけていく過程の一部を省略することは原則的に可能だけどね。前章で『サバイバー』のキャスターがニムの変形の「引き算ゲーム」で正にそういった策を使う例を見てきた。その場合、例えば、同じゲームは１億の旗で遊んだとしても、すでに証明した「サバイバー定理」を使えば、印をつける過程を丸ごと省略できることも分かっている。１億は４で割り切れるため、後手の我々の必勝だ。その勝ち方も簡単。先手が１本の旗を取り去れば我々は３本を取り去って勝つ。敵が２本を取り去れば我々も２本を取り去ればよい。そして、敵が３本の旗を取り去れば我々は１本を取り去って勝利への道が確定する。同じ過程を 24,999,999 回繰り返せば我々の勝ちだ。

といっても、チェスにおける単純な必勝法があるか否かは誰も証明できない。ある可能性は極めて低い、というのは合理的な仮説だと言えよう。それにもかかわらず、コンピューターはチェスに強い！ 私よりも、あなたよりも、誰よりも強いのだ。勝・負・分の印の場所は計算できないのに、なぜそんなに強いのだろうか？

それは最新型のコンピューターは完璧を目指していないからだ。そういったコンピューターは実際にまったく違う道をたどることになっている。それを説明する前に、素因数分解にちょっと戻るとしよう。

覚えていると思うが、現在の電子メールなどを可能にしてくれている暗号技術は、プライベートキーとして使う二つの 300 桁以上の巨大な素数を見つけることに依存している。しかし、暗号化のルーチンをプログラムしているプログラマーたちはそれらの数値をどこからひっぱってくるのだろうか？ そもそも、そんな巨大な素数を売っているスーパーなどどこにもないだろう？ そういった売り場があったとしても、そこで買った素数は使わない方が得策だ。なぜなら、南軍が失敗して懲りた通り、素数を使うプライベートキーが公に売り出されてしまえば、暗号を作ろうとしても時間の無駄になるにすぎない。

したがって、自力で大きな素数を見つけるしかない。ちょっと考えるとそれは極めて難しく聞こえる。素数ではない300桁の数値を見つけようとすれば、より小さな数を掛け算して計算すればいいだけだが、そんなことができないことが素数の最大の特徴だ。では何から探し始めたらいいのだろうか？

数学教師としての私はその質問を頻繁に耳にしている。「何から始めたらよいか？」その質問をしている学生は焦っているかもしれないが、私はその質問を聞くたびに誠に嬉しく思う。なぜなら、それはよい教訓を伝える機会だからだ。その教訓は「何から始めてもいいので、とにかく始めることが大事だ」に尽きる。とにかく何か試すことだ。もしかして、それで答が見つかるかもしれない。うまくいかなかったときは、違うやり方を試せばよい。多くの学生が、数学の問題を、例えば2次方程式を根の公式で解くように、決まったアルゴリズムで解こうとすることは誠に残念だ。

本物の数学というものは、現実や人生と同じように、決まったアルゴリズムではなく、次々と繰り返す試行錯誤に頼るべきものだ。錯誤に《誤》という字が入っているせいか、多くの人はその方法論を見くだす傾向にあるが、誤りを恐れるな！ 誤りは数学では最高だ！ なぜなら、誤りを発見したときはもう一度違う方法で試すチャンスがあるからだ。

では、300桁の素数探しに戻ろう。何から始めればいいのだろうか？ まず、ランダムな300桁の数値を選べ。それでは素数かどうか分からないではないか！そんなことは心配しなくていいから、とにかく選んでみろ。では299のゼロを持った数値を選ぶぞ！ それはさすがにやめた方がいい。一桁目が0や偶数になっている数は明らかに2で割り切れる偶数なので、素数ではないことがすぐ分かる。焦るな。もう一度選べばよい。今度は一桁目が奇数になっている数を選んでみたらどうだ？ その場合、最初は素数に見えることがある。少なくとも、それが素数ではない理由は見えない。では、素数でないことはどのようにして調べればいいのだろうか？ 因数分解の斧を振るってもいいかもしれない。2で割り切れるか？ 違う。3で割り切れるか？ 違う。5で割り切れるか？ 違う。よし！ いい調子だ！ といっても、このやり方で前へ進むには宇宙の寿命が足らない。チェスの木の節目に印をつけることとほぼ同じぐらい大変な問題だ。

実は、それより効率的な方法が存在しているが、それを知るためにはちょっと違う幾何学を使わなければならない。何かというと、次のような円にまつわる幾何学だ。

ブレスレットの数学

下に円形に並べた七つの宝石からできているブレスレットを描いてみた。黒丸はオパール、白丸は真珠だ。

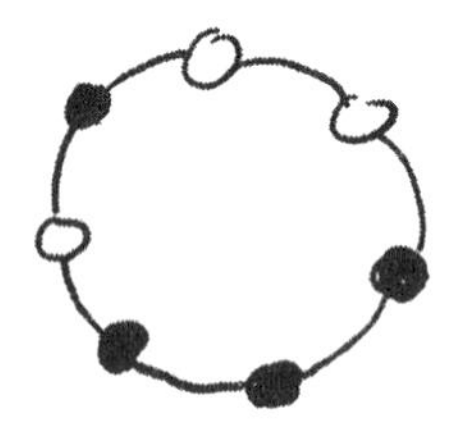

この7連鎖のブレスレットには、●と○の、合わせて7となる数の組み合わせ方とその並べ方の違いに応じていろいろな変種がある。そのうち3種類を下図に示す。

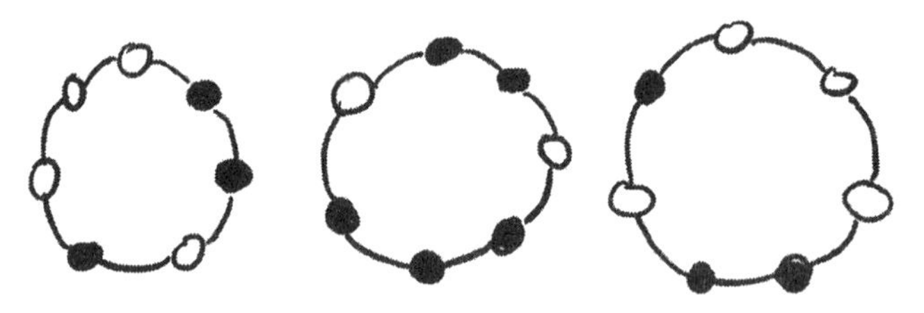

このような変種には7連鎖の場合、後で計算するように、合わせて128種類もある。それに対して3連鎖の場合は[*1]、●が0、1、2、3個（○で言えばその順に3、2、1、0個）の8種類があり、4連鎖の場合は、次の図の16種類がある。

＊1　(訳注)図に2連鎖の場合の2種類と3連鎖の場合の8種類を示す。このうち異なるものは、2連鎖の場合は左半分の2種類と右上の1種類の合わせて3種類、3連鎖の場合は左半分の4種類になっている。

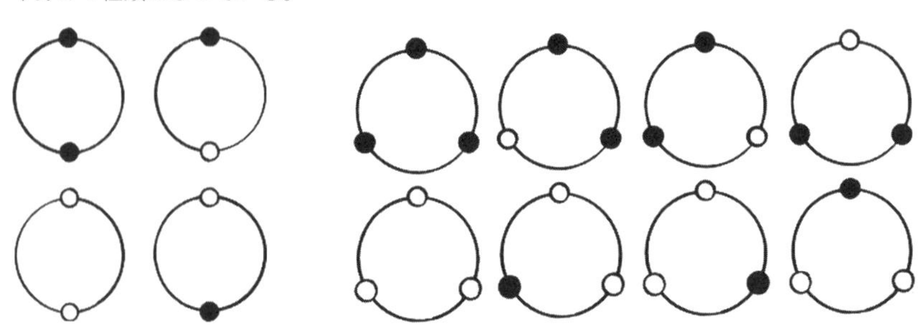

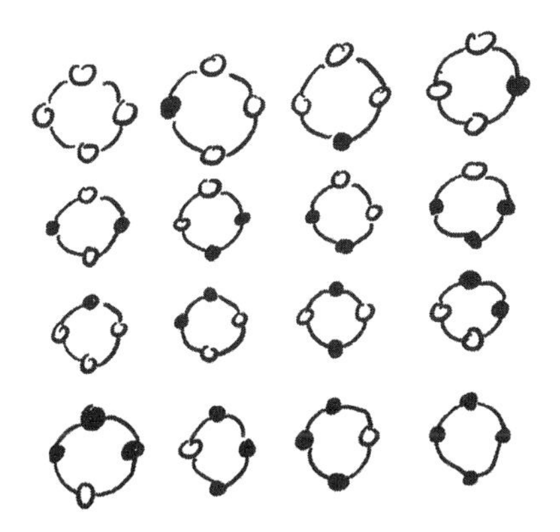

4連鎖に16種類があることについては、図を描いて確かめればよいが、もっと賢いやり方がある。ブレスレットの一番上の宝石から出発して、時計回りに数えていくと、一番上の宝石が何であれ、次の宝石は●か○かの2択がある。次は、それぞれの選択肢に対してさらに2択があって2×2＝4択がある。さらに4択のそれぞれごとに2択があるので8択となり、それぞれに対して、まだ2択があるため、4連鎖の場合、合計2×2×2×2＝16通りある。一般にn連鎖の場合は2^n種類となる。したがって7連鎖の場合は2^7＝128通りとなる。それらをすべて1ページに収まるように描けるほどの細いシャーペンはないがね……。

ここまで分かった賢い読者は、私が必要以上に多くのブレスレットを描こうとしていることに気づいたのではないかと思う。先に描いた3種類並べた7連鎖のブレスレットをよく見て欲しい。例えば、右端のブレスレットは、左端のブレスレットを時計まわりに2コマ分（2宝石間分）回転したものに過ぎない。これらを本当に違うブレスレットとみなしてもよいのだろうか、それとも右端のブレスレットは左端のブレスレットを違う角度から見ただけとみなした方がよいのではないだろうか？ それを確かめるため、とりあえず、この紙面上での右端と左端のブレスレットは、見かけが違うため、違うとしよう。ただし回転しているということは忘れないでね。

ここで、一つのブレスレットを、適当なコマ数だけ回転させることによってもう一つのブレスレットに移すことができる場合、その二つのブレスレットを合同と呼ぶことにする[*2]。つまり先の7連鎖の図の右端と左端のブレスレットは合同である。

では、この7連鎖ブレスレットについて、合同性に注目しながら見直してみよう。それぞれのブレスレットは宝石の間隔を1コマとして7コマ回転できるが、

＊2　第一の章で定義した合同性と同じであることにも気づいて頂きたい。復習すると、平面上の任意の回転など形状保存変換によって作図した図は変換前の図と合同になる。

その途中、上で触れたような合同な形を見せる。ではどんな合同な形を見せるのだろうか。それを知るには見かけが違う128個のブレスレットを合同な形の山に分類すればよい。合同な形を見せるブレスレットは7個ずつあるはずだから、山の数つまり合同な形の数は、128÷7＝18.2857142… だ。おっと！ 誤りにぶつかったようだね。128は7の倍数ではないので、何か勘違いしている可能性がある。その原因は、すべての宝石が次のように●か、あるいは同じように○、になっている2種類のブレスレットを、128個に加わっているにもかかわらず、見逃していたことにある。この2種類が見せる合同な形は自分自身に重なる1回しかない！

つまり、この2種類でできる山には7個でなく1個ずつのブレスレットしか入っていない。残りの126個は7個ずつに分かれて126/7＝18の山に入る。結局、18+2＝20が7連鎖のブレスレットが見せる異なる形の数となる。

ただしここに大きな問題がある。等色の2個以外の126個の7連鎖ブレスレットは、どれも、重複せずに18種類の合同な形を、異なる見かけで一度ずつ、見せると考えていることである。これは7が1か7以外では割り切れないことを意味している。つまり7は素数なのである。素数でなければ、割り切る数に合わせて、合同な形が、異なる見かけで何度も現れる。

例えば下図左のような形の、素数でなく2で割られる4連鎖のブレスレットがあるとすると、それと合同な形は右図のようなブレスレットに、異なる見かけで、2度現れる。

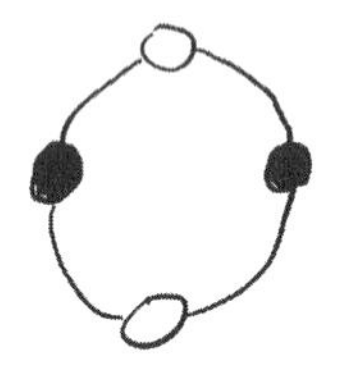

そのほか、4連鎖の図から分かるように、2個ずつの●と○が左右に分かれた山、1個の●と3個の○で作られた山、3個の●と1個の○で作られた山、さらに7連鎖のとき別の山として加えた●のみと○のみで作られた2山の、合わせて6山ができる。ということは、16/6＝2.666… となる。おっと！ また誤りにぶつかったようだ。と言ってもこれは7連鎖のとき別の山として加えた●のみと○のみの2山を、逆に加えないとすると、16/(6−2)＝4山となり、それに改めて

2山を加えて合わせて6山となる。

ちなみに3連鎖の場合を見ると、●のみ3個あるいは○のみ3個でできた2山、●2個と○1個でできた3山、●1個と○2個でできた3山、計8山が得られて、7連鎖の場合と同じ計算を行うと、異なる形の数は$(8-2)/3+2=4$種類となる。また2連鎖の場合の異なる形の数は$(4-2)/2+2=3$種類となる。

このように考えていくと、結局、nを素数とする場合、n連鎖のブレスレットには、合同であっても見かけが異なるものも含めると、2^n種類の形があり、それらを異なるものにまとめると、単色のもの2種類を含めて、$(2^n-2)/n+2$種類になることが分かる。

実は、同じような円形巡りの原理はセミの生き方についても貴重な事実を教えてくれる。私の出身地であるメリーランド州では、17年ごとにセミの大群がやってくる。セミたちは地下から地上へと出てきて、大西洋の西の海岸（アメリカ東海岸）に、1,000億匹もの幼虫が密集しながらミンミンと鳴き続ける生きた絨毯を敷いていく。その海岸を散歩するときは、その絨毯を間違って踏まないように気を付けないといけないんだ。

しかし、なぜそんな現象が17年おきに起こるのだろうか？ セミの専門家は、実に驚くほど多くの互いに食い違っている仮説を主張していて、専門雑誌やインターネット上でそれらの意見がぶつかり合っている。その姿は非常におもしろいが、過半数以上は、17が素数であることに関係しているのではないか、と推測している。17年ではなく16年おきに出てきたとすれば、16年、あるいはその約数の8年・4年・2年ごとに各エリアで定期的なセミ食いの動物の宴会が開かれてセミの寿命は短くなるが、17年といった約数のない偏屈な期間を置けば食い荒らされる心配は少なくなるからではないかと考えられているのだ。

ちなみに、7（あるいは5とか17とか2）に因数がない、というのは多少言い過ぎていることも承知の上だ。誰でも知っているように、7の因数には1と7がある。そのため、ブレスレットを整理したときに、それらは1個のブレスレットしか入っていない2山と七つのブレスレットが入る18山に分かれた。

では、宝石の数を11にしたときはどうなるだろうか？ 可能なブレスレットのパターンは$2^{11}=2,048$通りで、そのうちの単色のブレスレット2個を引いた2,046通りをそれぞれ11個のブレスレットからできた186種類として整理することができる。単色のものを含めると188種類となる。更に大きい次のような奇数ブレスレットも同じ原理に基づいてきれいにまとめられる。（ ）内は単色の2種類も含めた異なる種類数である。

$2^{13}=8,192=2+630\times13$（$2+630=632$）
$2^{17}=131,072=2+7,710\times17$（$2+7,710=7,712$）
$2^{19}=524,288=2+27,594\times19$（$2+27,594=27,596$）

15を飛ばしたことに気づいてくれただろうか？ $15=3\times5$ で、素数ではないからなのさ。だから、$2^{15}-2=32,766$ で、15ではきれいに割り切れないのだ。

ブレスレットを回転させたり、山に振り分けたりするのは、単なる遊びではなく、円形とその回転を使って、ちょっと見ると幾何学とは何の関係もなさそうな素数についての事実を証明するきっかけを与えてくれた。すなわち、幾何学は万物を動かしているあらゆる《歯車》に隠れている！

こうした素数についての事実は《フェルマーの小定理》という名で知られている。なぜなら、フランスのピエール・ド・フェルマーはその定理を紙面上に書き留めてくれた最初の数学者だからだ[*3]。2を使って言うと、素数nは、$2^n=2+$(nの倍数)を満たす数、となる。

17世紀のフランスにはプロの数学者はほとんどいなかった。フェルマーも数学者ではなく、実はトゥルーズのブルジョア階級に属していた弁護士だった。パリから遠く離れていたフェルマーは最新の数学についての知識を獲得するために当時の名門数学者との手紙の交換に頼らざるを得なかった。そのため小定理も、ベルナール・フレニクル・ド・ベッシーという数学者に宛てた1640年の手紙の中で初めて公にした。当時のド・ベッシーとフェルマーはいわゆる《完全数》について活き活きとした論争を行っていた[*4]。とはいえ、フェルマーは定理を手紙に書いたにもかかわらず、証明を添えていない。ただ、「証明は知っているが、長すぎて、短い手紙には書けない」という風にベッシーに言い訳したのみである。ちなみに、そういった発言はフェルマーの名物の一つだった。例えば、もっとも有名な発明は、いわゆる《FLT》（フェルマーの最終定理）であるが、フェルマー自身が考えた定理ではなく、最後の研究成果でもない。実際にフェルマーの本棚にあったアレキサンドリアのディオファントスの『算数』に残した手書きの注釈に見られる整数についての推測に過ぎず、1630年ごろに書いたのではないかと考えられている。そして、「その証明を知っているが、長すぎるのでこのページに書ききれない」とフェルマーらしい断りも添えられている。当時の数学者はその推測が妥当であることに早くも気づいていたが、初めての証明は1990年代のアンドリュー・ワイルズとリチャード・テイラーによる。

以上のことから、フェルマーをある種の数学の《予言者》としてみなした方が正しいかもしれない。数学における一部の推測の妥当性を証明せずに推論できる

＊3　もっと正確にいうと、《フェルマーの小定理》の特例の一つだけだ。フェルマーの小定理によると、任意の整数mと任意の素数nが与えられた場合「m^n はnの倍数にmを加えたものになる」。

＊4　完全数とは自分自身を除く正の約数の和となっている数のことをいう。例えば28は $1+2+4+7+14$ だから完全数である。現代の数学者はそれらを大しておもしろくは思わないが、ユークリッドなどの大好物だったため、整数論の先駆者たちは熱心に研究していた。

能力を持っていたと思われるからである。それは、天才的なチェッカー選手が、ゲームの全体の流れを脳内に浮かべなくても、次の手の有効性を正しく知ることができる能力とよく似ていると思う。しかしフェルマーはたまに過ちを犯す普通の人間だった可能性の方が高い！ そもそも最終定理の証明ができなかったことに自分でも気づいたことが後の研究活動から分かっている。なぜなら、フェルマーはその定理の特例については研究を残しているが、その特例に取って代わる最終定理そのものの証明については一言も触れていない。フランスの整数論家アンドレ・ヴェイユ[*5]の言葉を借りると、フェルマーの《予言》は「フェルマーの何らかの誤解、あるいは勘違いの結果でしかないと思われる。それにもかかわらず、運命の皮肉として、フェルマーの一般社会における名声はその勘違いによるものである」ということになる。

フレニクルに宛てた手紙に、フェルマーは $2^{2^n}+1$ といった形の自然数はすべて素数であるという意見も添えた。いつも通り、証明を提示することは控えているが、「大分自信がある」と書いている。フェルマーの自信は $n=0, 1, 2, 3, 4, 5$ のケースを実際に調べたことに基づいているが、見事に $n=5$ でさえ間違っている！ 素数だと思っていた 4,294,967,297 は 641 と 6,700,417 に分解できることに気づいていなかっただけだ。残念ながら、フェルマーの間違いを指摘することによって自分の優位性を主張して喜んでいたフレニクルでさえその間違いに気づいておらず、フェルマーもその誤った計算を改めてチェックしなかったため、自らの仮定の妥当性を一生主張し続けた。ある事柄がなんとなく正しく感じることは誰にでもあると思うが、フェルマーのような偉大な数学者でも、誤って《なんとなく》正しく感じることが十分あったようである。

仮の中国製

ブレスレットの定理は、会員制のナイトクラブなどの扉に立つ恐い兄貴のようなもので、ある数値が本当に素数であるかどうかを調べるための有力な道具だ。例えば、1,020,304,050,607 が素数しか入れないクラブに入ろうとしたときに、その素因数分解に相当の時間をかける代わりに $2^{1,020,304,050,607}$ を計算して、それは 1,020,304,050,607 の倍数 +2 に等しいかどうかを調べた方が楽だ[*6]。この場合は違うので、胸を張って、1,020,304,050,607 を門前払いできる！

さらに不思議なこともある。1,020,304,050,607 は間違いなく素因数分解でき

＊5　著名なフランスの哲学者シモーヌ・ヴェイユの兄。しかし、数学界ではシモーヌの方がアンドレの妹としてよく知られている。

＊6　どうして楽かと疑う読者も間違いなくいるだろうが、自然数の累乗を計算するためにいわゆる「バイナリー法」という大変ありがたい演算方法が存在しているからだ。しかし、それを説明するためにはこの脚注に与えられたスペースでは少なすぎる。

ることが証明できたところで、その因数が何なのかはすぐにはまったく分からない！（これは実に便利なことだがね。なぜならすでに説明した通り、我々が日常的な連絡のために使っている暗号はその素因数を見つける極端な難しさに頼っているのさ……)。そのため、素因数分解ができることの証明は《非建設的証明》と呼ぶこともあって、数学者ではない人から見たら無意味に見えるかもしれないが、数学では実際によく見かける証明だ。この証明は、雨が降るたびに車内がムシムシする車を調べると、水たまりや匂いから雨漏りしていることは確実に分かるが、その雨漏りの場所を簡単に見つけることはできない、というのとよく似ていると思う[*7]。

とはいえ、このちょっと不満が残る証明には重大な特徴もある。車のマットが雨の日に限って濡れていたら、間違いなく雨漏りしていると断言できる。しかし、マットが乾燥していても、それは必ずしも雨漏りしていないことを意味しているわけではない！ 雨漏りしている場所が違うところにあったり、あるいはマットの乾燥速度が速かったりする可能性も考えられるからである。つまり、以下の２段のいずれかの主張をすることができる。そのうち下段は上段の逆となっている。

マットが濡れているなら、雨漏りしている。
マットが乾燥しているなら、雨漏りしていない。

数学では、次のような言い方もする。

もしも雨漏りしていれば、マットは濡れている。
もしも雨漏りしていなければ、マットは乾燥している。

それぞれは同じ事実を述べており、いわゆる《逆》(inverse) にすぎない。それは《1/2》と《3/6》や、《私にとって最も有名な遊撃手》と《カル・リプケン・ジュニア》[*8] といった組み合わせとよく似ている。それぞれの言い方に必ずしも賛成する義務などはないが、それぞれの組み合わせの片方に賛成していれば、もう片方にも賛成せざるを得ない関係にある。つまり、いずれも真実を表す

＊7　私が 1998 年から 2002 年まで運転したシボレー・キャバリエがまさにそうで、その濡れたマットの匂いが今でも頭に浮かんでくる。デラウェア記念橋を渡っている真っ最中に、致命的な故障をして手放さなければならなくなった日まで、その雨漏りの原因を一度も確定できなかった。

＊8　(訳注)1981～2001 年の間にボルチモア・オリオールズに所属した内野手。2,632 試合連続出場などを含むメジャーリーグの数多くの記録を残し、愛称《アイアンマン》で知られる野球の殿堂入りの選手。

言い方もあれば、片方だけが真実で、片方が嘘、そして両方が嘘という言い方も有り得る。

フェルマーは、「自然数 n が素数だった場合、$2^n=2+$(n の倍数) になる」という定理を見つけた。その逆は「$2^n=2+$(n の倍数) ならば、n は素数である」となるが、これは一般的に「中国の仮定」として知られている。残念なことに、それは真実でもないし、中国のものでもない。孔子の時代に生きたとされる中国の数学者がフェルマーの小定理を知っていた、という誤った情報に基づいているだけである。つまり、ニムの伝説と同じく、原点が正確に分からない知識は、なぜか、古代中国からきたに違いない、という西洋の数学者の偏見による名称にすぎない。実際にそれを 1898 年の短いメモとして初めて文書化したのはイギリスの宇宙物理学者ジェームズ・ジーンズ[*9]だった。

偽物の身分証明書でナイトクラブに入ろうとする若者と同じように、一部の素数ではない自然数はフェルマーの小定理の条件を満たしているため、小定理の逆は成り立たない。341 はその条件を満たす最小の自然数だ（にもかかわらず、その事実が分かったのは 1819 年で、フェルマーの死後 150 年以上も経っていた！）。フェルマー本人をだました迷惑な 4,294,967,297 も似たようなものだ。実際、そんな数は無数にある。

しかし、その事実はフェルマーの小定理による素数のチェックの甘さを完全に見破っているわけではない。フェルマーのテストは単に不完全であることを意味しているだけだ。世間は、数学のことを、誤りを許さない完璧主義的な分野として見なす傾向にあるが、かならずしもそうではない。我々数学者は不完全なものも大好きなのだ！ 特に、その不完全さの範囲が把握できるときにはますます気になる。

その例として、試行錯誤による素数の生成の仕方の一つを紹介する。まずは、300 桁のランダムな数を紙にメモって、それに対してフェルマーのテストを行う。テストに落ちたら、新しい数を考える。テストに合格する数値が見つかるまで、その過程を繰り返せばよい！

ベロベロの囲碁

では、コンピューターで遊ぶ囲碁に戻るとしよう。囲碁はチェッカーよりもチェスよりも遥かに古く、古代中国に原点があると誤って言われるニムなどと違って、実際に古代中国に由来を持つゲームだ。それにもかかわらず、囲碁が遊

＊9　覚えてくれているかも知れないが、カール・ピアソンがランダムウォークについての質問を科学界に寄せた「ネイチャー」誌で、量子力学についての論争に参加していた人物だ。世間なんて狭いね！

べるコンピューターは他のゲームと比べて新しい。チェスを実際に遊べた初めての機械は、おそらく、1912 年のスペインの数学者レオナルド・トーレス・イ・ケベドによる《エル・アヘドレシスタ》と考えられている。エル・アヘドレシスタはいくつかのチェスの終盤戦をシミュレートすることができた。そして、イギリスのコンピューターの先駆者アラン・チューリングは 1950 年代にチェスの一試合を最初から最後まで遊ぶ初のコンピューターを構想した。とはいえ、いうまでもないが、チェスを遊ぶ機械のアイデア自体はそれらより遥かに古い。ヴォルフガング・フォン・ケンペレンの《トルコ人》はチャールズ・バベッジに計算機の着想を与えた 18 世紀から 19 世紀にかけて絶大な人気を集めたチェスを指す自動人形だった。エドガー・アラン・ポーを魅了したり、ナポレオンに勝ったりもしたことがある。しかしトルコ人は本物のロボットではなく、機械の箱に隠れていた小柄のチェス名人が操る人形に過ぎなかった。

それに対して、アルバート・ゾブリストがウィスコンシン大学の博士論文として発表した 1960 年代後半のプログラムは、囲碁を打つ初めてのコンピューターだった。チヌークがマリオン・ティンズリーからチェッカーチャンピオンの位を奪った 1994 年の時点では、囲碁のプログラムはまだまだ人間に対して勝てそうにもなかったが、イ・セドルが数年後に悔しくも体験したように、そこから高速に進化していった。

しかし、人間にも勝てる《アルファ碁》のようなコンピューターのプログラムは、中に隠れた操り人間などいないのに、どのようにして碁を打つのだろうか？囲碁の木はあまりにも巨大すぎるため、それを分析して分岐点に《勝・負》印[*10] をつけることは不可能だ。しかし、フェルマーのテストを参考にして、完璧を求めずに、碁盤上のそれぞれの位置に、それなりに計算しやすい点数を当てはめてくれる関数を見つければ十分だ。ある位置が次の手を打つ棋士にとって有利だった場合は高い点数をつけ、逆に相手にとって有利だった場合は低めの点数をつける。それぞれの点数は戦略のヒントも与えてくれるだろう。相手を極力不利な状態に持っていきたいため、常に低い点数につながる手を選び続ければよい。

同じようなアルゴリズムに従って人生を楽しむことを想像してみよう。毎日の決断の分岐点に立つたびにそれぞれの点数付きの選択肢が目の前で現れてくるとする。例えば、朝ごはんにチョコクロワッサンかアーモンドクロワッサンかベーグルの 3 択があるとしたら、「おいしさ＋満腹度−値段−炭水化物量」などといった方程式を使って、それぞれの選択肢に点数をつけながら決断していく。ちょっと見ると便利そうであるが、暗黒街を描く SF 小説のようにも聞こえてくるな……。

＊10　標準的な囲碁では引き分けがないため《分》の印をつける必要はない。

以上のアルゴリズムはコンピューターに必然的に付き添ってくる妥協点を明白に示してくれていると思う。それは何かというと、点数をつける関数の正確さに正比例して計算時間が長くなり、関数を単純にすればするほど正確さを失ってしまうということである。いうまでもなく、必勝のポジションに1を、そして必ず負けるポジションに0をつけることができたら、完璧なプレーをみせるコンピューターを作ることができるが、その関数を計算することはできない。正反対の関数ではすべての位置に同じ点数をつけることもできるが、それは極端に計算しやすいかたわら、囲碁をうまく打つための役には立たない。

したがって、その両極端の中間地点を見つけなければならない。あらゆる可能性をいちいち計算せずに、特定の動きの結果の良し悪しを、ある程度評価できる方法があればいいわけだ。その基準は何でもよい。「人生は一度きりだから勘任せで行こう」から、「おもしろくなくても、大学時代に買ったあのディケンズの『荒れた館』の内容をばらす」や「いつもお世話になっている神職の指導に従う」などまで、なんでもよい。以上の基準はいずれも完璧とは言えないが、（神職に携わる特別なケースを除いて）何も考えずに行動を起こすよりはマシだ。

しかし、以上の考え方をどのように囲碁に当てはめればよいのかがいまだに見えてこない。自分が最上級の棋士ではない場合、あるいは自分がコンピューターだった場合は、特定の石の配置にときめきなどを感じることはない。チェスや将棋では、駒数が多いプレーヤーがなんとなく王手しやすそうに見えるが、囲碁では優位性が非常に計りにくい。特定の駒の配置が有利か不利かはその配置の微妙な違いによって極端に変わるからだ。

そこで数学を使うもっとも有力な手を教えてあげよう。何をすべきか分からないときは、とにかく愚かに見える手を試すことだ。例えば、囲碁を打っているアクバルとジェフが途中で大量の酒を飲み始め、戦略も士気も何もかもを忘れるほどベロベロに酔っぱらうと想像してみよう（もちろん、ゲームのルールまでは忘れないと仮定する）。その状態の二人は、カール・ピアソンの《畑の中の酔っぱらい》と同じだ。酔っぱらったアクバルとジェフが、ふらふらとランダムな手を打ち続けながら、ゲームが終了するまで碁盤の木の上でランダムウォークをしていくと仮定することになる。

そのような《ベロベロの囲碁》ではルールや次の手をランダムに選ぶ戦法しか要しないので、プログラムでシミュレートしやすい。そして同じ位置から出発して同じ位置に帰るというシミュレーションを100万回繰り返すことも簡単だ。ときにアクバルが勝って、ときにジェフが勝つが、勝つ割合が少しでも多めの方が勝つ。それはあまり正確な点数の付け方に見えないかもしれないが、無駄な作業ではない。

ランダムに飛び回ったあげく元の位置に帰るというランダムウォークの基礎的な現象は、ピアソンが乱歩のことをランダムウォークと名付けるよりも遥か前に知られていた。例えば、『創世記』8：7によると、箱舟に乗ったノアがカラスを外に放ったとき、カラスは「地の上から水が乾き切るまで、あちらこちらランダムに飛びまわった」が、乾いた地を見つけることができずに帰ってきた。その後、ノアはハトを放った。そのハトも乾いた地を見つけることはできなかった。それで7日後にもう一度ハトを放ったところ、ランダムに飛びまわったハトはオリーブの若葉をくちばしにくわえて帰ってきた。それを見たノアは箱舟がようやく乾いた土地の近くまできたことが分かった*11。

『創世記』以降も、各種ゲームを研究しようとした人間はたびたびランダムウォークを使ってきた。そもそもランダムにしか探れない各種賭博を研究しようとしたら、必然的にそうならざるを得ない。素数の研究で有名になったフェルマーも、いわゆる「賭博者破産の問題」について、ブーレーズ・パスカルと以下のような内容の手紙の交換をしていた。

アクバルとジェフはそれぞれ12ドルの硬貨と3個のサイコロを持っていて、自分の番が来れば、そのサイコロを振る。アクバルは11を出すたびにジェフから1ドルもらい、ジェフは14を出すたびにアクバルから1ドルをもらう。いずれかのプレーヤーが《破産》したら、ゲーム終了となる。ではアクバルが勝つ確率を計算せよ。

以上は純粋にランダムウォークに特化した問題である。いずれかのプレーヤーが相手より先に11か14を12回出すことができたら勝ちだ。この例では、3個のサイコロで11を出す確率は14を出す確率より2倍ほど高い。なぜなら、3個のサイコロでの14の出し方は15通りで、11の出し方は27通りだからだ。したがって、ジェフが不利であることは簡単に分かる。パスカルはフェルマーに、それがどれほど不利か計算できるか、を聞いたのだ。後に、自分でも計算できたと威張って明かしたパスカルに対して、アクバルが勝つ可能性はジェフよりも1,000倍以上高い、とフェルマーが返した。つまり、賭博者破産の問題では、ランダムウォークにおけるわずかな偏りが大きな影響を及ぼしているわけだ。ジェフが特別に強運だったとして、アクバルが11を出す前に数回ぐらい14を出すとしても、そのリードを維持することは極めて難しく、勝てる可能性は非常に低い。

---

*11　気になった人も少なくないと思うが、原著はカラスの最終的な行方を教えてくれない。この話を完成させたのは後世の聖書の数多くの解釈者だった。例えば、3世紀のラビとなった盗賊レイシュ・ラキシュによると、カラスはそもそも乾いた土地を探そうともしなかった（『タルムード』サンヘドリン108b）。それよりも、「あちらこちらへ飛び回った」とは、箱舟を中心とした狭い円運動に過ぎなかったのではないかと解釈したい。なぜなら、雄のカラスは、ノアが雌のカラスを犯すことを警戒し、目を離せなかったからだ。宗教書には、こんなとんでもない話が溢れているため、以上のような解釈を読むことを熱くお勧めしたい。

現在のスポーツトーナメント表は、実際に、そういったランダムウォークの結果生じるごくわずかの差で資産を失う賭博者破産の原理を視野に入れて作られている。つまりその差を調整するため、スポーツ界では、テニス大会や野球の勝利者をたった１回の試合の結果で決めるのではなく、本当に最強の選手あるいはチームを見つけるために数多くの試合を闘わせている。

テニスの一試合は５回あるいは３回の《セット》で構成されていて、その過半数（５回の場合は３回、３回の場合は２回）に勝った方を勝者とする。１セットは更に《ゲーム》に再分割される。１ゲームを獲得するためには、まず４ポイントを先取したあと、加えて２ポイントを連取して合計６ポイントを得る必要がある。したがって 5-5 になってしまえば、今度は７ゲームまで、6-6 になれば８ゲームまで取らなければならない。こうしてゲームは延々と続くことがある。

以下に１セットにおける点数の増え方を、口で言っても分かりにくいので、図面化した。

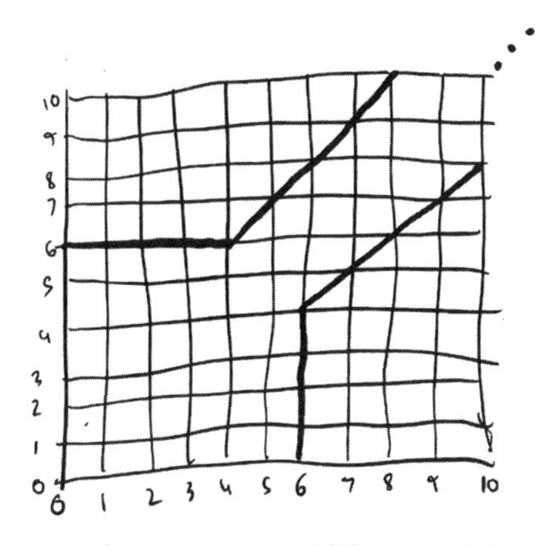

今、あなたと私がランダムウォーク風に試合をするとして、あなたが取ったポイントは縦軸、私が取ったポイントは横軸の６の点（１セットの区切り点）から初めて、あなたの場合は水平方向に、私の場合は垂直方向に目盛るとする。斜めの線はポイントが取れないまま試合が進んだことを示す。ランダムウォークの性質上、図のように、まず４ポイントずつ平等に取ることが多い。そのあとどちらかが２ポイントを連取して６ポイントを獲得すれば、その方が、先に 6×6 の正方形の右上の隅にたどり着いてセットを制することになる。ところが５ゲーム目でのポイントをあなたが得たとして、次の６ゲーム目を私が得ると、どちらかは２ポイントを連取しなければならないから、７ゲーム目に入らなければならない。こうして、ほぼ同じレベルの選手が、図の斜め上の点線の無限の《通路》に沿って永遠に闘うという、とてつもなく長い試合が出現する可能性が残ってい

る！ スポーツをこんなに非効率的にデザインすることを不思議に思うかもしれないが、私はそこにテニスの魅力の一つがあると思っている。時間制限も、ブザーも、得点制限もなく、いずれかのプレーヤーが勝つまで闘い続けるしかない。

実は、テニスの歴史上、そのすさまじい試合も記録されている。例えば、2010年6月23日のウィンブルドン選手権でのジョン・イスナー対ニコラ・マユの試合は両選手が数時間に渡って得点を取り合い続け、日暮れを迎えた。そして、テニスコートのスコアボードが表示可能な数値を超えてしまったため、シャットダウンしてしまい、59–59という時点で試合が続けられないほど暗くなってしまった。そのため、あくる日の午後に試合を再開し、前日と同じく得点を取り合っていったが、決定セットの第138ゲームでイスナーはマユが返せないバックハンドを放って、70–68でようやく勝利をおさめることができた。「こんな試合は二度と目にすることがないだろう！」とくたびれたイスナーは言い残した。

テニス以外のスポーツ大会は違う原理に従っている。例えば、米野球のワールドシリーズ優勝を目指すチームは先に4試合を勝たなければならないが、7試合以上は認められていないため、3–3のときは、あと1試合に勝てば、以下に図面化したワールドシリーズの境界線でも分かるように、どちらかは4×4の正方形の右上の隅にたどり着いて勝つ。つまり、テニスと大いに違って、永遠に続くことはない。イスナー対マユのような138ゲームに伸びるマラソン大会は原則的にはあり得ないわけだ。

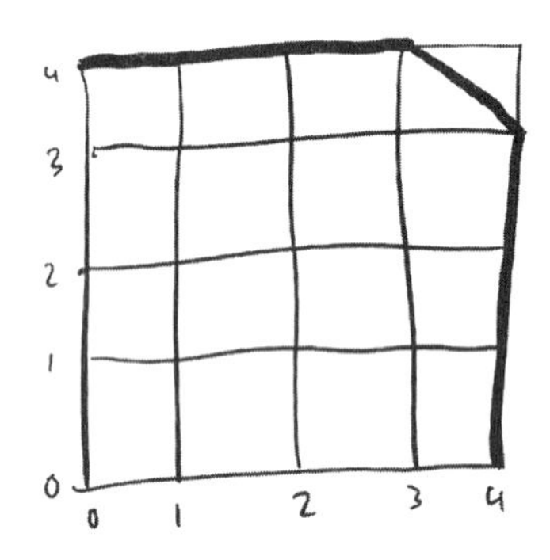

ふたたび正確さと速度との妥協点にたどり着いた。テニス試合は最強のテニス選手を判定するためのアルゴリズムとして考えることができる。同じように、ワールドシリーズはアメリカで最強の野球チームを判定するためのアルゴリズムだ。いうまでもなく、スポーツの試合の目的はそれだけではない。娯楽を提供したり、利益を得たり、イライラしている国民の注意をそらしたりするなどといった多目的なイベントだが、最優秀の選手を選ぶこともその目的の一つだ。そこで、アウトプットを計算するまでに長い時間がかかるテニスのワンセットは二人

の選手の細かい技能をゆっくりと精確に知ることができる。それに対して、ワールドシリーズは素早く結果を出すが、試合は簡単に終わるので各チームの細かい戦闘力を知る時間はない。つまり精度は低い。

このように、境界線の幾何学は非常に大切だ。この幾何学には、境界線がワールドシリーズのように四角く閉じたものになったり、それともテニスのように細長く伸びたものになったりするなど、いろいろなものが考えられる。その選択の違いによって、試合運びの速度と選手やチームの能力測定の精度の組み合わせが決められることになる。

かく言う私は、テニスと野球の折衷案とも言える次のパターンが大好きだ。

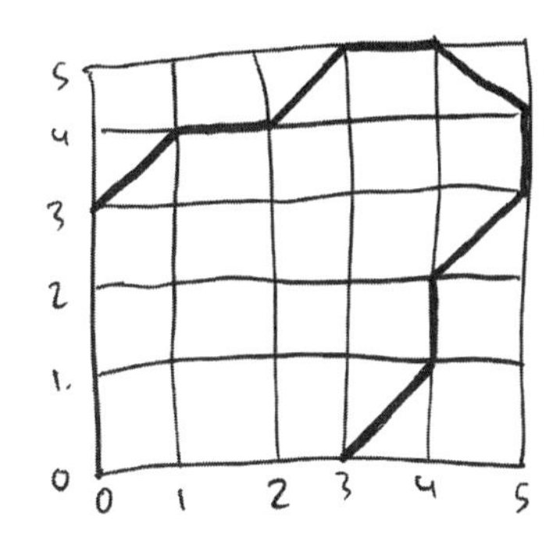

つまり、途中でどれほどポイントを取ろうと、取るまいと、あるいは何ポイントを連取しようと、とにかく決められた正方形の右上の隅に先にたどり着いた方が勝つ。5×5 の正方形の中の上の図の場合、ふつうの野球では 5 回勝たないと優勝できないが、 3 回勝てば優勝する。これはワールドシリーズでは、優勝するためには合計 5 試合を勝たなければならず、言い換えれば 3 連敗したら負けだが、上図のシステムは 2004 年のボストンレッドソックスが 3 連敗から挽回して、ワールドシリーズ制覇に輝いたドラマを思わせる。

戦略の形

では、囲碁に戻るとしよう。ベロベロ状態で囲碁を遊んだ前節ではランダムウォークの到達地点が出発地点についてのヒントを与えてくれる事実を実感できたと思う。そのことは次のようにして試すことができる。ベロベロの囲碁をひたすら遊び続けた結果として勝利に繋がる確率が高いと分かった手を打ち続けたら、強い棋士に対しては勝てないものの、経験の浅い棋士よりも効率よく遊べる。

その確率を木の節目に記録していけば、ニムと似たような図面化ができる。

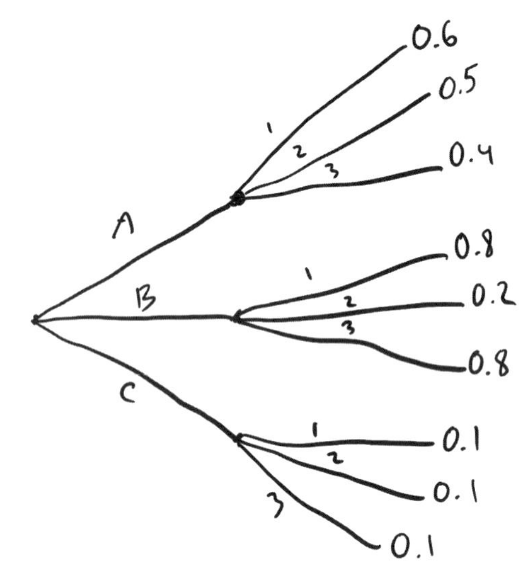

以上の木を辿っていけば、ルールを知っても知らなくても、最も効率の良い遊び方を教えてくれる！ 囲碁でも、チェスでも、チェッカーでも、最も大切なのは木の幾何学だ。

ここで、重大な告白の時間がきた。実際、私は囲碁の打ち方を全く知らない！ わがいとこザカリーにぼろぼろに負けた最初の囲碁は最後の囲碁でもあった。ルールさえ覚えていない。しかし、その圧倒的な経験の浅さは、私が囲碁について本節を書くことの何の妨げにもなっていない。木のおかげだ。

その木の分析が深ければ深いほど精度を上げることができるが、囲碁の木は深すぎて、完璧な分析は不可能だ。数年前の囲碁を遊ぶコンピューターたちは、限定的な木の分析をランダムに遊ぶベロベロの囲碁と組み合わせることによって、上級のアマチュアレベルの棋士に対してそれなりに強かった。その事実に驚く人も少なくないだろう。

しかし、イ・セドル氏を引退させた現世代の囲碁を打つコンピューターはその素朴な戦略を卒業している。ここで紹介したシンプルな人工知能はそれぞれのポジションが先手にとって有利か不利かを表す点数のシステムを使って次の手を決めているだけだが、《アルファ碁》などの点数のシステムはランダムウォークだけに頼ったものより遥かに優れている。そんなに賢いシステムをどのようにして作るのか、ということは気になるだろう？ いうまでもないが、その答は同じ幾何学にあるが、今までと違った、多次元の幾何学だ。

三目並べでも、チェッカーでも、チェスでも、囲碁でも、それぞれのゲームの盤の幾何学そのものから出発しなければならない。それにゲームのルールを足して、ツリー型のグラフの木の幾何学を作っていく。その木は原則的に完璧な戦略を見せてくれているはずだ。とはいえ、前述した通り、囲碁の場合は完璧な戦略を計算することが不可能だ。そのため、適切な折衷案を見つけなければならない。

そして誰も知らない（もしくは知り得ない）完璧な戦略に近づくために、さらに新しい幾何学に飛び込まなければならない。それは木より遥かに複雑で、図面化しにくい戦略空間の幾何学だ。その無限に近い次元数をもった抽象的な大海に潜り、マリオン・ティンズリーやイ・セドルなどに勝てる戦略決定のアルゴリズムといった手順書を手にして戻らなければならない。

いうまでもないが、そういうことをするのはとてつもなく難しい。どうすればよいのだろうか？ 答はもっとも原始的で、素朴なやり方にある。実は試行錯誤によって探すしかない。その具体的な進め方を次章で紹介する。

第七の章

人工知能を征服する

ニューヨーク大学の機械学習およびその社会への影響を専門としているわが親友メレディス・ブルサード女史は、つい最近、全国の視聴者に対して、人工知能の本質およびその働きについてのテレビ局の2分間の取材に応じていた。そのときメレディスは、人工知能は殺意に満ちたロボットではなく、人間の精神力を遥かに超えた能力を持つ無感情のアンドロイドでもない、と司会者に説明していた。「覚えて頂きたい最も大切なことはたった一つしかないわ。人工知能って、数学にすぎないのよ！ だからそれを特別に恐れる必要なんかないことよ」。その言葉を聞いて恐怖感を覚えたらしい司会者の顔から判断すると、殺意に満ちたロボの方に救いを求めるようだった……。

メレディスの返答は非常に良かったと思う。私は本書においてそのことを説明するために2分以上の十分な場所と時間を与えられているため、メレディスからバトンを受け取って、機械学習を支える数学についてもっと詳しく説明してみたい。その根本的な原理は思うほど難しくはない。

まず、あなた方には、ロボットでなく登山者になった気分になっていただきたい。その登山者がこれから山の頂上を目指して登るとしよう。ただしその山の地図は持っていないとする。登るにつれて樹木や茂みだらけの中に入って、周辺の様子を知ることはできなくなってしまった。そんな中、山登りを続けるためにはどうすればよいだろうか？

そこで一つの戦略を提案する。まず、自分の足元の斜面の傾きの度合いを計ってみる。すると、大まかには北に向かって上へと上り、南に向かって下へと下っているが、全方向を調べてみると、北東に向かう上向きの傾き度がもっと大きいことに気づいたとする[*1]。それなら北東へ登っていけばよい。登った地点で改めて傾き度を計り、次のもっとも傾き度の大きい登り道を選んでさらに登っていく。その過程を繰り返すと頂上に立つことができる。

以上の道の決め方を理解できたなら、機械学習の原理もほぼ同じだ！ 本当は

＊1　同じ傾度の方向が複数あった場合はどれかをランダムに選べばよい。

もう少し複雑だが、その核心は以上に説明した「最急降下法」と呼ばれている原理そのままである。最急降下法は試行錯誤の一種で、複数の選択肢を試して、自分の目的に最もふさわしい道を行くだけだ。それぞれの方向に関係している傾斜は「その方向へと向かったときに、標高がどれほど上がるか」すなわち「目的地にどれほど近づくか」を示す道標だ。その道標として、以上の例では文字通りの傾き方を使ったが、微分積分では《導関数》というものを使う。しかし、安心してくれ！ 本章の内容を理解するためには微分積分などの知識は不要だ。それより最急降下法は、特定の状況において何をすればよいかを明白に教えてくれるテクニックとして理解してもらった方が分かりやすいのではないかと思われる。

最急降下法のルールは次の通りだ。

現在移動可能な道の中で最も険しい傾斜を選んで登っていく。頂上に到達するまでその過程を繰り返す。以上。

その登り方を地形図上で図示すると次のようになる。

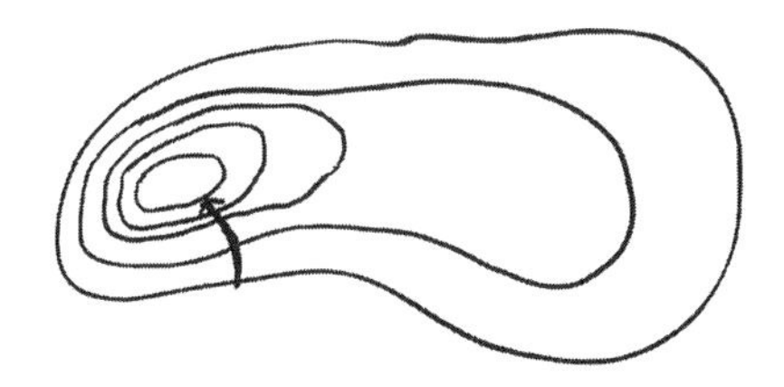

(ここで幾何学的なおもしろい方法を教えてあげよう。地形図上に最急降下法を使って道を付けるとき同じ標高の線を直角に渡っていけばよい。)

最急降下法は、山登りのとき役に立つとはいえ、機械学習と何の関係があるのだろうか？

それを知るため、今度は、あなた方は登山者ではなく何かを学習しようとしているコンピューター（人工知能）になると思ってくれ。そのコンピューターは囲碁棋士用のアルファ碁でも、驚くほど説得力の高い文書を作ってくれるチャットGPTでもよいが、ひとまずシンプルに、猫とは何か、を知ろうとするコンピューターだとする。

猫とは何か、を知りたければ赤ん坊の真似をすればよい。赤ん坊は、大人が何かを指さしては「猫だ！」と叫ぶのを見て猫を知る。コンピューターも同じようにして猫を知ると言える。つまりコンピューターに猫を教えるには、さまざまな形姿や環境の中の数えきれないほどの猫の写真を見せて「これが猫だ」と念を押す。精度を上げたければ、猫ではない写真も見せて、「これは猫ではない」と教えておけばよい。

したがってコンピューターは、猫の写真と猫ではない写真を見分け判定する技術を高めていくという仕事を抱えることになる。その判定の仕事を遂行する最も無難な戦略の一つが最急降下法だ。つまり、いろいろな戦略を考え、それをひたすら試しながら改良して最も的確に猫を判定する。

欲張りは善だ

以上のことはそれなりに巧くいくように聞こえるだろうが、このままではまだよく分からないところがあるだろう？

そもそも判定の戦略とは具体的にどんな策なのだろうか。それは数式で表記できるコンピューター上の操作のことだ。例えば、一枚の画像は、コンピューターにとっては単なる長い数列に過ぎない。例えば、ある白黒の画像が 600×600 ピクセルのデータとして保存されていれば、コンピューターはそれのことを 600×600＝360,000 個の数字列として認識しているわけだ。その数字列を構成している一つ一つの数には 0（真っ黒）から 1（真っ白）の間の値が割り当てられている。その 360,000 の数の列を「猫である」（コンピューター語では 1）あるいは「猫ではない」（コンピューター語では 0）というシンプルな出力に変換することを《判定戦略》という。そして、数学では以上のような変換を関数を使って行う。

そこで、精度を上げたいので、0 と 1 の間の値も許すことにしよう。そうすると、画像はオオヤマネコ、あるいはハローキティのキャラクターグッズなどといった、あいまいさも表せる。その場合、0.8 という値は「猫である可能性は高いが、疑いの余地も残っている」と解釈する。

その場合の大きな問題は、ある戦略の有効性を計ることにある。それには、猫判定のプログラム[*2] に 2,000 枚ほどの猫の写真を見せて、どこまで正しく判定してくれたかを計るのが最も単純な方法だ。そのあと、それぞれの写真に対して、ニャントロンの判定と現実との隔たりを示す《間違い度》をつけていく[*3]。写真が実際に猫を写していて、かつ戦略の結果も 1 だった場合の間違い度は 0 とする。それに対して、猫なのに、結果が 0 だった最悪の場合の間違い度は 1 とする。写真に猫が写って、結果が 0.8 だったときの間違い度は 0.2…などとする[*4]。

最後に訓練セットとも呼ぶ 2,000 枚の写真の間違い度を加算すれば、選んだ戦略が全体的にどれほど間違っているかを概算できる。最終的な目的は極力低い間

＊2　以降は猫にちなんで《ニャントロン》と呼ぶことにする。
＊3　コンピューターに関する情報科学ではこのことをしばしば《誤差》という。
＊4　誤差を計る方法は大量にあり、ここに紹介するものは必ずしもベストではない。とはいえ、説明しやすいため、今回に限って、その精度の低さを気にしないようにしておこう。

違い度の戦略を見つけることだ。そして、その間違い度を下げるために、先に説明した最急降下法を使う。最急降下法の傾斜は戦略を変更するときの間違い度の変化を計ってくれるため、常に間違い度を大きく下げる変更を選んでくれる（ちなみに、この方法を最急降下法と呼ぶのもその間違いの度合いを低下させることからきている。実際、機械学習ではものごとを増やすよりも、いかにうまく減らしていけるかが最重要視されがちなのだ。先ほどの間違いの度合いの減らし方もその代表的な例の一つだ）。

ニャントロン判定以外でも、戦略を立てる経験を積んだコンピューターに様々な仕事をさせたいときにも最急降下法は活用できる。ある人の 100 もの映画の評価を使えば、その人がまだ見ていない映画の評価を予測できるだろうし、チェッカーや囲碁で自分の相手を不利な状態へと導く手を見つけたり、乗用車のフードに乗せたカメラが撮った映像を使って、その車が目の前のゴミ箱にぶつからないように自動運転してくれるプログラムを作ったり、とにかく幅広い問題に適応できる！ いずれのケースでも、計画した戦略に部分的な手直しを加え続けることによって間違い度が下り、有効性が上ることに変わりない。

他方では、計算自体の難しさを見くだしてはいけない。ニャントロンを訓練させようとするときでも、1,000 枚の写真よりも、100 万の写真を使った方がダントツに効果的だ。しかし、そうなると、間違い度を総合して計算するために 100 万もの間違い度を加算しなければならなくなり、強力なコンピューターでも相当の時間がかかる。その過程を効率化するために「確率的勾配降下法」（略称 SGD）を導入することがある。この SGD には数多くのバリエーションがあるが、ここではその原理だけを紹介する。つまり 100 万枚の猫の写真の間違い度をすべて加算していく代わりに、その中の一枚だけをランダムに選んで、その一枚に対する間違い度を下げようとする；次のステップでは違う一枚をランダムに選んで、同じことを繰り返す。その過程は相当な時間がかかるため、終了する時点では必然的にそれなりに多くの写真を視野に入れることになる。

SGD は、ちょっと見るとふざけているかのようなところが大好きだ！ 例えば、国際情勢を全く考慮しないで支持を取る米大統領を想像してみよう。その大統領の内閣も私利しか考えない閣僚から構成されており、さらにそれぞれの閣僚は一斉に自分の一押しの政策案を大声で訴え続けているとしよう。大統領は毎日その中の一人をランダムに選んで、その人が訴える政策を国家政策に反映していくとする[*5]。現実の世界では実際的な内閣管理方法としてはあり得ないが、機械学習では非常に有効なやり方だ！

＊5　確率的勾配降下法にさらに近いたとえ話に次のようなものがある。閣僚をランダムな順番に並ばせて、大統領はその順番に従って、毎日そのうちの一人を選ぶとする。そのようにすれば、それぞれの閣僚の政策を同じ頻度で反映することになる。

ここまでは過程を紹介してきたが、重要なことを見落としている。その過程をいつ止めればよいのかが分からない。原則的に単純な問題だがね。実は、戦略をいくら変えても改善の余地がなくなったときに止めればよい。しかし、そこに大きな落とし穴が待っている。そうなったとしても必ずしも山の頂上に到達しているとは限らない！

例えば次の図の登山者の事情を考えてみよう。

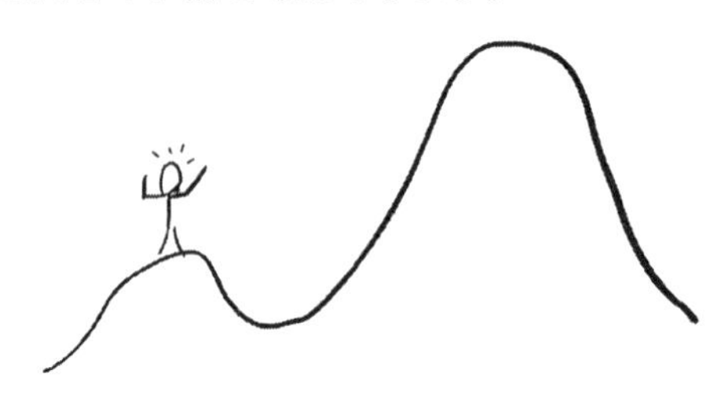

図の登山者は左へでも右へでも動こうとすれば下り道で、頂上に立っていると勘違いしやすい。

残念なことに本当の頂上は遠く画面の右へ離れた場所にあり、最急降下法だけでそこへ到達するのは不可能だ。つまり登山者は数学者が《局所最高》（局所最適）と呼ぶ位置にはまってしまっている。局所最高の地点では少し歩く範囲では頂上になっているが、実際の頂上からはかけ離れている。私はこの局所最高をぐずぐずして先延ばしすることの数学的なモデルとして理解している。

例えて言えば、今、あなたは、最急降下法によって幸せをつかむために、それに関係する書類の山をあらかじめ整理しなければならないとする。しかしその退屈な仕事を何年もやろうとしたができなかった。つまり、あなたは幸せをつかむ仕事をぐずぐずして諦めることになる。大嫌いな書類を整理することによって、幸せになるどころか、整理をし始めたら辛いだけなのだ。そのため、あくる日も、その次の日も、最急降下法によって幸せをつかむ仕事は永遠に先延ばしするしかないことになる。すなわち、あなたは局所最高にはまってしまったわけだ！このように、最急降下法によって本当の幸せの頂点にたどり着くために、あなたは実につらい局所最高との間の谷間を渡らなければならないのだ。

こうした、局所最高の短期的な有利性・利便性を常に最大化しようとする最急降下法は、その特徴から、《欲張り法》の一種に数えることができる。そういった欲張りなアルゴリズムは第五の章で紹介した《非行の木》に実る果物の一つに数えられるが、1987 年公開の映画『ウォール街』の名セリフ「欲張りは善だ！」は現代資本主義のモットーにもなっている。

以上に示した通り、最急降下法を狙えば局所最高にはまる危険性がある。とはいえ、そうなる確率は現実では比較的低く、幸いなことに局所最高を避けるやり方もある！ 一時的に欲張りを押さえればよいだけだ。例えば、頂上に見えるようなところにたどり着いたときに、ランダムな出発点を選び直して、最初から最急降下法をやり直せばよい。それでも同じ頂上にたどり着いた場合、それが実際の頂上である確信が増える。統計学的に見ると、ランダムな出発点から始めた最急降下法は局所的な頂上よりも本当の頂上にたどり着く確率が高い。つまり現在の地点から大きなランダムな一歩に挑めば、いずれ本当の頂上にたどり着く可能性を増すことができる。例えば、いつも話している友人や親族以外の人間に人生相談をすることは正にそういった試みの一つだ。それは作曲家のブライアン・イーノと芸術家のピーター・シュミットがデザインした創作性を励ますためのカードゲーム『オブリーク・ストラテジーズ』（異端戦略）もその原理に基づいている。《許せない配色を試すこと》とか《もっとも大事なことはもっとも忘れやすい》とか《極微のグラデーション》[*6]とか《公理を捨てること》[*7]などといった一言が書いてあるカードは現在の局所最高から我々を予想しない方向へとそっと押す機能を果たしている。カードゲームの名前を『遠回しの戦略』などとも言えるがそれは正にいつものまっすぐの道から脱線して、予想もつかない新道を進むことを意味する。

自分は正しいのか？　間違っているのか？

最急降下法には一つ大きな問題がある。原理としては、すべての些細な手直しを視野に入れて、その中から目指している頂上へともっとも近づかせてくれる方向を楽々と選ぶ方法になっている。登山者の場合、その道は、等高線を直角に横切っていくというようにはっきりと定義されており、コンパスを使って２次元面上でそれを作図することもできる。

しかし、画像に《猫度》を張り付ける作業はそれと比べて何倍も複雑で、２次元どころか、無限次元の場所がいるといっても過言ではない。すべての手直し画像を表すことはそもそも不可能だ。機械ではなく、人間的な観点からそれを想像してみれば分かる。例えば、最急降下法に基づいた自己啓発本を書いた私が「あなたの人生を改善するためのやり方はまことに単純だ。自分の人生を変えられるすべての方法を考慮して、その中でもっとも可能性の高いものを選べばよいだけだ」と言ったとしたら、それを聞いたあなたは思考麻痺するしかないだろう！人生の変え方はあまりに多すぎて、そのすべてを隅から隅まで知ることは人間には無理だ。

とはいえ、超人的な能力があったとして、そのすべてを徹底的に調べることができたとしよう。それでも大きな問題が残ってしまう。その問題を知ってもらう

＊6　正に最急降下法を記述しているように聞こえる！
＊7　非ユークリッド幾何学のことを言っているのではないかと思う。

ために、まず、以下に過去の経験の間違い度を極小化する戦略の一例を紹介する。

「これからしなければならない決断が、過去のいずれかの決断と同じ線を行っている場合、それを正しいとする。そうではない場合はコインをはじき上げて適当に決める。」

この戦略をニャントロンのプログラムでも理解できる言葉に言い換えるなら、

「人工知能を訓練したとき、猫と指定した画像を猫とする。猫ではないと指定した画像は猫ではないとする。それ以外の画像に関してはコイン投げで適当に決める。」

以上の戦略の間違い度はゼロだ！ ニャントロンの訓練セットに属している画像に限って毎回正しい答を出すことになるからだ。しかし、現実にはその戦略は誠にひどい。なぜなら、ニャントロンに見たことがない猫の画像を見せると、猫であるかどうかは単なるコイン投げで決まってしまう。すでに猫と指定したが、180 度回転させた画像を見せても、コイン投げをする。冷蔵庫の写真を見せても、コイン投げをする。以上の戦略では、ニャントロンは訓練のデータセットに限定した判定しかできておらず、何も学習できていない。単なる記憶とその繰り返しにすぎない。

ここで、無効な二つの戦略をまとめておこう。それらは、ある意味で、対極的といえる。

・すでに出会った多くの状況で無効だった戦略。
・すでに出会った状況に限定して有効だが、新しい状況で無効な戦略。

前者を「学習不足」、後者を「過学習」という。我々が求めているものはその両極端の間の折衷案だ。そのために、問題を簡略化して、極力登山者に関係する単純な問題に近づけさせたい。登山者の選択肢の場所は極端に限定されているため、解決しようとする問題の選択肢を予め限定させる。架空の最急降下法に基づいた自己啓発本に戻ってみよう。すべての人生岐路を考える代わりに、その選択肢の場所を一次元に限定した方が楽だ。例えば、仕事も子供も持っている場合、仕事のことを考える割合と子供のことを考える割合との対決だけに集中してみよう。それは 1 次元的な問題で、アナログのラジオにおける局選択のつまみとして考えることができる。そのつまみを仕事の方へと回すのか、それとも子供と時間を過ごす方向へと回すのか？

幸いなことに、我々人間は以上のような方向の簡略化を本能的に知っている。自分の世渡り術を評価しようとするとき、無限次元の方向ではなく、地球儀上の方向にちなむ言葉を使ってそれを暗示することが多い。例えば、アメリカの詩人ロバート・フロストは、そういった人生の方向を「左右に分かれていく道」として表していた。そのフロストの『歩む者のない道』の非公式的な「続編」ともみなせるトーキングヘッズの曲『人生は過ぎていく』[*8]の次の歌詞は最急降下法を描いているのではないかと私は思っている。

あなたは自分に尋ねる。
あの高速道路はどこに向かうのか？
またあなたは自分に尋ねる。
私は正しいのか？ 間違っているのか？
そしてあなたは自分に言う。
あらまあ！ 私は何をやらかしてしまったのだろうか？

いうまでもなく、自分の人生を一つの1次元的なつまみで決める必要はない。そもそも数多くの自己啓発本は複数の箇条書きの質問表を提示することがよくある。例えば、「あなたは人生バランスのつまみを子供と時間をすごす方へと回すか、それとも仕事の方へと回すか、どちらか？ それとも、子供よりも、パートナーの方へ回すか？ 野心ある生活よりも安定した生活を望むか？」といったような選択肢を提示することが多いが、無限の質問表を提示してくる自己啓発本は存在しない。なぜなら、本の著者たちはその無限の人生バランスのつまみからもっとも意味ありげなものを選定して、それらに話を限定させておいた方が分かりやすいからだ。

そもそも、その自己啓発本の良さはつまみの選定によって決まる。例えば、ジェイン・オースティンよりもアントニー・トロロープ[*9]の方が読みたくなるかどうかとか、ホッケーよりもバレーボールの方が好きかどうかといった軽薄な質問に集中した本はたいていの人の生活改善に役立たないだろう。

＊8　興味深いことに、先に紹介した『オブリーク・ストラテジーズ』（異端戦略）をデザインしたブライアン・イーノ氏はその曲をプロデュースした作曲家の一人でもある。

＊9　（訳注）ジェーン・オースティン（1775-1817）は18世紀末のイギリス貴族の世界を巧みに描いた英文学を代表している古典的な小説家だったが、6冊の小説しか完成していない。それに対して、アントニー・トロロープ（1815-82）は同じくイギリスの田舎に生きる登場人物のやり取りを数多くの小説シリーズに記していった。にもかかわらず、オースティンは教科書に載るほど有名で、いまだに世界各地で数多くのファンを持っているが、トロロープの小説は英語文化圏外であまり知られておらず、人気は一部の読者層に限られている。

そんな中で、つまみを有効に選定する方法の一つに「直線回帰」がある。ある変数の値から違う変数の値を推測しようとする統計科学者の第一手段だ。例えば、チームの勝率がどれほどチケットの売り上げに影響を与えているかを知りたいケチな野球チームオーナーを想像してみよう。そういったオーナーは、そもそも、チケットがあまり売れないのに高い給料を払わなければならないスター選手を採用したくない。その判断のために次のような表を作るかもしれない。

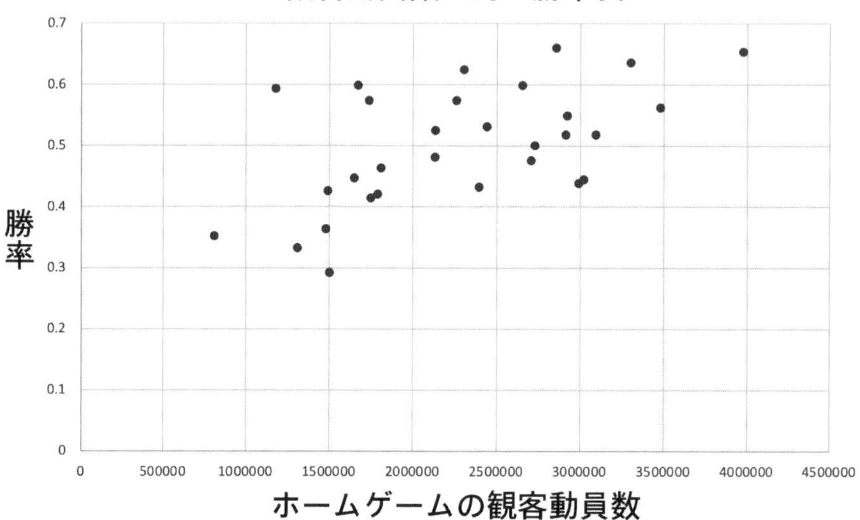

この表におけるドットはメジャーリーグのチームを表しており、縦軸は勝率を、横軸は１年間のチケットの売り上げを表している。ケチなオーナーの目的は勝率を使って観客動員数を予測する戦略を見つけることだ。予測の範囲を線形的な方程式で表せるものに限定するのはその第一歩だ。例えば、

観客動員数＝(秘密の数値１)×勝率＋(秘密の数値２)

はそういった線形的な方程式の一つだ。このような方程式をグラフとして表した図面は１本の線となり、オーナーとしてはその線を元のグラフのドットに極力近いところに通したい。秘密の数値１と２はいわゆる《つまみ》を表しており、それらを左右に回す（すなわちその値を上下に変化させる）ことによって最急降下を行っていく。つまり、二つのつまみをちょっとずつ回してみて、選んだ戦略の間違い度を改善の余地がない値まで持っていきたい。そのようにして最適化した

線形のグラフは次のような形になる。

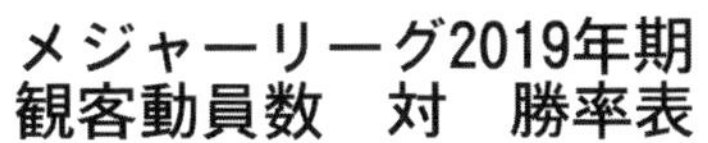

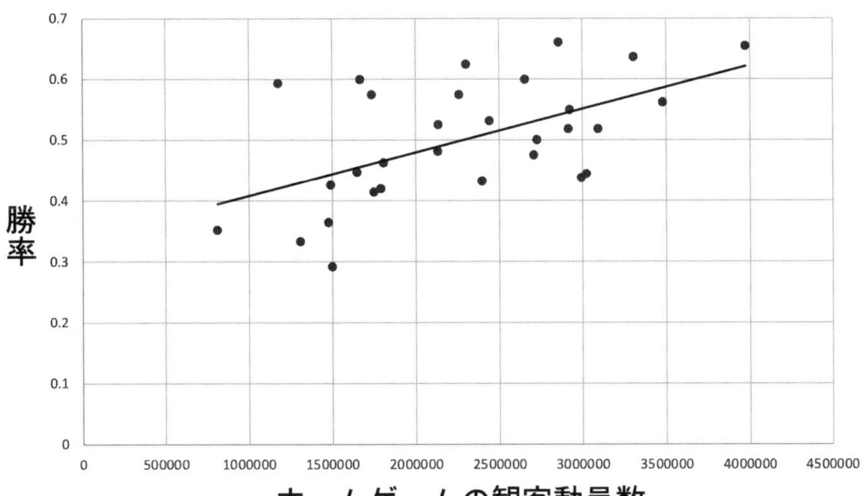

このグラフを見ればすぐ分かるが、「もっとも間違っていない」線はそれなりに間違っている！ なぜなら、現実の世界におけるほとんどの現象や相互関係は線形方程式で表せるほど単純ではないからだ。改善を目指すなら、秘密の数値（数学や情報科学での変数）の数を増やしていくこともできるが、線形式に基づいた予測戦略には上記の間違いのような避けられない限界がある。猫の写真を正しく判定する能力をニャントロンの身に着けさせようとするときも線形式だけには頼れない。したがって、我々は非線型方程式のワイルドな世界に足を伸ばさなければならないのだ。

DX21

現在の機械学習分野における主流の戦略はいわゆる「ディープラーニング」（深層学習）だ。それはイ・セドル氏を破ったアルファ碁や、各種自動車メーカーの自動運転システムやグーグル社の翻訳機能等々の原動力だ。その戦略は人間の知恵を超える洞察力や予測力に恵まれていると主張する人工知能の伝道者も少なくない。読者も《神経回路網》といった別名を耳にしたことがあると思われるが、そのせいで人間の脳の働きを模倣していると勘違いしやすい。しかし、現実は違う。ブルサード氏も取材に対して答えた通り、深層学習も神経回路網も純粋な数学に過ぎない。さらに、最新の数学でもなく、なんと！ 1950年代までさかのぼる。

実は、1985年に祝ったユダヤ風の成人式のときに、私も初期の神経回路網の思想を活かしたプレゼントを授かった。それは私が当時もっともほしかった品で、今でも自宅の書斎に飾っているヤマハ DX21のシンセサイザーだった。1985年にしっかりとしたシンセサイザーを手に入れることは大変自慢になった。なぜなら、そのDX21はあらかじめ用意された各種楽器の偽の音を再生していただけではなく、単純なプログラムを使って、自分でまったく新しい音を作ることができたからだ。ただし、それを目指すなら、複雑な図面を含む以下のような70ページの取り扱い説明書をしっかりと理解することが前提条件だった。

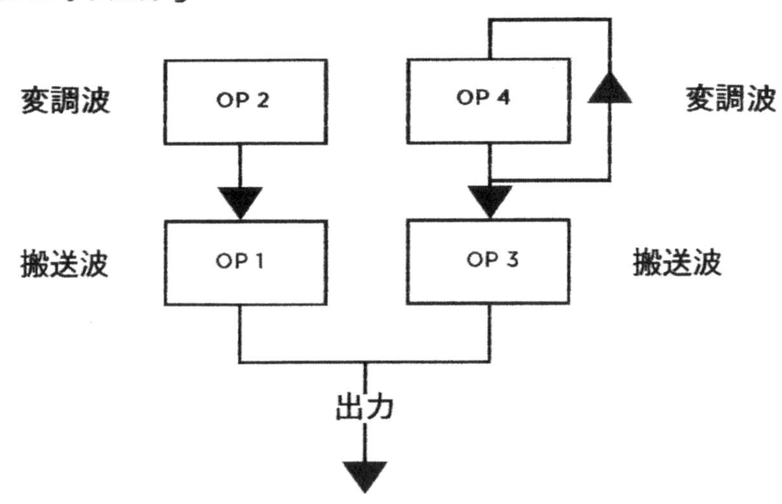

DX21の取扱説明書の挿絵をアレンジしたこの図面は新規の音を作るためのDX21の電子回路を簡易に図式化している。

《OP》（オペレーターの略）と記されている四角い箱は単に音波を表している。普通のシンセサイザーのつまみを回して、それぞれの音波のボリュームを変えたり、フェードアウトやフェードインさせたりすることができる。それに対してDX21の最も優れた新機能はそれぞれのオペレーター（音波）間の連携だった。上の図面は正にその相互関係を表していると理解できる。見て分かる通り、からくり人形などと同じように、OP1から発生される音波はつまみの影響だけではなく、OP2から出力される音波の影響も受けている。さらに、自分自身を変化させていくOP4のようなオペレーターも用意されていたが、次ページの図でそのオペレーターの働きはよく分かるのではないかと思う。

搬送波

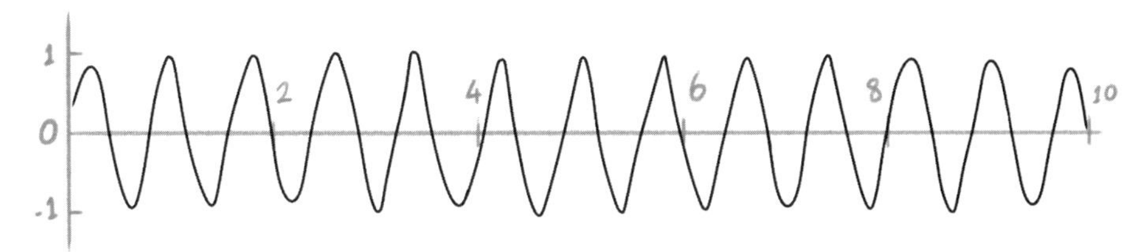

変調波

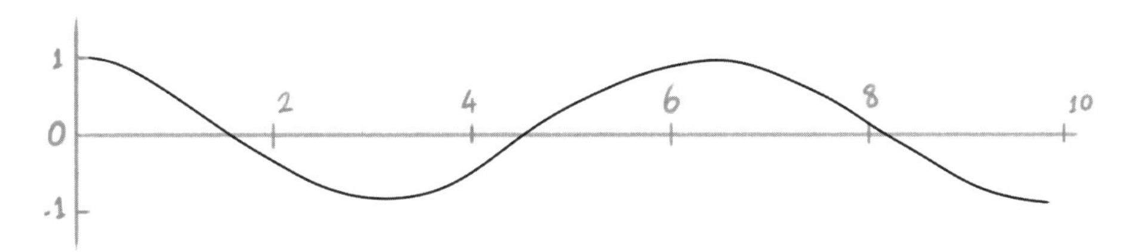

結果

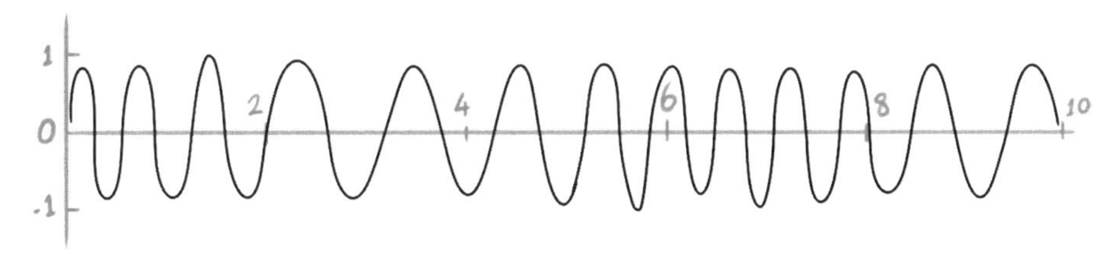

その機能を活かすには、それぞれの音波を変形させるつまみをうまく回して、無限のバリエーションを誇る自作の音を作ることができた。それで、それらに《電気死亡》や《宇宙のおなら》などといった名称をつけていった[*10]。

神経回路網は私のシンセサイザーとよく似ており、基本的には次のような《箱》で構成されていると想像して欲しい。

*10　わがネーミングの感触をあやしいと思うなら、ユダヤ教の成人式は13歳で行うことを知ってほしい。

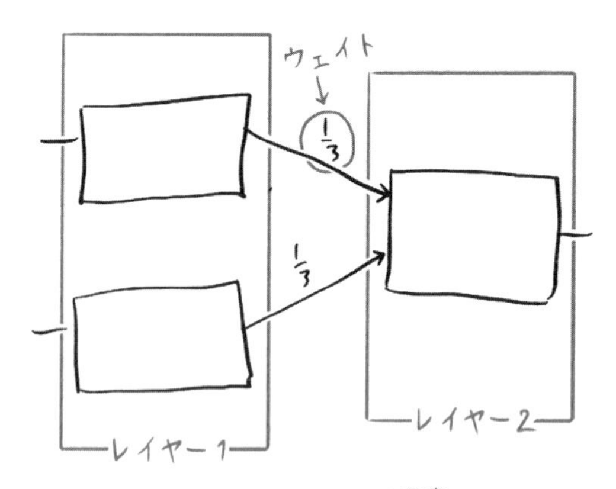

神経回路網の構成要素

これらの箱は同じオペレーションを行っている。それは入力値を 0.5 と比較して、0.5 かそれ以上のときは 1 を出力し、0.5 以下だったときは 0 を出力する。そういった箱で構成されているネットワークを学習する機械として使おうと発案したのは心理学者のフランク・ローゼンブラットで、神経の働きをシミュレーションする装置として 50 年代後半に提案した。生き物の神経も普段じっとしており、一定の敷居を超えた刺激を受けたときにのみ反応して電気信号を送る。そのため、ローゼンブラットはそのモデルのことを《パーセプトロン》(知覚機械)と名付けた。その歴史にちなんで、現在でもそういった疑似的な神経の網羅のことを神経回路網というが、その構造は脳内の働きを正確にシミュレーションしていないことが神経科学から分かっているため、勘違いしないように注意しよう。

それぞれの箱から出力される値は常に右へと転送され、その転送方向を表す矢印の上に《ウェイト》(重み) という数値が記されていることに気づいてくれたか？ そのウェイトを出力値にかけた結果を次の箱へと転送する。そのため、それぞれの箱の入力値は左から転送されたウェイト付きの値の総和となる。

神経回路網における縦の列のことを《レイヤー》(層) という。以上の事例には 2 レイヤー（2 層）が確認できる。最上のレイヤー 1 は 2 個の箱から構成されており、レイヤー 2 には 1 個の箱しかない。以下にその単純な神経回路網の働きの《台本》をまとめいってみよう。

- いずれもの入力値が 0.5 あるいはそれ以上の場合、左の一列の 2 箱はいずれも 1 を出力して、それに 1/3 のウェイトをかける。すると、右の箱の入力値は 2/3 となり、その出力値は 1 になる。
- いずれかの入力値が 0.5 かそれ以上で、もう一つの入力値が 0.5 以下だった場合、左の列の出力値は 1×1/3＋0×1/3＝1/3 になるため、右の箱の出力値は 0 になる。

・入力値が両方とも 0.5 以下の場合、左の列の出力値は 0 で、右の箱の出力値も 0 となる。

分かってもらったと思うが、以上に紹介したものは「二つの数値が両方とも同時に 0.5 より大きいかどうか」を判定してくれる単純な神経回路網だ。それをしっかりと理解してもらってから、もう少し複雑な神経回路網も見てみよう。

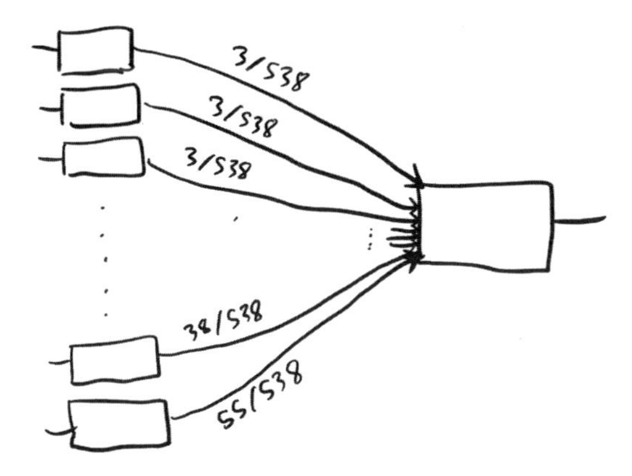

上の例では、左の列に 51 個もの箱があって、それぞれの出力に対してかけるウェイトも異なっている。最小のウェイトは 3/358 で、最大のウェイトは 55/358 だ。それぞれの入力値は投票率を表している数値で、50% を超えた入力値の箱のみが起動して 1 を出力する。次に、起動した箱の出力にウェイトをかけて合計し、その結果が 1/2 より大きかったときは最後の箱から 1 を、小さかったときは 0 を出力する。

以上の神経回路網は 2 層から構成されているローゼンブラット式パーセプトロンだが、「そもそも何の役に立つだろう」と思う読者も少なくないのではないかと思われる。では、真実を明かそう！ そのパーセプトロンは第十四の章で詳しく語るアメリカ合衆国大統領選挙に使われる選挙人団の働きを表している。

51 の箱はアメリカ合衆国を構成している 50 の州と特別区で、右の箱はワシントン DC を表している。それぞれの箱の起動条件は共和党の大統領候補がその州の選挙で勝利をおさめることだ。最後にそれぞれの州の選挙人の票を合計して 358 で割って、その結果が 1/2 より大きかったときに共和党推薦の候補はアメリカの大統領になる[*11]。

以下にさらに現代的な例を紹介する。アメリカ選挙人団ほど言葉で説明しやすくないが、機械学習を実際に支えている神経回路網に近いため、ぜひ理解して欲しい。紙面上に鉛筆でフォローしてみるといいかもしれない。

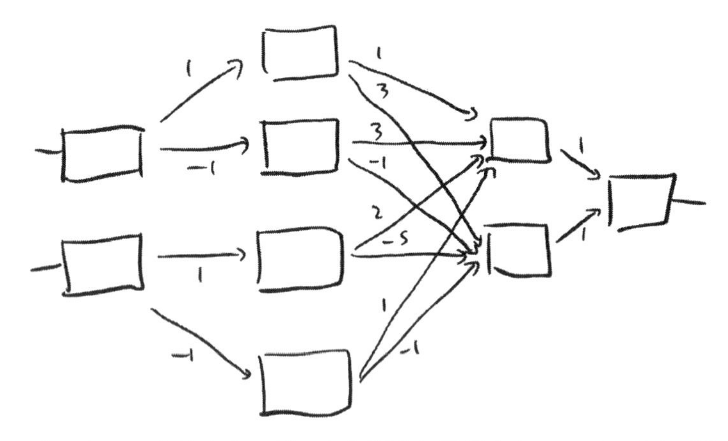

以上のネットワークは今まで見てきた例より洗練されている。それぞれの箱の入力値は0より大きかったときは入力値そのものを出力し、それ以外の場合では0を出力する。つまり、入力値が正数だったときはその数値を変えずに出力するが、負数のときは0を出力する。

では、その働きを試してみる。左の入力値がいずれも1だったとしよう。そのときは2列目の最上の箱の入力値は1×1=1で、その下の箱の入力値は −1×1=−1になる。それ以下の2箱にも同じように1と −1が入力される。1は正数だから最上の箱は1を出力するが、その下の箱は0を出力する。3番目の箱も1を出力して、4番目の箱は0を出力する。

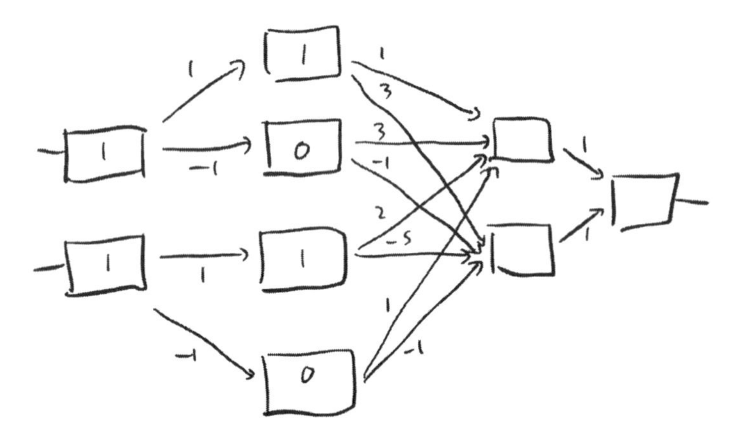

＊11　現実のアメリカ選挙人団にはローゼンブラットの定義と大きく異なる部分が一つある。パーセプトロンの最後の箱の入力値が0.5より大きかったときは1を、小さかったときは0を出力するが、選挙人団の結果がちょうど0.5だった場合、大統領を決める責任はアメリカ合衆国下院に委ねられる。

無事に 3 列まで進んできたね！ 三列目の上の箱の入力値は $1\times1+3\times0+2\times1+1\times0=3$ で、その下の箱の入力値は $3\times1-1\times0-5\times1-1\times0=-2$ になる。したがって、上の箱は 3 を出力するが、下の箱は起動しないため、《何も出力しない》。すなわち 0 を出力する。そのため、一番右の箱はその二つの箱の出力値を足した結果としての 3 を入力値として受ける。

以上の長々とした説明は完全には理解する必要はないから気にしないように！ ここで、もっとも理解してもらいたいことは、この例における神経回路網が戦略の一つにすぎないという単純な事実だけだ。入力として二つの数値を受けて、その代わりに一つの数値を返すだけだ！ そうすれば、それぞれの矢印についているウェイトを変えていくことによって、戦略を変えることができる。上の図面は探索可能な 14 次元空間を示していて、自分のデータにもっとも適した戦略を探るための《地図》を成していると理解してもおかしくない。そして、14 次元空間を想像しにくいあなたに、機械学習の分野の発達にもっとも貢献してきた数学者の一人であるジェフリー・ヒントン*[12] 氏のアドバイスを教えてあげよう。

「3 次元空間を頭の中で想像して、大声で 14 と叫んでください。皆さん、そうしているから」。

ヒントンは高次元を研究してきた一家の末裔で、曾祖父のチャールズは 4 次元についての書を 1904 年に発表した。チャールズは、シュルレアリスムの画家サルバドール・ダリによる、キリストの磔刑を描く名画に展開図が登場する《テセラクト》（4 次元立方体）を初めて図面化して、その名称を決めた数学者でもある*[13]。

以上に取り上げた神経回路網は、2 次元の平面上の任意の頂点 (x, y) が以下の図の灰色の多角形の内にあるかどうかを判定したうえ、1 から 3 までの評価値をつけてくれる。

---

*12　（訳注）訳本の完成間際でヒントン氏の研究成果は 2024 年度ノーベル物理学賞として実ったことが発表された。

*13　ヒントンの曾祖父は他に数多くの SF 小説も残しており、そのジャンルを「科学的ロマンス」と名付けた。重婚の容疑から避難するためにイギリスを離れて来日し、最終的にアメリカのプリンストン大学の数学教授になった。プリンストンで大学の野球部のために火薬を使ったピッチングマシンを開発して大いに注目を浴びたが、数多くのケガ人を出した末に使用禁止になってしまった。

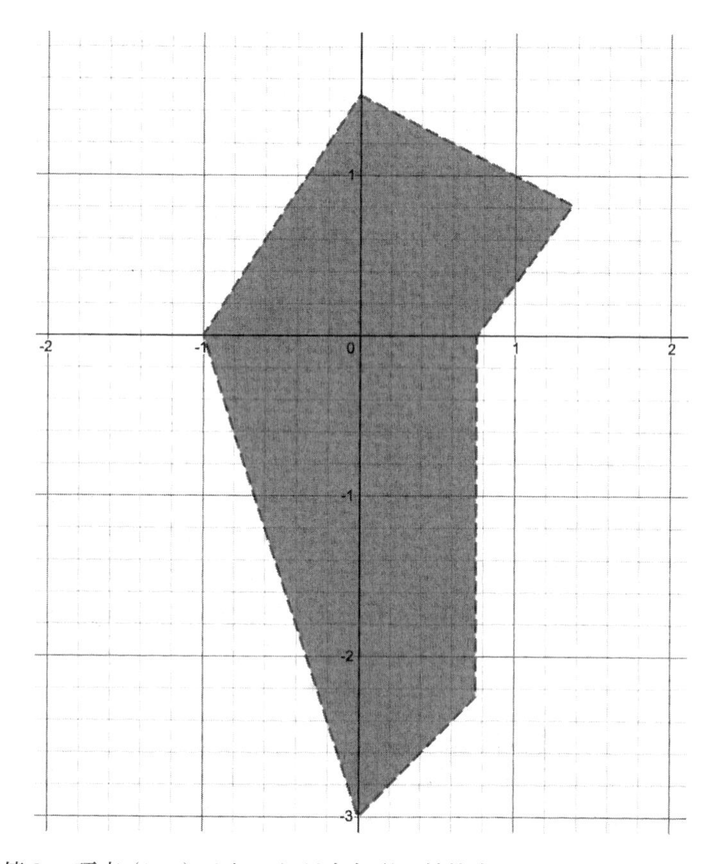

評価値3の頂点 (1, 1) はちょうど多角形の外枠上にあることに気づいただろうか？ それぞれのウェイトをいじっていくと、判定対象の多角形を変形させることができるが、いうまでもなく、自由に変形することはできない。多角形（すなわちまっすぐな線分[*14]で構成されている幾何学の図面）しか判定できないことはパーセプトロンの限界の一つだ。

次に、以下のような画像を神経回路網で解析してみる。

＊14 「待て！ パーセプトロンが非線形的といったじゃないか？」と突っ込んでくるあなたへ。それはその通りだが、パーセプトロンは区分線形関数、すなわち区分的に線形（一次）関数として定義した方が正しい。パーセプトロンよりも汎用性が高く、曲線的な形を評価できる神経回路網も作ることができる。

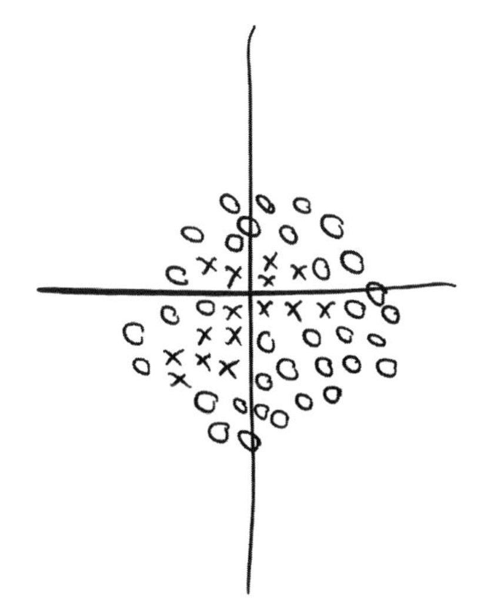

2次元平面上の一部の頂点に×を、一部に○をつけたとして、神経回路網に以下の課題を解決してもらう。「以上の図面の○と×の配布に基づいて、平面の残りの頂点に○と×をつけなさい！」理想的な世界では、以前設計した回路の14個のつまみ（＝ウェイト値）をうまく回せたら、×と付けた頂点に高い評価値をつけて、○の頂点に低い値を与えられるようになるまで調整し、残りの頂点についてそれなりに説得力のある判定をする戦略をみつけることも考えられる。そうだったとしたら、その戦略を最急降下法によって見つけ出すこともできるはずだ。それぞれのつまみを少しずつ回してみて、結果を見てから、その戦略の間違い度を下げる方向へと改善していけばよいだけだ。

深層学習という単語における《深層》の部分はその神経回路網が数多くの列を持っていることだけを意味している。その場合、一つひとつの列に並んでいる箱の数を《幅》と呼んでいる。

言うまでもなく、現在の機械学習に使われている神経回路網は以上の例と比較できないほど複雑だ。そして、それぞれの箱の中で行われている計算も例に挙げた単純な関数より遥かに複雑であることも多い。さらに、私が子供のころに使っていたDX21型シンセサイザーの《アルゴリズム5号》に登場したOP4という箱と同様に、自分の出力値を再び入力値として受け入れる箱から構成されている再帰的回路も存在している。そして何よりも、現在の神経回路網は驚くほど素早い。前述した通り、原理としての歴史は極めて長いものの、計算能力が追いついていなかったため、最近まで頭打ちの分野として思われていた。言い換えれば、それは単に適切なコンピューターの開発を待っていた良いアイデアだったというわけだ。ゲームのために開発された《グラフィックボード》という回路基盤たちは神経回路網の計算を素早く行うのに適している。そのことが最近分かったプログラマーたちは回路の深度や横幅をどこまでも増やせるようになった。その最新の処理装置を使えば、つまみの数を 14 個どころか、1,000 個や 100 万個以上まで楽に増やせる。本書を執筆していた時点で使われていたチャット GPT3 の人口知能は 1,750 億個のつまみを持っていたが、最新型の GPT4 は人間の脳と比較できる 100 兆のつまみを誇る。

1,750 億次元空間は間違いなく巨大で複雑に聞こえるだろうが、無限と比べたら、1,750 億も微々たる数値に過ぎない。すなわち、チャット GPT も可能な戦略空間のごく一部しか探れない。それにもかかわらず、DX21 の単純な回路がトランペットやチェロや《宇宙のおなら》にそれなりに聞こえる音が出せたと同じように、チャット GPT も比較的小さな戦略空間に頼って、ときには人間が書いたかのような文書を生成することもできる。

驚くことに、それに更なる謎がつきまとっている。最急降下法では、与えられたつまみを少しずつ調整していって、訓練したデータセットに極力近づけさせようという原理を覚えてくれていると思うが、現在の神経回路網のつまみ数は非常に多く、訓練したデータセットに対して完璧な結果を出せる。すなわち、最新型のニャントロンに 2,000 枚の写真を見せたら、一度も失敗せずに 1,000 匹の猫を当てることができる。実をいうと、それだけつまみがあれば、成功率 100%の戦略数も極めて多い。しかし、中には見たことのない写真に対してみごとに失敗する戦略も少なくない。それにもかかわらず、貪欲で、頭の悪い最急降下法は、見たことのない写真に対してもそれなりにいい結果を出す戦略を選定する傾向にある。

それはなぜだろう？ 最急降下法に頼った神経回路網は、なぜそこまで汎用性が高いのだろうか？ 戦略空間のごく一部に過ぎないのに、なぜそこで有効な戦略がそんなに発見しやすいのか？ 現時点では誰も正確な答を知らない。実は、その謎にまつわる数学者間の論争は非常に熱い。本書の準備期間中に私は多くの人工知能の専門家の元へ取材訪問して、それぞれの意見を長々と聞き取ってきた。各専門家は自信満々でその理由を解説してくれたが、精査したところ、それぞれが全く違う考え方をしていることが判明した。

そのため、自信を持って神経回路網がなぜそんなに強力なのかを教えることは残念ながらできないが、我々がそれらに集中するようになった理由ぐらいは説明できる。

車のキーを探す

少なくとも人生に一度ぐらい次のような話を聞いたことがあるだろう。夜中に帰宅しようとしているある親切人が、電柱の足元の草むらで一生懸命何かを探している友人に出会う。「どうしたんだ？」と問いかけたら、「車のキーを落としたのさ」とのこと。「そりゃ困ったね」と返した親切人もすぐ手伝って草の中で鍵を探し始める。しばらく探したあと、親切人は「大分探したが見つからないな。本当にここらへんで落としたのかい？」と確かめたら、友人は「いや、それは分からないよ。今日あちらこちら回ってきたし、どこで落としたかは確かではないんだ」「えっ！ それなのに、なんでわざわざこの電柱の下で探しているんだ？」「ほかは暗すぎて探せないからさ！」

この友人は現在の機械学習の専門家とよく似ている。我々が果てしない可能性に満ちた戦略空間の中から神経回路網を選んだのは、我々が知っている唯一の検索方法（すなわち最急降下法）を得意としているからだけだ。一個のつまみを回した効果は確認しやすく、それぞれの箱の出力値に対して明瞭な影響を与えられる。そこからの回路をたどって、下流の箱に対する影響を計ることも（それなりに）簡単だ*15。したがって、我々が可能な戦略空間の中から《神経回路網の空間》を選定したのは、行先がもっとも明白にみえたからだ。ほかは暗すぎて探せないのさ！

上で紹介したキー探しの逸話での友人はキーをなくした愚か者になっているが、友人が愚かではない異世界もある。例えば、町のあちらこちらに車のキーが散らかっていると想像してみよう。電柱が照らしている草むらにいくつかのキーが落ちている可能性は高い。したがって、友人は過去に期待を超えるほどのいい車の鍵をその草むらで見つけた経験があるに違いない。そのため、今回もその可能性は十分あり得る。その町の最高の車のキーは別の場所にあるかもしれないが、電柱の根本に落ちた鍵の中でベストを求めたら、最終的にそれなりによい車を手に入れられるに違いない！

---

*15　代数学のファンへ。これらの計測が簡単と言える理由は、神経回路網の計算は関数の足し算と合成に基づいており、連鎖律のおかげでその二つの算法と微分との相性が優れているからだ。

第八の章

あなたはあなたのマイナスいとこ！

幾何学における円とはそもそも何だろうか？ 教科書などでは次のような定義がよく見られる。

「円とは、平面上の中心と呼ばれる定点からの距離が等しい点の集合である。」

ふむ、それはなんとなく分かるが、《距離》とは何ぞや……？
こう言う我々はすでに興味深い疑問に面している。二つの地点の間の距離は、ふつう、2点間の直線距離のことをいう。
しかし実際は、ある場所にいる誰かがあなたの自宅を尋ねようとして、スマホで場所を聞いてきたとき、あなたは、しばしば「その場所からあと15分ぐらい」と答えることも少なくないだろう。その「15分ぐらい」も距離を表しているのだ！
そして、仮に距離のことを、ある場所から特定の地点までの移動時間として定義したとすれば、《円》というものは次ページの図に五重で示すヒトデのような形になるだろう！

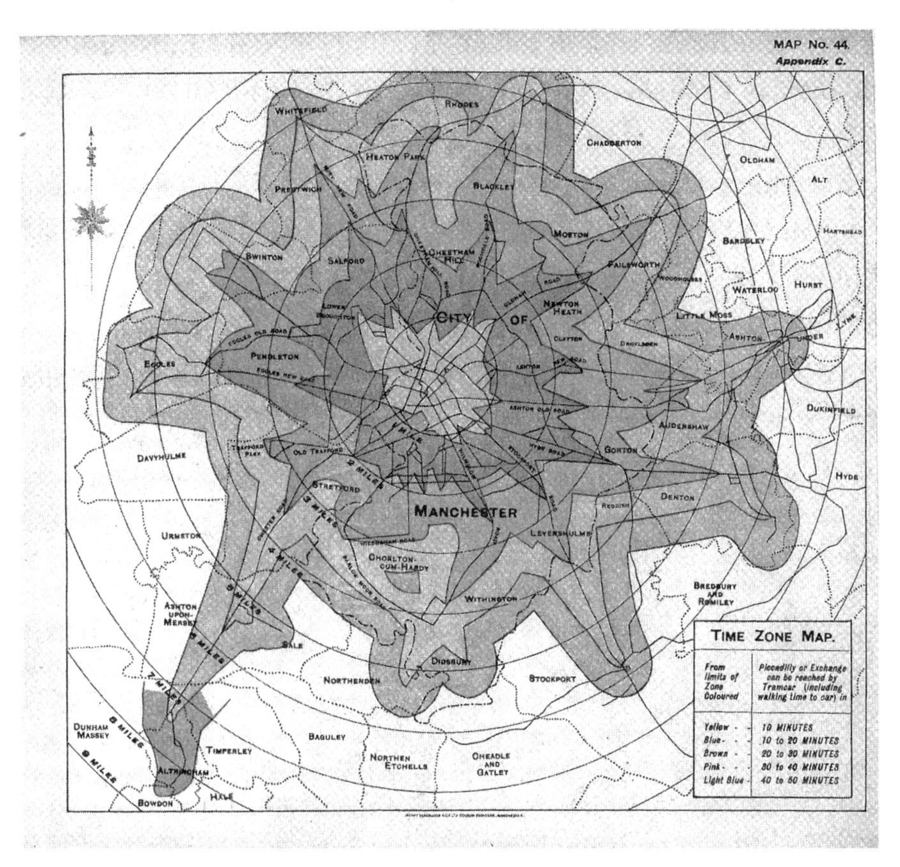

このヒトデのような曲線たちはイギリスのマンチェスターの中心地ピカデリーガーデンズから、電車でちょうど 10 分・20 分・30 分・40 分・50 分離れている地点を表している。

このように、距離を時間として表す曲線のことを《等時曲線》(isochrone) という。世界の街並みをその観点で見れば、様々な形をした円に出会うことができる。

また、碁盤目の都市計画を誇るニューヨークのマンハッタンでは、ある場所にいる待ち人に、「俺は今そこから 4 ブロック離れたところにいる」と言って居場所を知らせる。つまり碁盤目の交差点で四つ行ったところにいると知らせる。

この場合は、待ち人がいる場所を中心とすれば、その心点から 4 ブロックだけ離れた地点がその中心から等距離にある円となる。この円は次図のような菱形を見せる斜めになった正方形となる。

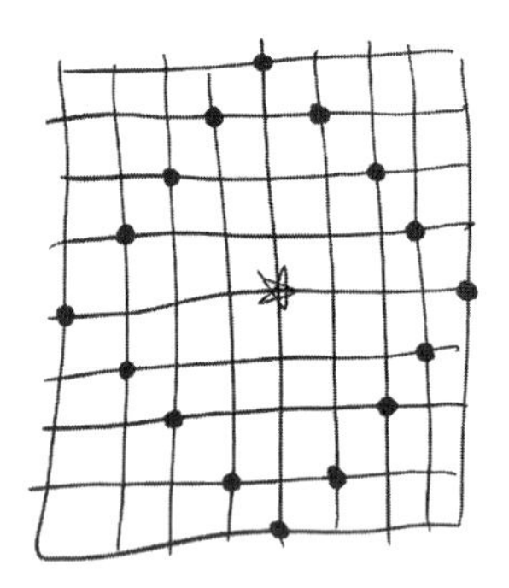

なんと、円の正方形化に成功したではないか！ それから考えると、マンハッタンは同心円ならぬ同心正方形で構成されている！

このような距離という概念のあるところには自ずと幾何学が生まれる。

例えば、我々人間は近縁関係の中で生きていて、その関係における距離は、すでに説明した幾何学的な木で表した家系図として次のように図面化できる。

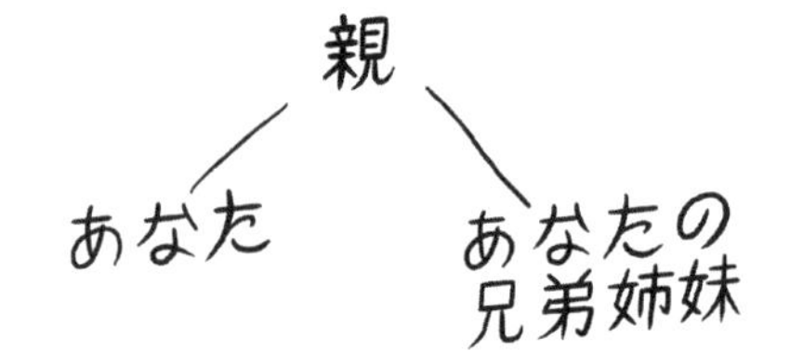

このような家系図で見ると、あなたと《父母》は１区間、あなたと《兄弟・姉妹》は２区間離れている。したがって、あなたと父母とは１親等、兄弟・姉妹とは２親等の関係にあるという。《祖父母》（じい・ばあ）とは２親等、《おじ・おば》（父母の兄弟・姉妹）とか《曽祖父母》（ひいじい・ひいばあ）とは３親等、もっとも身近な《いとこ》（おじ・おばの子供）、つまり《一番いとこ》とは共通の祖父母までの距離 $(1+1)$ の２倍の距離があるから４親等、《二番いとこ》つまり《またいとこ》とは共通の曽祖父母までの距離 $(2+1)$ の２倍の距離があるから６親等、の関係にある。この関係を一般化すると、あなたと《n 番いとこ》とは $2(n+1)$ 親等の関係にあることになる。ところがあなたはあなた自身と０親等の関係にあるから $2(n+1)=0$ よりあなたはあなたの -1 番目のいとこ、つまり《マイナスいとこ》、になる！*1

もっと一般的に考えると、あなたの -2 番目のいとこは -2 親等、-3 番目のいとこは -4 親等となる。この -4 親等というのは、マイナスで広がっていく家系図を下から見れば、いわば無関係の祖先をもつ家族同士の間の、いとこ関係を見せる。つまり、あなたの両親はお互いにマイナスいとことなっている！ このような、両親がたがいにいとこという、古代ギリシアの同族の貴族の出身でない限り困った関係については、ヒンディー語で《サムディ》(samdhi)、スペイン語で《コンスエグロ》(consuegro)、ギリシア語で《アトニ》(athoni)、そしてヘブライやイディッシュ語で《マハトゥニム》(machatunim) と呼ばれるが、そんな意味の単語は英語にはない。

一方、あなたと同じ世代の家族の世界を平面的にみれば、あなたを中心とする半径2の円盤に、あなたと両親ならびに兄弟・姉妹が入る。半径4の円盤にはそのほか祖父母と一番目のいとこが入る。半径6の円盤にはさらに曽祖父母と二番目のまたいとこが入る。

こうしてみると奇抜な「いとこ幾何学」が考えられる。例えば、わが一番いとこダフニーを中心とする半径4の円盤には私を初め一番目のいとこが入る。つまり私とダフニーの共通の祖父母の孫は全員入る。しかし待てよ、それは私を中心とする円盤と同じだ！ それならその円盤の中心には誰がいるのだろうか？ 私なのか、ダフニーなのか？ 実は二人とも中心点になっている。家系図の幾何学では一つの円盤に入っているすべての一番いとこはその円盤の中心点にいる。すべて共通の祖父母をもっているからである。

この円盤つまり《いとこ平面》上の三角形は我々がよく知っている2次元の三角形と結構違う。私と私の妹との距離は2で、私たちとダフニーとの距離は4だ。したがって、私と妹とダフニーは二等辺三角形を作っている。実はいとこ平面上のすべての三角形は二等辺三角形になる！ この、変わった数学者を喜ばせるための珍奇品にすぎないような不思議な幾何学は、「非アルキメデス的幾何学」とも呼ばれて、実際に数学のあちらこちらによく出てくる。

その中には、二つの数値の間の距離が、その二つの数値の差を割り切ることのできる最大の2の累乗の逆数になるものもあって、複雑に聞こえるが実に役立つアイデアだ。というより、距離、言い換えれば幾何学、の概念を導入できないほど抽象的すぎる分野はほとんど存在しないと言っても過言ではない。

＊1　(訳注)家系の木。( ) 内の数字は親等数、つまりあなたからの距離。

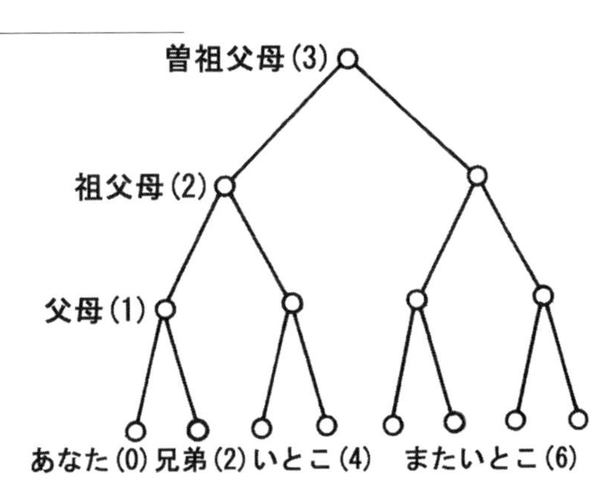

例えば、プリンストン大学で音楽理論を教えているドミトリー・ティモチコーは和音の幾何学についての数多くの書物を次々と出版している。それどころか、我々が使っている言語にさえ幾何学がある。そして、その幾何学をたどれば、次のような「言葉の地図」を作ることができる。

言葉の地図

言葉の地図を知る前に、例えば、人格特性の地図を考えてみる。といっても、二つの人格特性の間の距離はどのように定義すればよいのだろうか？

一つの方法は、人格をまとめることだ。1968年に心理学者のセイムアー・ローゼンバーグ、カーノット・ネルソン、P・S・ヴィヴェカナンタンは、自分たちの学生に、人格特性を表す単語を一つずつ記した64枚のカードを配って、一人の人間に共通しているだろうと思われる人格特性ごとにグループ分けしてもらった。そのグループを分析して、二つの人格特性の間の距離を、同じグループに入る頻度によって定義した。

例えば、《頼もしい》と《正直》は同じグループに入る頻度が高かったため、その間の距離は近いと判断し、《親切》と《短気》はめったに同じグループに入ることがなかったため、その距離は遠いと判断した*2。こうした調査から抽出した距離を表す数値を地図として図面化すればよいわけだ。

ただし、必ずしもそれがうまく行く確証はない。例えば、《頼もしい》《凝り性》《感情的》、そして《短気》といった特性の間の距離が全部同じだと分かったとしよう。同じ距離で離れている4個の頂点を紙面上に描いてみればよい。そうすれば、それがいかに不可能であるか、実感できる（といっても、ビールのお小遣いをもらって協力してくれる学生を使った心理学の調査をしているあなたに完璧な正確さを追求することはお勧めできないため概算値で十分だ。なぜなら、その調査の結果自体、正確とは言い難いから）。

最終的にローゼンバーグたちは次ページのような地図を作った。

＊2　実をいうと、ローゼンバーグたちの当初の方法論はさほど良くなかったと思う。なぜなら、多くの人格特性のペアは一度も同じグループに入れられなかったことからも分かるように、距離を正確に計るための情報が不足していたからだ。より正確な地図を作るなら、三番目や四番目の人格特性も視野に入れるべきだった。例えば、《頼もしい》と《正直》の距離が短い判定には、その二つがよく《凝り性》と一緒に配分される事実も使用すればよかった。

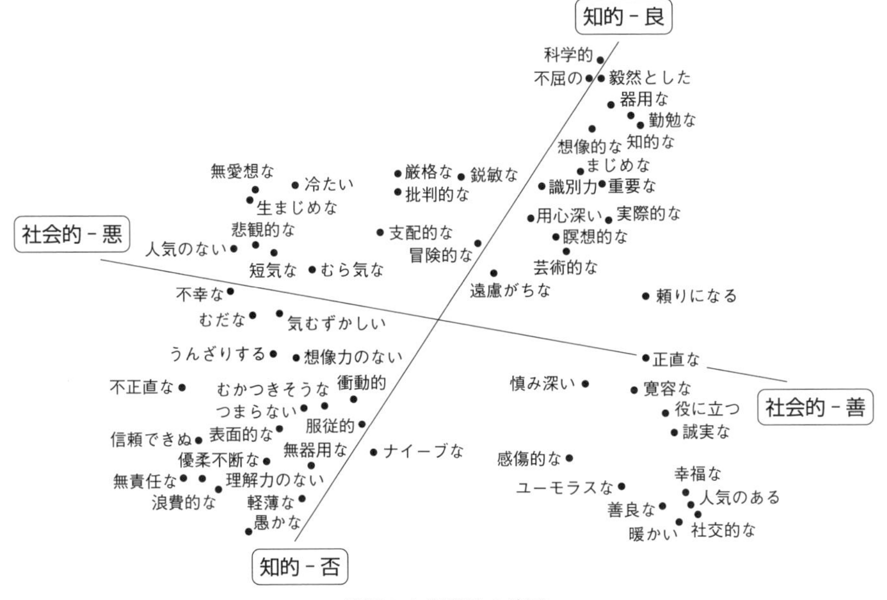

暗黙の人格理論の地図

人格の幾何学が存在しているとすれば、この地図はそれをそれなりによく反映しているのではないかと個人的に思っている（ちなみに、図に見られる座標軸らしきものは、学者たちがデータの解釈に基づいて独自に決めたものだ）。

このような 2 次元の地図では、等距離の 3 点をプロットするには正 3 角形を描けばよいが、互いに等距離の 4 点をプロットすることはできない。それに代えて 3 次元空間での等距離の 4 点のプロットは簡単である。次図のように、三角四面体という多面体の頂点に配置すればよいだけだ。

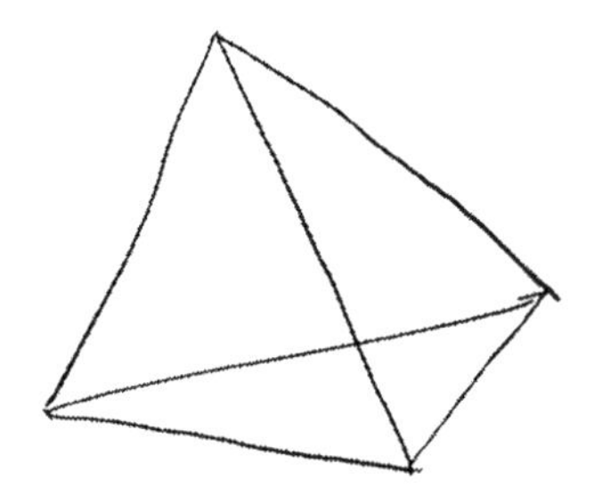

実は、次元が多ければ多いほど、正確な地図が描きやすくなる。すなわち、データそのものが最も適切な地図の次元数を教えてくれるのだ。例えば、アメリカの政治学者は、国会議員間の距離を計るために、議会での投票の仕方を基準に、国会議員の投票パターンに基づいた図面を作っている。では、アメリカの上

院の投票データを表現するには何次元が必要だと思もうか？ 実は1次元で十分だ！ もっとも左よりのマサチューセッツ州のエリザベス・ウォーレン議員から、最も右寄りのユタ州のマイク・リーまで、アメリカ上院議員の投票パターンを一直線上で十分反映できる。その事情は数十年間も続いている。民主党が平等権を支援していた前進派と南部の連邦脱退派の二つに分かれて一直線にならなかった時代は遥か昔だった。そのため、一部の学者は、アメリカの政治界が再設定される瞬間に向かっているのではないかと考えており、今の単純な左右の分け方が足らなくなる時代が戻ってくるのではないかと見ている。

他方では、一部の人間はいわゆる「政治の蹄鉄論」を信じている。蹄鉄論によると、アメリカの極左と極右は、直線上でもっとも離れているようにみえるものの、実際にさほど離れていないという。この蹄鉄論を図示するためには平面が必要になる。

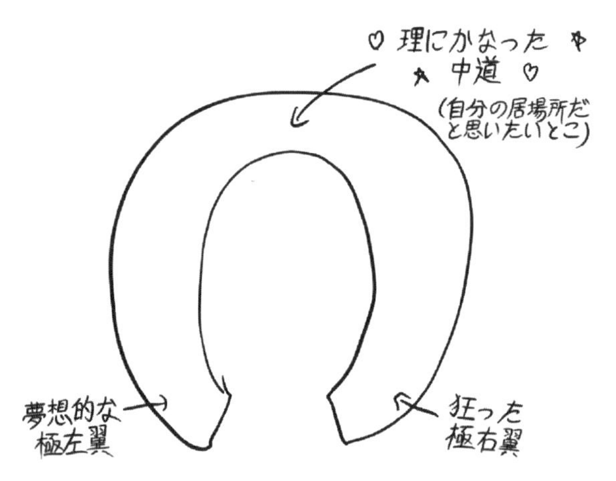

蹄鉄論に信憑性があるとして、蹄鉄の分かれ目の先端に当たる部分の選挙民が十分いたとしたら、議員の投票パターンデータにも反映されるはずだが、現時点ではそういった変化は確認されていない。

一方、より大きくて複雑なデータセットのためには1次元でなく少なくとも2次元が必要となる。例えば、グーグル社のトマス・ミコロフがリードしていた研究者のチームは、すべての言葉の地図として説明した数学モデルを開発して、《Word2vec》と名付けた。Word2vecを使えば、学生にカードの束を配って調査する必要はなくなる。なぜなら、Word2vecはグーグルニュースから抽出した6,000億の単語の文書における一つひとつの言葉を300次元空間における頂点に紐付けているからだ。それは人間の頭で想像しにくいだろうが、2次元平面上では各頂点が2個の座標値で表せるのと同じように、300次元空間の頂点も平面上の300個の座標値で表せる。そのため、300次元空間での距離と、馴染みの2次元平面での距離は大きくは変わらない[*3]。Word2vecの目的は、よく似ている、と判断した言葉を300次元空間内で近い位置に配置することだ。

ところで、二つの言葉が似ているかどうかはどのように判定すればよいのだろうか？ まずは、グーグルニュースから引っ張ってきた文書の言葉を囲む近隣の言葉の雲を想像してみて欲しい。雲自体はグーグルニュースの文書においてその言葉の近くに登場する確率が高い言葉で構成されている。第一の概算として、二つの言葉の近隣雲の重なり合いが広ければ広いほど、言葉は似ている、と言える。例えば、《グラマー》とか《ランウェイ》[*4]とか《宝石》などといった言葉が入っている文書には、《すごい》や《魅力的》も同時に出てくる可能性が高いが、《三角法》などが登場する可能性は極めて低い。《すごい》や《魅力的》などといった言葉は、《グラマー》《ランウェイ》《宝石》などと同じ場面に登場しがちなので、似ていると判定できる。そのため、Word2vecはその《すごい》と《魅力的》の距離を0.675としている。ちなみに、《魅力的》という言葉は、Word2vecがインデックス化した百万以上の言葉の中でも《すごい》に対して最も近いとされている。他方では、《すごい》と《三角法》との間の距離は1.403とされている。

距離という概念をしっかりと定義したから円周と円盤の話に進もう（300次元の話だから、超次元球面と超次元球体の話と言った方がふさわしいが……)。《すごい》を囲む半径1の円盤は43個の言葉で構成されていて、《すばらしい》《目覚ましい》《絶妙な》《精巧な》などといった言葉を含んでいる。その言葉たちを見るだけでグーグルのプログラムは《すごい》という言葉にいかに近づいているかが分かる。《すごい》とは、優れた美しさを示していると同時に、何らかの驚き感も表現している。とはいえ、その言葉の意味自体を数値化しているわけではない。もしもそれができたとしたら間違いなくすばらしいが、現時点ではWord2vecを使っているプログラムの目的はそれではない。それに対して、《ひどい》という言葉は《すごい》の真逆に聞こえても、Word2vecのデータベースにおける《すごい》との距離はわずか1.12でしかない。それは、その二つの言葉が一緒に登場する可能性がさほど低くないからだ（例えば、そのTシャツはすごくひどい、などといった言い方があり得るので……)。英語のteh[*5]という文

＊3　2次元平面上の2点 (x_1, y_1)、(x_2, y_2) 間の距離は $\sqrt{(x_2-x_1)^2+(y_2-y_1)^2}$ となるが、それと同じ計算を300次元空間で行う。つまり $(x_2-x_1)^2$ といった式を300個並べる。これはピタゴラスの定理の300次元版の応用に過ぎないが、実用主義のピタゴラス本人は、3次元の現実の世界からここまで離れた世界で自らの定理が使われたと知ったら、びっくりするだろう。

＊4　(訳注)この文脈では、ランウェイとはファッション・モデルが堂々と歩きながらドレスやアクセサリーなどを披露する舞台のことをいう。キャット・ウォークとも。

＊5　(訳注)定冠詞the(ザ)のよくある誤字。

字列を囲む半径 0.9 の円盤には ther、hte、fo、tha、te、ot、そして thats という文字列が含まれている。それらは言葉にさえなっていないが、Word2vec はそういった誤字脱字が teh と同じ文脈に登場する確率が高い事実を認めているわけだ。

ここで《ベクトル》をかいつまんで説明する。今、個々の位置や名前や言葉を表している 1 点を考える。ベクトルとは、その点に対する動きという風に理解してもらったらよい。ベクトルは点に対してその動きを意味するからである。例えば、ウィスコンシン州のミルウォーキー市を単なる点と想像してみれば、「西へ 30 マイル、北へ 2 マイルに移動した点」という文はベクトルとなる。そのベクトルをミルウォーキーに当てはめた結果の点はオコノモウォック市だ。

では、ミルウォーキーからオコノモウォックまでの道を示してくれるベクトルをどのようにし記述すればよいだろうか？ 私は《西向きの郊外外輪ベクトル》という名称を提案したい。同じベクトルをニューヨークに当てはめれば、ニュージャージー州のモリスタウン市に到達する。

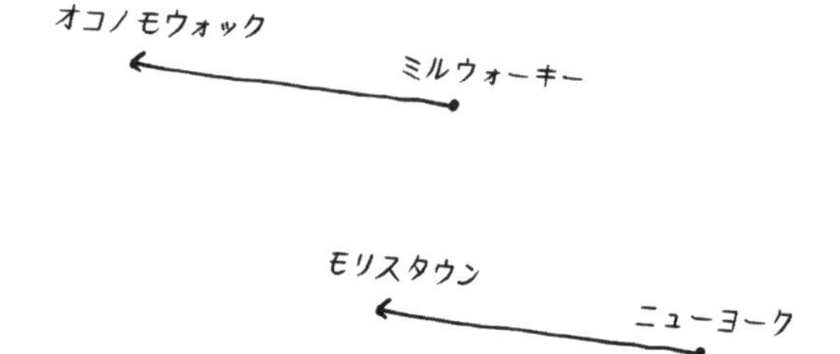

その事実は類推関係でも表すことができる。「ニューヨークに対するモリスタウンは、ミルウォーキーに対するオコノモウォックと同じである」。それはパリに対するボワンヴィール・アン・モントワ、メキシコシティに対するサン・ヘロニモ・イシュタパントンゴ、そしてサン・フランシスコに対するファラロン諸島と同じだ。

そのことは、《びっくりする》という言葉を思い出させる。Word2vec の開発者たちは非常に興味深いベクトルの存在に気づいたのだ。それは《彼》という言葉から《彼女》という言葉への道を指すベクトルだ。仮にそれを《女性化ベクトル》と名付けよう。《彼》に対してそのベクトルを当てはめると《彼女》になるが、《王》に対して当てはめたらどうなるだろうか？ そのベクトルが指すもっとも近い言葉は《女王》だ。すなわち、女王と王との関係は彼女と彼との関係と同じだ。他の言葉に対しても同じことが言える。例えば、《俳優》の女性名詞は《女優》で、《ウェイター》の女性名詞は《ウェイトレス》だ。

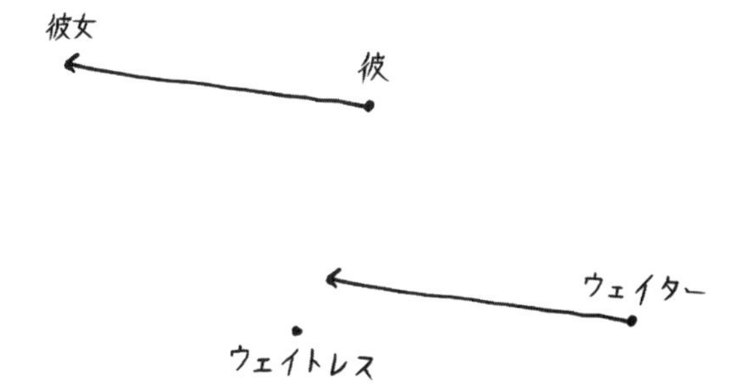

ここまでは分かってもらったと思うが、《すごい》に対して女性化ベクトルを当てはめたらどうなるか？《豪華》に到達する。つまり、Word2vec にとってはすごいが《彼》だったとすれば、豪華は《彼女》に当たる。それに対して、反対、つまり《男性化のベクトル》をすごいに当てはめると、《目覚ましい》などといった言葉に到達する。以上のような言葉の類似関係はあくまで概算にもとづいているため対称的ではない。例えば、先ほどの《豪華》に対して男性化ベクトルを当て嵌めてみると、すごいではなく《雄大な》となる。

以上のような調査の本当の意味はなんだろうか？ 英語でも日本語でも性を持たない《ゴージャス》という言葉は、客観的にみて《すごい》の女性形であると理解できるのか？ それは違うだろう。Word2vec はそもそも言葉の意味を分かっていないし、分かるすべも持っていない。なぜなら、Word2vec の知識は数値化した数十年分の英語のニュース記事にすぎないからだ。Word2vec が発見したすごいと豪華の相互関係は、英語のネイティブスピーカーの目にすごく美しい女性が留まったとき、その女性をゴージャスという言葉で表す確率が高い事実を表しているだけだ。それに対して、すごくイケメンの男性を見たときに同じ言葉を使う可能性は低い。Word2vec が明かしてくれた幾何学は表面的に深い意味を持っているように見えても、実際は英語を話す人々の話し方の幾何学にすぎない。それにもかかわらず、それを分析することによって、我々の世界観や、ジェンダーなどに対する接し方、にまつわる有意義な洞察を可能にしてくれる。

Word2vec と遊ぶことは英語文化圏が作った文学そのものを精神分析医のソファに座らせ、その文化圏の無意識を探ることによく似ている。そうすれば、《自信満々》の女性形は《生意気》だとか、《不快》の女性形は《意地悪》だとか、《知恵深い》の女性形は《母親らしい》とされているなどといった不思議な事実を知るようになる。それに対して《まぬけ》の女性形は《うすのろ》、そしてその 2 番目の候補はまさかの《元気なブロンド》なのだ！[*6] 女性の《天才》

＊6　Word2vec は実際に単語だけではなく、「語彙的単位」という単位を使って英語をインデックス化している。その語彙的単位は時に単語でもあるが、多くの場合は短い文書や熟語などでもあり得る。

はなんと《生意気娘》！ しかし、生意気な男は非対称的に《いたずら男》のようだ。《先生》の男性形は《学長》、そして《カレン》（Karen）の男性形は、なぜか《スティーブ》（Steve）となっている。

女性《ベーグル》は《マフィン》だそうだ。そして、ユダヤ→ヒンズーというベクトルをベーグルに当てはめたら、その結果はムンバイの屋台料理として大人気のワダ・パーヴだ。それに対して、カトリック好みのベーグルはサンドイッチで、その第2候補はミートボールサブサンドだ！

Word2vec は多くの地名を知っているため、以上のようなベクトルによる概念分析を地名に当てはめることができる。しかし、ニューヨークに対してミルウォーキー→オコノモウォックのベクトルを当てはめると、その結果はサラトガスプリングス*7 になる。なぜそうなるのかはさっぱり分からない。

以上のような遊びは非常に楽しいだけではなく、教えられる面もある。とはいえ、私は機械学習について書くときによく見られる悪い癖に陥ってしまった。何かというと、いいところだけをつまみ食ったのさ。自分で見つけたもっともおもしろくて、インパクトのある例を選んだので、あなたを誤解へと導いてしまった恐れもある。本当をいうと、Word2vec は言葉の意味について深い洞察を提供してくれる機械ではない。たいていの場合、Word2vec が返してくる相似語は単なるつまらない類語にすぎない。例えば、《たいくつ》の女性形は《つまらない》で、《数学》の女性形は《算数》で、《すばらしい》の女性形は《信じがたい》で……などなど。他方では、ときに同じ単語のつづりを間違えて返してくるだけ。さらに普通に間違った返答を返すことも少なくない。例えば、《公爵夫人》の男性形を《王子》にしたり、《豚》の女性形を《子豚》と返したり、《伯爵》の女性形を《ジョージアナ・スペンサー》と返したりする（スペンサー家の女性は間違いなく伯爵夫人ではあったが……）。

新聞などには人工知能の驚くべき進捗についての最新の記事が出ていて、それには注目すべきであるが、発表されている目覚ましい結果は、長々と繰り返した試行錯誤の結果でしかない事実も視野に入れておいた方が無難だ。常に多少の懐疑心を持っておいた方が騙されにくくなるよ！

＊7　（訳注）サラトガスプリングスはニューヨーク市から約 180 マイル（260 km）ほど北にある小都市。つまり、本文の通りにベクトルを当てはめるならば本来はニューヨークの「西」にある町を示さなければならないはずが、別の方向を指し示してしまっている。

第九の章

3年間の日曜日

数学がどれほど難しいかは、数学者が公けに言いにくい事実の一つだ。我々数学教師は、学生たちを驚かさないために、その事実をしばしば隠そうとする癖があるが、それは学生のためにはよくないと思う。そこで、わが恩師ロビン・ゴットリーブ博士から習った事実を一つ教えてあげよう。数学者が「安心しなさい。本日の授業の内容は正に単純明快だから！」と宣言するのは、学生たちにその授業の実際の難しさは数学のせいではなく、学生自身のせいだ、と言っているのに等しい。学生たちは、とにかく教師のことを信じているので、その嘘も信じてしまうのだ。そして、「僕は先生が簡単だと言っている内容さえ理解できないから、これ以上難しい内容を理解しようとしても無理に決まっているだろう」と結論づけて、諦めてしまう。そのうえ学生たちは、馬鹿に思われたくないために授業中に質問をすることも遠慮してしまう。

ところが、いかに難しくて、いかに深い分野であるか、ということを最初から素直に明かしてあげれば、難しいから分からないのは当たり前と考えて、たとえ高校レベルでも、授業中に質問などすることは「馬鹿のように見られる」世界を「真剣に勉強しに来たように見られる」世界に変えるから積極的に質問しようと思われるに違いない。こうした数学が苦手で苦労している学生たちの中には、幾何学から代数学まで何でもスッと理解できる学生もたまにはいる。そのような優秀な学生は、教師に対しても、自分に対しても、常に質問を投げかけるべきだ。例えば、そういった学生は「先生が要求したことはよくわかったが、何でそんな要求をするのだろう？ 違う問題を解いたり違うやり方を試したりすればどうなるのだろう？ 先生は何でそうした違うことを話さなかったのだろう？」などといった疑問を持ち続けるべきである。いくら優秀でも、いくら知っていても、知らないことは必ずあって、本当に優秀なら、常にその未知の領域を見つめるべきだ。そんなことはせず優秀な学生が数学の授業を簡単に感じてしまえば、それは教師の失敗だ。

そもそも、数学の世界で、難しい、とはどういう意味だろうか？ それは我々が日常会話でよく使って、充分分かっていると早とちりする言葉であるが、あなたがそれを正確に定義しようとすれば、互いに関連し合いながらも一体にはならない概念に分解しなければならない。整数論専門家のアンドリュー・グランヴィルが、代数学者のフランク・ネルソン・コールについてよく語っていた次の実話は、そのジレンマをよく表しているのではないかと思う。

「1903 年のアメリカ数学会大会で、コールは何も言わずに黒板に以下の式を書いた。
$2^{67}-1=147,573,952,589,676,412,927$
そのあと続けて
$=193,797,721\times761,838,257,287$
と書いた。すべてを書き終わるや、コールは、この計算に 3 年間の日曜日[*1]が掛かった、と打ち明けた。この実話は、数学の問題を解いたり証明したりするときの難しさとは何か、を端的に表している。問題は確かに難しい、それだけに解くのにとてつもなく長い時間が掛かった、といっても答は一瞬に分かる。このどこが難しいのだろうか。」

つまり難しさには、問題が持つ難しさと、その問題を解く難しさがある。コールの聴衆が拍手で認めたのは後者を解決した努力とその答の簡潔明瞭さに対してだ。第六の章では素因数分解がいかに困難な問題であるかをすでに説明したが、コールの仲間たちもその事実を知っていた。

といってもこのコールの素因数分解はほんとうに難しい問題だったのだろうか。現在の計算能力からすれば、147,573,952,589,676,412,927 はさほど大きな数値ではない。ノートパソコンを使えば日曜日 1 日だけで素因数分解できる。昔はπの小数部の桁をできるだけ多く計算することが大きな数学の難しい研究テーマとして認められていたが、今は単に計算力の問題に過ぎないとされている。ただし、そこに新しい難しさが浮かび上がってくる。なぜそんなことをするのかという動機づけや、やる気を起こさせる難しさだ。私はπの最初の 7 個か 8 個ぐらいの小数なら素手で計算できると思うが、そもそもなぜそんなことをするのかといった必要性も感じず、それをやろうぜ！ というやる気も湧いてこない。そんなことをするのは非常に退屈だし、やろうと思えばパソコンですぐできる。そして何よりも、πのそれ以上の小数を知っても何の役にも立たない。現実の世界では、πの小数部の最初の 7~8 桁ぐらいを知る必要性はあったとしても、100 桁目を実用的に使う用途は考えられない。たとえ銀河系と同じ大きさの円の面積を計算するにしても 40 桁で十分だ！ たとえその 100 桁目を知っていても、他人よりも円のことが詳しいというわけでもない。πの正確な値が大切なのではなく、

＊1 (訳注) 3 年間の毎週の日曜日をその問題を考えながら過ごしたという意味。

πという数値が《ある》という事実が重大なのだ。例えば、円周とその直径の比は円の大きさに依存しないという事実に意味がある。それは2次元幾何学における対称性について非常に大事なことを教えてくれる。移動・回転・縮小拡大といった相似的変形を使って、どの円でも違う円に変形させることができるが、それぞれの寸法の間の比例を変えることはできない。ポアンカレにならって、相似的なものを同じ名前で呼ぶとすれば、円というものは一つしか存在しておらず、πも一つしかないユニークな数だ。同じ考え方で正方形も一つしかなく、その外周の長さと対角線の比も $2\sqrt{2}(=2.828\cdots)$ というユニークな定数になっている。その数は《正方形のπ》とよんでもよい。ちなみに、正六角形のπは3だ。それに対して、長方形のπは存在しない。なぜなら長辺と短辺との比例が異なっている無限種類の長方形が存在しているからだ。

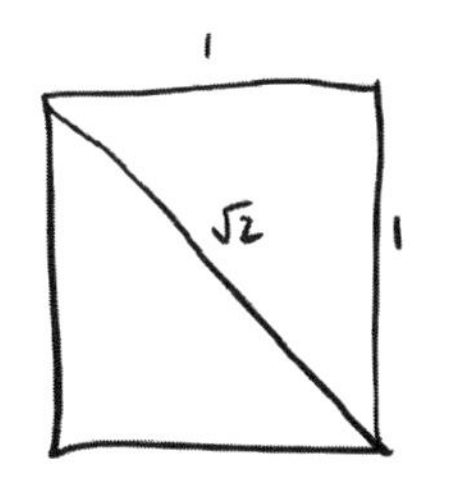

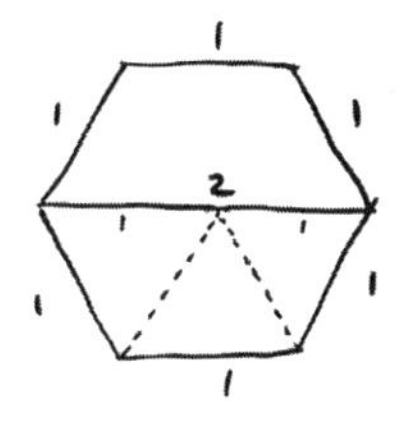

では、完璧なチェッカーの試合を行うのは難しいと言えるか？ 人間にとっては難しい。しかし強いチヌークにとっては難しいかどうかわからない（チヌークにとってチェッカーをするためのプログラムは難しくないだろうが、チヌークそのものを作る機械工作はたしかに難しい）。すでに説明した通り、チェッカー、あるいはチェスや囲碁を完璧に遊ぶことは二つの大きな数値の掛け算をするのと根本的に違わない。したがって、それぞれのゲームを完璧に遊ぶことは（少なくとも）概念的に簡単と言える。それぞれのゲームの木を分析する方法をすでに知っているからだ。その分析には宇宙の寿命よりも長い時間が必要だけどね……。

以上のジレンマに対して様々な返答が考えられる。例えば、コンピューターは素因数分解や囲碁を遊ぶなどといった、人間にとっては難しい数学問題を簡単に解けるため、人間より賢いという人もいるだろう。そのような人は、おそらく、難易度のことを次のような線形とみなしている。

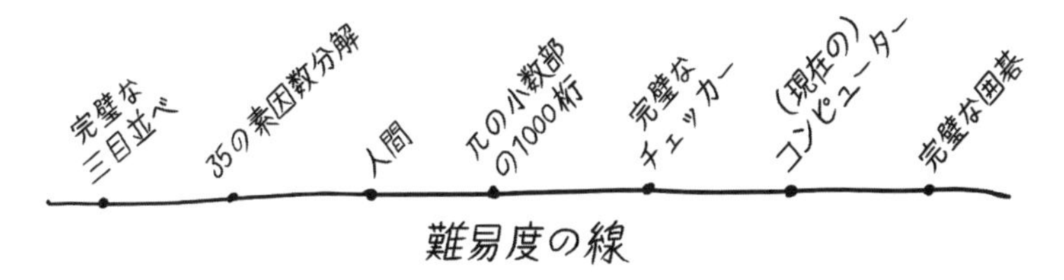

しかし、その考え方は間違っていると思う。なぜなら、難易度とは 1 次元的なものではないからだ。コンピューターは素因数分解、あるいは完璧なチェッカーを遊んだり、あるいは数十億の言葉を正確に記憶したりするといった仕事に優れているのは間違いない（そもそも、コンピューターにはやる気の問題がない。現時点では我々が指示したことを誠実にこなしてくれるだけだ）。それに対して、コンピューターにとって困難で、我々人間にとって単純な問題もある。

例えば、人間に次のような表を見せて、入力が 3.2 のとき出力はいくらになるかを尋ねたら、その人間も、同じデータで訓練した神経回路網も《3.2》と答えてくれる。

入力	出力
2.2	2.2
3.4	3.4
1.0	1.0
4.1	4.1
5.0	5.0

しかし、入力が 5 より大きい 10.0 の時の出力はいくらになるかと尋ねたら、人間なら 10.0 とすぐ返事できるのに、神経回路網の返答は不安定になる。「1 から 5 の間は出力＝入力」という事実が成り立ったとしても、その範囲外で成り立たない偏屈なルールづけが無限にあり得るからである。しかし、その表を見た人間は「出力＝入力」がその表からもっとも自然に直観できるルールであることを直観する。それに対して、機械学習のアルゴリズムは同じ結論にたどり着けない。コンピューターには計算力があっても直観力がない。

私は機械の知能が人間を超える時代が近づいていることを否定しない。人工知能の専門家やその後援者たちもそのことを昔から認めている。例えば、AI の先駆者の一人だったオリバー・セルフリッジは 1960 年のテレビ取材者に対して「僕が生きている間にコンピューターは人間と同じような考察力を持つようになるだろう」と答えながら、「とはいえ、僕の娘はコンピューターと結婚することはないと思う」といったおことわりを添えた（そもそも、人類の発明に、性とは無関係なものはほとんどないだろう……）。残念ながら、難易度そのものの多次元性のせいで、機械たちがいかに自己認識に近づいていくかを正確に知ることは困難だ。例えば、自動運転の車両が正しい判断をする確率が 95% だったとすれば、それは 100% 完璧な運転ができる状態の 95% までに近づいていることを意味していない。残りの 5 % は人間のめそめそした判断力で解決する部分で、いくら時間をかけても機械には解決できない可能性がある。

私がもっとも興味を持っているのは、機械学習のアルゴリズムが人間の数学者の場を奪う日がいつ来るかだ。私は予言者ではない。数学者と機械が、いつまで協力し続けられるか考えているだけだ。過去の数学者が何年間もの日曜日を注いだ計算を機械的な仲間に任せて、私は、人間が得意としている数学に集中できる時代に生きている。

数年前にテキサス州立大学で学位を取得しようとしていたリサ・ピチリーロ氏は、《コンウェイ・ノット》という11個の交差をもつ結び目は《スライス・ノット》ではないことを証明して、昔から未解決だった問題を解いた（結び目がスライス・ノットであるかどうかは、その結び目が4次元人の観点からどのように見えるかにまつわる問題だが、ここではその正確な定義は大切ではない）。それは極めて困難な問題だったとされてきたが、今や再び何をもって困難というかが問われている。多くの数学者がその問題を解こうとして失敗し続けたから困難というのか、それともピチリーロ氏が、図が2ページを占める合計9ページでそれを簡単明瞭に証明した過程が困難だったと言えるのか？ 私自身のもっとも言及されている定理も6ページほどで簡単明瞭に証明できるが、そこに至るまでに数多くの数学者の協力を得ながら完成までに20年もかかってしまった。もしかすると、難しいか簡単かではなく、「いかに簡単かに気づくのが難しい」という意味を示す新しい言葉を作った方がいいかもしれない……。

ところで、ピチリーロ氏の同僚が数年前に神経回路網を使って、同じ問題を解決しようとした。そこで、コンピューターはコンウェイ・ノットに対して「スライス・ノットかどうか分からない。あなたはどう思うか」的な曖昧な返答を返して、数学者たちが抱えていた疑いを（ある意味で）実証した。一部の人間は、このように、コンピューターがすべての答を教えてくれる世界を期待しているのに対して、私の夢はもっと大きい。コンピューター（人工知能）が答ではなく、おもしろい問いかけができるようになる世界が見たいのだ！

第十の章

今日起こったことは明日も起こる！

本書を書いている時点では、世界はすでに数カ月間も続いている COVID-19 というコロナウィルスによる感染症と戦っていて、その流行の行方を予測できる者は誰もいない。このコロナウィルスの流行そのものは数学の問題ではないが、どこで、いつ、何人が感染するだろうか、といった点で数学と密接に繋がっている。そのためもあって、世界各地の人々は伝染病にまつわる数学についての集中講義を無理やり受けさせられているようである。そのことはロナルド・ロスとその蚊の研究を再び思い出させてくれる。ただし 1904 年の博覧会での蚊についての発表は、そもそも病気という現象を定量化しようとする大きなプロジェクトの一環にすぎなかった。

ロスまでの疫病の流行は彗星のようなもので、突然現れて、突然消え、特定の日程や規則を守らず、この上なく恐ろしい災いとして認識され続けた。しかし、18 世紀以降にニュートンやハレーなどが、物理の法則に従う楕円軌道に乗って移動する彗星の動きを支配するルールを解明したのに応じて、疫病や災害などにも似たようなルールが存在している可能性がかすかに見え始めてきた。

ところが、ロスの発表には人気がなかった！ 後に「自分は病理学の会議の開始講演を行うだけの予定だったこともあり、テーマは自由に選んでもよいと誤解してしまった。そのため、一言も分かってくれない数百人もの医者の前で数学の発表をしてしまい、不評や怒りまで食らってしまった」と振り返って語っている。

この言葉はロスの人格をよく表していると思う。病理学の分野で数学を活用しようと、一生懸命努力していたが、他の医者からは疑問視されていたのである。例えば、当時の「イギリス医学」誌には次のような記事が掲載されている。「実践法で名高きロス氏が病理学や疫学における数学の応用を絶えず推奨していることに対して、失望を覚えながらも、驚きに思う読者も当然少なくないだろう」。

おまけにロスはかなり傲慢な人で、好かれにくい性格の持ち主でもあった。そのため、「王立医学会」誌では次のような、断り文を添えた紹介がされた。

「サー・ロナルド・ロス氏は短気で、名誉や金銭欲に満ちたうぬぼれた人間としての評判があるが、そういった欠点はロスを代弁していないことを強調したい。」

他方では、ロスは若い科学者に対して非常に寛大で、全面的に応援しようとしていたことも知られている。階級組織では、上司に対して優しくしながら、部下をひどく扱う人間は少なくない。それに対して、上司をライバル視しながら、若者を暖かく見守って、一生懸命に育てようとする人間もいる。ロスは後者の方で、その点では評価すべき人格だったと思う。

そのロスは、イタリアの寄生生物学者ジョヴァンニ・グラッシを相手に、マラリアにまつわる新発明を中心とする過酷な争いに参加して 1900 年前後を過ごした。しかし、たとえ最終的に単独でノーベル賞を受賞しても、充分には認められたことにはならないという不満を抱き続けた。そのため、グラッシとのもめごとはロスのイタリア人全員差別までエスカレートしてしまい、ローマの医師アンジェロ・チェッリがパネルトークに加わったことを知った途端に博覧会出場をキャンセルしてしまった。最終的に開催委員たちはチェッリに辞退してもらい、おかげでロスも心を改めて出場したのだった。

その強烈な性格にもかかわらず、ロスは二つもの勲爵を授かったり、自分の名前を持つ研究所の所長として務めたり、そして名誉博士号などを切手と同じように集めたりした。それでも自分の名誉欲が尽きることはなく、長年に渡って英国議会から公衆衛生学への貢献のための賞金を求め続けた。なぜなら、1807 年に天然痘ワクチンを発明したエドワード・ジェンナーにはそういった賞金を授かった前例があったため、ロスは自分もそうなるべきだと強く信じていたのだ。

もしかすると、その神経過敏な性質は、人生の道を自分で選ぶことができなかった不満からきていた可能性がある。数多くの名誉を次々と集めた医学者としては不思議かもしれないが、ロスが医師になった理由は純粋なる義務感に過ぎないと認めており、そのために実際に興味を持っていた分野を捨てざるを得なかった。その分野の一つは文学で、医学の道に進んでからでも定期的に詩を作り続けた。マラリアに関して立てた推察を最終的に証明した実験後に詠んだ次の詩はロス伝説の一部にもなっている。

「おお、数え切れぬ者の命を奪った死神よ！ 我が汗や努力を代償にして、お前が撒いた種を掘り出したぞ。」

そして、世間からいかに評価されていないかについての悲鳴をあげる次のような詩を、自分らしい続編として 20 年後に書いた。

「わが努力で勝ち取ったものを、おろかな世間は軽蔑した……。」

さらに、英語でラテン語の本来の美しさを再現できるという表音文字なども開発したりした。

ロスのもう一つの宿命的な趣味は数学だった。自らが受けた早い時期の数学教育を振り返って次のように語っている。

「自分には、最初、ユークリッド原論はさっぱり分からなかったが、第1巻の命題36を読んだ途端にすべてが明らかになり、その後、困ることは一度もなかった！ そして幾何学が特に得意になって、自分で幾何学の問題を次々と解いていくことが大好きになった。そういった問題を早朝の睡眠中に解いた経験もある。」

そして、インドのマドラスで若い医者として務めたころに本棚から天体力学の書物を引っ張り出して読んだあげく、後に自分で「大いなる災い」と名付けたできごとを体験した。何かというと、いきなり数学中毒になってしまい、近所の本屋に置いてあったすべての数学書を買い占めて、わずか一カ月で全部読んでしまったというのである。「学校では2次方程式レベルまでしか習っていないのに、その一カ月間で変分学までマスターした！」と言いながら、ロスは「数学がこんなに簡単とは驚いた。それを悟った原因は、自分が数学好きで独学したことにある」と信じ込んでいた。そのため、「教育の大半は放課後の独学に頼るべきだ。そうしない限り、何も身につけることはできないだろう」という名言を残した。

数学を教えている私もロスに大賛成だ。黒板を使った自分の非常に明快な教え方のおかげで学生たちが50分後にその内容を完全に理解してくれたらうれしい。しかしそれはいいことではない。ロスが言う通り、教育は独学に限る。教育者の仕事の一部はうまい説明であるに違いないが、その一方で学生の学ぶ意欲を高めることでもあると思う。

中年のロスもそうした熱意のことを、いつもの詩的な言葉で以下のように語っている。

「数学に対する知的な熱意は美意識そのものだった！ 証明済みの定理は完璧にバランスが取れた絵画の如く、無限の数列は、ソナタの変奏曲部分と同じく、遠い未来へと消えてゆく……。そもそも美意識とは、完璧に至ったときの知的な満足感そのものであって、私の目には理性の無敵な力によって磨かれる未来の完璧さも見えてきた。数学的な分析の網で捕らえると黄昏や暁の星でさえ二倍に美しく見えるようになったのだ。そのため、運動や熱力学や電気やガスの原子論などに対する数学の応用について一生懸命学んだと共に、疫病の流行への数学の応用の可能性に目覚めたのだ……。こうして数学を学ぶ自分は新しい定理や命題を自分で見つけたくなった。実際に、古い命題を読みながら、常に新しい命題が頭に浮かんできた。」

他方では、先駆者から直接に習うことを避けたのもロスの特徴の一つだった。自分が尊敬していた化学愛好家の叔父についての思い出話を語ったときも、「科学におけるもっとも画期的なアイデアは、わが叔父と同じようなアマチュア科学者によるものだ。新しい知識を持たない紳士たちは教科書を書くだけで教授の地位を手に入れて満足している」と断言している。実をいうと、数学におけるロスはアマチュアレベルを超えることはなかった。それにもかかわらず「宇宙の代数学」といった壮大なタイトルを持った数学の論文を著すことも辞せず、プロの数学者がすでに発表したアイデアを復習していただけなのに、その数学者たちが充分自分を相手にしてくれないことに愚痴をこぼしたりした。

神の考えを知る

ロスが進めていた、マドラスでひらめいた課題と真正面から向かい合う準備が1910年代中旬に整った。ニュートンが数学で天体力学を解明したのと同じように、数学で伝染病の流行を解明することは自らの宿命と確信していたのである。といっても、その偉大な目的でもロスにとってはまだまだ不満足だった。本当の目的は、改宗から選挙や徴兵、そして伝染病の流行までのあらゆる社会変化を数学で明かすことにあった。ロスはそれを総合する理論のことを「出来事理論」と名付けて、1911年に弟子のアンダーソン・マッケンドリックに宛てた手紙で「我々は最終的に新しい科学分野を創立することになるのだ。ただし、その前に、誰でもが好き勝手に出入りできる扉をあなたと私の二人で開けていこう」と訴えた。

しかし、数学に頼らないアマチュア科学への熱意や自分の能力に対する過剰な自信にもかかわらず、ロスはその扉を開けるためにプロの数学者を雇って最短の道を選ぶことになった。数学者の名前はヒルダ・ハドソンで、その数学能力はロスを遥かに上回っていた。ハドソンは、デビュー論文で、ユークリッドのある命題について、正方形の細分割による新しい証明を紹介した。当時、わずか10歳の少女だった！（両親も数学者だったことはその早咲きに影響を与えたに違いない）。

ハドソンの専門分野は代数と幾何学を組み合わせた代数幾何だった。2次元平面上の1点をx軸とy軸の座標で表す方法を発明し積極的に使い始めたのはルネ・デカルトだった。それを使えば、決められた中心点から一定の距離にある頂点の集合（つまり円）は、例えばy軸上の5の点を中心とする半径5の円の場合、$x^2+(y-5)^2=25$ のように表すことができる。ハドソンの時代には、代数幾何はすでに独立した分野へと進化し始めており、2次元だけではなく多次元の曲線や曲面の研究にも幅広く使われるようになっていた。ハドソン自身は2次元と3次元におけるいわゆるクレモナ変換*1の専門家で、1912年の国際数学大会で歴代初の女性発表者になったという記録も刻んだ。

クレモナ変換の専門家向けの定義をここで紹介しようとすれば、意味をなさない文字列にしか見えないだろうと思うので、言い換えて説明しよう。0/0の結果は何だろうか？ 学校ではそれを「未確定」として習ったかも知れず、それはある意味では間違っていないが、同時にそれは臆病者の逃げ言葉に過ぎない。実は、その結果はどの種類の0を割り切ろうとしているかに依存している！ 例えば、面積0の正方形の周囲の全長と面積との比はどうなっているだろうか？ いうまでもなく未確定と答えてもよいが、勇気を出して定義してみたらどうだい。例えば、辺長が1の正方形の場合、面積は1で周囲の全長は4だからその比は1/4、あるいは0.25になる。辺長を1/2に縮小したら、面積は1/4で、周囲の全長は2になるので、その比も1/8に減少する。辺長が0.1の場合、この比は0.01/0.4=0.025になる。つまり、辺長が小さければ小さいほど、面積と周囲の全長との比もどんどん小さくなっていく。そのため、面積0の正方形（すなわち点）に限って0/0=0といえる。別の例では、センチで計った場合の線分の長さはインチで計った場合の線分の長さの2.54倍になる。たとえ線分がどんな長さでもこの2.54は変わらない。しかもその線分を1点になるまで縮小させても、その事実は変わらないため、以上の場合に限って、0/0=2.54といえる。

幾何学では、デカルトにならって、任意の数値のペアのことを2次元平面上の1点として考えることができる。例えば、(1, 2) といったペアは原点から右へ1、上へ2だけ離れた点を表すことになる。その場合、2/1という比（分数）はその点と原点を結ぶ線分の傾斜を表している。(0, 0) は書き換えれば0/0、つまり原点そのものの場合は、線分はないので、傾斜もない。もっとも単純なクレモナ変換では、その原点 (0, 0) は無限遠の点と入れ替わる。それぞれの原点は (0, 0) といった位置だけではなく、傾斜も比によって記憶しており、原点の位置だけではなく、その原点に向かう方向も覚えているわけだ*2。このようにして、一つの点を無限遠の点へと爆発させる変換のことを《ブローアップ》という。ハドソンが研究した多次元のクレモナ変換はこれより何倍も複雑だが、厳しい数学者たちが未確定と片付けがちの比に確定の値を与える幾何学論だと思ってもらえ

＊1　（訳注）3次元の形を2次元平面上で表す透視図に関係する代数幾何学。透視図では平行線は無限遠点としての1点で交わる。

＊2　惑星に関するポアンカレの三体問題の話をまだ覚えているかい？ ポアンカレは、その問題を解くためにそれぞれの惑星の位置だけではなく、その移動の方向を記憶する座標系も利用したのだ。

ば結構だ。

ロスと協力し始めた1916年に、ハドソンは、定規とコンパスだけを使ったユークリッド的幾何学書を出版した（円積問題と闘ったリンカーン大統領の役にも立ちそうな本だった）。ただしハドソンの幾何学的な直感があまりにも先鋭すぎたため、その本の証明は不十分という批判を食らうことも少なくなかった。なぜなら、ハドソンに自明に見えた事実は、普通には証明されていないように思えたからだ。幾何学に深い関心を持っていたロスがハドソンのこうした純数学にもわたる研究を知っていたかどうかについては証拠がない。それは逆にいいことだったかもしれない。なぜなら、当時の代数幾何の専門家の多くはイタリア人で、イタリア嫌いのロスがそれを目にしたら、ハドソンと協力することを控えた可能性も考えられるのでね……。

ロスとハドソンの初めての共著論文は、ロスがもっと前に発表した論文の長い訂正文で始まる。ロスは、校正文が届いたときに自分は海外にいてチェックできなかった、と言い訳をしているが、私は、おそらく、プロのハドソンがその過ちをロスに指摘したのではないかと考えている。ロスの自伝では、ハドソンのことは一度しか出てこないし、二人の接点についての詳細を知ることは、もはやできないが、二人の違いを想像してみるとおもしろい。ロスの多分野への野心に対して、ハドソンは数学について特別の能力があり知識も持っていた。さらに、ロスが賞や勲章を大量に集めていたのに対して、男性がすべての教授のポジションを独占していた時代に生きたハドソンは非常勤講師に過ぎなかった。そして、自分の宗教心についてほとんど公表していなかったロスに対して、ハドソンは熱心なキリスト教徒だった。実際に1927年にクレモナ変換についての学術論文を出版したあと、数学を捨てて、キリスト教徒仲間の学生運動の役員になった。1925年に著したエッセー『数学と永久』は、信仰心と科学者としての使命感の相互作用についての名作だ。「神の実存を体験するには、御復活のラウレンシオ[*3]の台所よりも代数学の授業の方が向いている。そして、山頂にいるよりも、人気のない研究テーマに没頭した方が、神を身近く感じられるのだ」。さらに、神を信じても信じなくても、次のハドソンの警句の意味は、数学者なら誰でも分かるだろう。

「純数学の思考は正確で真実だ。それは神の考えの中ではもっとも大切なものではないだろうが、我々人間に正確に分かり得る唯一の神の考えだ。」

＊3　(訳注)『神の臨在の実践』『神の現存の体験』などといった著書で知られるフランスのカルメル会の修道士（1614-91)。本名は二コラ・エルマン。

あまり安心できない

疫病の流行についてのロスの考え方は、さまざまな数学的な予測に基づいていた。それを一言で要約するとすれば、「昨日起こったことは明日も起こる」となる。その単純に聞こえる要約の詳細を解明することは実に難しいがそれに挑戦してみる。

まず、もっとも単純な具体例で考えてみよう。例えば、ウィルスに感染した人間は、10日間に平均して2人に感染させるとする。したがって、感染者が1,000人いたとしたら、10日後に感染者数は2,000人増える。回復に10日間かかるとすると、最初の1,000人は新しい感染者を出さなくなるが、新感染者たちは次の10日間に4,000人の感染者を出す。そのときも最初の2,000人は新しい感染者を出さないが、新感染者は更に10日後に8,000人の感染者を出す。要するに最初の40日間の感染者数は以下のように増加していく。

初日に1,000人
10日目に2,000人
20日目に4,000人
30日目に8,000人

以上の数列は《等比数列》つまり《幾何数列》になっている。幾何数列という名称は、数列のそれぞれの項が直前と直後の幾何平均値である事実からきているが、それを言ってしまうと、《幾何平均》も定義しなければならないね……。

誰でも知っている二つの数の平均値は、代数で言うと、その二つの数値の座標上の中間地点を意味している。つまり1と9の平均値は5だ。なぜなら、1と5との間の距離は、5と9の間の距離と等しいからだ。これを《算術平均》ともいう。そして、それぞれの項が直前と直後の項の算術平均である数列のことを《等差数列》つまり《算術数列》という。

幾何平均はそれと大分違う。1と9の幾何平均を計算するには、2辺の長さが1と9の次のような長方形を考えてみればよい。

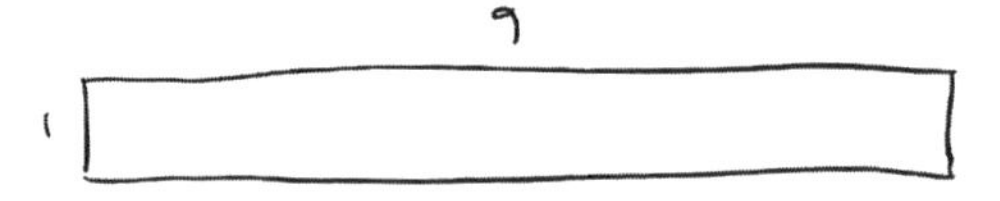

1と9の幾何平均はこの長方形と同じ面積の正方形の辺の長さになっている。ちなみに、この平均を発明したとされる古代ギリシア人は正方形が大好きで、正方形を使って何もかもを説明しようとした。そして、いくら失敗してもあきらめ

ずに円を正方形化しようとしたのだ。プラトンは幾何平均が大好きで、それが唯一の真の平均とみなしていたほどだったらしい。つまり、上の長方形の面積は1×9=9、面積9の正方形の辺長は3、したがって1と9の幾何平均は3、というわけだ。言い換えれば1, 3, 9の数列は等比数列（幾何数列）を見せている。

なにもかも幾何学で表現しようとしていた古代ギリシア人と違って、我々には幾何平均を表す方法が他にもある。xとzの幾何平均yは次の条件を満たしている。

$y/x=z/y$ [*4]

この単純明快な方程式を、幾何平均を説明しようとしているプラトンの次のようなわけが分からない複雑な解説と比較してみるとおもしろい。

「最も強いヒモは、自分と、自分に繋がっているモノを統一させるヒモである。その3本のヒモをうまく関係させるためには比例を使うべきである。正方形を作る二つの数を合わせてできる立方体の3辺になっている三つの数でいえば、最初の数と真ん中の数の関係は、真ん中の数と最後の数の関係と同じで、そしてまた、真ん中の数と最後の数との関係もそれと同じであるときは、いずれの数を真ん中に配置してもお互いに同じ関係を持つ。そういった三つの数は統一されていると言えよう。」[*5]

この文を読んだあなたは、代数学の表記法がいかに優れているか、納得できただろう。

ウィルスが正方形やプラトンの愛好家かどうかは分からないが、先週の感染者数と今週の感染者数の比は、今週と来週の感染者数の比と同じである事実は本当だ。今日起こったことは明日も起こる。上記の例では10日間ごとに感染者数が倍になる。このような幾何数列の項の増殖パターンのことを《指数成長》あるいは《対数増殖》ともいう。とてつもなく早い成長を表すために、英語では「指数成長している」とよく言うが、この指数成長には真に迫る感じが出ている。数学の教師たちはその真に迫る雰囲気を学生に伝えるために様々な例を使うが、ここ数年は我々が誠に残念な例を身近で体験してきたことになる。

それでも人間が普通に指数成長を直感することはとても難しい。なぜなら、加速せずに一定の速度で移動する物体の方が把握しやすいからだ。例えば、平均時

＊4　代数学が好きな方はその方程式の左右の部分にxyを掛け算してみて欲しい。そうすると、$y^2=xz$になる。それは正に先ほどの長方形と正方形の関係を表している。

＊5　(訳注)黄金比と関係させて言い換えると次のようになる。「数x、y、zがあるとして、$x+y=z$だとすると、xとyの関係がyとzの関係と同じ（$y/x=z/y$）で、またzとyの関係もそれと同じ（$y/z=x/y$）であるとき、x、y、zは統一されていると言える。」その場合、x、y、zの順を入れ替えて$x/y=y/z$とか$y/x=z/y$とすることもできる。

速60マイルで運転していけば、1時間ごとに進む距離は以下のようになる。

60マイル→120マイル→180マイル→240マイル…

これは一定の差で増殖していく等差数列だ。加速を見せる等比数列はそれとは大きく異なる。我々の脳は、最初、把握しやすくゆっくりとした増殖として認識するが、やがて恐ろしく険しい傾斜へと変化する増殖となる。それを幾何学的な観点から等比数列として見れば、その増殖の比率は変わらない。今週は先週と比べて2倍悪化しているが、比率は根本的には変わらない。さらに、その悪化は完全に予測可能であるにもかかわらず、その結末は予想しにくい。米国詩人ジョン・アシュベリーの1966年の詩『災い少なし』はその事実を言葉で説明している。

「幾何数列のゆるく感じる出だしと同じく、あまり安心できない……。」

世界規模のコロナウィルス流行の初期段階で最もひどくやられたイタリアでは、1,000人の犠牲者が出るまで一カ月もかかった。しかし、さらに1,000人が死ぬまでに4日間しかかからなかった。アメリカでは、世界的に広がり始めてからの2020年3月9日に、当時のトランプ大統領はその脅威を軽視しようとして、毎年インフルエンザで死ぬ数千人のアメリカ人と比較した。「現時点ではコロナウィルス感染者数はわずかの546人で、犠牲者数は22人しかいない。それをよく考えてみろ！」と。しかし、1週間後に毎日22人のアメリカ人が死に、その次の週の犠牲者数は10倍近くまで上がった。
《良い》幾何数列と《悪い》幾何数列が存在しているということがその一つの大きな特徴だ。例えば、ウィルスに感染した人は、2人ではなく0.8人にしかウィルスを移せなかったとしよう。その場合の幾何数列は以下のようになる。

初日に1,000人
10日目に800人
20日目に640人
30日目に512人
40日目に410人
50日目に328人
60日目に262人
70日目に210人

以上の数列は指数（幾何）成長ではなく、《指数崩壊》といい、収束していく伝染病の証だ。この場合、等比（幾何）数列における項と項との間の比は最重要だ。その比が1より大きいときに病は国民の大半に移ってしまう可能性がある。1より小さければ、流行はそのうちに収束していく。疫学ではその比のことをR_0と略記する。例えば、1918年のスペイン風邪流行のR_0は1.5で、2015〜2016年の間に流行ったジカウィルスの場合は2、そして1960年にガーナで流行ったハシカのR_0はなんと14.5だった！

小さいR_0の疫病は次のような姿をしている。

このように他人にウィルスを移したとしても、移した相手は一人以内に限定されるから広く蔓延しないうちに収束してしまう。それに対して、R_0が1より大きいときは、数多くの枝が生まれてくる。

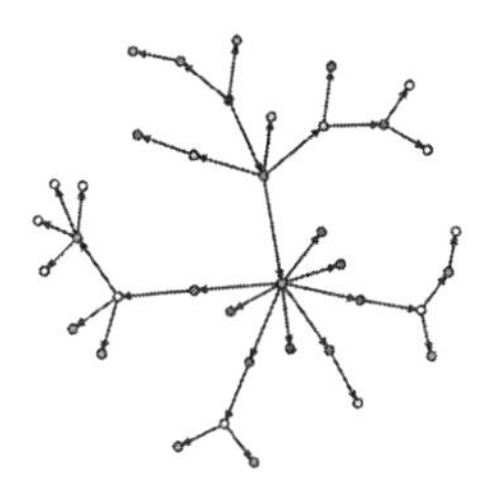

そして、R_0が1より遥かに大きいときの急速の指数成長は以下のような見た目をして、枝は次々と分岐し、多くの人間が次々と病気になっていく。

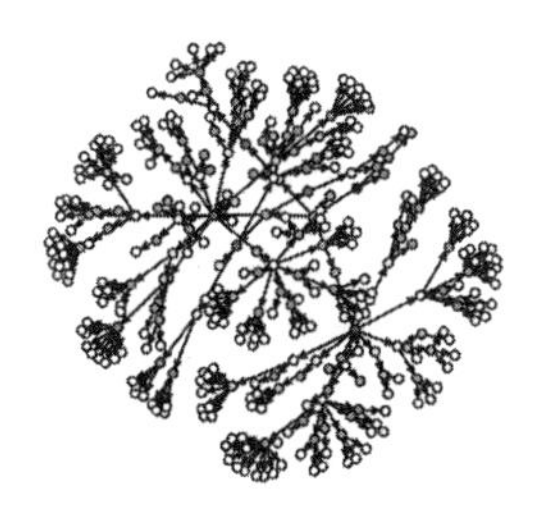

一度かかれば免疫性を身につけられるウィルスの場合は、それらの枝がすでに病気だった人へと分岐しないため、疫病の姿は第六の章で紹介したツリー型グラフになる。

R_0といった臨界値の存在はロスの疫病の研究の基礎概念の一つだった。ロスがマラリアの病原媒介者が蚊である事実を証明したことは極めて偉大な進捗だったが、それを知ったと同時にロスは大変落ち込んでしまった。なぜなら、一匹の蚊を殺すのは間違いなく簡単だが、すべての蚊を殺すことは極めて困難だから。困難どころか、ちょっと見では不可能に思えてしまう。しかし、ロスは決して心配する必要はないと確信していた。マラリアを伝染させるハマダラカが、マラリアにかかった人間の血を吸ってから多少飛び回って、元気な人の血を吸うことによって病を伝染していくが、蚊の密度を十分減らせば、R_0を1以下に抑えて、新しい患者数を次第に減らして流行を収束させることができる。つまり、伝染を完全に止める必要はなく、適度に減らせばよいというわけだ。

ロスが1904年のセントルイスの学会でもっとも伝えようとしたのは正にその事実だった。ランダムウォークに基づいたロスの証明は、特定の領域内の蚊の数を減らせば、同じ領域に蚊が戻ってきて、流行を再起動させるまでにそれなりの時間がかかることを表していた。

コロナウィルスとの闘いにおいてもその考え方を応用することができる。すべての伝染をなくすことは不可能であるが、そんなことはしなくてもよい。疫病鎮圧を目指すなら、完璧主義になってはならない。

来年は77兆人も天然痘にかかる？

2020年の春の時点では、米国におけるコロナウィルスの伝染パターンは、R_0が1を超える悪性の指数成長を見せており、毎日の患者数の増殖率は7％だった。すなわち、毎週の患者数は前週のおよそ1.07倍で、それは60％の増加に相当している。したがって、3月末の2万人の感染者は4月の初週で3.2万人になって、5月中旬に42万人になる見込みだった。そして、100日後の7月上旬には、毎日の感染者数は1,700万人にも上るはずだった。

問題は明らかだ。もしも毎日1,700万人が病気になったとすれば、収集がつかなくなって、3週間後の患者数は米国人口を超えてしまう。以上のような、何気なさすぎる考え方に基づいて、2001年9月11日の米国同時テロ事件後に、アメリカ疾病予防管理センターのマーティン・メルツァーが率いたチームが、テロによる天然痘の流行を仮定して、その流行パターンをモデル化しようとした。その結果は1年内に77兆人の患者が出ることになり、メルツァーの同僚が「メルツァー氏のコンピューターはときどき暴走することがある」とからかった。

では、メルツァーのチームは指数成長について何を誤解したのだろうか？

まずは感染した一人がそのウィルスをその後何人に移すかを示すR_0という魔法の数値に戻っておこう。R_0は自然にある定数ではないことを理解していただきたい。その数値はそれぞれのウィルス株の特徴や、感染した人間の濃厚接触者数やウィルス株の接触伝染性、そして他人と接触したときの行動などに依存している。さらに、そういった接触の際に、疾病予防管理センターの指導に従って2メートルの距離を維持したか？ それとももっと接近していたか？ マスクを着用していたか？ 屋外と屋内のどちらにいたか？ という現場の様子も絡んでいる。

しかし、仮にウィルスも人間の行動も変化しなかったとしても、R_0 は時間と共に変化していく[*6]。なぜなら、感染可能な人数が必然的に減っていくからである。例えば、人工の10%が一度感染したことがある時点を考えてみよう。感染した人間は今までと同じような行動をしながら、咳とくしゃみをし続けるが、その咳とくしゃみをされる相手の10人の中にはすでに感染しているか、あるいは過去に感染したことがあって免疫がついている可能性があるかの人がいる[*7]。したがって、感染した人はいつも通りの2人にウィルスを移すのではなく、その90%に相当している1.8人に移すようになる。そして、感染者率が60%に下がったら、R_0 は $(0.4)\times2=0.8$ まで下がって、臨界値の1を下回ることによって $R_0>1$ の悪性の指数成長から $R_0<1$ の良性の指数崩壊へと切り替わる。

その臨界値に到達するまでにとんでもない人数が病気になったり、死亡したりしてしまうので、（細部については賛否両論があるとしても）コロナの流行が自然に収束するまで何もせずに待っていてはならないということについては、世界の疫学者は全員合意している。

コンウェイのゲーム

数学愛好家の立場からいえば、疫病の大流行は、時間と共に変動する抽象的な数値が方眼紙上に描く曲線として簡単に見ることができる。しかし残念ながら、その数値は病気になったり死んでしまったりした人間を表すことが多い。良心ある数学者は、その失われた人生を無視することができない。ジョン・ホートン・コンウェイも2020年4月11日にコロナウィルス感染症で亡くなった一人だった。コンウェイは数多くの数学の分野に手を出した天才で、最も好んだ研究は、図で見ること、つまり幾何学と関連していた。

私はポストドクターの立場でプリンストン大学にいたときコンウェイ先生と知り合って、常に数学についての質問を問いかけ続けた。それに対して先生は常に

＊6　厳密にいうと、R_0 は一度も感染していない人口における新しい感染者数の比率を表しているだけで、変化はしない。時間と共に変化する平均の感染者数のことを R、あるいは R_t と表記することは一般的だ。しかし、日常会話レベルでは R_0 という単語を使うことが普通だから、数学と疫学の専門論文を書こうとしていない限り、R_0 と R_t を厳密に分けなくても大丈夫。そもそも、本書だけに頼って数学と疫学の専門論文を書かないように。

＊7　コロナウィルスの場合、一度の感染後の免疫の有効性については、いまだに諸説がある。そのため、免疫なしの長期間予想はもっと複雑ですっきりしていない。

長くて、情報に満ちた啓蒙的な答を返して下さった。ところが、それは私の質問の答ではないことがほとんどだった！ それにもかかわらず、毎回大変勉強になった。つまり、先生はわざと意地悪をしようとしていたわけではない。どちらかというと、それは先生の、物事を推論的ではなく連想的に考えがちだった頭の働き方の特徴だった。

つまり、何らかのことを問いかけたら、その質問が連想させてくれる他の質問への返答を返そうとしていたわけだ。そのため、特定の命題や定理のことを知りたくて話しかけるときは、未知の到達地点への長い言葉の旅を覚悟した心の準備が必要だった。

先生の研究室は不思議おもしろパズルやゲームやおもちゃで溢れていた。娯楽道具にしか見えないそれらも数学の研究に関係していたのであって、先生の頭には数学のことを考えていない隙間が一瞬もなかったのではないかと私は思っている。

例えば、ある日、車道を横断する最中に群論における新しい定理がひらめいてきたため、突然足を止めてしまい、トラックにひかれたこともある。後に先生はその定理のことを《ザ・凶器》と呼んでいる。

たいていの数学者は数学のことを一種の遊びとしてみなすことがあるが、コンウェイは遊びそのものを数学の一種とみなすべきだと主張したところがユニークだった。

新しいゲームを発案することにも夢中で、それらのゲームに、《コル》（Col）、《スノート》（Snort）、《オノ》（ono）、《ルーニー》（loony）、《ダッド》（dud）、《セスキアップ》（sesqui-up）、《哲学者のサッカー》など不思議でおもしろい名前をつけていった。

とはいえ、言うまでもなく、コンウェイのゲーム趣味は娯楽に留まらず、その娯楽を理論化した。実は、本書では、そうしたコンウェイの思想にすでに出会っている。ニムのようなゲームを数値で表す、というアイデアはそもそもコンウェイによるもので、コンウェイの同僚だったドナルド・クヌースはそれを活字化した。

1974 年に出版されたクヌースの著書の題名は『至福の超現実数：純粋数学に魅せられた男と女の物語』で、コンウェイの思想を記録した秘密の文書を発見した二人の学生の「初め、すべては無だった。その中で J・H・W・H・コンウェイは数を創造し始めた……」という話で始まる対話として構成されている。

紙面上に描写可能で、しかも交点数が 11 以下の結び目を 1960 年にリストアップしたのもコンウェイだった。結び目のヒモが交差する部分を《タングル》（tangle）と名付けて、そのために得意としていた新しい表記法も発明した。以下にタングルの例をいくつか挙げる。

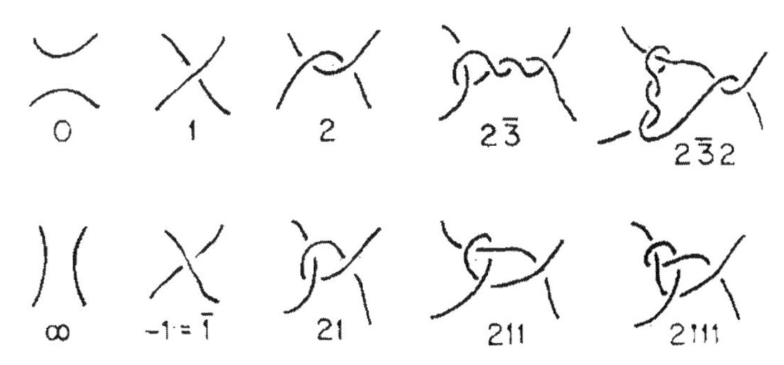

コンウェイが数学界以外でも有名になったきっかけは《ライフゲーム》の発明だった。ライフゲームは永久に変化し続ける有機的な模様を自動的に生成していくシンプルなアルゴリズムだ[*8]。しかし、コンウェイ自身はその単純なゲームで有名になったことが気に食わず、世間に自分の深い数学の研究をもっと知ってほしかった。私もその気持ちを尊重して、コンウェイがキャメロン・ゴードンと共に 1983 年に証明した幾何学味の強い定理を紹介しようと思う。

「空間内の任意の 6 頂点を二つの 3 頂点のグループに分ける方法は 10 通り存在する（調べてみて欲しい！）。それぞれのグループの頂点は、線分で結んで 2 枚の三角形を作ることができるが、この 2 枚の三角形が、クサリの輪と同じく、下図のように互いに絡み合っている形になっている分け方が、少なくとも一組存在している。」

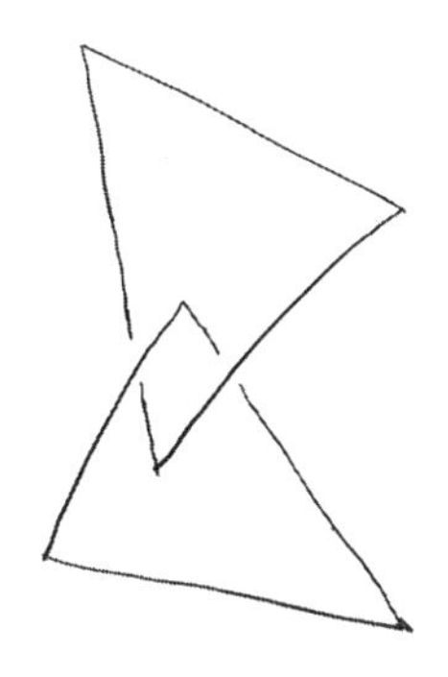

その問題自体魅力的だと思うが、コンウェイとゴードンの証明はさらに魅力的

＊8　すでに紹介したモダン音楽家のブライアン・イーノもライフゲームの大ファンだった。イーノは 1978 年に行われたサンフランシスコの科学博物館でのライフゲームの展示にハマってしまい、変化していく模様を数時間もかけて眺め続けたという。そのあげく、2 年後にトーキング・ヘッズと共に名曲「ワンス・イン・ア・ライフタイム」を作曲した。

だった。6頂点の10通りの分割の中に、絡み合っている三角形を作る分割方法が奇数種類あることを証明したのである。そんな分割がない場合の0は偶数！だから、絡み合った三角形を作る分割は少なくとも一つあることになる。何かの存在を証明するためには、その数が奇数であることを証明すればよい、と初めて聞いた人は不思議に思うかもしれないが、数学ではさほど珍しいやり方ではない。例えば、自分がスイッチを押して照明をつけた部屋に戻ったときに照明が消えていれば、留守の間に誰かがスイッチを、少なくとも1回、そうでなければ奇数回、押したはずだ。このように、照明を消すためには誰かがスイッチを奇数回押さなければならない、という事実がその根拠だ。

白人はお年寄り

コロナウィルスによる症状やリスクそのものは人によって違うことがよく知られている。例えば、若者や中年齢の壮年層と比べてお年寄りの重症化、入院、死亡リスクは遥かに高い。それに加えて、米国では人種による差異も認められる。例えば、2020年7月の時点では、米国におけるコロナウィルスの患者数の分布は以下のようだった。

34.6%　ラテン系
35.4%　ラテン系ではない白人
20.8%　黒人

それに対して、死亡率の分布は以下のようだった。

17.7%　ラテン系
49.5%　ラテン系ではない白人
22.9%　黒人

米国での健康保険や社会福祉レベルでの有色人種に対する差別を把握していれば、以上の数値に驚くしかない。感染者の35%に達する白人は死者数の49.5%も占めている。つまり、アメリカの白人のコロナウィルスによる死亡率は他の人種より極めて高い。その原因は何だろうか。

数学者のデーナ・マッケンジーはその答が年齢にあることを教えてくれた。コロナウィルスによる白人の高い死亡率はその平均年齢の高さによる。そのため、死者数を年齢層で分けたら、その数値は大いに違ってくる。例えば、「春休み[*9]のCOVID群」といわれる18歳から29歳の年齢層では、白人は感染者の3割を占めたが、死者数では19%だけだった。それに対して、85歳以上の年齢層では、白人は感染者の 7 割を占め、死者数では 68％だった。アメリカ疾病予防管理センターが収集したデータも、年齢別で分析すると、どの年齢層でも白人の死亡率が最も低いが、年齢別でなく、すべての年齢層を同時にみると、白人の方が最も被害を受けているように見える。その現象を《シンプソンのパラドックス》と言う。とはいえ、厳密にいうと文字通りの矛盾ではないため、《パラドックス》というのは誤解を招きやすい。むしろ同じデータを違う目線で分析した結果を表していると解釈した方が無難だ。例えば、パキスタン人が平均的に若いため、パキスタンにおけるコロナウィルスによる被害が米国より少なかったといって正しいのか？ それとも、パキスタンの高齢者とアメリカの高齢者の死亡リスクを比較した方が正しいのか？ シンプソンのパラドックスが教えてくれる重要なことは、常に部分と全体を同時に視野に収めなければならないという事実だけで、絶対的に正しいことは教えてくれない。

梅毒にかかったコイン

コロナウィルスの世界的流行の初期の段階で、専門家は、以下の事実に関して一斉に合意していた。「我々が将来の似たような災いを防ぎたいなら、今までよりも数多い検査を行わなければならない。検査が多ければ多いほど、コロナウィルスの現状とこれからの行方がもっと正確に予測できるようになる」。

では経費はどうなるか。それに関係する陳腐な数学の問題を紹介する。今、16 枚の金のコインがあるとしよう。そのうちの 15 枚は重さ 1 オンスの本物のコインだが、1 枚だけは 0.99 オンスの偽物だ。それを見分けるために、ここに正確な天秤があるが、この天秤は一度使うたびに 1 ドルを払わないといけない。偽物を見つけ出すための最も費用の掛からない方法を見つけて欲しい。

いうまでもなく、16 ドルを払って、すべてのコインを計れば、間違いなく見つけられるが、高い。というか必要以上に高すぎる。特に運悪く最初に本物の 15 枚だけを全部計ることになれば、16 枚目は計らなくてもいいから、最大の支払い金額は 15 ドルだけどね。

とはいえ、それよりよい方法がある。コインを 8 個ずつの二つの山に分けてそれぞれの山を一度だけ計ればよい。どちらかの山の重さは 8 オンスでなく 7.99 オンスだから、偽物がどちらに入っているかがすぐ分かる。同じことを 3 回ほど繰り返せば、運が悪くても合計 4 ドルで偽物を見つけ出すことができる。

＊9　(訳注)アメリカの大学の春休みは学園文化を代表する習慣の一つで、数多くの若者が(主に) フロリダ州の海岸街に密集して、大型ビーチパーティーなどを開く伝統がある。コロナ禍でそれを自制的に控えることを強く呼びかけられたが、無視する者がほとんどで、数多くの集団感染に繋がった。

多くの数学のお題と同じように、この話も現実とかけ離れている部分がある。なぜなら、現実では使うたびに1ドルを払わなければならない天秤など存在しないからさ。

ところで、現実の臨床検査は無料ではない。16枚のコインの代わりに16人の兵士がいるとしよう。そして、そのうちの一人の体重が軽いのではなく、梅毒にかかっていると仮定しよう。第二次世界大戦時代にはそれは米軍にとって深刻な問題だったのだ。例えば、1941年の「ニューヨークタイムズ」紙の記事では、「シカゴからダコタまでにかけて」、数千もの兵士たちが梅毒や淋病にかかっていた事態は「機械化部隊の隊員を追っている娼妓隊の責任だ。娼妓隊は社会全体にとっての脅威だ！」と悲鳴をあげていた。

性病にかかった兵士を見つけるためには一人ひとりに対してワッセルマン反応検査を行えばよいが、16人だけの検査を行うのは簡単だとしても、16,000人の検査は桁が違いすぎる。アメリカの経済学者ロバート・ドーフマンは「大きな人口の臨床検査は高い費用と時間を要すぎている」と警告していた。ドーフマンは1950～60年代に数学の経済や貿易への応用の道を切り開いた先駆者の一人だった。しかし、1942年のドーフマンは6年前に大学を卒業したあと、詩人の夢を諦めて単なる米国政府の統計士になっていた。上記の一言はドーフマンの名高き論文「大人口における問題を抱える人員の検出方法」の冒頭の一文だ。その論文は上述のコインのパズルを疫学に導入した。ただし、16枚のコインの問題を解く方策は疫学には簡単に当てはまらない。16,000人の兵士の半分はまだまだ多すぎる。そこで、ドーフマンはその兵士たちを5人ずつのグループに分けることを勧めた。その血を採血して混ぜて、混ぜ込んだ《カクテル》に対して梅毒抗原検査を行った。陰性の場合は5人とも健康であることが分かるが、陽性のときはその5人を呼び戻して個別に検査をやり直せばよい。

以上の方法の効率は、梅毒がどれほど蔓延しているかに依存している。兵隊の半分が梅毒にかかっていれば、5人ごとの標本のほとんどすべてが陽性で戻ってくるため、全員を2回も調べることになってしまう。すなわち、病気にかかった兵士を見つけだすためには必要以上に長い時間と費用がかかる！ しかし、梅毒にかかっている率がわずかの2％だったときはどうなる？ 任意の標本が陰性で戻ってくる確率はその標本の兵士が健康である確率だが、その確率自体は

$$98\% \times 98\% \times 98\% \times 98\% \times 98\% = 0.90$$

16,000人の兵士は3,200の5人組に分けることができて、そのうちの2,880の組が陰性で、再検査をしなければならない320組の1,600人が残る。その1,600人に対して個別検査を行うとして、陰性の場合も含めた合計の検査数は3,200＋1,600＝4,800回だ。それは間違いなく多いが、16,000回検査するよりは大分マシだろう！ そして、感染率を知っていれば、それに比例して効率を上げることができる。ドーフマンは、感染率2％の場合の最適な組み分けサイズは8

人で、必要最低限の合計検査数は 4,400 であることを証明した。

ドーフマンの研究はコロナウィルスにも当てはまる。全員を調べるための検査キットがなかった場合、患者を 7~8 人組に分けて、同時に検査を行った方が節約できる。

ただし、ここで大きな断りをしなければならない。ドーフマンが提案した検査方法が実際に使われた例はない！　ドーフマンが同僚のデーヴィッド・ローゼンブラットと共に米国物価統制局に務めていたあいだ、ローゼンブラットが徴兵され、ワッセルマン反応検査を受けさせられたことをきっかけに、二人で梅毒検査方法を発案したのだ。しかし、実際に検証してみれば、複数人から採血した《血のカクテル》の密度が低すぎて、検知が難しすぎることが判明し、それ以上使われることがなかった。

しかし、コロナウィルスは梅毒と違う。そのウィルスを検知するポリメラーゼの連鎖反応は、ウィルスの RNA の、微量でも何倍も拡大するおかげで、集団検査も可能になる。おかげさまで、感染率がまだ低く、そして検査キットや検査を行う医師が少ない環境では集団検査が非常に有効になる。イスラエルのハイファやドイツの病院、そしてネブラスカ州などではそういった集団検査が実際に行われた実績がある。ネブラスカでは週ごとに集めた 1,300 の標本を 5 人組に分けて検査して、必要な検査数を半分に下げられた。世界流行が始まったとされる中国の武漢でも集団検査導入により 1,000 万人もの感染状況がわずかの数日間で調べられた。

狭い空間に詰まって飼育されている家畜の伝染病を効率よく検知しなければならない責任を担っている獣医師たちは集団検査を誰よりもよく知っている。ときに、彼らは数百もの標本を一つだけの検査で評価しなければならないことがある。そういった専門家の一人は、同じような集団検査方法を多少改変して、コロナウィルス検知の高速化にも使えるのではないかと教えてくれた。「そもそも人間をコンベヤーベルトに乗せて、機械的に検査するわけにはいかないからな～」と、その専門家はちょっと悔しそうに言っていた。

ビービー

以上のような例や逸話から判断すると、ロスとハドソンの確率論を疫病の流行に応用する準備ができていると思ってもよい。

まず任意の数値を考えてみよう。(いうまでもないが、現在の疫学者は、数値を勝手に決めるのではなく、流行の行方を見ながらしっかりとモデル化して決めていく)。例えば、我々が住んでいる州の人口を 100 万人として、初日ではその中の 1 万人が感染したとしよう。残りの 99% は未感染で、それがこれから感染し得る人口だとしたら、

初日の未感染者数＝990,000 人
初日の感染者数＝10,000 人
となる。以降では、未感染者をＳ、感染者をＩ、で略称するとして、以上の情報をＳ(初日)＝990,000、I(初日)＝10,000 と表すことにする。

そこで、毎日感染者数が 0.2 人の割合で増えるとしよう。未感染の一人が感染する確率は S/1,000,000 だから、新しい感染者数は 0.2×I×(S/1,000,000) になる。さらに、感染者数が増えるにつれて未感染者数は減って、

S(明日)＝S(今日)－(0.2)×I(今日)×S(今日)/1,000,000

となり、他方では、感染者数が次のように増えていく。

I(明日)＝I(今日)＋(0.2)×I(今日)×S(今日)/1,000,000

しかし、まだ終わっていないぜ。幸いなことに、一度感染した人の一部は快復するので、そのことも反映させていく必要がある。つまり感染期間が 10 日だったとすれば、毎日 10 人の感染者のうち一人は快復するはずだ（ちなみに、他人にウィルスを移せる期間を 10 日とすると、一人の感染者はその間に平均二人にウィルスを移していく。つまり $R_0=2$）。

したがって、

$$\mathrm{I}(今日)=\mathrm{I}(今日)+(0.2)\times\mathrm{I}(今日)\times\frac{\mathrm{S}(今日)}{1,000,000}-(0.1)\times\mathrm{I}(今日)=10,000$$

となる。この式は今日と明日の差異を教えてくれるので、《差分方程式》という[*10]。それを毎日計算していけば、流行の行方を長期的に予測できる。そのため、上の方程式をピカピカ点灯する発光ダイオードやビービーと鳴る音を放つ《予測機械》と想像して欲しい。その機械に本日の状態を入力したら、機械がビービーと鳴りながら明日の状態を教えてくれる。その結果を再び機械に入力すれば、明後日のことを教えてくれる。二日目の新感染者数は 10,980 人、三日目は 12,051.69192＝約 12,052 人 だ。三日目のようにきれいに割り切れる自然数ではない事実は、我々が統計学による予測をしているだけで、必ずしも現実ではないということを教えてくれる。統計学はあくまでも予言ではないため、100％の正確さを期待してはならない！

予測機械は何度回しても構わないから、この計算は永遠に繰り返すことができる。結局、初日からの毎日の感染者数は、四捨五入して次のように予測できる。

10,000、10,980、12,052、13,233、14,501、…

これは毎日およそ 10％の成長率を持つ幾何数列を作るが、その成長率は少しずつ下がっていっていく。例えば、10,980 は 10,000×109.8％ だが、14,501 は

＊10　(訳注)最初の数に続く等差数列の各項を求める　$X_{n+1}=X_n+D$ のような式を《差分方程式》、最初の数に続く等比数列の各項を求める $X_n+1=RX_n$ のような式を《微分方程式》という。

13,223×109.7% でしかない。それは単なる切り捨て誤差ではなく、未感染者数が毎日減っていって、ウィルスが新しい人に移る確率が下がっている事実を表しているだけだ。

とはいえ、あなたにはS(何日目の未感染者数) とI(何日目の感染者数) と書いている数のページを読む元気はないだろうし、私もそれらをいちいち計算したくない。このような退屈な計算には計算機が向いているため、単純なプログラムを書いて、長期間予測を計算してもらうことができる。私は正にそれをして、以下のような横軸を日数、縦軸を感染率とするグラフを出力してもらった。

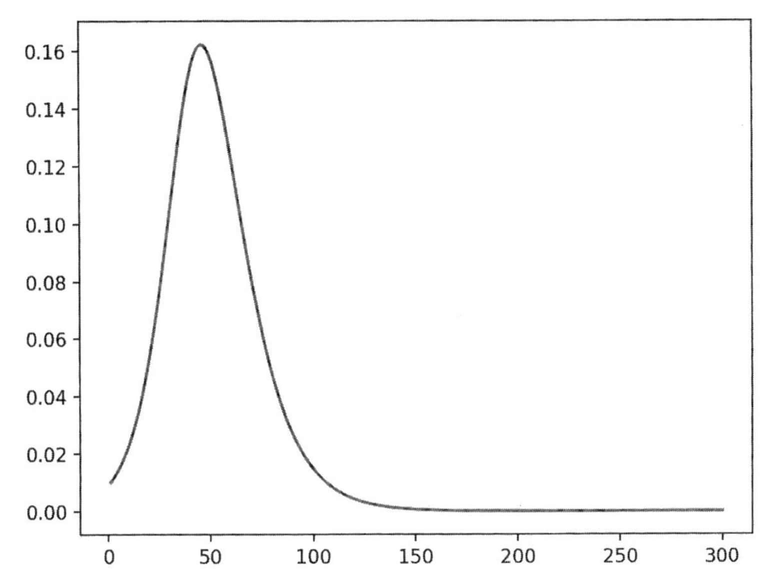

ご覧の通り、45 日目がピークで、人口の 16% も感染している状態に相当している。その時点では人口の 34% がすでに回復しており*11、半分はまだ感染していない。それは 2 で始めた R_0 が半分になって、ちょうど 1 になっている時点でもある。つまり、新感染者数が減り始める臨界値に到達したわけだ。上のグラフでは分かりにくいが、下り坂の傾斜は上り坂よりゆるい。ピークまでに 1 %感染するのに 45 日間かかったが、1 %戻るまでには 60 日間かかっている。

現在の学者たちは以上のモデルのことを、ロス＝ハドソン理論ではなく、「カーマック＝マッケンドリック理論」と呼んでいる。ロスの文通友達だったアンダーソン・マッケンドリックはロスと同じく、数学好きのスコットランドの医

*11　流行モデルをさらに正確にするために、人口の一部が死亡するといった残酷な現実も計算に入れたらよいが、幸いなことにコロナウィルスによる死亡率はそれなりに低いため、初期段階のモデルとしてはその分を計算に入れなくても大丈夫だ。

師だった。若いころの実験室での事故で失明してしまったが、ハドソンと並ぶほどの優れた幾何学的な透視力の持ち主だった。マッケンドリックの白杖の叩き音はエディンバラの王立医科大学の実験棟に通う人々にとって馴染みの音だったが、「ときどき、その白杖をそっと腕に引っ掛けて、何も気づいていない助手のそばに突然現れてびっくりさせる癖もあった」という。カーマックとマッケンドリックは後に自分たちの名前で知られるようになった理論を 1927 年の論文で発表し、ロスとハドソンの先行研究を認めている。しかし、その論文は重要な新しいアイデアを導入しているうえに、ロスとハドソンより分かりやすく明白な表記法を用いていたため、現実に適用しやすかった。その略称は《SIR》で、S と I はこれまでに使った未感染者数と感染者数を表す文字、R は回復者数すなわち現時点で感染リスクがもっとも低い人数を表している。SIR より複雑なモデルも存在しているが、患者をもっと細かく分類しているためモデルの名称の文字数も多くなっている。

こうして、ロスが期待していた通り、自分で基礎を置いた数学的なモデルは疫病の流行以外の分野でも応用されるようになった。今日では、SIR モデルは実際のウィルスだけではなく、ツイッターのつぶやきなどのような伝染するものごとの分析などにも使われている。2011 年の東北地方太平洋沖地震の際に、パニックに陥っていた数多くの人はツイッターで情報を共有し合ったが、その一部の情報は真実からかけ離れていた。例えば、一部のツイートによると、福島地方に降る雨自体が危険だとされていた。幅広くシェアされたツイートの一つは「放射能汚染を防ぐためにヨウ素を含むうがい薬を飲んだり、ノリを食べたりすることがお勧めだ」とかと言っていた。そういった噂は、追随者が少ないユーザーから発信されても、素早く広まってしまったが、それと同時に専門家による訂正文も広まった。噂といってもコロナウィルスとよく似ている！ その噂を聞いて《感染》しなければ、広めることができないし、一度でも感染したら、ある程度の免疫が身に着く。一度信頼できないと知られた発信源の次の噂は信じがたくなるので、それを広めようとする確率はぐんと下がる。そのため地震にまつわるフェイクニュースの広まりを分析しようとして東京の一部の研究員たちが SRI モデルを適用したこともさほど不思議には思えない。一つの噂の平均シェア回数をその噂の R_0 だとすれば、それなりにおもしろい噂の R_0 はインフルエンザと同じく低いが、刺激的な噂はハシカと同じように爆発的に広まる。英語では後者の方を《バイラル》（ウィルスのような）というが、噂のほとんどがバイラルといえども、ウィルスと同じく、それぞれの感染力は違う。

太古のフィボナッチ数列

あなた、等差（算術）数列はお好きか？ もしそうなら、項と項の差が次のような定数（公差）になっている数列を考えてみてほしい。

S(明日)－S(今日)＝5

その数列が1から始まる場合、その中身は以下のようになる。

1, 6, 11, 16, 21 …

それを等比（幾何）数列に変換したければ、公差を次のような定数（公比）に置き換えればよい。

S(明日)－S(今日)＝2×S(今日)

つまり、S(明日)＝3×S(今日) となり、中身は以下のようになる。

1, 3, 9, 27, 81 …

その場合、公比は何にしてもかまわない！ それを今日の2乗にしたければ、

S(明日)－S(今日)＝S(今日)^2

となり、その結果は険しく成長していく次の数列になる。

1, 2, 6, 42, 1,806 …

プラトンなどはこうした数列を知っていなかっただろうが、「オンライン整数列大辞典」（略称 OEIS）というサイト*12では数えきれないほどの数列が原則としてAの後に続く6桁の番号で分けられてリストアップされている。このサイトは優れた研究道具でもあるかたわら、私が知っているほとんどすべての数学者にとっては、見始めたら時間潰しの場にもなる。OEIS を構築した組み合わせ理論家のニール・スローン*13がそのプロジェクトを始めたのは大学院生時代の1965年で、当初は穿孔カードを使っていたが、後ほど本としても出版したことがあって、現在はその成果をインターネットに上げている。このスローンのサイトに整数の数列を入力したら、その数列について数学界が今まで解明したほとんどすべての結果を返してくれる。例えば、上記の数列は OEIS の A007018 の数列で、入力してみれば、「その数列のn番目の項は、分枝因子0, 1, 2で、すべての葉がn次の節目に出ている順序木の総数である」と教えてくれる（木型グラフの再登場だ！）。

現実に近づけようとする疫病モデリングでは、今日と明日の違いをより正確に模倣するために、今日起こったことだけではなく、その前の日の出来事も計算に入れた方が好ましい。上の例にその考え方を当てはめようとしたければ、例えば、公比を

S(明日)－S(今日)＝S(昨日)

と決めることができる。すると、数列を構築するために最初の二日間のデータが必要になる。今日は1で、昨日も1だったとすれば、その数列は以下のようにな

---

*12　(訳注)2024年末の時点でのアドレスは https://oeis.org/ となっている。

*13　スローンは前述のジョン・コンウェイの協力者でもあった。コンウェイと共に高次元の最密球配置問題を解決している。

る。

1, 1, 2, 3, 5, 8, 13, 21 …

この数列の項は前2項の和で、すでに取り上げたフィボナッチ数列だ。OEISではA000045で知られており、あまりにも有名だから、専用の雑誌まである。

現実の世界ではどんな現象がこのフィボナッチ数列を実際に作るかは明確ではない。フィボナッチ自身は1202年に発表した『算盤の書』の中で、増殖していくウサギのたとえ話を使っていたが、数学者の作り話に過ぎない。ところが、もっと確からしくもっと古い例がある！ それについて、わが友マンジュル・バルガーヴァからおもしろい話を教えてもらった。バルガーヴァは数論学者として知られているかたわら、古典的なインド音楽や文学の研究にも努めている。優れたタブラー[*14]の演奏家でもあり、《サンスクリット語》の詩にも非常に詳しい。

そのサンスクリット語の構成にフィボナッチ数列が見られるという。

そうした文学にまつわる話題は音楽的な観点からも考察できる。四分音符と半音符だけを使って、図のように4/4拍子の小節を埋める方法は何通り考えられるか？

サンスクリット語の節は複数の音節の配置によって制御されている。サンスクリット古典詩の韻律は短い音節《ラグ》と長い音節《グル》とのやり取りに基づいている。韻律の基本単位を《マートラー》（拍）といい、一定の（時間上の）長さを持つラグとグルの連鎖から構成されている。例えば、その長さは2だったとすれば、それは二つのラグ、あるいは一つのグルから構成される2択しかない。

サンスクリット語の3音節の韻脚は以下の3種類がある。

ラグ　ラグ　ラグ
ラグ　グル
グル　ラグ

それに対して、4音節の韻脚は以下の4種類が存在する。

＊14 （訳注）北インドの太鼓の一種。

ラグ　ラグ　ラグ　ラグ
ラグ　グル　ラグ
グル　ラグ　ラグ
ラグ　ラグ　グル
グル　グル

では、サンスクリット語の古典韻律における5音節の韻脚は何通りあるのだろう？ 以上に並べた楽譜の順番はヒントになる。ラグで終わる韻脚は、5種類もある4音節の韻脚で始まっているはずだ。それに対して、グルの前に3音節の韻脚しか入らないので、3種類しかない。したがって、5音節の韻脚の総数は5+3=8だ。フィボナッチ数列だ！ ところで、我が友バルガーヴァ氏はそれのことを《ヴィラハンカ数列》と呼んでいる。なぜなら、フィボナッチ数列を初めて計算したのは大昔のインドの詩人兼数学者だったという説を信じているからだ。それがもしも本当だったとすれば、フィボナッチの増殖していくウサギたちより500年も先だったことになる。

事件の法則

SIRモデルを紹介したことによって、厳密な意味での幾何数列からかけ離れることになったが、「今日起こったことは明日も起こる」という考え方は、あくまでも当てはめられるので、それをより広い意味で再解釈していこうと思う。等差数列では、項と項の差は文字通り同じであるが、等比数列では日毎に変化する。それでも比は同じだから、毎日の変化を計算するルール自体は変わらない。明日起こることは今日起こったことに依存している。

アイザック・ニュートンも物事に対する似たような考え方の持ち主だった。ニュートンの第一法則によると、真空中で移動する物体は、違う力の影響を受けない限り、同方向と同速度を維持していく。すなわち、明日の移動量は今日の移動量と同じだ。

しかし、現実の物体は摩擦力ゼロの真空の中で永遠に移動し続けているわけではない。しかもボールは、ニュートンの第二法則にしたがって重力の力で落下していく。したがって、テニスボールを真上に投げてみたら、途中まで登っていって、ピークを過ぎたら地面に落ちてくる。先ほどのグラフとよく似ている。

ニュートン以前の考え方では、ボールの動きは常に一定の状態の変化を見せると解釈されていたが、変化するという性質は決して変化せず、変化自身も変化する！ 例えば、今のボールの速度に比べて、上への速度は毎秒16 m ずつ遅くなる。それに対して下への速度は上への速度の反対だから、今より毎秒16 m ずつ早くなる。

言い換えると、下への速度が秒速 20 m、上への速度が秒速 −20 m の場合、1 秒後には、下へは秒速 36 m で動き、上へは秒速 −36 m で動く。初めて負数を習うときに、多くの人はその意味に戸惑うことがよくある。負数を大きくすると実際は小さくなるのに、ちょっと見では大きくなるように見えてしまうからね！ その理解を助けるために、私は、英語で数値が「高くなっている」ときに「もっと正になる」と言い、「低くなっている」ときは「もっと負になる」と言う。そして、ゼロから遠くて遠いほど「大きい」と言い、ゼロに近ければ近いほど「小さい」という。

いずれにしろ、今の速度と 1 秒後の速度の差は秒速 16 m だ。なぜなら、ボールの速度は秒ごとに変化していくが、その未来の行方を制御する方程式（差分方程式）は不変だ！ 金星でボールを投げてみたら、その方程式は違っているが[*15]、金星特有の方程式が存在していることに変わりはない。今起こっていることは 1 秒後にも起こるというわけだ。いうまでもないが、あなたが途中でボールを蹴らない限りの話だよ！ 以上のようなモデルは自然現象としてあらかじめ決まった状況下のシステムの行方を予測するために使えるが、そのシステムに対して大きな衝撃を与えてしまえば、前提条件が変動してしまい、予測の結果は劇的に変わる。そして、現実のシステムは衝撃に従って変化する。そのため、コロナウィルスの世界的な流行が起こったとき、それが自然消滅することを待たずに、積極的に対策を考えるのだ！ しかし、数学的なモデルはその環境においても無駄にならない。ボールを投げてからの動きを理解するための第一歩として、重力の力だけでのボールの動きを理解しなければならない。同じように、ウィルス蔓延の数学的なモデルは将来を正確に予言することはできない。なぜなら、そういったモデルは人間の行動をどうしても予測できないからだ。しかし、我々が、いつ何をすればよいのかという決断をするときは大いに助けてくれる。

すべては転換点

コロナウィルスについてのデータは時間ごとではなく、日ごとに収集され、まとめられてきた。それに対して、投げたボールの位置を計るためには、秒よりも遥かに小さい時間の単位で計ることができる。0.5 秒ごとに、あるいは 10 分の 1 秒ごとに、そして 1 兆分の 1 秒ごとに速度の変化を計ることができるのだ。本当に野心的な人間は、速度が変化する速度そのものを計ろうとするかもしれない。ニュートンはそういったことも十分見越していた。そのために我々が現在微分学と言っている分野の研究も進めた。ここではこの微分学を詳しく述べるつもりはないが、次のことだけは言っておこう。持続的な変化を表現するために無限

---

*15　金星の重力は地球より弱いため、差は秒速 8.87 m になる。

に細切れにされた差分方程式のことを《微分方程式》という。時間と共に持続的に変化していくシステムはそれぞれユニークな微分方程式によって制御されている。金星の上のテニスボールの動き方、筒の中の水の流れ方、金属塊における熱の伝わり方、太陽の周りの惑星や衛星の回り方など、すべて固有の微分方程式を持っている。その一部は簡単に解けるが、多くは解決不可能だ。

ロスとハドソン、そしてカーマックとマッケンドリックは、全員、微分方程式の考え方に頼っていた。ロスは、1904 年の博覧会の終日に行われたポアンカレの講義を聞かずにイギリスに帰ったが、それで大いに損したと思う。その講義を聞いていたとすれば、疫学の研究において、誰よりも 10 年も先立つような有利なスタートを切ることができたかもしれない。ポアンカレは自分の観客に対してこう言っている。

「そもそも古代人は《法則》という言葉をどのように理解していたのだろうか？ 古代人にとっての法則とは、万物の内部的な調和を保証する不変のルールを意味するか、ないしは自然が模倣しようとしていた何らかの理想的な指標だったに違いない。が、我々現代人にとっての法則はそれとまったく違う。法則とは、今日の現象と明日の現象をつなぐ不変の関係を意味している。言い換えれば微分方程式そのものである。」

ロスとハドソンが疫病蔓延のモデルに当てはめた微分方程式はそれぞれ《転換点》を持っていたことが大きな共通点だった。具体的にいうと、疫病では必然的に集団免疫という臨界値に到達してからの動きはその前の動きと比べて大いに変わる。集団免疫に達していない集団にウィルスを放してしまえば、感染率が最初に爆発的に上がっていく。しかし、集団免疫になった時点を越せば、疫病は次第に収束していくように切り替わる。宇宙に浮いている 2 体の天体の動きも二通りに分かれる。それは楕円型の軌道にのってお互いに回転し合うか、双曲線の軌道に乗ってお互いにかけ離れていくかの 2 択だ。しかし、そのシステムに 3 体目の天体を導入すると、新しい可能性が生まれてきて、とてつもなく複雑になる。その様子を探ることはそもそもポアンカレが微分方程式の研究に没頭するきっかけになっていて、おかげさまで世界的な有名人になった。そして、ポアンカレが解明した天体の混沌とした運動は「カオス動力学」という新しい分野を切り開いた。カオス理論では、システムの現状に対する微々たる衝撃でもそのシステムの未来を劇的に変えることができる。すなわち、すべては転換点になり得るわけだ。1904 年のポアンカレはロスが後に知るようになった事実をすでに知っていた。何かというと、ロスが出来事理論と名付けたような、疫学のニュートン力学的な法則体系を構築したければ、微分方程式に頼るしかないということだ。明日の出来事は今日の出来事に依存している。

第十一の章

恐るべき成長

2020 年 5 月 5 日、米国大統領経済諮問委員会はアメリカにおけるコロナウィルスによる死者数の統計を発表した。そのとき、次のような 3 次曲線を見せるグラフが添付されていた。縦軸に死者数、横軸に測定日が目盛られている。

米国における一日当たりのCOVID19による死亡者数・実際のデータ、IHME予測、キュービックフィットによる予測
本日（2020年5月5日）と昨日のデータ（2020年5月4日）

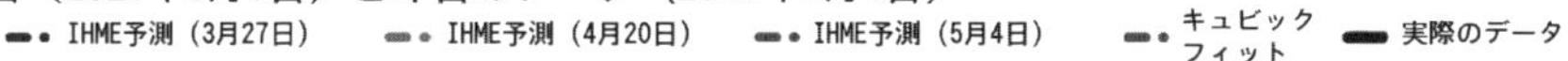

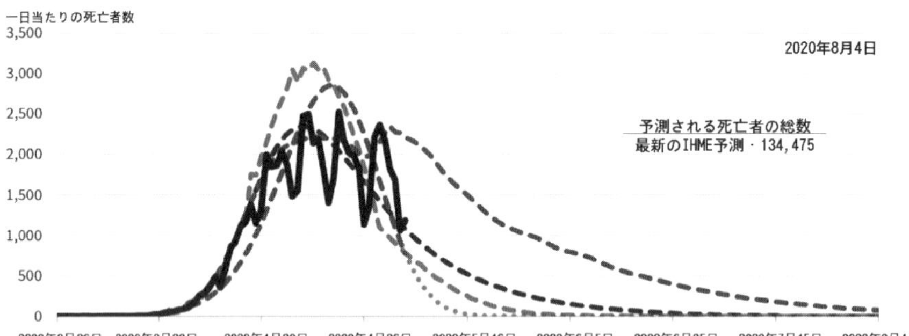

データ出典元・健康測定評価研究所（略・IHME）；『ニューヨークタイムズ』；大統領経済諮問委員会（略・CEA）

このグラフは極端に楽観的な見通しを見せている。つまり、これによると、死者数は、グラフの発表された 5 月 5 日から 5 月 16 日までの 2 週間で 0 になる見込みだった。《3 次発作》（cubic fit）と言われて世界中に笑いものにされたこの曲線は、ホワイトハウスの顧問の一人だったケヴィン・ハセットによるものだった。ハセットは 1999 年 10 月に出版された『ダウ 36,000』の著者の一人として知られており、過去の傾向に基づいて、2000 年代の相場はかつてない株価の上昇を迎えるようになる、とその書で予想した。それが実際にどうなったかは、Pets.com などに貯金のすべてを投資した気の毒な人に聞けば分かる[*1]。ハセットたちの本が出版された直後に上昇相場が失速して、落下に切り替わり、ダウ平均株価が 1999 年の水準に戻るまでには 5 年もかかってしまった。

コロナについての3次曲線もダウ36,000と同じような過大な望みを図示している。5月から6月にかけての米国における死者数は前ページのグラフのように減ったものの、蔓延が収束する時点はまだまだ遠かった。

数学の観点から見れば、ハセットの予測が外れたことよりも、その外れ方の方がおもしろい。それを理解しておけば、「ケヴィン・ハセットを信じるな」といった単純な対策を立てるのと違って、将来的に同じようなミスを起こさない方策を考えることができるようになる。その3次曲線のどこが悪いかを明らかにするためには、1865～66年のイギリスにあった《牛疫》の大流行の例を見てみるとよい。

牛疫とは、50年もかかった世界規模の政策によって2011年に絶滅[*2]させられた家畜牛の病気である。水牛やキリンにも見つかっている。その発生源は不明だが、中央アジアだったと推測されて、フン族やモンゴル族によって運ばれて世界中に広まったのではないかと考えられている。旧約聖書の『出エジプト記』に登場する《第五の災い》だった可能性を指摘する者もいる。中世時代のどこかで、いわゆる《種のバリア》を超えて人間に感染して、《ハシカ》という名で知られる感染力が極端に強いウィルスに変わり、ハシカと同じくとてつもない速度で蔓延していった。感染した牛が船でイギリス北部のヨークシャーのハル市の港に到着したのは1865年5月16日で、その数は10月下旬の時点で2万頭を超えた。それを目にした当時の英国財務大臣兼内務大臣ロバート・ローは2020年にも影響する以下の警告文を下院（庶民院）に出した。「四月中旬までに感染の拡大を抑えることができなければ、かつてない災害に備えた方がよいだろう。今まで起こってきたことは初期段階にすぎない。ぼーっとし続けていたら、恐ろしき成長法則の支配下で牛の死体は数千頭から数万頭に増えるに違いない」（ローは数学の学位の持ち主で、等比成長のことを熟知していた）。

ローの予測はウィリアム・ファーなどといった名高き医者から否定された。ファーは19世紀中旬の英国医学を代表する医者で、人口動態調査局の設立や高人口密度の大都市における健康福祉政策などの親として知られている。さらに、疫学が学問として生まれようとした時代の出来事との関係もあって、すでに名高かった。その出来事とは、ジョン・スノーがロンドンのブロード街に設置されていた水ポンプでコレラ発生を発見した1854年の事件だった。当時のファーは、英国医師の過半数を占めていた、テムズ川の汚れた水の毒気によるコレラ発生論派を代表していた（コレラは、実際には毒気ではなくコレラ菌を病原体としてい

＊1　(訳注)原著者は2000年3月にはじけたドットコム・バブルによる大恐慌のことを言っている。Pets.comはそういったドットコム・バブルを代表している通販サイトの一つで、バブルがはじけた直後に倒産してしまった。

＊2　疫病トリビア知識：人類が自然から絶滅させたウィルスは、牛疫のほかにハシカしかない。

る)。

1866年のファーの意見は当時の常識に反していた。ファーはロンドンの「デイリーニュース」紙に手紙を出して、この疫病は自然消滅する寸前にあるのではないか、という考え方を主張した。「ロー氏の考え方は間違いなく説得力が高かった。とはいえ、説得力があると認めたところで、それは必ずしも真実とは限らない……。ロー氏が、ここまでの疫病の蔓延を支配してきた成長法則を正確に認識しながら出した「これから数千頭が数万頭になる」という結論は間違っている。病気にかかった牛は増えるどころか、3月の時点で疫病が収束しはじめるのではないかと考えられる」。ファーは、ついでに自分の計算を紹介して、4月の時点での病気の頭数を5,226頭で、6月の時点では16頭といった非常に正確な数値を発表した。

ファーの計算は議会で無視され、医学会でも笑いものにされた。「英国医学」誌には次のような軽蔑的な返答が出された。「疫病が9〜10月間のうちに収束するというファー氏の結論を裏付ける事実を今後発見することはないだろうと考えている」。

ところがその考えは、そのときに限って見事に外れた! 実はファーの方が正しかった。予測通り、病気にかかった牛の数は春や夏にかけて減っていき、年末の時点で収束した。

ファーは、デイリーニュースの読者たちは読まないだろうと(正しく)予測して、数学の証明のすべては脚注に隠してしまったが、そんな脚注は気にしなくてよい。ファーの計算を理解するためには、先ず1840年にさかのぼる必要がある。若きファーはその年の夏に、1838年のイングランドとウェールズに記録された342,529人の死亡原因および分布をまとめた調査書を英国戸籍本署に提供して、「これは本国や世界で行われた歴代最高の死亡原因調査に違いない」と自画自賛した。その原因はガン、チフス、アルコール中毒、出産、飢餓、老衰、自殺、卒中、痛風、水腫症、そしてなんと!「マスグレイヴ博士の回虫による熱症」などを含めていた。ファーは、女性の方が男性より結核にかかる率が高いことに気づき、その原因はコルセット着用にあると仮定した。そして、延々と続く数値のリストアップを途中で止めて、改革を訴える熱意に満ちた弁解へと切り替えた。「一年に31,090人ものイングランドの女性がその不治の病気の犠牲者になってしまった! その事実を知っても、政治家は、その状況を正さずに見ていられるか? 身体を変形し、胸を握りつぶすことによって、神経障害や他の病気を引き起こし、何よりも不治の病気の発端にもなっている風習を根絶させようとは思わないか?」(ただし、ファーは自身の愛妻が3年前に結核で亡くなってしまった不幸な事実については直接には言及していない)。

そして、1838年の天然痘流行を語る最終章のおかげでファーの調査は現在に至るも語り続けられている。なぜなら、後に医学統計学の親と認められたファーが初めて疫病について残した文書だからである。それによると、疫病は、「地面から湧き上がる毒気のようなもので、突然現れて国民に災いをもたらすや、あっというまで消えてしまう現象」として認識されていた。しかし、統計学者としてのファーは直観的には理解し難いその現象に数学を当てはめて、原因が分からなくても、せめて流行の行方を解明することに挑んだ（原因が分からないといえども、ファーは、注釈で自説を紹介している。それによると、疫病の原因は「空気を媒体にして、人間の間にも伝染していく微小な虫ではないか」と書いている。とはいえ、当時すでに導入されていた顕微鏡でそういった虫を確認することができなかった事実を認めて、その仮説を一旦置いておくことにしている）。

天然痘に関しては、ファーは毎月の死者数を真面目にまとめていった。その数値は以下の通りだった。

4,365、4,087、3,767、3,416、2,743、2,019、1,632

ファーは以上の数列が他の自然現象と同じように、減少していく幾何数列ではないかと仮定したが、最初の比 4,365/4,087＝1.068 に対して、二番目の比は 4,087/3,767＝1.085 で、全体は以下のようになる。

1.068、1.085、1.103、1.245、1.359、1.237

こうした比は明らかに変わっていく。途中まで上がっていって、最後だけが下がっていくが、とにかく一定ではないため、幾何数列とはいえない。ファーは諦めずに、比自体が幾何数列になっていないかどうかを調べようとした。比の比の数列は以下の通りだった。

1.016、1.017、1.129、1.092、0.910

正直言うと、私にはこの数列は一定に見えない。しかし、大きくは増えたり減ったりはしていないので、ファーには、これで十分、に見えた。それでこの数列を微調整して、次の死者数列を計算したが、それは実際に記録された死者数に極めて近い。

4,364、4,147、3,767、3,272、2,716、2,156、1,635

これは 1.046 を比の比とする等比数列だ（ここで「それはズルしているのではないか？」という読者もいるだろうが、了承をいただきたい。なぜなら、特に人間が関わる現実のデータは必ずしも正確ではないため、きれいな関数曲線に従う例はほとんどない。そのため、数理モデルを作る場合の目的は極力現実に近づけることでありながらも、完璧なシミュレーションは無理であることをあらかじめ覚悟しなければならない）。ファーは、このいわゆる「1.046 の法則」は十分に現実に近いと判断して、疫病の蔓延を正しく表現していると論じた。

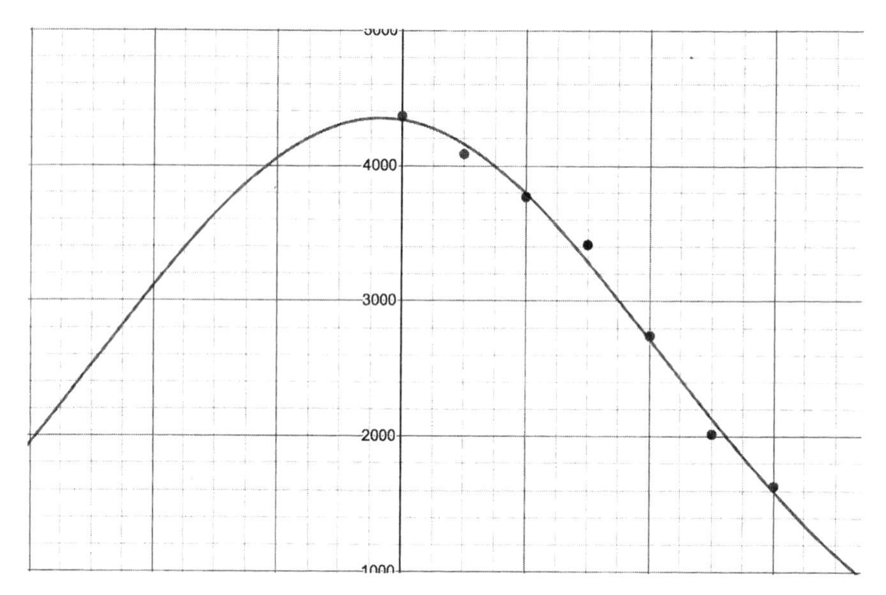

上の曲線はファーのモデルを表している。黒丸のドットは毎月に記録された実際の死者数だ。図の通り、十分に現実に近いと言えよう。

ファーが、その牛疫のデータを次にどのように活用したかは予想がつくかもしれないが、その予想はおそらく外れている！ ファーは、牛疫の最初の4カ月のデータを見て、

1865年10月：9,597

1865年11月：18,817

1865年12月：33,835

1866年1月：47,191

として月々の感染頭数の比を計算し、それぞれの比が1.961、1.798、1.395であることが分かった。ローが警戒した《恐ろしき成長法則》が本当に働いていれば、同じだったはずの比が下がっていったため、ファーは何らかの減少がすでに起こっていることに気づいた。そこで、次の比の比を計算した。

1.961/1.798＝1.091

1.798/1.395＝1.289

2番目の比の比は1番目より大きいため、ファーはさらに次の比の比の比を計算した！

1.289/1.091＝1.182

この比は一つしかないため、必然的に数列を決める一定数となる。いつもの自信満々のファーはその一定数は流行を支配している断言して、牛疫の広がりを支配する比の比の比を計算してみた。すると、最後の比の比である1.289の次の比

の比は 1.289×1.182 の約 1.524 で、1.961、1.798、1.395 に次ぐ比は 1.395/1.524=0.915 だった。言い換えれば、ファーには流行が収束に向かっているように見えた！ その理屈に従えば、2 月の予想感染頭数は 0.915×47,191=43,000 だった。

ここまでファーの理屈を追ってきたせいでめまいがする読者がいても不思議ではない。そもそも未来の比の比の比が 1.182 のままで残る根拠は何だろうか？ 私はそういった仮説に根拠があると言いたいわけではないが、それなりの歴史があることは事実だ。それを理解してもらうために、子供の私が近所の演芸大会で勝ったときの話をしてあげよう。

大平方根博士

わが故郷ウィスコンシン州では、毎年の寒い 1 月のどこかで、近所の素人演芸大会を開く習わしがいまだに守られている。大体は、子供たちがバイオリンを弾いたり、親たちが滑稽な寸劇を披露したりする内容だ。そこで《大平方根博士》という芸名の下で、私は平方根の即時暗算という特技をしばしば披露した。その特技で演芸大会を制覇したこともある！ 大学時代に身につけたその技は、演芸大会に勝つこと以外に役に立ったことはほとんどなかったが、この機会にあなた方に暗算方法を教えてあげよう。

例えば、「29 の平方根を計算せよ」というお題を受けたとしよう。ただし以下に紹介するトリックを使うために主な自然数の 2 乗（$5^2=25$、$6^2=36$ など）をしっかり知っておく必要がある。それを前提に、以下の数列をよく見て欲しい。

$$\sqrt{25}、\sqrt{26}、\sqrt{27}、\sqrt{28}、\sqrt{29}、\sqrt{30}、\sqrt{31}、\sqrt{32}、\sqrt{33}、\sqrt{34}、\sqrt{35}、\sqrt{36}$$

最初と最後の項の $\sqrt{25}=5$ と $\sqrt{36}=6$ は知っているね。しかし、求められているのは 5 番目の $\sqrt{29}$ だ。

そのために、まず、等差数列ではないこの数列を仮に等差数列だとしよう。最初と最後の項のあいだには 10 個の項があって 11 等分されているので、数列が等差数列だった場合の項と項の差、つまり公差、は 1/11 のはずだ。したがって、$\sqrt{29}=5\frac{4}{11}$ になるわけだ。おっと、言い忘れていたが、多少の暗算はできた方が便利だ。暗算で、1/11=約 0.09 なので、4/11=約 0.36、したがって、$5\frac{4}{11}=$ 5.36、という風に考えてもよい。いずれにしろ、答として「5.3 と 5.4 の間の、5.4 に近い数値だ！」と言えば十分だ（実際は 5.385 だがね）。

以上に紹介した暗算の仕方とファーの考え方との類似点に気づいてくれたかな？ ファーが等比数列の比を使ったことに対して、私は等差数列の差を使ったところだけが違う。しかし、根拠なくすべての差が同じであることを勝手に仮定して共通の差を概算しようとしているところはファーとまったく同じだ！ ちょっと見ると無謀なやり方に見えるかもしれないが意外と有効だろうが！

といっても、「エレンバーグさんよ！ 近所の演芸大会でそんなに勝ちたいなら、人気のポップソングなどを歌えばいいのに、なんでこんなにややこしいことをするの？ 平方根など計算機で簡単に計算できるのに暗算する必要なんかないだろうに」と疑問に思う読者も少なくないだろう。それはその通りだ。間違いなく、私にはその選択肢があるが、ウィリアム・ファーや7世紀の天文学者などは計算機を持っていなかった。そう、この考え方は何と7世紀にさかのぼっているのさ！ 昔の天文学者たちは、天体の動きを理解するために三角関数の値がどうしても必要だったが、簡単には計算できないため、長い時間と労力をかけて巨大な表にまとめていた。ただし、その表を作るためには私の暗算トリックより高い正確さが必要だった。そこで、古代の600年前後にインドの天文学者兼数学者のブラーマグプタや中国の天文学者兼儒学者の劉焯（りゅうしゃく）は革新的なひらめきにたどりついた。

そのアイデアを説明するためには、古い中国の暦は複雑すぎるので、大平方根博士の方法を使おう。ただし、以下の計算はあまりにも複雑なので、軽々と暗算できると勘違いしないでいただきたい。

「ブラーマグプタ・劉の概算法」を実行するために三つも平方根を視野に入れる必要がある。例えば、その三つの値は $\sqrt{16}=4$、$\sqrt{25}=5$、$\sqrt{36}=6$ だとしよう。$\sqrt{16}$ と $\sqrt{36}$ との間に20の間隔、つまり20歩、もあるので、4から6まで20歩で歩かなければならない。そこで平方根博士のトリックを使って $\sqrt{16}$ と $\sqrt{36}$ を結ぶ20個の平方根が等差数列を成していると仮定すると、公差は2/20になるはずだ。それはいうまでもなく現実とは違う。正確だったら、$\sqrt{16}$ から9歩分離れている $\sqrt{25}$ は $4+9\times\frac{2}{10}=4.9$ になるが、本当は5だ。

そこでその概算をより正確にする方法を教えてあげよう。三つの平方根を扱うときは、平方根博士のトリックのコツとなる等差数列の仮定が使えない。すなわち、21の差がすべて等しいとは仮定できない。しかし、その代わりにその差たち自体が、以下のように等差数列を成していると仮定してみればよい。それはファーの《比の比》というアイデアと同じだ。

$$\sqrt{16}\ \sqrt{17}\ \sqrt{18}\ \sqrt{19}\ \sqrt{20}\ \sqrt{21}\ \sqrt{22}\ \sqrt{23}\ \sqrt{24}\ \sqrt{25}\ \sqrt{26}\ \sqrt{27}\ \sqrt{28}\ \sqrt{29}\ \sqrt{30}\ \sqrt{31}\ \sqrt{32}\ \sqrt{33}\ \sqrt{34}\ \sqrt{35}\ \sqrt{36}$$

? ? ? ? ? ? ? ? ? ? ? ? ? ? ? ? ? ? ? ?

その仮定が有効になるためには、上記の？印の項は総和＝2の等差数列を成す必要があるが、同時に $\sqrt{16}=4$ と $\sqrt{25}=5$ との距離を計る最初の9項の総和も1にならなければならない。以上の条件を同時に果たす等差数列は一つしか存在しない。その計算方法を紹介しよう。最初の 9 項の総和は 1 だから、その平均値は 1/9 だ。等差数列の平均値は真ん中の項だから、以上の数列の真ん中（5 番目）の項は 1/9 であることが分かる。

他方では、数列の後方の 11 項の総和も 1 だから、その平均値は 1/11 で、真ん中の項（すなわち全体数列の 15 項目）は 1/11 であることもすぐ分かる。つまり

$\sqrt{16}$	$\sqrt{17}$	$\sqrt{18}$	$\sqrt{19}$	$\sqrt{20}$	$\sqrt{21}$	$\sqrt{22}$	$\sqrt{23}$	$\sqrt{24}$	$\sqrt{25}$	$\sqrt{26}$	$\sqrt{27}$	$\sqrt{28}$	$\sqrt{29}$	$\sqrt{30}$	$\sqrt{31}$	$\sqrt{32}$	$\sqrt{33}$	$\sqrt{34}$	$\sqrt{35}$	$\sqrt{36}$
?	?	?	?	$\frac{1}{9}$	?	?	?	?	?	?	?	?	?	$\frac{1}{11}$	?	?	?	?	?	

となる。以上の数値を知っておけば、数列の残りを計算することは簡単だ！ 5 項目から 15 項目までの距離は 10 歩で、その差自体は 1/9 から 1/11 の距離である 2/99 だ。したがって、一歩の距離は 2/990 だ。それに対して、1/9 から 4 歩離れている最初の差は 1/9＋8/990＝118/990 で、1/11 から 5 歩離れている最後の差は 1/11－10/990＝80/990 だ[*3]。つまり

$\sqrt{16}$	$\sqrt{17}$	$\sqrt{18}$	$\sqrt{19}$	$\sqrt{20}$	$\sqrt{21}$	$\sqrt{22}$	$\sqrt{23}$	$\sqrt{24}$	$\sqrt{25}$	$\sqrt{26}$	$\sqrt{27}$	$\sqrt{28}$	$\sqrt{29}$	$\sqrt{30}$	$\sqrt{31}$	$\sqrt{32}$	$\sqrt{33}$	$\sqrt{34}$	$\sqrt{35}$	$\sqrt{36}$
$\frac{118}{990}$	$\frac{116}{990}$	$\frac{114}{990}$	$\frac{112}{990}$	$\frac{110}{990}$	$\frac{108}{990}$	$\frac{106}{990}$	$\frac{104}{990}$	$\frac{102}{990}$	$\frac{100}{990}$	$\frac{98}{990}$	$\frac{96}{990}$	$\frac{94}{990}$	$\frac{92}{990}$	$\frac{90}{990}$	$\frac{88}{990}$	$\frac{86}{990}$	$\frac{84}{990}$	$\frac{82}{990}$	$\frac{80}{990}$	
				$\frac{1}{9}$										$\frac{1}{11}$						

となる。

では、7 世紀の天文学者ふうに計算する 29 の平方根はどうなるだろうか？ $\sqrt{16}$ から $\sqrt{29}$ まで進めるために最初の 13 個の差を合計して、最後に 4 を足せばよいだけだ。したがって、

$$\sqrt{29}=(約)4+\frac{118}{990}+\frac{116}{990}+\frac{114}{990}+\cdots+\frac{94}{990}=約\,5.392$$

となる。この数値は最初の $5\frac{4}{11}$ という概算値より 3 倍ほど正確だ。

この数列による平方根の計算法はインドからアラブ文化圏へと伝わって、後にイギリスで数回も再発見されたが、ヘンリー・ブリッグズはその再発見者の中で最も有名だった。なぜなら、ブリッグズは以上に紹介した方法で 3 万もの数値の対数を小数点以下 14 桁まで計算して、『対数算数』というタイトルで 1624 年に出版したからだ（ちなみに、統計の幾何学を世界に広めたカール・ピアソンが後に所属したグレシャム教授という地位の最初の就任者もブリッグズだった）。17 世紀のヨーロッパ発の数学の大半と同様に、ニュートンがその補間方法を整理して改善したおかげで現在は「ニュートン補間」という名称で知られている。とは

＊3　この計算に使った整数比は約分されていないため、その答を間違いと断定する高校の数学教師もいるかもしれないが、間違ってはいない！ 80/990 と 8/99 は同じ整数比の呼び名にすぎず、ここでは 990 分の 1 を基準にして話す必要があるので、前者の呼び名の方が好ましい。

いえ、ファーが以上の歴史を知っていたかどうかは分からない。新しい数学の問題にぶつかったときに、そんな事前知識はなくても、いいアイデアは自然に湧いてくることが多いものだ。

対数の必要性はブリッグズで留まることはなかった。表というものは必然的に限界があるため、「対数算数」に乗っていない対数が必要になる場合も少なくない。ニュートン補間方式の強みは、足し算、引き算、掛け算、割り算といった小学校レベルの算数だけで三角関数や対数といった複雑な関数の値を計算できるということだった。そうすれば、本に載っていない値を必要に応じて自分で表に追加することができた。他方では、以上の平方根の事例で見てもらった通り、単純な関数でも、とんでもない足し算、引き算、掛け算、割り算の結果を要している。さらに、概算の精度を上げようと思えば、気が遠くなるほどの計算が必要になってくる。

そのような計算は手に負えないため、自分の代わりにそれらをやってくれる機械があればよいだろうと思うのは当たり前だ。そこでチャールズ・バベッジの出番となる。バベッジは、子供のころから、からくり人形に魅了されていて、ある日「マーリンという名の男」[*4]の作業部屋に招待され、中で珍しい工作物を目にした。そこには、右手の人差し指に小鳥を乗せた踊り子のからくり人形があって、小鳥は尻尾を振ったり、羽ばたいたり、クチバシを開けたり閉じたりしていた。そのうえ踊り子自身にも目が離せなかった。その目線には想像力を刺激する、抵抗できない魅力があった。

1813年に21歳のバベッジはケンブリッジ大学で数学の研究にいどみ、自分よりも優秀で、後に青写真を発明した親友のジョン・ハーシャルと共に数学研究クラブを設立した。その設立の最初の目的は、当時大学に数多く存在していた聖書研究グラブをからかうことや、ライプニッツの数学表記法を尊重して、ケンブリッジの名物学者ニュートンが開発した数学表記法の代わりに導入することにあった。ところが間もなく二人の数理解析会はそういったユーモラスなルーツを乗り越えて、数学の分野でニュートン以来遅れがちだったイギリスに、フランスやドイツの最新の知識を輸入する重要な研究サロンへと進化した。

バベッジの自伝によると、「ある日の夕方、ケンブリッジ大学内の数理解析会の部屋で、対数表を目の前にしながら、白日夢を見ていた。その寝ぼけマナコの僕を見て、おい、バベッジ！ 夢でも見てるんかい？ と呼びだしてきた同僚に対して、僕はこれらの対数表は機械でも計算できるのではないかと思ってるんだ、

＊4　ローラースケート靴などを発明したことで知られるベルギー出身の、からくり人形や楽器の製造者で発明家のジョン・ジョゼフ・マーリンのこと。大人になったバベッジは、数十年後に、倒産した博物館から、踊り子のからくり人形を購入して、自宅の作業部屋に飾った。

と答えた」。

師匠のマーリンにならって、バベッジは実際に銅や木材を使って、その夢を形にすることに取り組んだ。作った機械は差分方程式を使って対数表を自動作成していったので《階差機関》と名付けられた。

ここで、大平方根博士とファーとの間の最も大きな違いを教えてあげよう。平方根博士の、すでに分かっている平方根の間の値を探す方法は《補間法》[*5]という。それに対して、病気の牛を数えていたファーは、《外挿法》を使って、未知数の値を概算しようとしていた。外挿法は極めて難しく、危険に満ちている。例えば、平方根博士のトリックを使って、49 の平方根を外挿法で当てようとすることを想像してみよう。25 の平方根は 5 であることと、数値は 1 で増えていくにつれてその平方根は 1/11 で増えることが分かっている。しかし、49 と 25 の差は 24 だから、その平方根は $5+\frac{24}{11}=7.18$ のはずだが、本当は 7 だ。では、100 はどうだろうか？ 25 と 100 の差は 75 だから、100 の平方根は $5+\frac{75}{11}=11.82$ になるはずだが、実際は 10。なんというあやしいトリックだ！ そこには《外挿法》の危険がある。すでに分かっている確実なデータから離れていくほど当てにならなくなる。そして差の差の差…を計算しようと、次第に深く掘っていけば、外挿して計算する値がますますおかしくなっていく。

先述のケヴィン・ハセットも同じ壁にぶつかったわけだ。ハセットは 19 世紀の疫学専門家ではなかったが、その 3 次曲線は、ファーによる牛疫のモデル化と同じ考え方に頼った。ハセットは、相次ぐデータ点の比の比の比は、病の流行中、変わらないと推測した（現在はエクセルで簡単にできる計算だから、疫学史の深い知識は不要である）。そのため、ハセットの曲線は過去に関して概ね正しかった。米国におけるコロナウィルスによる死亡率は短期的な安定期に入っていたことは間違いない。しかし、ウィルスの持久力を極端に過小評価してしまった。

ハセットの予測は楽観的すぎたが、無謀な外挿によって現実から悲観的な方向へと離れていくことも十分に有り得る。例えば、ミシガン大学の経済学者のジャスティン・ウルファーズ氏はハセットのモデルを《狂気の極み》と強く批判したが、その 1 カ月前に次のような文書を発表した。「現在の流行のグラフを将来へと 1 週間分延長して描いてみれば、米国の総死者数は 1 万人になる。さらに 1 週間分延長すれば、1 日の死亡人数は 1 万人にも上るだろう」。このウルファーズの外挿はハセットよりも単純で、死亡率が等比的に増加していくと推測しただけだ。実際の数値を見れば、その予測もいかに無謀だったかが分かる。1 週間後の

＊5　（訳注）例えば、ある曲線上の 2 点 AB に挟まれた点の位置を決める方法を補間法、AB の外側にある点の位置を決める方法を外挿法という。

死亡人数は１万人に上ったのは事実だが、それは春季のピークでもあって、１週間後の人数はウルファーズの予測の５分の１で、2,000人まで下がっていた。

それでも役立つ

私がファーの考え方を息子に説明したところ、「でも、ファーは、あと15日間だけ待っておけば、２月末のデータ点も取得して、もっと正確な予測ができたのに、なぜそうしなかったの？」と突っ込んできた。それはその通りで、そうしておけば、ファーは二つの比の比を基に、「真の増殖の法則」を制御しているのは1.182という定数である仮定の説得力を上げられたに違いない。

やったね、息子よ！ 私にもなぜ待たなかったかがよく分からないが、おそらくファーの感性が理性に勝っただけではないかと思う。ファーは自信過剰な人間で、翌月のデータには流行のピークが見えてくると信じていたため、それを正しく当てた名誉を手に入れたかったのだと思う。

残念ながら、ファーは急ぎすぎた。２月に新しく感染した牛は57,000頭もいて、１月の47,191頭より大分多かった。データが増えることを待っておけば、その最新の比は57,000/47,191＝1.208で、最新の比の比は1.395/1.208＝1.155で、そして最新の比の比の比は1.155/1.289＝0.896だった。その変動を目にしたら、ファーは同じように二つの比の比を計算する発想にたどり着いただろうか？ それはもはや誰も知ることができない……。

タイミングが外れていたにもかかわらず、ファーの予測は概ね正しかった。流行がピークに近づいていたことは事実で、３月の時点で感染の頭数はすでに28,000頭まで落下して、それ以降は一方的に下がっていった。とはいえ、その減少の速度はファーの予測より大分遅く、流行が収束するには年末までかかった。

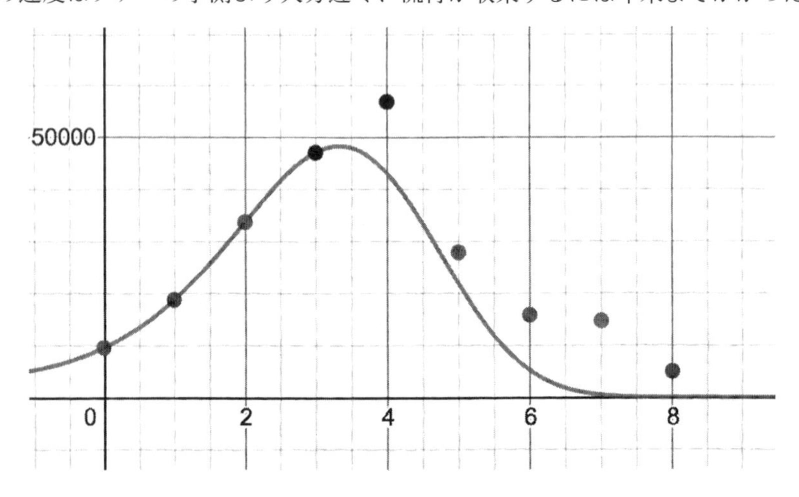

前ページ下のグラフは外挿の危険性を示している。流行の転換期が近かったことはたしかだったため、ファーの外挿的な計算は短期間的に正しかったが、長期間的な予測（すなわち蔓延のピーク）は外れていた。

では牛疫はなぜ収束したのだろうか？ 病気の病原体説をいまだに信じていなかったファーは、牛から牛へと伝染していった謎の毒物が毒性を次第に失っていったと仮定した。いうまでもなく、それはウィルスの実際の働き方と大いに違う。そのため、「英国医学」誌がファーの手紙を批判したときの批判の的は、結果そのものではなく、その結果に到達するために用いた方法だった。名を隠した批判の執筆者は「現在の学者のほとんど全員が牛疫のウィルスによる高い感染性を認めており、その伝染を抑えようと尽力している事実を忘れているようだ」と書いていた。要するに、ファーは「牛疫がまもなく収束するだろう」と予測したが、確実に言えたのは「牛疫はいつかは収束する」ということだけだった。

以上のような事件もあって、ファーの方法論は数十年間忘れられてしまったが、20 世紀初頭にジョン・ブラウンリーによって復活された。ブラウンリーはファーが見落としたことに気が付いた。それはファーにならって比の比を定数としておけば、上り坂と下り坂が対称的になる美しい曲線を得るということだ。その曲線とは実際に統計学でよく使われている吊り鐘形のベル曲線のことだ[*6]。ガウス関数で決められるこのベル曲線は、いくつもの自然現象に当てはまるため、一部の科学者によって過剰評価されがちだが、疫病の流行はそういった現象にはならない。実はファーもそれを知っていたことが分かっている。ファーは 1866 年の時点で三つ目の比が正解に近いと訴え、牛疫流行の下り坂は上り坂よりも険しくなるのではないかと予測した。ブラウンリーも疫病がガウス関数のグラフに従うことは現実でほとんど観察されない事実を認めていた。それにもかかわらず、疫病の蔓延はガウス関数に従うという考え方は「ファーの法則」として知られるようになった。私は、それが本当の法則ではなく、ファー自身がそれを定義したわけでもないので、「ファーの法則」と呼ぶことが多い。

一定のルールにこだわる硬い考え方は外挿の悪用の種だ。例えば、デニス・ブレグマンとアレキサンダー・ラングミュアは「エイズの流行の予測に対するファーの法則の応用」という論文を 1990 年に発表した。ラングミュアは現場での調査を実験室での仕事より優先した伝説の疫病学者だったことは特に注目すべきだ。しかし、ブレグマンとラングミュアは疫病の蔓延のグラフが対称的であるはずだという早とちりの下で、エイズの収束は蔓延時と同じぐらい険しくなると誤って予測してしまった。そのため、エイズはピークを越えて、1995 年の米国における患者数は 900 人まで減るのではないかと予測した。ところが 1995 年に記録された患者数は 69,000 人だった。

＊6　(訳注)第四の章で図示；ガウス関数を使って作図。

それでは、2020 年のコロナウィルスの大流行に戻ろう。コロナの行方を予測しようとした多くの研究者たち*7 は、米国の各州で記録された死者数を完全に対称的なガウス関数を使ってモデル化しようとした。それは全員がガウス関数マニアだったからではなく、初期段階の数値はガウス関数に当てはまるよう見えたからだった。しかし、実際のコロナの流行は常に非対称的で、急に蔓延しつつも、収束するまでに恐ろしいほど長い時間がかかる傾向にあった。言い換えると、エレベーターで上がって、階段で降りるような病気だ。そのため、ガウス関数にこだわる偏見に身を任した予測は、新しいデータにぶつかるたびに外れ続けるしかなかった。

以上から数学を使って将来を予測しようとするあらゆるモデルの共通点が分かる。予測にいどむことは、追跡している変数の変化を制御する法則について無謀な推測をすることに等しい。テニスボールの場合で見た通り、その法則は非常に単純なときもあり得る。テニスボールは間違いなく美しい対称性に従って動いている。上昇するには、落下するのと同じ時間がかかる。さらに、秒ごとの地面からの高さを計って、それらの値を数列として記録しておけば、ファーと同じように、その差の差は毎回同じであることが分かる。ボールの軌道が半円形でもなく、セントルイスのゲートウェイ・アーチなどに見られる《懸垂線》(カテナリー)でもなく、放物線である理由は正にそれだ。運が良ければ、現象のメカニズムを理解しなくても、そのような規則正しさに気づくこともある。実は、ニュートンが力学や加速の働きを実際に解明する数十年前にガリレオが砲弾の放物線的な軌跡を発見したのはその有名な例の一つだ。

しかし、法則というものは単純ではない! 我々が視野に入れている法則の範囲が狭すぎるとき(例えば、疫病の比の比が定数で、対称的な軌道に従っていく推測にこだわるとき)は、その法則を現実に当てはめようとしたら苦労するしかない。統計学ではそのことを「過少適合」といい、機械学習の分野では「過少学習」あるいは「学習不足」と呼ぶ。

以上の話をするたびにいつもロバート・プロットのことを思い出す。プロットは 1677 年に歴代初の恐竜の骨の挿絵を発表した人物だった。今はそれが《獣脚類》*8 の骨だったことが分かっているが、プロットが思いついた説明の範囲内にはその可能性は含まれてもいなかった。熱帯の象が迷子になって、コーンウォール州で死んだ可能性も考えたが、実際に象の大腿骨と比較してみれば、あまりに

＊7　中でも最も注目を浴びたのはシアトルのワシントン州立大学のモデルだった。とはいえ、流行が続いて、新しいデータが次第に増えてきたとともにワシントン大学でも対称性の推測を見捨てた。現実を認めると、武漢を中心とする初期段階の流行のグラフは間違いなく対称的だったが、その収束の急速度は何よりも中国政府のとてつもなく厳しい対策によるのではないかと考えられている。

＊8　(訳注)獣脚類(Theropoda)とは、現在の鳥などを含む 2 足恐竜の一群である。

も違うことに気づいた。したがって、人間の骨ではないかと推測したが、もしもそうだったとすれば、それは太古の巨人の骨に違いなかろうと決めた。

そこで、プロットを公平に評価するのなら、誰もが見たことのないモノを初めて目の前にして、それを正しく解釈できないことは不思議ではない事実を認めなければならない。プロットは実際に過少適合をしてしまったわけではない。直接に「人間の骨だ！」と初めから決めつけてしまえば過少適合と言えるが、プロットは人間ではない化石の存在を知っていた。例えば蛇の化石を発掘したときに「なんと体のやわらかい小人だ！」と叫ぶ古生物学者こそが過少適合好きだと言えよう。

数理モデルの目的は、米国におけるコロナによる死者数は 93,526 人（ワシントン大学の 2020 年 4 月 1 日の予測）あるいは 60,307 人（4 月 16 日の予測）または 137,184 人（5 月 8 日の予測）か 394,693 人（10 月 15 日の予測）であるかどうかを正確に当てることでもなく、病床数のピークを予測することでもない。それがしたいなら、数学者ではなく、予言者を雇えばよい。では、数理モデルの目的はなんだろうか？　私はその質問に対する最も適切な答は、トルコの社会学者ゼイネップ・テュフェクジの「コロナウィルスのモデルは必ずしも正しくなくてもよい」という記事のタイトルにあると思う。なぜなら、モデルの目的は正確な予測を行うことよりも、質的な状態の情報を知ることだから。つまり、流行が現在頭打ち寸前なのか、収束しようとしているのか、は最も知りたい情報だ。ケヴィン・ハセットの 3 次曲線モデルの最大の欠点はそういった目的に役立たないことだった。

人間はアルファ碁と実によく似ている。アルファ碁は碁盤におけるすべての可能な位置に対して点数を与えて学習していく。しかし、その点数だけではそれぞれの位置が勝・負・分のどれになるかは分からない。そもそも、それを計算できるコンピューターはまだない。アルファ碁の仕事は確実に正しい答を見つけることではなく、特定の時点で勝利に繋がる可能性が最も高い選択肢を選ぶことだけだ。

他方では、疫病の流行をモデル化するにはアルファ碁よりも複雑な部分がある。囲碁上のルールは固定されていて、一切変わらない。それに対して、政府の対策や個人個人の行動によって疫病による感染のパターンは常に変動していく。テニスボールも力学の法則に従っているため、トップのテニス選手はその動きを頭で無意識に概算して、落ちてくる地点を予測することができる。しかし力学だけを使ってテニスの一試合の行方を予測することは不可能だ。なぜなら、試合はその力学に対する選手の反応によって決着が付けられるからだ。したがって、現実をモデル化したければ、予測可能な力学とそれに対する予測不可能な人間の反応との間の《踊り》に参加しなければならない。

そこでコロナ禍中に見た、ミネソタ州でのロックダウンの対策に対して激しく抗議をしていた人の写真が頭に浮かんでくる。その人は同時に「ロックダウンをやめろ！」と「すべてのモデルは間違っている」という２枚の看板を持っていた。それは実にジョージ・ボックスという有名な統計学者のモットーとよく似ている。ボックスによると、「すべてのモデルは間違っている。しかし、その一部は役立つこともある」。

曲線適用と先行分析

将来を予測する方法は二通りある。いろいろな世界の状況を理解して、そこで得た知識に基づいて未来を予測するのはその一つで、もう一つは一切そうしないことだ！ ウィリアム・ファーといった先輩との区別を図ったロナルド・ロスは、この二つの比較に強くこだわっていた。ロス自身は前者のやり方の信者で、それを《現状分析》（逆行分析）と名付けた。つまり、疫病をモデル化しようとしたときに、まずその感染の仕方についての事実を集め、それらに基づいて適切な微分方程式を見つけようとしていた。ファーは反対に集まったデータに曲線を当て嵌める職人だったといっても過言ではない。このいわば《曲線適用》（曲線当て嵌め）という予測方法は、過去における規則正しい出来事を探し出したあと、その理由を深く考えずに、同じ出来事が将来にも繰り返されるだろうという仮定に基づいて予測する。「昨日起こったことは今日も起こる」のである。その方法に従えば、モデル化しようとするシステムを理解せずに予測することができる。そして、その予測がときどき当たることもある！

科学者の大半は、いうまでもなくロスのやり方の方を好む。科学者というのは物事を理解したい人間だからね。そのため、科学的な理解抜きの機械学習の発展による曲線適用法が、ある種のルネサンス期を迎えてにぎわっていると知れば、そういった科学者はびっくりするだろう。

最近のグーグル社の自動翻訳機能が大分よくなってきたことに気づいただろうか？ 完璧とは言えず、いまだに人間の翻訳者に叶わないが、数十年前に想像もしていなかった正確さに到達している。パソコンやスマホの入力予測も同様によくなってきている。いくつかの文字を打ち始めたら、機械はあなたの考えを読もうとして、次の言葉あるいは文書そのものを提案してくれる。その提案が当っているときも少なくない（私は誇り高き男で、機械の予測が当ったときでも悔し紛れに言い方を変えたり、もしも他の言い方がないときでも自分で打ち込んだりするけどね……）。

こうした機械のシステムの動きをどう思うか、負けず嫌いのロナルド・ロスに聞いてみれば、おそらく以下のような答が返ってくると思う。

「我々は言語の構造をよく理解しており、また言葉の意味を辞書にしっかりと記録してある。したがって、その情報を基にして、それぞれの言語のネイティブ・スピーカーに、私は来週暇だから一緒に……、という文書を見せてあげたら、次に人間がよく二人ですること、つまり、お食事しよう、とか、飲もう、などが来る可能性が高いと予測できるが、コロナに感染しよう、などの可能性は極めて低いということも分かっている。」

ところが、グーグル社の言語処理モデルはそんな複雑なことをせず、どちらかというと、ファーのやり方に近い。グーグルのアルゴリズムは数兆の文書を読んだことがあるので、統計学の観点から文書になり得る言葉の組み合わせを知っている。そして、文書を成す組み合わせの中から現在の状況に最も合う可能性の高いものを選ぼうとする。ファーが過去の疫病を分析したと同じように、グーグルは我々のすべてのメールを分析している。そして、「私は来週暇だから、一緒に……」の後にしばしば「お食事でもしよう」などと書いた人が過去に多くいたことが分かっている。機械は、名詞とか動詞の作用や《お食事》などといった言葉の意味さえ何も分かっていないにもかかわらず、うまく機能している。こうした作文は、人間の作家や翻訳家に叶わないものの、それなりにうまい。

人間は誰でも、自分が書こうとしていることは独特でオリジナルなのものだ、と思いがちだが、機械はそのオリジナルな文書でもそれなりに予測できる。

2012年に、現在の言語学の親と言っても過言ではないノーム・チョムスキー氏と、プログラムを使ってその言語学の縛りから極力逃げようとしているグーグルの研究本部長のピーター・ノーヴィグ氏との間に激しい論争が繰り広げられた。

チョムスキーは、1950年代に、人間の言葉がいかに規則正しいかを解説する中で、「色なき緑の考えが猛烈に眠る」(Colorless green ideas sleep furiously)という有名な例文を紹介した。それはチョムスキー以前には誰も耳や目にしたことがない新しい文書で、しかも現実の物理世界と全く無縁な文でありながら、人間の脳は、それを文法的に矛盾なく読んで、名詞や動詞や形容詞を認識することができる。したがって、それを基に「色なき緑の考えは静かに眠っているのか？」のような質問に答えることができるし、「猛烈に眠る考え緑の色なき」といった文書は、言葉の順番を整理しない限り意味をなさないことも認識できる。

ところがノーヴィグによると、現代のコンピュータ・プログラムも、言語の構造を支配する規則が分からなくても、同じ結論に至ることができるのである。そういったプログラムは他の文書と比較することによって新しい文書の「文書らしさ」を点数で評価していく。そして、第七の章の最急降下法を使って、最も文書らしい文書を見分ける戦略を探っていける。その戦略に従えば、プログラムが見たこともない文書の文書らしさを正しく判定できるようになる。したがって、文法のルールを理解せずにチョムスキー以前の文書のみで訓練されたプログラムでも「色なき緑の考えが猛烈に眠る」に対して「猛烈に眠る考え緑の色なき」よりも高い点数をつける事実が分かっている。

さらに、ノーヴィグによると、以上のような統計学に基づいた曲線適用法による自動翻訳や自動入力システム[*9]は、人間の言葉を現状分析するシステムより圧倒的に優秀だそうだ。それに対して、チョムスキーはグーグルの人工知能は言語の本質について新しい情報を教えてくれないと指摘している。つまりニュートンが曲線適用法で力学の法則を解明する前に現状分析法で砲弾の軌跡を正しく当てたガリレオのようなものだ。

私はノーヴィグ氏も、チョムスキー氏も正しいと思っており、しかもその洞察は言語だけではなく、疫病にも当てはめられるのではないかと考えている。なぜなら、結局疫病を真面目にモデル化しようと思えば、曲線適用法も、現状分析法も使わざるを得ないからだ。例えば、マサチューセッツ工科大学を卒業したヨーヤン・グ氏はその二つの方法をうまく組み合わせて、コロナ感染の最も正確なモデルを作った。現状分析法としてのロス式の微分方程式でコロナの知られている働きをモデル化する一方、知り得ないパラメーターを知っているデータに合わせるために曲線適用法としての機械学習を使ったのである。グ氏のモデルでも分かったことだが、明日起こることを予測したいなら、昨日まで起こったことを極力記録しなければならないが、過去に起こった大流行の数は限られているため、機械学習の観点から見てそのデータは不足している。したがって、次の大流行に備えたければ、現在の分析法と曲線適用法を駆使して汎用性のあるルールを見つけるように努め続けなければならない。

＊9　とはいえ、人間の言語学習能力は人工知能を圧倒的に超えており、人工知能が要するデータの 10 億分の 1 のデータ量だけで新しい言葉を習得することができるらしい。

第十二の章

葉っぱの中の煙

ベオグラードで開催された 1977 年の数学オリンピックに参加していたオランダのチームメンバーたちはイギリスのチームに対して次のようなパズルを出した。

「以下の数列の続く項を求めなさい」

1, 11, 21, 1211, 111221, 312211, …

あなた、どう思う？ 参考までに、続くいくつかの項は次のようになっている。

13112221, 1113213211, 31131211131221, 13211311123113112211, …

実は、たいていの人はこの質問に答えられない。私だって、初めて見たときはそうだった！ それにもかかわらず、その答は少しおバカでかわいい。この数列はいわゆる「読み上げ数列」であって、最初の項は言わずもがなの《1》、2 項目はその 1 を《1 個の 1》と読んで《11》、3 項目はそれを《2 個の 1》と読んで《21》、4 項目はそれをまた《1 個の 2 と 1 個の 1》と読んで《1211》とする。以下同じである。

これは単なる娯楽に見えるかもしれない。オランダのチームもジョークとして言い出したのではないかと考えられる。しかし、この数列は、娯楽を数学に変えたり、数学を娯楽に変えたりすることを専門にしていたジョン・コンウェイの関心をひくことになった。1983 年のことである。コンウェイはその数列が 3 より大きい数を含んでおらず、その成長が《アトム》（元素）と名付けた 92 個の短い数列によって制御されていることを証明した。コンウェイはそれぞれのアトムに実際の元素の名前を当てて、例えば 1113213211 のことを《ハフニウム》（hafnium）と呼んだ。各アトムの桁数は予測可能な形で変動していく。つまりこの読み上げ数列を構成しているアトムの桁数の数列は次のようになる。

1, 2, 2, 4, 6, 6, 8, 10, 14, 20, …

これが等比数列だったら素晴らしいが、残念ながらそうではない。その代わり、続く 2 項の比の数列は以下のようになっている。

2, 1, 2, 1.5, 1, 1.33, 1.25, 1.4, 1.42857, …

しかし、さらに進んでいくと、数の出方は次第に規則正しくなる。例えば 47、

48、49 項目は、それぞれ 403,966、526,646、686,646 だ。48 項目は 47 項目の 1.3037 倍で、49 項目は 48 項目の 1.3038 倍だ。つまり、それらの比例は次第に安定していくように見える。コンウェイは 92 個のアトムをうまく使うことによってそれらの比は正確に計算できる[*1]定数へと収束していることを証明した。したがって、読み上げ数列の項の比は厳密には等比数列を成さないが、数が大きくなると共に等比数列へと収束する、といえる。

等比数列は優美で清純だが、現実にはほとんどお目にかからないものだ。それよりは、読み上げ数列のような、《準等比数列》の方が圧倒的に多い。その事実を利用して、以下では、数学においてもっとも大事な概念の一つである《固有値》を説明していこうと思う。ロスとハドソンが作ったような疫病のモデルを、さらに現実に近づけさせようとするときはこの固有値を無視するわけにはいかない。

ダコタ再訪問

疫病に適用したロス＝ハドソンの「出来事理論」は、特定の時点での感染患者数を知っていることに依存している。しかし、その時点で、モデルに、ある程度のあいまいさも導入せざるを得なくなる。標本母集団のサイズを決めなければならないためである。標本母集団を自分の近所にするのか？ それとも町全体の方がよいのだろうか？ もしくは国、あるいは世界そのものにした方が正しいのか？

標本母集団の選択がいかに大事かを理解してもらうためには単純な算数が使える。例えば、アメリカのグレートプレーンズの北部で新型ウィルスが検知されたとしよう。そこで、北ダコタ州の患者数は毎週 3 倍になって増えていくが、南ダコタ州では、なぜか、毎週 2 倍になって増えていくとする。例えば、北ダコタ州の患者数の数列は、

10, 30, 90, 270

の通りで、それに対して、南ダコタ州の患者数列は、

30, 60, 120, 240

だとしよう。

そこで、北と南のダコタ州を合併して統一のダコタ州として数えたら、合計の数列は

40, 90, 210, 510

で、等比数列ではない。これらの 4 項の比は 2.25、2.33、2.43 だからである。そのため、この数値を目にした医師が、ダコタ州に蔓延しているウィルスは週ごとに感染力が上がって、極めて恐ろしい脅威になるという結論に至っても不思議

＊1　代数ファンへ：その比は 71 次多項式の最大の根であることを教えてあげよう。

ではない。そもそも、その上昇率はいつ止まるのだろうか？

しかし、あわてる必要はない。その上昇率は等比数列を成さなくても、読み上げ数列と同じように準等比数列ではある。ここで取り上げた最初の 4 週間では、北ダコタ州と南ダコタ州の患者数は大体同じだが、疫病が蔓延し続けると、北ダコタ州の次の 4 週間の患者数は、

810、2,340、7,290、21,870

のようになる。それに対して南ダコタ州では

480、960、1,920、3,840

だ。8 週目の合計の患者数は 25,710 人で、前週の 9,210 人の 2.79 倍になる。つまり 3 倍に極めて近く、そこから増える一方だ。なぜなら、北ダコタ州の上昇率は南ダコタ州を圧倒しているからだ。そのため、10 週間後に患者数の 95% は北ダコタ州にいて、南ダコタ州の数値は誤差範囲内となる。患者数の大半は北に滞在しており、その全体人数は毎週 3 倍になっていくと理解してもほぼ間違いない。

以上の 2 州のダコタにおける疫病のモデル化の事例は、時間だけではなく、空間すなわち蔓延地の設定の重要さも教えてくれる。すでに取り上げた SIR モデルは、任意の二人が互いに感染しあう確率が同じであるという前提の下で働いているが、それは現実と違うことが分かり切っている。南ダコタ州の住民が他の南ダコタ州の住民と出会う確率は北ダコタ州の住民と出会う確率より圧倒的に大きい。そのため、州ごとの感染率も、そして同州内の集落ごとの感染率が大いに違う可能性も高い。それに対して、広い領域の住民が均等に交じり合えば、湯に冷水を注ぐときと同じく、疫病の蔓延の行方も規則正しくて予測しやすくなっていくはずだが、現実はそんなに甘くない。

それでは、2 州のダコタを使ったもっと興味深い状況を考えてみよう。仮に南ダコタ州の住民たちは社会的ルールを厳密に守っていて、南ダコタ州同士の感染率は 0 だと仮定しよう。それに対して、北ダコタ州の住民はいっせいにルールを無視して、常に感染しまくっているとしよう。そのため、北ダコタ州の一人の住民はかならずもう一人を感染させるとする。さらに、北ダコタ州の住民は自由に南に行って、そこでも一人を感染させるとし、感染した南ダコタ州民は一人の北ダコタ州民を感染させるとする。

以上の仮定はちゃんと伝わったかな？ 伝わらなくても、その感染パターンを図で考えてみよう[*2]。感染した患者は 1 週間で全快するとして、まず北ダコタ州で感染者が一人現れたとする。その感染者は、初週に、一人のダコタ住民と一人の南ダコタ住民に病気を移して週末に快復すると、週末の感染者数は次図のように南北で一人ずつになる。

＊2　（訳注）フィボナッチ数列の最初の例として知られるウサギのペアの増え方に似ている。

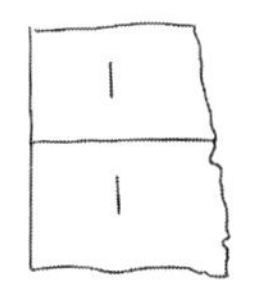

次の週では、北ダコタ州の患者は南北の一人ずつに病気を移して、南の住民は北から訪れてきた一人の北ダコタ住民に病気を移す。

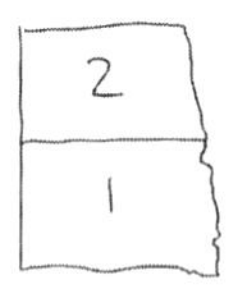

同じように考えると、時間が経つとともに、ウィルスは以下のように広まっていく。

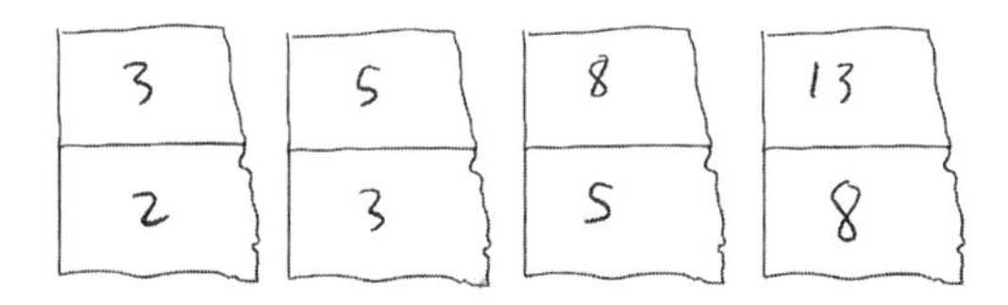

サンスクリット語でも聞こえてきただろうか？ なぜなら、ヴィラハンカ＝フィボナッチ数列に従って、北ダコタ州の感染者数は

1, 1, 2, 3, 5, 8, 13, …

という風に増えて行くのだ！ 南ダコタ州の数値も 1 週間分ずれていながらも、同じ数列を作っていく。毎週の南ダコタ州の感染者数は 1 週間前の北ダコタ州の感染者数と等しく、北ダコタ州の新感染者数は先週の南北の感染者数の合計になる。

このフィボナッチ数列はちょっと見では等比数列ではない。計算してみると、相次いでいる項の比は以下のように上下していっている。

1, 2, 1.5, 1.66, …

とはいえ、十分に進んでいけば、等比数列に近づいていくことがはっきりする。例えば、フィボナッチ数列の 12 項目は 144、13 項目は 233、そして 14 項目はその合計の 377 だ。233/144＝1.61806 で、その次の比は 377/233＝1.61803 になる。見て分かる通り、その二つの比は極めて近い。さらに進んでいけば、相次ぐ項の比は 1.618034 という数値に収束していくことが分かる。なんと、厳密に等比数列ではないが、等比数列に近づいていく数列を再び発見したのだ！

フィボナッチ数列に隠れているこの比は普通の数値ではなく、Φというギリシア文字で表記される《黄金比》あるいは《神聖なる比例》として知られる著名な数値だ（ある数値の知名度に正比例してその呼び名も増えていくようだね）。そ

の正確な値は $(1+\sqrt{5})/2$ だ。

数百年にわたって人類はこの数値に魅了されてきた。それをユークリッドは素朴に《外中比》と命名している。正五角形を作図するために黄金比が必要だったからである。つまり黄金比は正五角形の対角線と辺の長さの比となっている[*3]。

ヨハネス・ケプラーは、ピタゴラスの定理と黄金比の発見を古代幾何学の最大の偉業と高く評価しており、「ピタゴラスの定理を金の塊だとすれば、黄金比は値踏みのできない宝石のようだ」と絶賛した。

しかし、何らかのタイミングでその比のことは宝石比ではなく、黄金比という名で知られるようになった。1717 年の書物には「古代人はその比のことを黄金比と呼んでいた」と書いてあるが、それを裏付ける証拠はない（昔の著者は、自分で決めた命名規則が古代に由来していると主張して文化的な重みを増やそうとすることがよくあった）。短辺と長辺の長さの比が黄金比になっている長方形のことを《黄金長方形》というが、その短辺を一辺とする正方形をその長方形から切り取ると、残る長方形も黄金長方形になることはもっとも興味深い特徴だ。その分解を続けていけば、以下のような、次第に縮小していく正方形の螺旋を作図することができる。

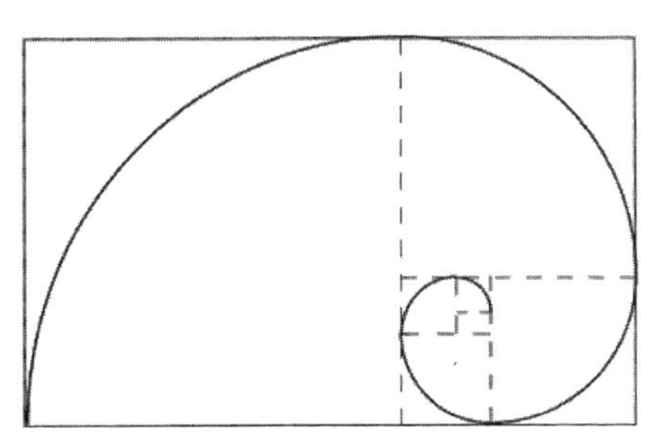

黄金比の図形的あるいは算数的な特徴は特にケプラーを大いに魅了した。独自

＊3　（訳注）ユークリッドにちなむと言われる正 5 角形の作図法。CF は AB の垂直二等分線。AB＝CD、AC＝DE。AB：AF は黄金比となる。

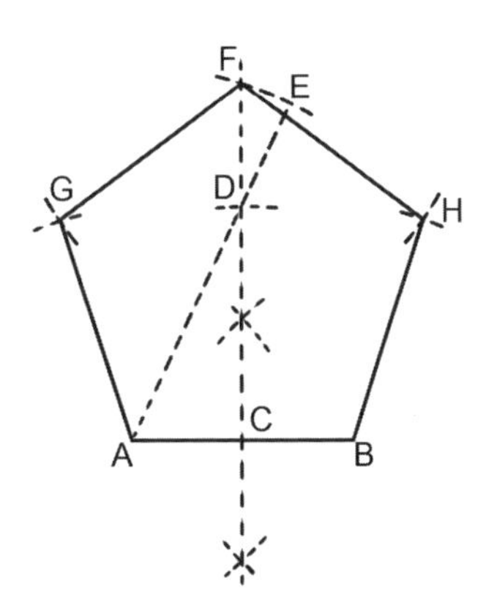

でヴィラハンカ＝フィボナッチ数列を発見し、相次ぐ項の比が黄金比へと収束することにも気づいたのである。それぞれの辺長がフィボナッチ数列の相次いでいる項になっている長方形を作図すると、その数列の図形的特徴と算数的特徴の関係を図示できる。以下に、13×8 の長方形を描いてみた。

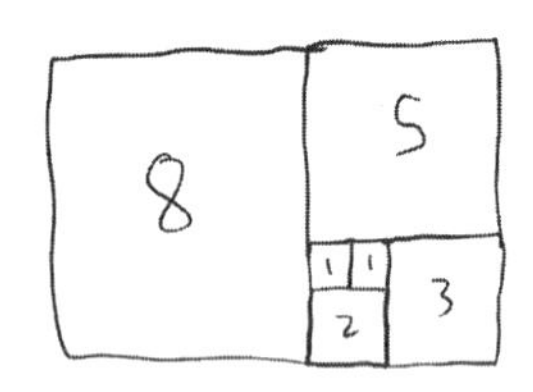

この長方形は黄金長方形でなく《準黄金長方形》といってもよい。8×8 の正方形を切れば 5×8 の長方形が残る。そのあと、フィボナッチ数列に従って、次第に小さくなる正方形を切っていったら、最終的に 1×1 の小さな正方形へと収束する。

ところで、私自身がもっとも好きな黄金比の次のような特徴はさほど知られていないので、この機会にもっと広めたいと思う。

黄金比は整数の比では表せない無理数で 1.618034…と書くことが多い。このような黄金比に近い整数の比はいうまでもなく数多く存在している。そもそも 10 進展開は、任意の無理数に近い分数を次のように作る。

16/10＝1.6 （結構近い）

161/100＝1.61 （さらに近い）

1,618/1,000＝1.618 （充分近い）

以上のうち、3 番目の分数と黄金比との誤差は約 0.000034 でわずか約 1/1,000 なので、分母を 10,000 にすれば約 1/10,000 の誤差まで近づけることができる。

しかし、10 進展開よりももっといい方法がある！ フィボナッチ数列の項の間の比は次のように黄金比へ収束していく事実を覚えているかい？

8/5＝1.6

13/8＝1.625

21/13＝約 1.615

……

233/144＝約 1.6180555555…

この最後の比と 1.618034 との誤差はおよそ 0.00005＝2/100,000 であって、233/144 は 1,618/1,000 より大分優秀な黄金比の分数表現となっている。しかも分母はわずか 3 桁で誤差は非常に小さいというメリットがある。実際、1/144 の 100 分の 1 よりも小さい。

黄金比と同じように、分数を使って他の有名無理数の近似値を表すこともできる。例えば、5世紀の中国の天文学者の祖沖之は、355/113という分数とπとの誤差がわずかの千万分の2にすぎない事実を見つけ、《密率》と名付けたが、著書が失われているため、計算の仕方は知ることができない。これは極めて難しい問題で、インドで再発見されるまで1000年もかかり、さらに西洋で知られるようになるまで100年かかり、さらにπが実際は無理数であることが決定的に証明されるまでに100年が必要だった。

では、分数の有理数をどこまで無理数に近づけられるのだろうか？ それは算数の問題であるが、幾何学的に考える方が分かりやすいときもある。19世紀初めのドイツの数学者ピーター・ディリクレはそれにまつわる非常におもしろいトリックを考え出した。

φ（黄金比）との誤差が1/144の100分の1よりも少ない分数は233/144であるが、では黄金比との誤差が1/qの1,000分の1よりも少ない分数p/qを見つけることはできるだろうか？ 次のようにしてできる。ディリクレはそれが可能であることを「鳩の巣原理」に関係させながら証明した。

まず、0と1との間の数直線を考えて、それを1,000等分する（1,000等分の線など描けないので想像力を駆使すること）。

次にφの倍数を書き下ろすと、

φ＝1.618…、2φ＝3.236…、3φ＝4.854…、4φ＝6.472…

となるから、その小数部（小数点以下の部分）を数直線上にプロットしていく。その場合、例えば最初の300倍までの小数部を縦棒で図示したら、次のバーコードのような模様が得られる。

縦棒のそれぞれは1,000等分した箱のいずれかに入っている。例えば、.618…になっている黄金比φ自体は619番目の箱に入る（618を超えるため618番目ではなく619番目の箱に入る。2024年を、20世紀でなく21世紀に入れるのと同じだ。つまり、最初の箱には.000と.001の間の数、2番目の箱には.001と.002の間の数が入る）同じく2φは237番目の箱に、そして3φは855番目の箱に入る。続いてそれぞれの小数部を箱に振り分け続けていく。その結果、いずれかのφの数値が最初の0と0.001の間の箱に入ったら勝ちだ！ なぜなら、φの倍数qφの小数部が、最初の0と0.001との間にあるということは、qφと任意の自然数pとの差は大きくても0.001にすぎないということを意味しているからだ。そして、それぞれの数値をqで割り算したら、φとp/qとの差は1/qの1,000分の1よりも小さいことが分かる[*4]。

以上の説明はあまりにも当たり前で、本当に役にたつことがあるとは信じがたいかもしれないが、深い数学ではそんなことがよくある。

我々のケースでは、鳩はφの倍数で、数値線分の 1,000 個の分割は巣に当てはまる。そして、ディリクレの鳩の巣原理によると、1,001 のφの倍数を 1,000 分割に割り振ろうとしたときに、そのうちの二つの倍数も入っている巣が存在するというわけだ。仮に同じ巣に入っている鳩は 238φ と 576φ だったとしよう。もしもそうだったとすれば、その二つの数値の差の誤差が 1/1,000 になる p という自然数が存在しているはずだ。その差は 576φ−238φ＝338φ で、最初の巣に相当しているはずだから、p/338 は十分近い近似値であることを教えてくれる。

ついでに、さらに美しい数学の事実を教えてあげよう。ここで証明することはできないが、φは有理数の分数によってもっとも接近しにくい無理数で、「もっとも無理な無理数」と言っても過言ではない。その事実は以下の図面で最も良く伝わるのではないかと思う。φの最初の 300 の倍数の小数部を図示すると以下のような《バーコード》になる。

それに対して、このバーコードはπのバーコードと大いに違っており、0 と 1 の間に平らに分散している。1,000 の倍数を次のように図示しても、縦棒の数は増えるが、バーコードの見た目は大して変わらない。

そして、百万の倍数を図示しようとしても、縦棒が有数の等間隔の位置の周辺に集まることは一切確認できない。それこそφが《宝石》と言われても不思議に思わない事実だろう？

ある比を探して

90 年代のある日、わが友人の友人から、ニューヨークのレストラン、ギャラクシー・ダイナーでのディナーに誘われた。誘ってくれた人は、数学についての映画を製作するため、数学で生計をたてていた私に、数学者としての人生について、いろいろ尋ねてきた。それで、チーズとミンチのサンドを食べながら、その

＊4　(訳注)いずれかの倍数の小数部が最初の箱に入る保証はない。箱に一度も入らずに永遠に動き回ることもあり得る。原著では、その場合の対処法として、鳩の巣原理を使ったディリクレの工夫が解説されているが、本節の理解のためには不要と思われるため割愛する。鳩の巣原理では、任意の数の巣箱にそれらより多くの鳩を入れようとすれば 2 羽の鳩が入る巣箱が少なくとも一つ存在する、と主張する。

人にいくつかの逸話を話したが、数年経つうちにそのディナーのことを完全に忘れてしまった。その人というのはダレン・アロノフスキー監督で、デビュー作『π』を1998年に公開した。

映画の主人公は数理科学者のマックス・コーエンで、指で髪の毛をいじくりながら何もかもを深く考え込む癖を持っていた。マックスは正統派のユダヤ教徒に出会って、ユダヤ教由来の数秘学《ゲマトリア》[*5]を教えられ、それに魅了される。ゲマトリアではヘブライ語のそれぞれの文字に数を紐づけ、それを合計することによっていろいろな言葉に数的な意味を与えている。そのヘブライ語の《東》の数は《144》、《生命の木》は《233》になる、と教えられたマックスは興味を抱いた。それらがフィボナッチ数列に属していたからである。おもしろくなったマックスは新聞の相場情報ページにいくつかのフィボナッチ数を落書きした。それを見た友人はびっくりして「そんな数は見たことがない」と感嘆する。それでマックスは、《ユークリッド》と名付けた自分のパソコンにフィボナッチ数を使った黄金螺旋を描かす。その間、自分のミルクコーヒーの上にミルクが描いた黄金螺旋を長い間見つめながら、相場の行方を予測する鍵になるうえ、神様の秘密の名前の一つにもあてはまるかもしれない216桁の数を計算し始める。やがて、自分の指導教官と何度も囲碁を打ち合う（陰の声が「マックス、考えることをやめておこう！　感じるのだ。勘をもっと使え！」とささやく）。マックスは激しい頭痛に襲われ、髪の毛をもっと激しくいじくり始める。そんなマックスに、アパートの隣人の美女は興味を惹かれる。最終的にマックスは、数学による圧力の一部を解放しようとして自分の頭骸骨に穴をあける。が、それでも映画はハッピーエンドらしき形で終わる。

私は、アロノフスキー監督に何を言ったか、はっきり覚えていないが、そんな怪しい話をした覚えはない（ここでもう一つ告白すべきことがある。『π』が公開されてから、私はカフェに入るたびに、テーブルの上のよく見える位置にロビン・ハーツホーンの『代数幾何学』を置いて、髪の毛を指で激しくいじくった。ところが、誰も見向きもしなかった）。

アロノフスキーがフィボナッチ数列を初めて知ったのは高校で受けた「数学と神秘学」の授業のときだったという。自宅の郵便番号が11235だったこともあって、その数列に対してすぐ強い愛着を抱くようになった。要するに黄金比で飾られたパターンや偶然の一致に対する敏感さや過剰な反応は黄金比の熱心家の特徴でもある。そのあげく、1.618…という数値の興味深い特徴に対する異様な執着が、とんでもない新興宗教のような発想へと拡大していったことは史実だ。その現象を目にした数理科学者のジョージ・バラード・マシューズはアロノフスキー

＊5　この言葉はギリシア語の《ゲオメトリア》（幾何学）をヘブライ語に変えたように聞こえるが、その語源はいまだに論争の的になっている。

の映画に 100 年近く先立って、1904 年の時点で次のような愚痴をこぼしている。

「いわゆる《神聖なる比例》あるいは《黄金比》の神秘的なオーラは無知の者だけではなく、ケプラーのような天才も魅了させてしまい、多くの人を風変わりな妄想へと導いた。古代ギリシア人でもそれを《ザ・比例》と称賛しており、東洋の影響を受けたに違いない古代の哲学者たちも、宇宙を創る元素や正多面体について子供じみた理論を立てるようになった*6。とはいえ、哲学者たちはそうしたことを極めて真面目に考えていた。正五角形の作図方法を発明した者はそれを誇りに思っても当然だし、認めるべきだと思うが、《神秘なる五芒星》などに集中してきた数多くの迷信はその優れた発明のねじれた表現にすぎない。」

昔から黄金比を使った芸術作品などは、必然的に美しい、と評価されてきた。19 世紀のドイツの心理学者 G・T・フェヒナーは受け持っていた学生に数多くの長方形を見せて、黄金比の長方形が本当にもっとも美しく見えているかどうかを調べた。そして、なんと！ 過半数はその通りに答えてくれた。となると間違いなく、黄金長方形はハンサムな長方形だと認めざるを得ない。とはいえ、それはそうだったとしても、ギザの大ピラミッドやパルテノン神殿やモナリザなどが意図的にその黄金比を使って設計されたという根拠はない（レオナルドが黄金比を語るルカ・パチョーリの書の挿絵を手掛けたことは事実だが、自身の作品において黄金比に特別の配慮を払った証拠は一つもない*7）。

黄金比をφというギリシア文字で表す習わし自体は 20 世紀に決まったもので、黄金比を意図的に作品に入れていたとされる古代ギリシアの彫刻家フィディアスの名前の頭文字が、記念すべき、という理由で選ばれただけだ。ところが、フィ

＊6 (訳注)ケプラーの『世界の調和』(1619) に見る、正多面体を使ったプラトンの宇宙像。宇宙全体は右上の正 12 面体の形をしており、その宇宙を構成する四大元素の地水火風は、図で分かるように、立方体、正二〇面体、正四面体、正八面体をしている。

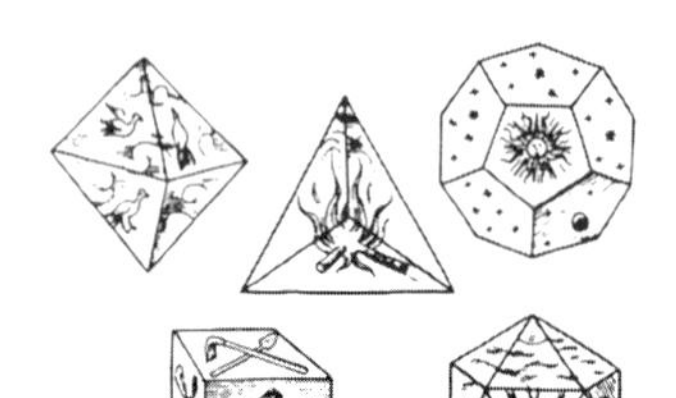

＊7 (訳注)パチョーリの『神聖比例論』(1509) に見るレオナルド作画の星形の多面体。

ディアスがそれを意図的に使ったことを決定的に証明できる証拠などは存在しない。1978年の歯科学の研究誌では、笑顔のアピールを最大にさせるために中央の前歯の幅をその横にある歯の幅の1.618倍にすべきで、さらにその歯の幅は糸切り歯の1.618倍であるべきだと主張する記事が掲載され、歯科学界に大きな波を立たせた。言われてみれば……、なるほど！ 黄金の歯よりも黄金比の歯の方がよいだろう！

とはいえ、黄金比ブームに本格的に火をつけたのはダン・ブラウンによる『ダ・ヴィンチ・コード』という、2003年の世界的ベストセラーになった小説だ。ダ・ヴィンチ・コードでは、ハーバード大学の宗教象徴学の教授がフィボナッチ数列や黄金比をあちらこちらで見つけていくことによって、テンプル騎士団やイエス・キリストの末裔にまつわる謎を解き明かす。それ以降は「φを使えばよい」というのが販売戦略の一つになった。「黄金比の入れ歯に似合う、お尻をセクシーに見せてくれる黄金比のジーンズでもどうぞ！」と言われ、さらに、レオナルドにならって、タンパク質や炭水化物を黄金比で分けた《ダイエット・コード》なども売り出されたりした。そして、神秘幾何学の歴史に残るべき傑作が生まれたのもその時代の成果物だった。つまりアーネル社による2008年の新しいペプシのロゴを解説する27ページの説明書が出されたのである。読んでみると、「真実と質素の単語はペプシのブランドの歴史に繰り返して登場し続けてきた現象だ」というようなことがド真面目に書いてある。そのうえ、ピタゴラス、ユークリッド、レオナルド、そして（なぜか）メビウスの帯などを含む5000年の形の歴史の到達地点として新しいペプシのロゴが公開されている。アーネルがヴィラハンカのことを知らなかったのはラッキーかもしれない。なぜなら、以上のような混合物にインド哲学を誤解したような発言を追加せずに済んだからだ。

とにかく、アーネル社がデザインしたペプシのロゴは黄金比で結ばれた円形から構成されており、解説書によると、黄金比のことを、これからは《ペプシ比》と言う方がよいのではないかと勧めている。それ以降の内容はもっとおかしくなっていく。地球の磁気圏と関係を持っている《ペプシ・エネルギー場》が登場して、アインシュタインの重力論とスーパーにおけるペプシ製品の棚との関係性を解説する以下の図面も載っていた。

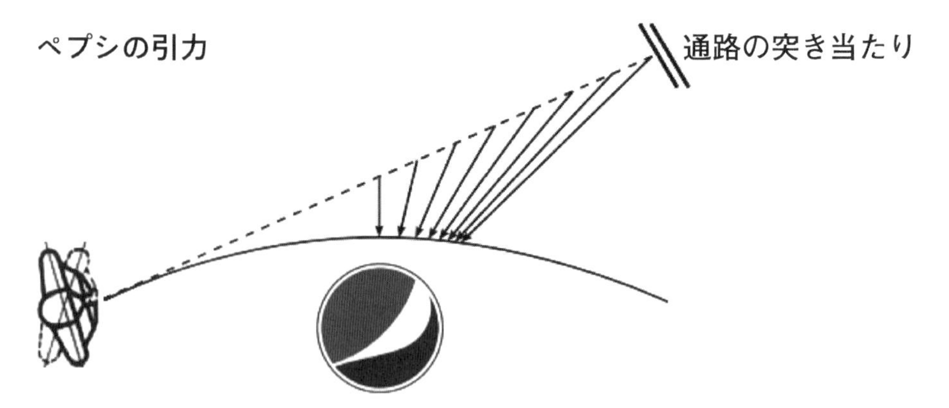

こんな話は、読んで笑うしかないという人がほとんどだろうが、アーネル社が製作したロゴはいまだにペプシの製品を飾り続けている*8。もしかすると、その事実こそは黄金比が正に世の中の美しくて善いものを区別するための最高の鍵になっていることを示している！ あるいは、ペプシをバカ売れさせるための鍵になっているだけかも知れないが……。

ラルフ・ネルソン・エリオットは20世紀前半にアメリカと中米の国々を行き来してきた計理士で、メキシコの様々な鉄道会社に務めたり、米領ニカラグアの金融制度の改革に参加したりした。残念ながら1926年に寄生アメーバに感染してしまい、米国に帰国せざるを得なくなったが。3年後に株式市場が暴走して、歴史に残る大恐慌になってしまい、エリオットに多くの暇な時間ができた。それは、伝統的な複式簿記に当てはまらなくなってしまったことによって予測不能になった世界の金融制度に（可能な限りの）秩序を回復させようとする契機にもなった。エリオットは第四の章で紹介したルイ・バシュリエの株式相場をランダムウォークで分析した研究を決して知らなかったが、知っていたとしても、おそらく無視したに違いない。なぜなら、相場がランダムに上下することを信じていなかったからで、どちらかというと、惑星の軌道を支配している安定感に満ちた物理法則と似たような規律を求めようとした。エリオットは実際に自分のことを、17世紀に彗星の動きはいかに規則正しいかを証明したエドモンド・ハレーに例えていた。「人間は太陽や月と同じような自然物にすぎず、その行動は数学で分析できるはずだ」と言っている。

エリオットは75年分の相場の動きを極めて細かく分析して、その上下の動きに筋が通った何らかの物語を当てはめようとした。その結果として生まれたのがいわゆる「エリオット波動論」だった。それによると、株式相場は互いに影響し

＊8　(訳注)ペプシ社は、2023年に、1940年代まで遡る《クラシック》なロゴに戻すことにした。

あう複数の《サイクル》(波動) によって左右されるという。数分ごとに上下するもっとも細かい波動は《サブミニュエット》というが、それに対して《グランドスーパーサイクル》は1857年に始まり、いまだに続く100年以上の振幅を誇る。

株で金儲けしようとする投資家は、相場の傾向は上昇するか落下するかを知る必要があるが、うれしいことにエリオット波動論はちょうどその疑問への答を出してくれるように見えた。そして、エリオットは今期のサイクルと前期のサイクルとの比は、なんと！ 黄金比で、今期のサイクルの長さは前期の長さのおよそ1.618倍になる傾向があると信じていた。そのため、新聞の相場情報ページにフィボナッチ数列を一生懸命記していく『π』の主人公マックス・コーエンの大先輩とみなしてもおかしくない。

とはいえ、その《黄金のルール》は絶対的ではなかったらしい。次期の波動の振幅は今期の波動の振幅の1.618倍 (61.8%) になることもあるとしたら、1.382倍 (38.2%) にもなり得る。なぜなら、38.2%は61.8%の61.8%だから。とにかく、エリオットの理論はみごとに柔軟だった。ある理論は柔軟であれば柔軟であるほど、過去に起こったことに対して「私が予測した通りだ」と言いやすくなる。正直に言うと、エリオットの理論では何が予測できて、何が予測できないのかは外からは判別できない。おまけに、暇すぎる人間が考えた他の多くの理論と同じように、波動論も奇異な専門用語にあふれている。そして、株式相場のことを完全に解明したと思い込んだエリオットは後に自分の人生の最高傑作『自然の法則、宇宙の秘密』を10年もかけてまとめていった (ネタバレするが、その《宇宙の秘密》も波のことだった)。

現実に根拠を持たない風変わりな理論の例として、ロジャー・バブソンの思想も取り上げられる。バブソンは、ニュートンの運動の法則が、株式相場を左右したり、1929年の大恐慌を予測したり、そして1930年のその大恐慌の収束[*9]を予測したりした、と信じていた。さらに、マサチューセッツ州にバブソン大学を設立し、米国の幾何学的な中央点に位置するとされているカンサス州のユリーカでユートピア大学を設立した (そこなら、アメリカに原爆が落ちたときにもっとも安全だと思っていたから)。1940年に禁酒党の大統領候補として選挙にも出馬したこともあって、株式相場についてのヒントを売ることで儲かった資金の大半を反重力質の金属の開発に注いだ。

バブソンの株式相場理論がほとんど忘れられてしまったことに対して、エリオット波動論はいまだに注目され続けている。例えば、金融サービスのメリルリンチ社が出版している「テクニカル分析」のガイドブックは波動論を語る「フィボナッチ概念」という一章を収録している。その内容は黄金比マニアに通ずる

＊9　大恐慌の影響は実際に少なくとも1937年まで続いたがね。

もっとも有名な次のような論点から構成されている。

「他の分析方法と同じく、フィボナッチ数列による分析も100%信頼できるわけではない。とはいえ、フィボナッチ数列が大きな転換点を予測できる驚くほどの力を持っていることは認めざるを得ない。フィボナッチ比やその関連数がたびたび登場する理由については諸説があるが、自然界のあちらこちらに観察できることも事実だ。それ以外に、ルネサンス絵画の比例や構図を決める基礎的な概念にもなっていて、フィボナッチの生きた時代に先立って、古代ギリシアの神殿建築などにも使用されていた。」

ブルームバーグ社が提供している金融分析サービス「ブルームバーグ・ターミナル」では、高い年間使用料を払えば、株式相場のグラフ上に《フィボナッチ線》も引いてくれることになっている。それによって専門家のあいだで、「フィボナッチ巻戻し」という名で知られている、株価がφに比例して最新の傾向を繰り返そうとする現象の再発までの残り時間を知ることができる。

ダコタ再々訪問

ここでもう一度ダコタのコロナ感染モデルに戻ろう。

例えば、北ダコタ住民が特に衛生状態が悪く、一人だけでなく二人の同胞を感染させると仮定して、前章と同じように、北ダコタ州での感染者数を１、南ダコタ州の感染者数を０として始める。２周目の感染者は北２、南１、３周目は北５、南２となる。そうすると、毎週の北ダコタ州の感染者数は以下の通りになる。

1, 2, 5, 12, 29, …

見て分かる通り、この数列を構成している項の方程式は $P_n = P_{n-1} \times 2 + P_{n-2}$ で、《ペル数列》という名で広く知られている。フィボナッチ数列と同じように、幾何数列ではないが、幾何数列と極めて近い形で上昇していく。相次いでいる項の比は以下の通りだ。

2/1＝2

5/2＝2.5

12/5＝2.4

29/12＝2.4166666…

……

80,782/33,461＝2.4142…＝(約)$1+\sqrt{2}$

以降の比は $1+\sqrt{2}$ に収束していく。

もしも一人の北ダコタ住民が３人を感染させた場合は、数列の《魔法的な》比

例は $(1/2)(3+\sqrt{13})$＝約 3.3 になる。モデルにネブラスカ州を加えて、一人のネブラスカ住民が毎週一人の北ダコタ住民と一人の南ダコタ住民を感染させるが、ネブラスカ住民同士による感染がないとすると、このモデルはさらに複雑になる。その場合の北ダコタ州の感染者数列は以下のようになる。

1, 1, 2, 3, 6, 10, 19, 33, …

以上の数列は公式名称を持たないが[*10]、ここまで見てきた他の数列と同じように、比は、次の式で計算される 1.7548…という定数へと収束していく。

$$\frac{1}{3}\left(2+\sqrt[3]{\frac{25}{2}-\frac{3\sqrt{69}}{2}}+\sqrt[3]{\frac{25}{2}+\frac{3\sqrt{69}}{2}}\right)$$

以上の事例を通して私がもっとも言いたいのは、黄金比と関係なくても自然に出てくる何らかの規則正しさは、いくらでもあり得る、ということだけだ。モデルに追加する州の数や感染のルールにもかかわらず、各州の感染者数は最終的に幾何数列[*11]を成す傾向がある。結局一番正しかったのはプラトンだった！ 自然は正に幾何数列を好むかもしれない。

このような幾何数列の上昇率を支配している比のことを、正式には《固有値》という。黄金比もその固有値の一つだ。非常に単純なシステムの固有値であることこそ、その人気の秘密だと思われる。異なるシステムは異なる固有値を持っていて、複数の固有値を持つシステムもあり得る。実は複数の固有値を持つシステムの方が自然と言えるかもしれない。先に示した最初のダコタ感染モデルでも、ウィルスの動きは固有値 3 と 2 の二つの幾何数列的な流行の相互作用の結果だった。時間と共に固有値 3 の流行が主流になりすぎて、最終的に複合の流行も固有値 3 の幾何数列へと収束していった。つまり、複数の固有値があったときでも最大の固有値が最終的に主流になるため、それを最重要視すべきだ。

このように、変動していく多くの部分から構成されたシステムを分かりやすい幾何数列に分割することはちょっと見ると難しそうであるが不可能ではない！ 例えば、以下に 0.7236 から始まる、黄金比を固有値としている数列を紹介する。

0.7236…, 1.1708…, 1.8944…, 3.0652…, 4.9596…

さらに、以下に 0.2764 から始まって、1－黄金比＝－0.618 を固有値としてい

＊10　オンライン整数列大辞典での記号は A028495 だ。その数列の n 番目の項は、あらかじめ決めた特定のチェスのポジションから王手詰みまで n+1 手でたどり着く可能な進行の仕方の総数であるらしい。不思議議だろう！

＊11　それは大流行の前半にのみ当てはまる可能性が高いといった方が正しい。なぜなら、途中で感染できる人口が必然的に減っていくため、最終的に幾何数列は崩壊してしまうからだ。

る数列を示す。この数列は、とても小さい R_0 を持ったウィルス流行と同じく、0へと収束していく（ただし、この数列の各項は0より小さいため、その0とはまた違う0だがね……）。

0.2764…, −0.1708…, 0.1056…, −0.0652…, 0.0403…

以上の二つの複雑に見える数列の項を加算してみれば、奇跡のようなことが起こる。それぞれの項の恐ろしい小数部は互いに消しあって、結果はフィボナッチ数列そのものになる！

1, 1, 2, 3, 5, …

つまり、フィボナッチ数列自体は幾何数列ではないものの、黄金比と (1−黄金比) のそれぞれを固有値にしている二つの幾何数列から構成されているわけだ。しかし、最終的に大きい方の黄金比が主流になるため、フィボナッチ数列の後半は黄金比を固有値としている幾何数列へと収束していく。

では、その二つの固有値はどこからきたのだろうか？ 北の固有値と南の固有値などが存在するわけではない。黄金比も、(1−黄金比) もシステム全体の変動の仕方について重要な情報を教えてくれているだけだ。それもシステムの特定の部分についてのことではなく、システムを構成している部分の相互作用についての情報だ。あとで詳しく説明するイギリスの代数学者ジェームス・ジョセフ・シルベスターは、そうした固有値を《潜伏ルーツ》と名付けた。シルベスターの鮮やかな説明によると、《潜伏》というのは、水の中の蒸気や葉巻の葉っぱの中の煙の広がり方、のようなもの」だった。残念ながら、英語文化圏の数学者たちはシルベスターのしゃれた言葉を採用せず、ダヴィッド・ヒルベルトによるドイツ語のアイゲンヴェルトの直訳である《アイゲンバリュー》つまり固有値を選んでしまった。

実は、ウィルスの流行などをモデル化するとき、地理で分ける必然性はない。ダコタ住民を北と南のダコタ住民に分ける代わりに、例えば年齢層で分けることもできる。その場合、例えば、3行と7列目の交差部分に第3と第7の年齢層の交流回数を表記していく10行×10列の表を作ることが考えられる（3行7列の情報は7行3列の情報と同じだから、このやり方に余剰が残るともいえるが、例えば若い人から年上への感染率は逆よりも高いと分かった場合、それぞれのマスに入れる数値が違ってくるケースも十分考えられる）。シルベスターはそのような数値を記入した表のことを《行列》（matrix）と名付けたが、《潜伏ルーツ》と違って、その名前は一般的に普及した。この行列の固有値を計算することは現代数学におけるもっとも大事な計算の一つで、数学者の大半は日常的に行っている。

行列を使った疫病の流行分析は以上のような簡易モデルよりもかなり正確だ。特に、一部の年齢層が他の年齢層と比べて伝染しやすかった場合、R_0 が高かったとしても、最終的に人口の一部をほとんど感染させないウィルスも有り得る。

そういった状況では、流行の初期段階に記録される高い数値は特別に感染しやすい年齢層に限定しており、その年齢層が免疫を身に着けてから、ウィルスが残りの人口を感染させる速度は急落して、流行は蔓延しないうちに収束する場合もある。そのようなモデルを使えば、高い R_0 で始まっても、人口の 10～20％が感染してから収束することを示すことができる。しかし、それらの数値を正しく計算するには、複数の年齢層の固有値を視野に入れなければならないため、複雑に聞こえるが、それは必ずしもそうではないということを理解してもらいたい。

単純な例を紹介する。例えば、ウィルスに感染しやすい層は人口の 10％だったと仮定しよう。その層に属している人間はさらに 20 人を感染させることができるが、残りの 90％は免疫がついており、感染できないとする。その場合、感染した人間は 20 人と濃厚接触しても、平均的に感染させる人数はわずか 2 人しかいないため、そのようなウィルスの R_0 は 2 であるが、感染しやすい 10％の患者を感染させたあと、感染可能な人口は 0 に減ってしまう。

このように、幾何数列はウィルスの流行を理解するために重要であるが、真実の一部しか教えてくれない。なぜなら、政府や住民の個人個人が感染防止対策を実施することによって R_0 が時間と共に変化していくからである。他方では、集団免疫による遅い収束のパターンも存在している。人口を年齢などで分けてウィルスの流行を分析しようとすれば、それは一つの流行だけではなく、互いに作用しあっている複数の流行である事実が分かる。そういったモデルは現実をより正確に反映している。なぜなら、それぞれの流行の上昇や落下のタイミングは現実と同じく年齢層などによって異なるからだ。

以上のようなモデルの分析を確率論的に行わなければならない。そのため、一人ひとりに固定の R_0 を振るのではなく、ランダムな変数を振っていく。そのランダムな変数の変動はあまりにも激しくなければ、そうすることによる変化はあまり大きくない。例えば、感染者の半分が平均的に一人を感染させて、残りの半分が二人を感染させた場合、次の週の感染者数は今週の 1.5 倍にしてもおかしくない。他方では、人口の 9 割は誰も感染させないが、残りの 9％は 10 人も感染させていって、さらに残りの 1％は 60 人も感染させていく場合はどうなるか？その一人当たりの平均も 1.5 であるが、その流行の進捗は大いに異なってくる。しかし、心配不要！ 1％の高い感染率の理由はどうであれ、数学の力でモデル化できる。ウィルスを大拡散させる、いわゆる《超拡散事件》は間違いなく危険だが、平均的に稀だ。そういった事件がない間にウィルスは密かに拡散していくが、感染者数が爆発的に増えることはない。しかし、相次ぐ超拡散事件は局所的に大きな感染の波を起こさせる。以上のことから、感染の原因についてのあいまいさが常に残ってしまう。そのため、二つの場所における感染者数が大きく違った理由は、感染防止対策の違いによる可能性もあるが、単に確率の問題かもしれない。とにかく、ウィルスの拡散における超拡散事件が大きければ大きいほど、そのウィルスによって大いに苦しむか苦しまないかどうかは運任せになってしまう。

その事実を知ったところで自治体の衛生局などは、理屈を諦め、代わりに運命の神に捧げものを供えながら、うまくいくことを祈ればいいというわけではない。ウィルスの拡散は超拡散事件によって大きく左右されることを知っておけば、その情報を大いに活用できる。なぜなら、超拡散事件さえ防止すれば、拡散は防止できるからだ。したがって、大型披露宴や飲み会などを規制していけば、他の日常行動を厳しく規制しなくても伝染病をうまく収束させることができる。

数列の演算

グーグルが現れる前のインターネットは今のインターネットと根本的に違っていた。1990 年代中ごろ以降に生まれた人間にその差を説明することは不可能なほどだ。リンクの連鎖を覚えたり、長い HTML アドレスをブラウザーに打ち込んだりする代わりに、グーグル兄貴に尋ねればよくなったのでね。1990 年中ごろのその兄貴の能力は奇跡的にしか見えなかったのさ。この奇跡を起こしたのが実に固有値だった。そのグーグルの原理を理解するためには今まで語ってきたウィルスの流行モデルが役に立つが、あまりにも有名で、数多くの書物などで紹介されているため、ここではそれには深入りせず、固有値の凄さの一端を紹介する。

ちょっと見では、これまでに出てきた絡み合う数百か数千の幾何数列のモデルなどは、ニュートン力学が生まれる前に主流だった天体の「周転円論」や「エリオット波動論」などと同じほど複雑に見えるかもしれない。それらと違って、固有値によって解析する方法は実際の数学に根差しており、しかも多くの分野で活用されている。量子力学もそういった分野の一つで、もっと詳しく語りたいが、本書はすでに長すぎる恐れがあるため控えておこうと思う。とはいえ、本章の最後に純粋な数学的な固有値の定義を提示できるチャンスが巡ってきたので、その一部だけを紹介しようと思う。それでは、参ろう！

まず、以下のような公比 2 の幾何数列を想像してみよう。

…	1/8	1/4	1/2	1	2	4	8	…

この数列を 1 項分だけ左へと《シフト》（足し算移動）すれば、次のようになる。

…	1/4	1/2	1	2	4	8	16	…

このシフトによって誠に美しい現象が起こる。すべての項は自身の 2 倍と入れ

替わるのだ。幾何数列だから！　公比 3 の場合も同じようにそれぞれの項は自身の 3 倍と入れ替わる。しかし、次のような幾何数列ではない公差 1 の等差数列、

…	−2	−1	0	1	2	…

の場合は、1 項分だけ左へとシフト）すれば、

…	−1	0	1	2	3	…

のようになって、元の数列の倍数列にはならない。

このように、シフトすることによって自身の倍数列になる数列、つまり幾何数列、はそのシフトに関して《固有数列》になっているといえ、掛け算される値はその固有数列の固有値となる。

こうした数列に対しては、シフト以外の演算もできる。例えば、それぞれの項に、数列での位置を表す数値をかけてみたらどうだろうか？　すなわち、0 番目の項に 0 を、1 番目の項に 1 を、2 番目の項に 2 を、−1 番目の項に −1 をかけていく、などなどするのである。その演算のことを《ピッチ》（掛け算移動）と呼ぶことにしよう。

例えば

1/8	1/4	1/2	1	2	4	8

となった幾何数列にピッチを適用すると、以下の結果になる。

−3/8	−2/4	−1/2	0	2	8	24

この数列は元の幾何数列の倍数列ではないため、固有数列ではない。固有数列の例は次の数列で作ることができる。

…	0	0	0	0	0	1	0	…

この数列にピッチを適用すると、以下のようになる。

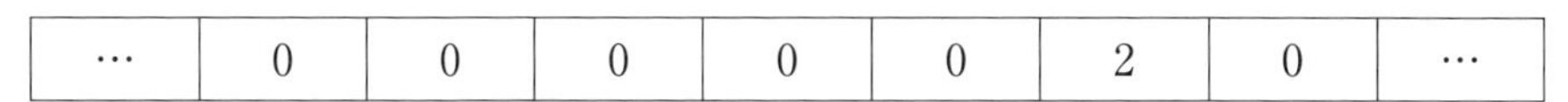

…	0	0	0	0	0	2	0	…

この場合の数列は元の数列の 2 倍数列だから、これは固有値 2 の固有数列だ。実は、このようにピッチの固有数列を作ることができるのは 0 ではない項が一つしか入っていない数列のみだ。それは誰にでも簡単に証明できる。0 しか入っていない数列はどうだろうか？　厳密にいうと、シフトに対しても、ピッチに対しても固有数列に見えるが、何の倍数列なのかが明白に指定できないためノーカウ

ントとする。

量子力学では、任意の量子は、確定の位置や運動量を持っておらず、常に不確定な《雲》の中に潜在していると考える。そのため、位置という概念のことを、数列に対するシフトやピッチと同じく、量子に対するある種の演算のようなものとしてとらえる。より正確には、一つひとつの量子は現在の状況を記録している状態を持っており、位置という概念を組み込むことはその状態を変更させる演算となる。シフトやピッチにおける固有数列が元の数列と定数（固有値）との掛け算の結果であるのと同じように、量子の位置の固有状態は、その量子の位置を決めるときに固有値と掛け算される状態のことをいう。そして、なんと！ 量子の位置が確定していると言い得る状態は固有状態のみだ！（その位置を知るために固有値を使う）。数列の大半が幾何数列ではないのと同様に、量子の状態の大半も固有状態ではないが、以上に説明した通り、多くの数列はヴィラハンカ＝フィボナッチ数列と同じように幾何数列の組み合わせとして表現できると分かった。それにならって、量子の現在の状態もそれぞれの固有値を持った固有状態の組み合わせとして表現できる。そのうちの一部の固有状態の確率は、他の固有状態と比べて高いため、量子が特定の位置にある確率を左右している。

量子の運動量も似たようなものだ。運動量も状態に対する演算として概念化できて、どちらかというと、ピッチとよく似ている。そして、あいまいな確率の雲ではなく、確定した運動量を持っている状態は、運動量に対する固有状態と見なすことができる。

では、位置も運動量も確定している量子とはどんなものだろうか？ 数列にたとえるなら、それはシフトとピッチに対して同時に固有数列になり得る数列のようなものである。

が、そんな数列は存在しない！ なぜなら、シフトに対する固有数列は必ず幾何数列で、ピッチに対する固有数列は0ではない項が一個しかない数列だからである。前項が0ではない数列はシフトとピッチに対して同時に固有数列にはなり得ない。

さらに量子力学に近づく説明の方法がある（できれば、鉛筆と紙を手に持って残りを読んで欲しい。そんなものを持たず拾い読みするだけも悪くはないがね）。

元の数列に対して同時にシフトとピッチを適用することから始める。最初に与えられた数列は次のようなものだとしよう。

⋯	4	2	1	−3	2	⋯

1項ずつ左へシフトされた数列は次のようになる。

4	2	1	−3	2	⋯	⋯

それをピッチさせると次のようになる（1番目の項の4には −3、2番目の項の2には −2、3番目の項の1には −1を掛けることを忘れないように！）。

−12	−4	−1	0	2	…	…

以上の混合演算のことを《シフト→ピッチ》と呼ぶことにする[*12]。しかし、混合演算をなぜその順番で行ったのだろうか？ 順番を逆にしたらどうなるか？実は最初の数列を初めにシフトでなくピッチする、つまり《ピッチ→シフト》する、と次のようになる。

…	−8	−2	0	−3	4	…

それをシフトすると次のようになる。

−8	−2	0	−3	4	…	…

つまり、ピッチ→シフトとシフト→ピッチの結果は違う！ 以上の現象は《非交換的》といい、ある演算の項目の位置を逆にしたときに、その演算の結果が違う特徴を表している。ちなみに、学校で習う数学の大半は《交換的》だ。例えば、2をかけてから3をかける結果と、3をかけてから2をかける結果は同じだ。現実世界においても同じようなことが言える。例えば、ソックスを履いたあと靴を履くところを、靴を履いてソックスを履けば非交換性を肌で体感できる。

しかし、以上のようなことが固有値と何の関係があるのだろうか？ それはピッチ→シフトとシフト→ピッチの差異を知れば分かる。ピッチ→シフト数列からシフト→ピッチ数列を引いてみて欲しい。

−8	−2	0	−3	4	…	…
−12	−4	−1	0	2	…	…

その結果は以下の通りだ。

4	2	1	−3	2	…	…

それは最初の数列ではないか！（正確にいうと、左へシフトされた最初の数列だ）。実は、引き算の順番を問わず、ピッチ→シフトとシフト→ピッチとの差は元の数列をシフトさせたものになることに変わりはない。では、ピッチとシフトに対して同時に固有数列になっている数列Sを見つけたと仮定して、Sのシフトはシフトの3倍で、Sのピッチは Sの2倍だったとしよう。その場合は、Sのシ

*12　ではここで問題：シフト→ピッチの固有数列を計算できるかな？

フトのピッチは、Sの3倍のピッチで、それはSの6倍になる[*13]。しかし、同じ原理に従えば、Sのシフト→ピッチもSの6倍になる。したがって、Sのピッチ→シフトとシフト→ピッチとの差は前項が0になっている数列だ。しかし、前述した通り、その結果はSのシフトされた数列だから、Sはノーカウントの0数列以外のものではないというわけだ。

固有数列の存在意義は、シフトやピッチが掛け算と似ているようなケースを見つけることにある。しかし、掛け算が交換的であることに対して、シフトやピッチはそうではない。その違いによって生まれるある種の緊張感に気づいただろうか？ それぞれの演算は似ているようで似ていないのである。

量子力学は以上の話と関係している。運動量と位置を表す演算子は交換的ではない。そして、任意の量子の状態の「位置→移動量」と「移動量→位置」の差はその量子の状態にプランク定数をかけた状態を表している。したがって、差が0になることはあり得ず[*14]、さらに、数列と同じように、ある量子の現在の状態は同時に位置と運動量に対して固有状態にはなり得ない。分かりやすく言い換えると、量子は同時に確定の位置と確定の運動量を持てない。量子力学ではそれのことを「ハイゼンベルクの不確定性原理」と呼んでいる。多くの科学者を魅了した謎めいた原理だが、本当は固有値に関係しているもう一つの事例に過ぎない。数学における興味深い数列が幾何数列に分解できると同じように、量子の状態も固有状態の組み合わせとして分解できる。

では、現実世界ではそういった分解はどのようにして行えるのだろうか？ 量子力学より古い物理学を使って見てみよう。

音波は純粋な和音に分解できる。例えば、ハ長調のドは、ドを固有値としている固有音波、ミを固有値としている固有音波、ソを固有値としている固有音波から構成されている。数学で「フーリエ変換」という名で知られている変換式を使えば、その音波を構成している固有音波に分解できる。フーリエ変換は奥深い歴史を誇っており、微積分学や幾何学や線形代数学の組み合わせによって19世紀に発明された。

しかし、微積分ができなくても、和音の中の個別な音波は聞き取れるのだ！なぜなら、あなたの耳の中の蝸牛という部分は、数学者が数百年をかけて解明した計算を自動的にやってくれるからだ。つまり、あなたがたがそれを紙面上に表現できるようになる遥か前から、人体そのものは幾何学を身に着けていたのだ！

＊13　ここではピッチは線形的な関数である特徴を利用している。つまり3をかけてからピッチさせた結果はピッチさせてから3をかける結果と同じとなる。

＊14　とはいえ、人間の感覚レベルではプランク定数は極めて0に近いため、我々にとっては物体が明らかに停止しているか、明らかに動いているかにしか見えない。

第十三の章

時空のしわ

ハンガリーのジョージ・ポリアやその弟子のF・エッゲンベルガーなどは、マルコフの2次元平面上のランダムウォーク理論を使って、さまざまな現象の広がり方を研究しようとした。マルコフ自身の実用的な応用に対する軽蔑心を無視して、天然痘や猩紅熱の感染の拡大、電車の脱線事故、機関車のボイラーの爆発、などといった現象を分析していったのだ。エッゲンベルガーはそもそも自分の論文の題名を「確率の伝染」にするほどだった。

2次元平面上のランダムウォークとしての伝染病モデルは以下のようにも考えられる。

ウィルスに感染した人が、マンハッタン[*1]のような碁盤目の街の交差点にいるところを想像してみて欲しい。モデルを単純化するため、その場合の濃厚接触者は、碁盤目の東西南北にいる4人だと考え、毎日一人がその4人の隣人を全員感染させると仮定する。

ちょっと見ではそれが$R_0=4$のパンデミックに見えるかもしれないが、よく考えると、そんなに簡単には済まないことが分かる。1日後の総感染者数は5人で、

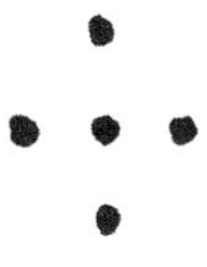

2日後は13人になる。

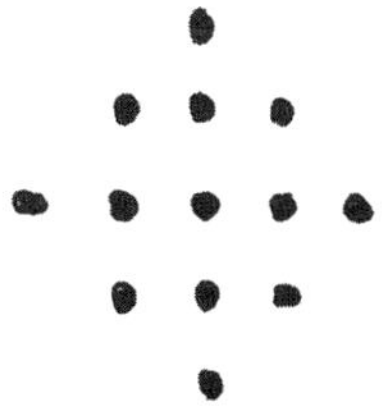

＊1　(訳注)日本人にとってはお馴染みの京都といえる。

3 日後の感染者数は 25 人。

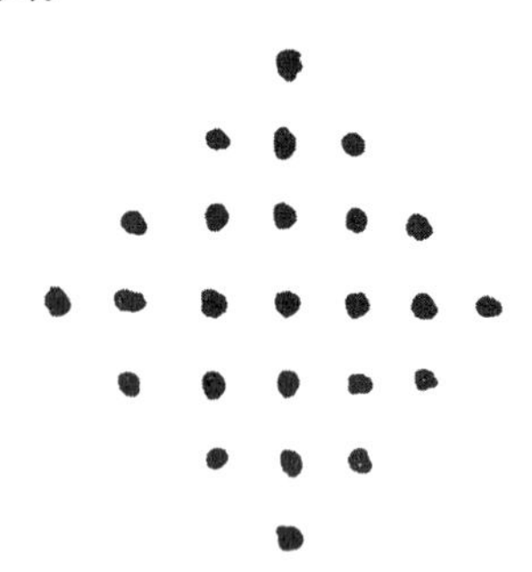

結局、パンデミックの数列は、最初の 1 が、5, 13, 25, 41, 61, 85, 113… になる。相次いでいる項の差は毎回上がる*2 ので、その拡大率は等差数列より早いものの、幾何数列よりは大分遅い。つまり、初めはそれぞれの項は前の項の 2 倍以上だが、その比は次第に下がっていく。例えば 113/85=1.33 である。

前章で伝染病の流行をモデル化しようとしたとき、その拡大は幾何数列を成すことが分かったが、今回のモデルでは人数だけではなく、患者たちの位置と相互距離、すなわち幾何学そのものも視野に入れている。そして、上の図でも見られる通り、その幾何学は患者ゼロを中心として毎日一定のペースで拡大していく斜めに 45 度回転した正方形*3を見せる。とはいえ、その感染の拡大状況はわずか数週間で世界規模のパンデミックになったコロナの大流行と大分違う。

なぜだろうか？ それは、4 人の隣人は、北ダコタ州のようにあちらこちらにランダムに分散している住民ではなく自分の隣人に限られているからだ。あなたが次の図の中の人物だと想像してみて欲しい。

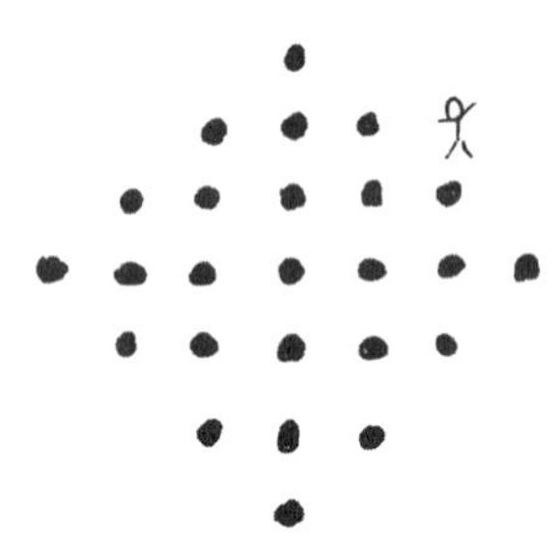

明日会うはずの 4 人のうちの 2 人はすでに感染している。そして、あなたの北の隣人は、あなたからウィルスをもらうと同時に、あなたの西側の隣人からも感

＊2　ウィリアム・ファーにならって、差の差を計算してみると、毎回 4 であることが分かる。

＊3　碁盤目の街の場合、その正方形が本当に円になることを第八の章で示した。

染させられる。すなわち、このウィルスの感染は重複していて、免疫を考えなければ、すでに感染している同じ人たちに何度も移っていっている。

ランダムに飛び回っている蚊も頭に浮かんできただろう？ その蚊も、実は同じ近所を延々と飛び回るだけで、最終的に誕生地から遠く離れることがほとんどなかったね。n 日間飛び回った蚊が訪れる場所を小さな正方形のマスで構成された外接半径 n の斜めの正方形と想像してみよう。すると、蚊が、寿命が尽きるまでに訪れることのできるマス数は敷き詰めている総数より必然的に少ない。ウィルスであれ、蚊であれ、幾何学的な碁盤目を素早く渡り歩くことは、とにかく簡単ではない。

かつてのパンデミックもそうだった。例えば、1347 年にマルセイユとシチリア島に上陸した《黒死病》（ペスト）は西欧の北部へと次第に拡大していったが、フランス北部やイタリア本土まで到達するまでに 1 年間もかかり、ドイツまで広がるまでにさらに 1 年、そして最終的にロシアに届くまでにさらに 1 年かかった。

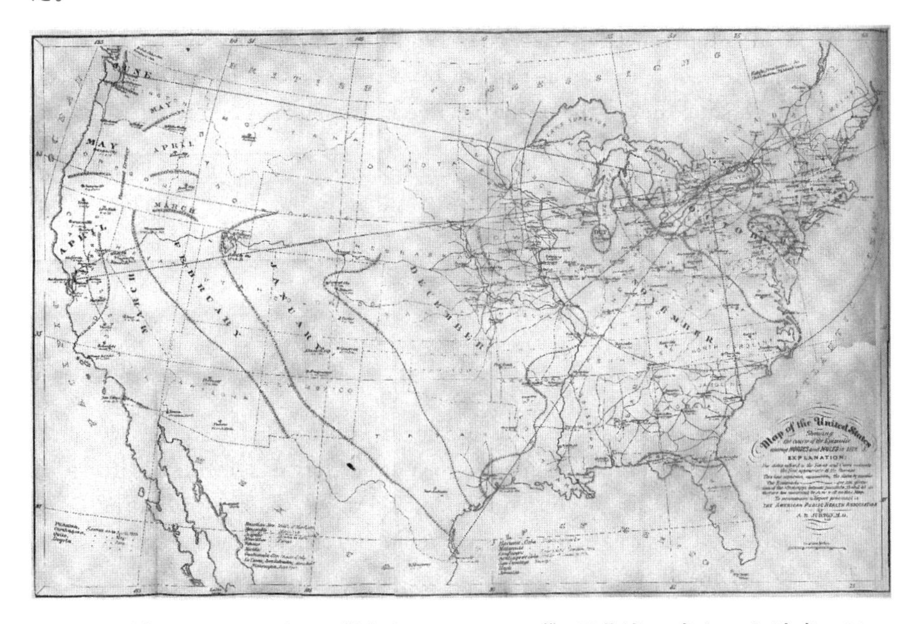

それに対して、1872 年に《馬インフルエンザ》が北米に広まった時点では、世界は大いに変わっていた。当時のボストンの新聞記事によると、ボストンにいる馬の 8 分の 7 が感染しており、流行の発祥地だったトロントは、1872 年秋の時点で《馬の巨大な病院》に変貌していた。現代人としてその状況の過酷さを知りたければ、今の世界中のすべての車やトラックなどが同時にインフルにかかって使えなくなってしまったことを想像してみて欲しい。

馬インフルエンザもトロントから北米の全域に広まったが、黒死病と違って、ゆっくりと進む波ではなかった。1872 年 10 月 13 日にカナダと米国との境界を越えて、21 日の時点でボストンやニューヨークに浸透し、1 週間後にボルチモアやフィラデルフィアまで到達した。それに対して、トロントに対して近いにもかかわらず、内陸にあるスクラントンやウィリアムズポートに入るまでには 11 月までかかった。その時点では南部の大都市チャールストンの馬たちもすでに病気にかかっていた。西への広がりにも同じようなムラがあった。1 月の 2 週目の時点で西部のソルトレークシティーの馬が感染して、ウィルスが西海岸のサンフランシスコに到達したのは 4 月中旬だった。それに対して、同じ西海岸のシアトルに届くまでにさらに 2 カ月かかった。

その不規則的な感染拡大の理由は、ウィルスが主に汽車に乗って広まったことだった。当時まだ 3 年の歴史しかなかった大陸横断鉄道で運ばれた馬たちは早々とサンフランシスコに届けられたり、トロントを東海岸の大都市やシカゴと結んでいた鉄道に乗って、東北部の都会エリアに広まったりした。それに対して、鉄道から遠いシアトルまでに到着するには比較的長時間がかかった。

ピザの中のしわ

ギリシア語の《ゲオメトリア》(幾何学) は文字通りで言うと《土地測量》を意味している。我々も正にそれをしている。土地、あるいは人間や馬の集団に幾何学を与えることは、最終的に 2 個の点に対して、その間の距離を表す数値を割り当てることに等しい。そして、その割り振り方が数多くあり、さらに割り振り方を変えることによって幾何学そのものを変えられるという事実は、現代幾何学のもっともすぐれた特徴の一つである。第八の章で家系図 (159 ページ) の中のいとこたちとの間の距離を計ったとき、その事実にすでに面していたが、地図上の地点の相互関係を表そうとする場合でも複数の幾何学の選択肢がある。「直線距離幾何学」では、米国における二つの都市の間の距離は、鳥や飛行機が飛ぶときの最短距離として定義している[*4]。それに対して、1872 年時点での陸上の移動の幾何学、も存在しており、1872 年の馬インフルエンザの伝染においては、その後者の方が参考になる[*5]。前者の幾何学で分かるように、直線距離ではスクラントンがニューヨークにずっと近いのに、後者の幾何学ではスクラントンはトロントに近い。本書では、伝統的な幾何学を教える学校と違って、新しい本物の数学の話をしているので、あなたも自分の幾何学を自由に考えてもいいんだよ！例えば、二つの都市の間の距離を、イニシャルのアルファベット順に並べるとき

＊4　「地球儀の湾曲を忘れていないか？」と思ったあなた、ご心配なく。後に説明する。
＊5　第八の章で紹介した等時性地図を描いたときもこの幾何学を使っていた。

の二都市間の距離、と定義してもかまわない。その幾何学では、スクラントンとトロント（1文字離れたSとT）の距離はスクラントンとニューヨーク（5文字離れたSとN）の距離より大分短い。

多くのアメリカの本好きの子供たちは、幾何学を決める距離は一つに決まるのではなく好きに自由自在に変えられる、という考え方を、次のような図を使って教えられている。

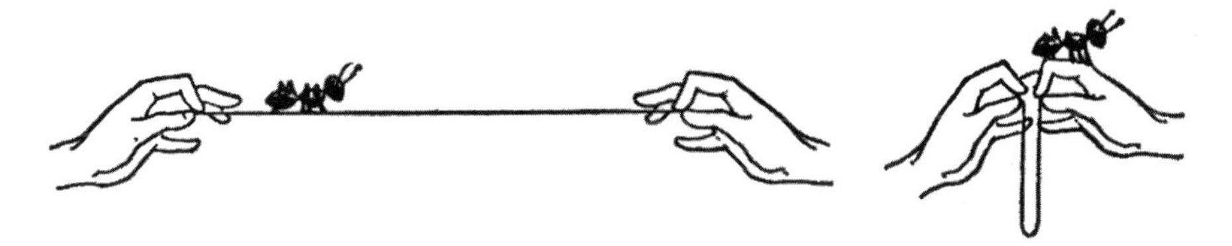

この図はマデレイン・レングルの『リンクル・イン・タイム』という小説に登場しているミセス・ワッツイットによる幾何学的な説明を描いている。ワッツイットは、時空を超える3人の魔女の一人で、3人の子供の主人公が宇宙を脅かす巨大な悪を倒すのを助けてくれる。つまり、主人公たちが、宇宙を光よりも早い速度で移動するためにはどうすればよいか、と相談したのに対して、ワッツイットは「数学と同じく、できるだけ近い道を使えばいいのよ」と答えてくれる。

左の図のアリは紐の左端にいて右端からは遠い。しかし紐を右の図のように縮めれば、左右の端の距離はほぼゼロになってしまい、アリはすぐ右手に移ることができる。「分かった？ アリちゃんは長旅をしなくても目的地に到着できるのよ！ あなたたちも同じように宇宙を旅することができるのよ」と魔女は教えるのだ。使っている紐の《しわ》(リンクル) は小説の題名にもなっている。魔女たちはそのしわのことを《テッセラクト》(tesseract) と呼んでいるが、1872年当時、それは鉄道を意味していた[*6]。そうだ！ シカゴとサンフランシスコをつなぐ鉄道は実際に北アメリカ大陸の幾何学におけるしわで、地図上の2地点間の距離を大いに縮めたり、逆に駅がない地点の間の距離を長くしたりしていた。そのため、1872年の馬インフルエンザは中米のニカラグアまで到達したのに、南米に渡ることができなかった。なぜなら、当時のパナマ地峡は沼や山地から構成される自然の要塞になっていたからだ。コロンビアとニカラグアとの間の直線距離は比較的短くても、馬にとってはほぼ無限とみなしてもよい距離で離れていたのさ。

1872年と比べたら、現代世界はしわだらけだ。我々が新型コロナウィルスの

＊6　(訳注)19世紀末の4次元幾何学者チャールス・ヒントンは4次元立方体のことをテッセラクトと呼んでいた。

存在を知る前に、そのウィルスはすでに中国やイタリアやニューヨークやテルアビブなどを結ぶ飛行機に乗っていた。飛行機とは関係なくても、コロナウィルスは地球上のしわでできた近道を通ってどこまでも広がっていく。2020 年春の時点で最も大きな被害を受けた地域は、ジェット機で旅をする実業家が集まる国際空港を持つ大都会ではなく、ニューヨークから車で簡単に移動できる地域だった。ウィルスは交通手段を選ばないからね。

『リンクル・イン・タイム』のミセス・ワッツイットの言葉を再び借りると、「直線は 2 点間の最短距離ではない」。では、地球儀上の 2 点間の最短距離は何だろう？ あなたが極端に優れたトンネル掘削機を持っていない限り、それはその 2 地点をつなぐ直線分ではない。なぜなら、地球は平らではなく、表面が湾曲しているからだ。地球の表面には直線などは存在しない！

しかし、そうだとしても、地球の表面上の最短距離は存在しているはずだ。ただし、その距離は普通に思いつくものではない。例えば、米国のシカゴとスペインのバルセロナは同じ緯度（北緯 41 度）にあるが、その二つの都市を球面上の最短距離でつなげば、その 41 度の緯線上ではおよそ 7,500 km 弱を旅しなければならない。それは遠回りだ！ 実際の最短距離はシカゴから北へと曲がっていって、北緯 51 度まで上がったあとバルセロナまで下がっていく円弧形の路線で、旅の長さを 200 km 以上短縮できる！

少しでも考えてみれば、緯線上を東西に行き来するという単純なアイデアがいかに間違っているかはすぐ分かる[*7]。南極から 2 m 離れている位置から真西へまっすぐ歩いたとしよう。その数秒後の結果は、寒い中、ただ小さな丸い軌跡を雪に残すことだけで、直線上を歩いたことにはならない。その感じは実際に間違っていないので信じるほかない。

球面上の直線を正しく定義しようとすれば、なじみのユークリッドが再び力になってくれる。球面上の直線とは球面上の 2 点間の最短距離、と定義すればよいだけだ！ この球面上の最短距離は任意の 2 点をつないでいる《大円》（中心を通る平面による球面の切り口の部分としての円弧）となっている。つまり大円自体は球面上を一周する直線に相当している。緯線について言うと、地球の赤道は大円だが、残りの緯線はそうではない。しかし、東側の経線とその反対側の西側の経線を組み合わせたものは大円だ。そのため、真北か真南へと向かった移動は常に直線移動となる。その場合、南北と東西の非対称性は気にしなくてよい。緯度と経度の定義によって違っているだけだからだ。地球の両極で交差している大円を経線と言うのに対して、一度も交差せずいわば平行になっている小円を緯線と定義しているだけだ。

東極や西極は存在しないが、必要なら東極や西極は自由に定義できるぞ！ 極

＊7　多くの政治的なイデオロギーもそうだがね。

の位置を自分勝手に決めればよい。例えば、北極をウズベキスタンのキジルクム砂漠に定めて、南極をその反対側の南太平洋に定めることだってできる！ニューヨークのプログラマーのハロルド・クーパーは実際にそういった地図を作ったことがある。そうすれば12本ほどの経線がマンハッタンの上下の通りに沿い、緯線は東西の通りに重なるので、ニューヨークの碁盤の目の都市計画を地球上の世界全体へと拡張できる[*8]。その地図では、私が勤めているウィスコンシン大学の数学部の位置は5086番街とウェスト・ネガティブ3442通りの交差点の近くにあることが分かったため、わが学部の商業地区的な雰囲気がようやく納得できた……。

緯線と経線を発明したのはオランダのゲラルドゥス・メルカトルだった。ゲラルト・デ・クレーマーという名で生まれたが、当時の学者間で流行っていたラテン語のファミリーネームを自分で選んだ。《メルカトル》とは、低地ドイツ語の《クレーマー》と同様に、《商人》を意味している（私が同じことをしようとすれば、自分のペンネームは《ヨルダヌス・クビトゥス》になって、それなりにカッコイイ気がする……[*9]）。メルカトルはゲンマ・フリシウスの下で数学や地図作成法を学んだあと手書き文字の教科書を著した。1544年にはプロテスタント教徒になった疑いで宗教原理主義者によって収監されている。その後、ジュイスブルクで高校数学を教えながら、数多くの地図を作製した。現在でもよく使われている「メルカトル図法」を使って「1569年のメルカトル世界図」などといった名作も残している。

メルカトルの地図は当時の船頭たちの絶賛を集めた。なぜなら、船頭たちは最短距離を知ることではなく、迷子にならないことを最重要視したからだ。航海中はコンパスを使って、磁北に対しての角度を固定しながら舵を切る。それに対してメルカトル図法では、南北の経線は縦線で、東西の緯線は横線で表され、さらに地図上の角度は実際と変わらない。そのため、西へ、あるいは北へ47度などといった方向を定めたら、実際に従う経路（いわゆる等角航路）はメルカトル地図上で直線になる。したがって、地図と分度器を使えば、目的地を正確に定めることができる。

いうまでもないが、メルカトル図法でも現実との差異が必然的に生じてしまう。例えば、地図上では経線は平行して、一度も交差しないが、現実には北極と南極で2回も交差する。そのため、北極と南極に近づけば近づくほどメルカトルの地図はおかしくなる。その極端な歪みが気になりすぎることを防ぐためにメル

＊8　マンハッタンを自分が住んでいる地域までに拡張させたければ、クーパーのextendny.com というウェブページをチェックすること。

＊9　わが家に伝わってきた逸話によると、《エレンバーグ》という家族名は、ドイツ語の方言で《ひじ》を意味している。

カトルは経線を北極と南極に近い場所で切った。さらに、実際には互いに等間隔にある緯線は地図上では曲に近づくにつれて次第に大きくなる間隔を持つため、北極と南極に近い領域は不自然に大きく描かれている。例えば、グリーンランドはアフリカとほぼ同じ大きさに描かれるが、実際はその14分の1にすぎない。

ではメルカトルより正確な図法を考えることはできるのだろうか？ 部分的には可能だ。「心射図法」*10 を使って大円を直線として描いたり、「等積図法」を使って大陸などの面積の比例を維持したり、メルカトルと同じように角度を維持させたりすることができる。が、同時にすべての条件を満たすことは不可能だ。その事実を述べている「ピザ定理」を初めて証明したのはカール・フリードリヒ・ガウスだった。ガウスはピザ定理とは呼ばなかったが、そのガウスがいた19世紀のゲッティンゲンにニューヨーク風のスライスピザが売られていたとすれば、間違いなくピザの定理と名付けただろう。ガウスはこの定理のことをラテン語で《テオーレーマ・エーグレギウム》つまり「卓越定理」と呼んでいた。それを言葉で説明する前に図で紹介する。

拡大して近くからみた曲面は上図の四つのいずれかのようにみえる。左から、球面、平面、円柱、馬の鞍形（ポテトチップス形）のそれぞれの部分である。これらの曲面について、ガウスは数値で表せる「ガウス曲率」という概念を導入した*11。平面と円柱は0、球面は正、鞍形は負のガウス曲率を持っている。次のような複雑な曲面の曲率は一定しておらず、場所によって異なる。

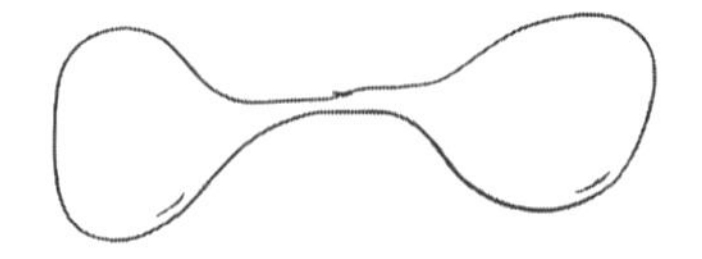

実は、角度と面積を維持しながら任意の曲面を異なる曲面に写しかえようとすれば、それぞれが持つ幾何学的性質は維持される。つまり元の曲面上の2点間の

＊10 （訳注）地表の接平面に地球の中心から地形を投影する図法。

＊11 （訳注）曲線上の1点での曲がり方は、その点に接する円の半径分の1としての曲率で示すことができる。この曲率には、円の半径に従って、正、0、負の3種類がある。それに対して曲面上の1点での曲がり方は、その点を通る2平面による断面としての円に現れる最大と最小の曲率の積、つまり正＝正×正＝負×負、0＝0×0＝0×正＝0×負、負＝正×負の3種類のガウス曲率で示される。

距離は写した後も変わらない。

その場合、卓越定理によると、ある曲面の幾何学を維持しながら（つまり、その曲面を曲げたりひねったりしてもよいが、引き伸ばすことは許されない状態で）異なる曲面へ写したとき、曲率は変わらない。もっと分かりやすく言い換えると、ミカンの皮の一切れは球体の一部分であって、それは、まっ平にして曲率を0にしたり、曲率を正から負に変えたりすることはできない。それに対して、下図のように平面の円盤の一部になっているピザスライスは、先端を曲げたり両端の縁を曲げたりすることができる。この場合、0の曲率は変わらない。

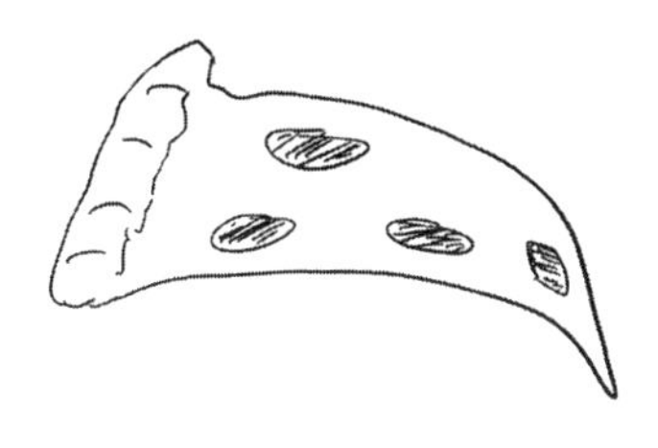

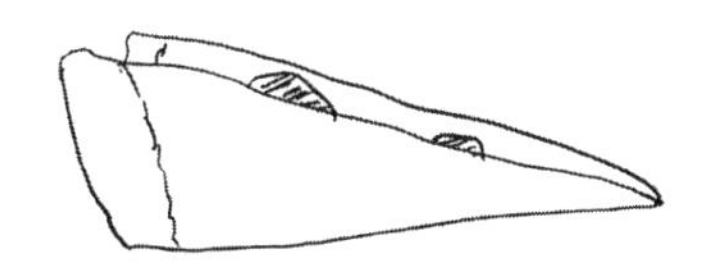

いずれにしても、縦と横に同時に曲げることはできない。なぜなら、そんなことをした場合、ピザはピザではなくなってポテトチップスに変わる。そのため、マンハッタンのアムステルダム通り（10番街）を歩きながら、テイクアウトのピザを食べるときは左右の縁を1回だけ曲げるのだ。そうすれば、卓越定理のおかげで先端が曲がらず、シャツに熱いチーズなどをこぼすことをうまく防ぐことができる！

とはいえ、卓越定理を知らなくても、地球儀の表面のすべての特徴を維持しながら平面に投影できないことは勘でも分かる。その事実は以下の昔のパズルでも使われている。「ある朝、起きた狩人はテントから出て熊を探しに行った。南へ10マイル歩いても熊は見つからなかった。そこから東へ10マイル歩いても見つからない。最後に北へ10マイル歩いたら、テントの前でうずくまっている熊を見つけた！　熊の色を当てなさい。」

このパズルの別のバージョンを教えてあげよう。「赤道上のガボンのリーブルヴィルから出発して、北極へ直線状に向かい、北極に到着してから右へ90度向きを変えて、南のスマトラ島のバタハンまで進め。最後に再び右へ90°向きを変えて、リーブルヴィルまで帰れ」。

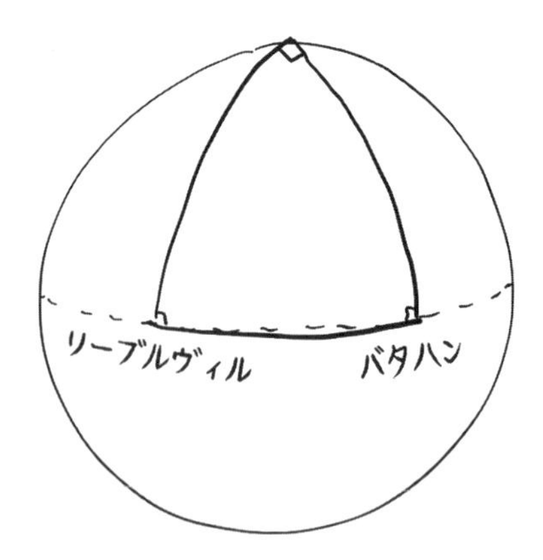

そんなことはできるか。できない。地球の表面を完璧な平面で表す地図の作図法があれば、大円をまっすぐの線として描かなければならない。上の旅の道は３本の大円の弧となっているので、平面状の地図では三角形になると同時に地図上のすべての角度は地球上の角度と同じ直角になるはずだ。といっても三つの直角を持った平面の三角形は存在し得ない。証明終了。地球の完璧な平面の地図を作ることは不可能だ。

あ！ ところで、熊の色は白だ。パズルの条件を満たすために、テントは北極になければならないので*[12]。

あなたのエルデシュ＝ベーコン数はいくら？

ユークリッドの平面の幾何学から球面の幾何学へ移ることによって極めて優れた数学が生まれた。それからさらにおもしろい離脱をすることもできる。

例えば、ハリウッドスターの幾何学を考えたことはあるか？ 映画スターの肉体に見る曲線や曲面の形などについてはタブロイド版新聞などが十分書いてくれているため、特別の関心は寄せないとして、ここではスターたちの共演関係の幾何学を調べてみたい。その幾何学には距離が必要なので、《共演距離》を定義しておく。まず、二人の映画スターの間の《絆》（link）を二人が共演した映画とすると、共演距離とは、二人を結んでいる絆の本数のうち最小のものをいう。例えば、ジョージ・リーヴスは『地上より永遠に』でジャック・ウォーデンと共演した。また、ジャック・ウォーデンの最後の映画はキアヌ・リーヴスと共演した『リプレイスメント』だった。したがって、キアヌ・リーヴスとジャック・ウォーデンの共演距離は１、キアヌ・リーヴスとジョージ・リーヴスの共演距離

＊12　本書の初版を読んだ読者の一人はテントの位置が南極でもあり得ると指摘してくれたが、南極には熊はいない。

は2だ（もしもキアヌとジョージの共演映画が発見されたら、距離は1に縮められるが、ジョージはキアヌが生まれる5年前に亡くなったためこの場合は2に確定）。

とはいえ、ハリウッドスターだけがこんな関係を持つのではない。どんな共同制作分野でも似たような距離を定義することができる。実は、このアイデアは、共著論文を書いた二人の数学者は1本の絆で繋がれている、と考えることによって数学の分野で生まれた。キャスパー・ゴフマンが1969年の「月刊アメリカ数学」に投稿した「あなたのエルデシュ数はいくら？」という記事以来のことで、それをきっかけに、幾何学を考えることが数学者の間で大人気を集めるパーティゲームになった。つまり幾何学好きな任意の数学者とエルデシュとの距離をエルデシュ数という。エルデシュは511人もの共著者を持っていたため、その数学者のネットワークの出発点にエルデシュ数が選ばれたことになる。エルデシュは1996年に世を去ったが、その後も、エルデシュから得た情報を利用して論文を書く数学者がいるおかげで、エルデシュとの繋がりは現在でも少しずつ増えている。

エルデシュは名高き奇人で、自宅も奥さんも持たず、料理も洗濯もしたくない（か、できない）ため[*13]、常に数学者の友人の誰かの家に泊まり、その主人と一緒に研究したり、定理を証明したり、そして大量の麻薬を飲んだりすることが趣味だった（ランチ後のコーヒーに誘われるたびに「私にはもっといいモノがある」とたびたび断っていたことも有名だ）。

一人の数学者のエルデシュ数はその数学者とエルデシュとの間の共著という絆の本数の最小をいう。エルデシュ自身のエルデシュ数は0で、エルデシュ自身と論文を共著した数学者のエルデシュ数は1だ。エルデシュ数1の数学者と論文を共著した数学者のエルデシュ数は2で……、などとどこまでも続く。数学の論文を一度でもだれかと共著したことがあるならエルデシュ数が考えられるため、世の中のほとんどの数学者はエルデシュ数を持っている。例えば、チェッカー仲間の大将マリオン・ティンズリーのエルデシュ数は3だった。私も3で、2001年にモジュラー形式についての論文をクリス・スキナー氏と共に発表したが、クリス自身は1993年にベル研究所でインターンとして勤めているときにアンドリュー・オドリジコと共にゼータ関数についての論文を書いた。そのオドリジコは1979年から1987年にかけてエルデシュと3編の共著論文を出している。こうしたティンズリーと私エレンバーグは、エルデシュを頂点とする次のような3が

---

*13　私はこれがエルデシュ伝の最もよくない反面ではないかと思っている。こんなエルデシュのせいで、一部の数学者は、家事をしない、あるいはできない、といいながらおいしい食事をし、きれいな服を着ている。そこで一つの事実を教えてあげよう。食器を洗いながら数学のことを考えることは数学者にとっても、食器にとってもいいことだ！　なぜなら数学者は数学に没頭しがちで、長時間をかけてしっかりと食器が洗える。

等辺、2 が底辺になった二等辺三角形を作っている。

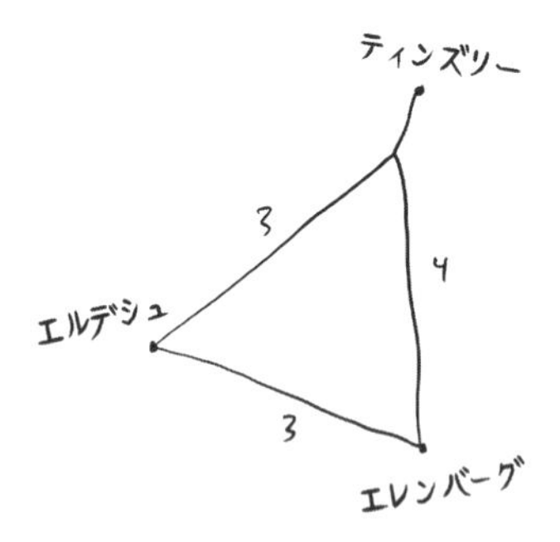

この三角形はちょっと変な形をしているだろう？ それは、ティンズリーの数学者としてのキャリアは極めて短く、自分の学生スタンリー・ペインと一緒に書いた研究書が唯一の共著論文だったからだ。そのため、その絆はティンズリーとエルデシュをつなぐ線の一部でも、私とティンズリーをつなぐ線の一部でもある。

では、論文を発表したことがあるおよそ 40 万人の数学者を遠目で見てみよう。次の図では共著者を線分で繋いである。

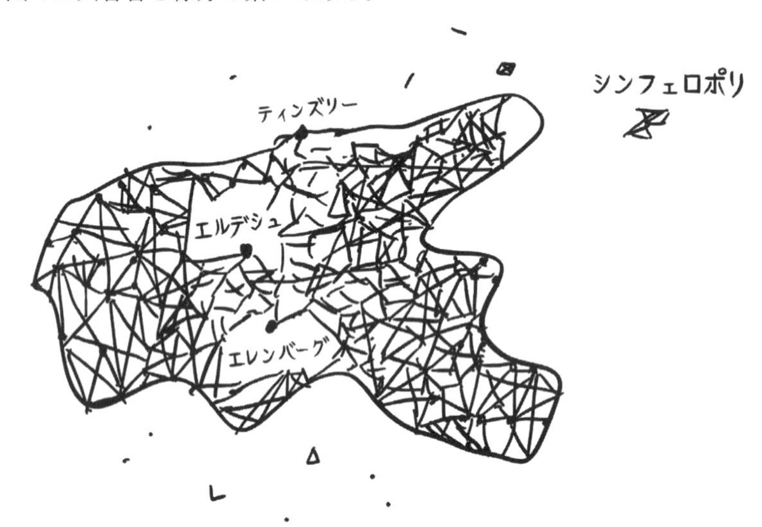

大きな塊は、エルデシュと関係を持っている 268,000 人ほどの数学者で構成されている。塊の周辺に小さなホコリのようにバラバラに散らばっているのはエルデシュと無関係の数学者で、その人数はおよそ 8 万人である。そのうち何人かは小さな村を作っていて、特にウクライナのシンフェロポリ大学の 32 人の教授を中心とする数学者のグループは右上のちょっと大きい村に集まっている。ちなみ

に、相当大きなグループにおいても、最大のエルデシュ数は13だ。いいかえれば、どんなにエルデシュから離れていても、最大13のエルデシュ数は持っている。

とはいえ、エルデシュのグループとその他の数学者との間の大きな差は気になるだろう？ 単純に考えたら、数学者はさまざまなサイズの村にまとまりそうであるが、実際には巨大な群れを作りがちだという事実はエルデシュ本人が証明した。実は、エルデシュ数は、エルデシュの優れた社交性を単に称賛しているのではなく、エルデシュがレーニ・アルフレードと協力して解明した巨大組織の統計学的な特徴についての次のような研究にも関係している。

例えば、百万のドットを想像してみて欲しい。その百万は、何でもいいからとにかく無駄なほど巨大な数値、を意味しているとする。それとは別に自由な数Rを心に浮かべる。この百万のドットを組織分けするために、二つのドットがペアになる確率を100万分のRだと仮定しよう。例えば、Rが5だった場合、どれかのドットが残りの999,999ドットと繋がっている確率は100万分の5だ。ここで、Rはそれぞれのドットの平均的な共著者数と理解していただければ結構だ。

エルデシュとレーニは、そこで転換点を発見した。Rが1より小さいときはドットがほとんど繋がっていない小さな村に分解される。それに対して、Rが1より大きい場合は、大部分のドットが巨大な村を作ることがほぼ確実なのだ。つまり、上で紹介したエルデシュ数の図と似たような形にまとまる傾向にある。エルデシュを取り巻く大きな村の中ではすべてのドットは互いに関係し合い、エルデシュに繋がる道を持つ。Rを0.99999から1.0001に変えるだけで、組織の形は大いに変化するのだ[*14]。

実は、このような出来事を目にするのは初めてではない。そのドットたちが南ダコタ州のおよそ100万人の人口を表しているとしよう。そして、二つのドットの間の絆はコロナの濃厚接触者であるかどうかを表すとしよう。これはそれぞれの人間が感染しているタイミングの違いを考慮していないため、伝染病の拡大の正確なモデルとは言えないが、おおざっぱなイメージを作るためには十分だ。濃厚接触者数のRは実際にその伝染病のR_0に当たる。エルデシュとレーニの研究成果によると、R_0が1より小さいときに伝染は人口の一部に限定され、1より大きいときは幅広く拡大していく。

エルデシュの『あの本』（The Book）のアイデアも数学者間で名高い。あの本には数学におけるすべての定理の最も簡潔で、明快で、理想的な証明を集めることになっていた。ただし、あの本を目にすることができるのは神のみだ。とはいえ、あの本を信じるために神を信じる必要はない。ユダヤ人だったエルデシュも

＊14　Rが1の場合はどうなるのだろうか？ その問題を解決しようとした論文は数百も存在している。最も奥深い数学研究は実にこのような特異点に集中しがちだ。

無神論者で、神のことを「最大のファシスト」と呼んでおり、ノートルダム大学のキャンパスを訪れたときに、「キャンパスは非常に美しいが、プラスマークが多すぎるのではないか」と皮肉った。それにもかかわらず、『あの本』といった概念は、数学のもっともすぐれた証明は神との直接的な交流の成果だと信じていたヒルダ・ハドソンの思想とほとんど違わない。ポアンカレは信者でもなく、宗教をからかう人間でもなかったが、そのような神がかったひらめきを疑い深く見ていた。ポアンカレは、万物の本質を完全に理解する卓越した神のような存在があったとしても、その存在は「その真実を我々に理解できる言葉で語ることはできないだろう。我々はそれを想像するどころか、教えてもらっても理解できないに決まっている」と言っている。

グラフとブックワーム

1990年代のハリウッド映画界では、ケヴィン・ベーコンという俳優が、エルデシュも顔負けするほど多くの共演者と一緒に活躍した。その事実にたまたま気付いた数学の大学生集団はエルデシュ数の映画版を提案した。つまり、エルデシュ数と同様に、ケヴィン・ベーコンまでの《共演距離》を計って「ベーコン数」を定義したのだ。

ほとんどの数学者がエルデシュ数を持っているのと同じように、メジャーな映画俳優はたいていベーコン数を持っている。ちなみに、エルデシュ数3の私はベーコン数2も持っている。『gifted / ギフテッド』におけるわが共演者のオクタヴィア・スペンサーは、2005年の『ビューティー・ショップ』でケヴィン・ベーコンと共演した経験があるからだ。そのため、私の場合はエルデシュ＝ベーコン数も定義できて、3+2=5となる。

エルデシュ＝ベーコン数を持っている人間は極めて少ない。例えば、アメリカのABC放送の連続ドラマ『素晴らしき日々』にデビューしたダニカ・マックケラーは、UCLAで数学を学んだ俳優で、演技を選ばなければ優秀な数学者になり得たとされており、6というエルデシュ＝ベーコン数を持っている。ニック・メトロポリス*15は自分の名で知られるランダムウォークのもっとも重要なアルゴリズムの一つを開発して、ガスや液体や固体を構成している分子の果てしない飛散の分析によって、無秩序度、つまりエントロピー、は増大するというボルツマンの夢を実現した。

とはいえ、ウッディ・アレンの『夫たち、妻たち』の脇役を演じたことによっ

＊15　メトロポリスの共著者だったオーガスタとエドワード・テラー、そしてアリアナとマーシャル・ローゼンブルスも特筆に値する。誠に残念なことにアリアナ・ローゼンブルスは2020年12月28日にコロナウィルス感染によって他界してしまった。

て、私に勝る4というエルデシュ＝ベーコン数を持っている（メトロポリスのエルデシュ数は2、ベーコン数も2だった）[*16]。あとで触れるように、このことは本節に関係して重要だ。

以上のような組織あるいはネットワークは数学ではふつう《グラフ》と呼ばれている。とはいえ、中学から高校にかけてあなた方がよく描いてきた関数の図もグラフということが多いので、しばしば誤解も招いてしまう。実はそれを化学者の責任にしてもいいかもしれない。

家畜が空中に放って地球温暖化に大影響を与えている《メタン》は単純で、1個の炭素と4個の水素の原子で構成されている。それに対して、同じく炭素と水素からしか構成されていない単純な分子《パラフィン》は十数個も炭素の原子を持つもっと重い分子の方だ。

こうした炭素と水素の数を数えるために、19世紀には、元素分析を行うことが主流だった。元素分析では分析したい物質に火をつけて、その結果として放たれる二酸化炭素と水の量を計る。

しかし、19世紀の化学者はすぐに重要な事実に気づいた。何かというと、同じ原子数を持っていながらも、全く違う性質を示す分子が存在していることだった。つまり、原子の数を数えることだけでは十分ではなく、それぞれの分子は独特の幾何学を持っており、それぞれの性質は原子の配置に大きく左右される。

例えば、おなじみのジッポライターに入っている燃料の《ブタン》の化学式はC_4H_{10}で、4個の炭素の原子と10個の水素の原子から構成されている。ただし、その配置は

```
    H   H   H   H
    |   |   |   |
H - C - C - C - C - H
    |   |   |   |
    H   H   H   H
```

のような線形的な連鎖になっている。ところがこれらの原子は大きなY字形に並んで、次の《イソブタン》を作る。

＊16　エルデシュと直接に論文を共著した二人の数学者（ダニエル・クライトマンとブルース・レズニック）は映画のエキストラとしての経験があるおかげで、それぞれ3というエルデシュ＝ベーコン数を誇っている。それはずるいといってもよいだろうか？ 私は、あまり大声で言いたくないが、どうみてもずるいね！

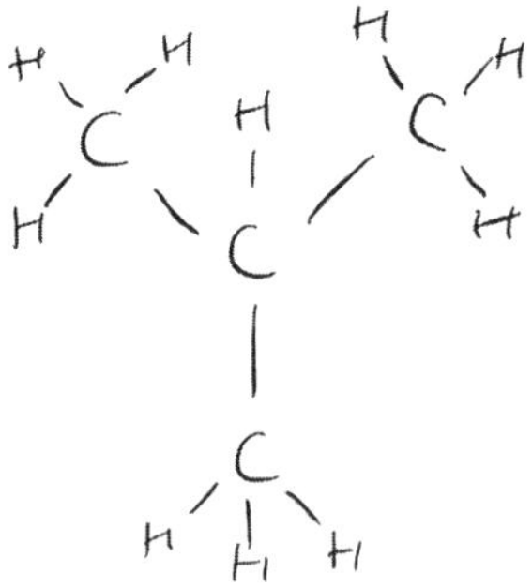

こうした分子では、炭素の数が多ければ多いほど幾何学的な多様性が増えていく。《オクタン》には8個もの炭素の原子が入っており、ふつうはそれらがブタンのように一直線に並ぶが、車をスムーズに動かすためにガソリンに入れる C_8H_{18} のオクタンの形は次のようになっている。

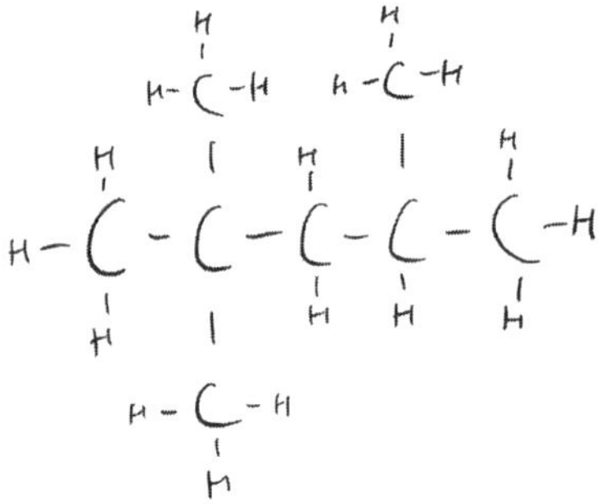

この分子の正式名称は《2,2,4-トリメチルペンタン》であるが、ガソリンスタンドにそんな複雑な名称を記すわけにはいかずオクタンと呼んでいる。皮肉なことに、このオクタンの分子は低いオクタン価を持っている。

このように、分子は化学結合で繋がっている原子の集団だ。パラフィンの集団はループを持たないため、チェッカーで見るようなツリー型のグラフの形をしている。

いずれにしろ、炭素の原子は4方向の結合を可能にするのに対して、水素は1方向の結合のみを見せる。そのため、以上に紹介した2種類のブタンは4個の炭素と10個の水素の原子のたった2種類のまとめ方になっている。それに対して、5個の炭素の原子を持った《ペンタン》には次の3種類がある。

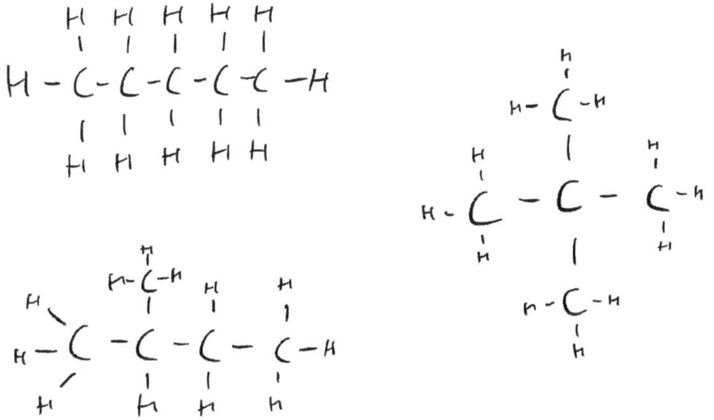

6個の炭素の原子を持っている《ヘキサン》の分子は次の五通りの形を持つ(見やすくするため水素の原子は省略した)。

ちょっと待てよ！ 再びヴィラハンカ＝フィボナッチ数列が登場するのではないか？ 残念ながら、そうは簡単にはいかない。7個の炭素の分子は8種類ではなく、9種類ある。おかげさまで、中高レベルの標準テストをまともに作るのは意外と難しい。例えば、学生に「数列1, 1, 2, 3, 5, …の次の項を求めなさい」と聞いたときに、8と言わず、「パラフィンを数えていると思っているので、9だろう？」と答えた利口ぶった学生がいれば高く評価せざるを得ない[*17]。

優れた図は科学的な思考を大いに手伝ってくれる力を持っている。そのため、化学者たちは上に紹介したような分子構造図を描きだした。そのおかげで化学の分野は大きく前へと進歩していった。ついでに数学者たちは化学者が発見した新しい幾何学に着想を得て、それらを純粋数学に翻訳しようとした。例えば、分子

＊17　パラフィンの炭素原子を数える数列はオンライン整数列大辞典のA000602に出ている。

の可能な形はどれほど存在して、それらはどのようにまとめたら分かりやすくなるだろうか、と考えた。そのような疑問に最も早く答えたのは、イギリスの代数学者ジェームズ・ジョゼフ・シルベスターだった。シルベスターは「化学には代数学者の思考を速めたり刺激したりする効果がある」と信じており、その相互関係を絵画から霊感を受ける詩人にたとえて次のように言っていた。

「詩や代数では純粋なアイデアを言葉だけで記述するのに対して、絵画と化学では、腕やセンスに依存しながら、そのアイデアに具体的な形を与える。」

化学者が使っている構造式は、かつて英語で《グラフィック・ノーテーション》(図式表記) と呼ばれていたため、シルベスターは、化学者はグラフを描いていると誤解したようで、その呼び方を自分の仕事にも導入した。おかげでお馴染みの点と線で構成されているデータ構造はいまだにグラフと呼ばれている。

シルベスターはイギリス出身だったにもかかわらず、史上初のアメリカにおける本物の数学者といっても過言ではない。豊かな経験を積んでからの 60 代でボルチモアのジョンズ・ホプキンズ大学教授になっている。その 1876 年の時点ではアメリカの数学はまだほとんど発展していなかったため、数学を学びたいアメリカ人はドイツなどに留学せざるを得なかった。当時の記録によると、シルベスターは顕著な年寄り学者の典型的な風貌をしていた。「巨大なあごひげを持った小鬼のようだった。残念ながらクビが短すぎてほとんど見えなかったが、幅広い肩との接続は光輪のような髪の毛によって隠されていた」という。その巨大な頭はものすごく目立っていたようだ。例えば、統計学者で、骨相学を趣味としていたフランシス・ガルトンは弟子のカール・ピアソンに以下のような思い出話を語っている。「私はその巨大なドームのような頭を眺めることが常に楽しかった」(ちなみに、自分も大きな頭を持っていたガルトンはピアソンが頭蓋骨の体積は知能と比例していないと結論したのがかなり不満だったらしい)。

実は、シルベスターが初めてアメリカに行ったのは 1841 年にヴァージニア大学に採用されたときだった。数学好きなトーマス・ジェファーソンの大学で、ユークリッドの徹底的な理解を入学の絶対必要条件としていたため、アメリカ数学にとっては完璧な新しい出発点になり得たが、残念ながら最初からうまくいかなかった。実は、19 世紀のアメリカ人の学生は想像を超えるほど御しにくかった。例えば、1830 年のイエール大学では、ジョン・C・カルフーン副大統領の息子を含める 44 人の学生が強制退学させられた。幾何学の最終試験で教科書を見てはいけないというルールが決められたのに対して反抗したからだ。その事件は後に《円錐曲線反乱》という名で知られるようになった。一方、ヴァージニア大学では学生の反抗は暴力に変わった。学生たちは大きな集団を結成して、「欧州出身の教師は国に帰れ！」と叫びながら、《敵》の教授たちの部屋の窓を石などで壊した。1840 年には学生たちが不人気の法学教授を射殺してしまった事件もあった。

シルベスターは純粋な欧州人ではなくユダヤ人だった。それかあらぬか、当時の地方の新聞には以下のような記事が掲載された。「ヴァージニア州民は異教徒でも、イスラム教徒でも、ユダヤ教徒でも、無神論者でも、異端者でもなく、キリスト教徒であるべきだ！」そのため、ヴァージニア州民に物事を教える教師たちもキリスト教徒でなければならないというわけだ。実は、シルベスターの任命はしっかりした学位を持っていなかったため延期された。宗教問題が絡んでいたため学位が得られなかったのである。当時のケンブリッジ大学から学位をもらうには「イングランド国教会の 39 箇条」に対する忠誠を誓わなければならなかったが、シルベスターにとってはそれは不可能だった。幸いなことに、プロテスタント教徒だけではなく、カトリックの学生も通っていたダブリンのトリニティ・カレッジが学位を与えてくれたため、ようやく米国に転職できるようになった。

ところが、巨大な頭以外は小柄なうえ、教育者として未熟なシルベスターは騒がしいアメリカ人の学生をコントロールすることができなかった。例えば、授業中に関係ない読書をしているニューオーリンズ出身のウィリアム・H・バラードを適切にしつけようとしたときに、学部レベルのスキャンダルになってしまった。なぜなら、バラードはシルベスターに対して当時のアメリカ社会では許しがたい告訴を仕掛けたからだ。何かというと、シルベスターがバラードに対して米国南部で白人が奴隷に向ける言葉を使ったという訴えだった。困ったことに、シルベスターの多くの同僚教授たちはバラードの味方をした。数週間後にシルベスターが学生の間違いを指摘したときには、その学生の兄が家族の名誉を守るといった名目でシルベスターを殴った。しかし、射殺された法学教授の話を知っていたシルベスターはそういった危機を見越していたため、仕込み杖を持ち歩く習慣を身に着けており反撃した。といっても大した被害を与えることはなかった。それにもかかわらず、大学を首になって、数カ月間、アメリカ合衆国を放浪した。コロンビア大学に採用されそうになっても、ユダヤ人であるという理由のため、最終的に断られてしまった。審査員から「これはヨーロッパ人だからという外国人差別ではない。アメリカ出身のユダヤ人でも雇わないから」と言われた。その断りのせいでニューヨークにできた恋人とも別れてしまった。

「私の人生は台無しだ！」と当時のシルベスターは絶望した。無職で、一人ぼっちになったシルベスターはやむを得ずイギリスに戻り、保険数理士や弁護士、そして最終的に医療統計学および看護教育の母として知られるフローレンス・ナイチンゲールの数学の家庭教師を務めた。そういった仕事をしながら、プライベートに代数学の研究を進めたが、学界に復帰できるまでに 10 年以上もかかった。最悪なことに、アメリカでの行いについての噂が一人歩きしてしまい、仕込み杖で学生を殺したと間違って思われるようになった。おまけに、他の学者に無駄な喧嘩を売る残念な性格もあだになった。その不幸な性格の一端は、1851年の「本誌の12月号に発表された、シルベスター教授による定理と、同誌の6月号に発表されたドンキン教授の定理との偶然的な類似点について」というシルベスターの論文からうかがうことができる。その論文の一部を私なりに解釈すると次のようになる。「私は定期的にこの紀要誌に論文を投稿しているが、雑誌自体をあまり読んでいないため、ドンキン氏が6月に投稿した定理に気づかなかった。実は、私はその定理を9年も前に初めて証明したが、あまりにも単純だから、他人がすでにどこかで発表しているのではないかと思って、その事実を明かしてこなかった」。シルベスターは論文の最後にドンキンに宛てた偽善的な「おあいにく様」の一文を添えているが、その皮肉はあまりにも濃厚だから、全文を引用させていただきたい。「ドンキン氏は、当然ながら誉れ高き学者で、数学自体を常に前へと進展させている純粋な数学愛好家でもあるに違いない。そのため、同氏はその単純であるにもかかわらず極めて大切な定理の発明者に無駄にこだわろうとする器の小さい方ではないと考えている」。

シルベスターは後にカール・ピアソンが勤めた、幾何学のグレシャム教授職という地位にも応募したが事前審査で行った講義後に断られた。そうこうする間、死ぬまで独身を通した。

最終的に、シルベスターは、自身のとんがった性格や数多くの苦労を乗り越えて、イギリス数学の最前線での立場を取り戻すことができて、線形代数学の基礎を築くことに大いに貢献した。それこそが空間の幾何学を発展させる研究テーマだと思っていたようで、定期的にそのテーマに戻った。線形代数学を使えば、人間の3次元幾何学についての理解を高次元へと拡張させることが簡単にできる[*18]。もしそうだとすると、我々は実際に高次元に生きているかどうかという問いが生まれ、それを確かめるため、シルベスターは、2次元的な紙面一枚以外の世界を想像もできない《ブックワーム》という架空の生き物のたとえ話を考えた。もしかしたら我々もそのブックワームの3次元版にすぎないかもしれない。しかも我々は3次元を超える世界を想像できる能力によって、そのワーム（うじ虫）の状態を乗り換えられる。シルベスターは「4次元から見た我々の世界は、ブックワームが生きている紙とおなじようにしわくちゃになっていっているかもしれない」と推測した。そのたとえ話は『リンクル・イン・タイム』のミセス・ワッツイットのアリとよく似ている。

あるとき、シルベスターは、「雄弁な数学者は言葉が話せる魚と同じほど珍しい」という、雄弁家としての能力に自信過剰な人間がするおことわりを前置きに

---

*18　第八の章で紹介した機械学習の基礎となるベクトルも線形代数学の遺産の一つだ。更に、ヒントンが「14次元はときどき大声で《14！》と叫ぶ3次元に過ぎない」といった名発言の根拠も線形代数学にある。

して、講義を始めた。その前置きにふさわしく、シルベスターは、ウィリアム・ローワン・ハミルトンやロナルド・ロスと同じく詩にも手を出していたのである。それだけに『代数学の方程式の不明な項へ』という、代数学の方程式に宛てた世にも珍しい詩を著した*19。さらに『詩の法則』では、作詩に厳密な数学的な構造を当てはめようとした。また、まさかサンスクリット語の古代詩を研究したとは思えないが、1300年前のヴィラハンカと同じく、強調音節はそうではない音節の2倍の長さを持っているとみなしていた。

シルベスターが詩に数学を当てはめたのは、どちらかの分野を優位にするつもりではなかったことに注意しなければならない。それだけに、数学を演繹が味気なく取り留めもなく重なった機械的な分野としては見ておらず、物質界を超えた先験的な世界に近づく方法だと信じていた。数学者は直観を使ってその世界への扉を開くが、その後は論理を使って、他人も同じところまでたどり着けるための足場を作る必要がある。そうした考えを持っていたシルベスターは自分を非難した英国国教会主義に根差していた当時の機械的な教育システムを酷評した。

「ユークリッドのせいで、若き私は幾何学が大嫌いになった。それを聞いて驚く人も少なくないだろうが、『原論』を単なる教科書と呼んでしまったことも許していただきたい（原論を、聖書に次ぐ典籍と考えている人や、イギリス教育の礎石と見ている人も大勢いることは承知の上だから）。とはいえ、ユークリッド嫌いの私でも、数学を深堀りすれば、最終的に必ず幾何学にたどり着く、ということが分かった。」

シルベスターは、古い考えに執着していたイギリスと違って、未来に向かって前向きに進んでいると感じたドイツやアメリカに憧れており、そうした国は正に別世界に見えた。それにもかかわらず、1880年代にイギリスに戻り、対数表制作で名高いヘンリー・ブリッグズがかつて勤めていたオックスフォード大学のサヴィル幾何学教授職についた。同時期に、幾何学を科学の基礎であると主張しながら《ユークリッドの刑務所》から解放させようとしていたポアンカレとも出会うことができ、次のような言葉を残している。

「最近、私はパリのゲイ=リュサック通りのアパートでポアンカレと面会する機会に恵まれた。知恵や洞察力に満ちたその天才を目の前にしたときは言葉さえ

---

*19 『ヴィクトリア朝の科学者の詩』の著者ダニエル・ブラウンは、ユダヤ人のシルベスターが受けた差別や非難こそがその詩の本当の心だと解釈している。そのため《不明な項》はシルベスター自身のことを暗示しているのではないかと言っている。このブラウンは、文学的で宗教的なシンボリズムを科学的に解明する優れた能力を持っているが、『ダ・ヴィンチ・コード』を書いたダン・ブラウンとは関係ない。

出なかったが、その知恵がそんなに若い者の口から出てきている事実に慣れるまで 2~3 分掛かった。そのあと、ようやく話せるようになった。」

そのポアンカレとの出会いは、雄弁なシルベスターが言葉に悩むたった一度の瞬間だったかもしれない。

シルベスターが永眠した 1897 年に王立協会は、その死を弔う記念メダルを発行した。その最初の受賞者は、なんと！ ポアンカレだった。そのポアンカレは、1901 年の王立協会の晩餐会でシルベスターを称賛する演説を行った。生前のシルベスターが、パリで出会って強い刺激を受けた若い数学者の口から、自分の数学能力についての高い評価とともに、古代ギリシアのロマンの継承者、という称賛の言葉を耳にしたとしたら間違いなく大喜びしただろう。

実は、サー・ロナルド・ロスも同じ晩餐会に参加していた。もしも、ロスがポアンカレの隣の席に座ったとして、ポアンカレが自分の学生バシェリエの金融におけるランダムウォークの研究のことをロスに教え、ロスがそれと自分の蚊の研究との関係に気づいたとしたら……、数学や科学の歴史は劇的に変わったかもしれない。

遠距離読心術

1916 年 5 月 15 日、マジック専門誌「スフィンクス」（*The Sphinx*）は次のような宣伝文を掲載した。

「遠距離読心術のマジックトリック。誰か遠隔地にいる知り合いに工場直送で新品トランプ 1 デッキを送って、それを 1 回だけ跳ね混ぜシャフル（後述するリフルシャフル）してもらったあと、二つの山に分け、そのどちらかの山から一枚のカードを選んでもう一つの山の中のどこかに入れてもらう。その後、両方の山のそれぞれを今度は突き交ぜシャフルしてもいいから自由に混ぜ直して、そのどちらかを、選んだカードが入っているかどうかを言わずに送り返してもらう。そうして送られてきたカードの山を調べて、相手が選んだカードを当てる。当てる方法を教える費用 2.50 ドル。備考。50 セントの前払いで予行演習可。それで納得してもらったら、残りの 2 ドルを振り込んで頂く。」

この宣伝文を送ったのはカリフォルニア州ペタルーマのチャールズ・ジョーダンという養鶏場の持ち主だった。ジョーダンの趣味は巨大なラジオを自作することや新聞で掲載されているパズルに解答することだった。ジョーダンはパズルを解くことがあまりにも得意すぎて、参加禁止になったコンクールがあったほどだった。それにもかかわらず、知り合いなどの協力を得て、代理人を立てて参加し続けた。その代理人の一人が覆面をした本人で、新聞の事務所での決勝戦に呼び出されたとき策略がばれそうになったエピソードもある。加えて多作のカードトリックの発明家でもあり、数学の高等教育を受けたことすらなかったのに、マジックに数学を導入する先駆者の一人になった。

では、郵便を通じての読心術を教えてあげよう。マジシャンはトリックの秘密を絶対に明かしてはいけない、という掟があることは知っているが、私はマジシャンではなく数学教師だ。そのうえ、ジョーダンのトリックの秘密はカードシャッフルについての幾何学問題に過ぎないので、教えても誰も怒らないだろう……。

そのシャッフルの幾何学について初めて教えてくれたのはわが卒業論文の指導教官パーシ・ダイアコニス先生だった。多くのプロの数学者の経歴は互いによく似ているが、先生の歩んだ道は独特だ。

ダイアコニスはマンドリン演奏家と音楽教師の息子として生まれ、ニューヨークでマジシャンになろうとして14歳で家出した。その後、確率論を学べばカードトリックもうまくなる、とマジシャンの仲間から教えられて、ニューヨーク市立大学に入学し、確率の研究に挑むことになった。大学ではマジックと数学の愛好家マーティン・ガードナー[*20]に出会い、次のような推薦書を書いてもらった。

「ダイアコニスの数学能力についてはよく分からないが、この若者は最近の10年間に出会った最も優秀なカードトリックの発明者だから世に出るチャンスを与えるべきだ。」

この推薦状でもプリンストン大学には受からなかったが、ハーバード大学の統計学のフレッド・モステラー教授はマジック愛好家だったため、学生として受け入れることを承諾した。私がハーバードに入学した時点ではダイアコニスはすでに教授になっていた。

ハーバード大学の数学入門の授業は決まったカリキュラムに従わないため、教授たちは教えたいことを好き勝手に教えることができた。例えば、私の初年度後期の代数の授業を教えてくれたバリー・メイザー先生の専門分野は代数的数論だった（先生は後に博士課程の指導教官にもなってくれた。代数的数論は私の正式の専門分野でもある）。それに対して、ダイアコニス先生が教えてくれたのは

＊20　ガードナーは20世紀の最大の数学伝道者だった。すでに紹介したコンウェイのライフゲームを一般的に有名にしたのも「サイエンティフィック・アメリカン」誌でのガードナーの記事だった。さらに、V・ナボコフの名作『アーダ』に登場したり、サイエントロジー教会によって異端者に指定されたり、サルバドール・ダリに4次元立方体のことを教えたりした。「エスクァイア」誌でトポロジーについての短編小説を発表したこともある。住んでいたのはユークリッド通りだった。とにかくすごい数理哲学者だった。

ほとんどカードシャッフルだった。

カードシャッフルの幾何学は、前節で紹介した映画俳優や数学者が集まる幾何学とよく似ているが、規模は遥かに大きい。カードシャッフルの幾何学の空間は、ワンパックに入っている52枚のカードの異なる取り出し方あるいは並べ方になっている。では、その方法はどれぐらいあるだろうか？ 取り出す一枚目のカードは52枚のうちのどれでもあり得る。したがってその場合の取り出し方は52通りある。2枚目のカードは残りの51枚のうちの一枚なので、52×51＝2,652通りの取り出し方があり得る。3枚目については52×51×50＝132,600通りもある。52枚の組み合わせ方の総数は52から1までのすべての自然数の掛け算の結果で、《52の階乗》と呼び、《52！》と記す。52！ の正確な値は68桁の巨大数になるためここでは省略するが、数学者や映画俳優の数より遥かに大きいことだけは知っておいていただきたい（この幾何学は単なる線分の幾何学より《小さい》。なぜなら、短い線分でも無限の点で構成されているからだ！）。

すでに説明した通り、幾何学を定義するためにはその幾何学における距離を定義しなければならない。そこでシャッフルの登場だ。ここでシャッフルという言葉は伝統的な《リフル》シャッフルを指すとする。リフルシャッフルでは1パックを二つの山に分け、それぞれを左右の手に持って親指ではじきながら交互に挟み込んでいく。その作り方は《ダヴテイル》と言って、二つの山の端をはじいて端同士を噛み合わせながら、ブルルルリップ！ という気持ちいい音を放ちながら一つの山にそろえ直す。必然的にこのリフルシャッフルには数多くのバリエーションがある。例えば、片方の山が1枚のカードからしか構成されていないときは、その一枚をもう一つの山のどこかに指し込むことになる。厳密にそれもリフルシャッフルと呼んでも間違いないが、実際には誰もそんなことはしない。出来上がった任意のカードの山をまたリフルシャッフルして、もう一つの山に変えることができる場合は、その二つの山は繋がっているという。そして、任意の二つの山の間の距離を、片方の山からもう一方の山にたどり着くために必要なリフルシャッフルの回数として定義する。

可能なリフルシャッフルにはおよそ4,500兆回の方法があるが、52の階乗に比べればわずかだ。したがって、箱から取り出してから一回しかリフルシャッフルしていない新品のデッキの新しい順番は完全にランダムとは言えない。新品状態から距離1しか離れていない山になるだけだ。ここでの幾何学では任意の点から距離1以内のすべての点の集合を《ボール》[*21]（球体）と呼ぶ。そのボールの

＊21　ボールは球面ではなく球体ということに注意して欲しい。半径1の球面とは任意の点からちょうど距離1だけ離れている点のことを言っているだけだから。つまり地球の表面を球面だとすれば内部を含めた地球自体はボールとなる。第二の章で話した円と円盤との違いの3次元版である。

小ささが遠距離読心術トリックの鍵だ。
　さて、トリックを説明していくぞ！
　私があなたに新品のカードのデッキを郵送したと仮定しよう。あなたはそれを1回だけリフルシャッフルする。そのシャッフルしたデッキを二つの山に分けて、片方の山の内部（一番上とか下は避ける）から一枚を選んで、何だったかをしっかりメモした上で、もう片方の山のどこかに入れる。そのあと、どちらかの山を取り上げ、一度地面に落とすなどしてばらばらにして拾いあげ、ランダムな順番になった山を私に郵送する。それを受け取った私は、地球の反対側からでも、あなたの心を読んで、選んだカードを当てる。一体、どうやる？
　それをスムーズに説明するために、ひとまずダイヤのカードだけを使ったケースを考えてみよう。ダイヤのカードの工場出荷状態（新品）は
　2, 3, 4, 5, 6, 7, 8, 9, 10, J, Q, K, A
となっている。それを例えば
　2, 3, 4, 5, 6　　7, 8, 9, 10, J, Q, K, A
の形で二つの山に分けたとする。それを1回だけリフルシャッフルした場合、例えば
　2, 3, 7, 4, 8, 9, 10, 5, J, 6, Q, K, A
になったとする。カードたちはシャッフルされたが、よく見ると、初期状態の《記憶》が残っていることに気づいただろうか？ つまり一つの山の 2, 3, 4, 5, 6 はバラバラになりながらも順番は変わっていない。もう一つの山の 7, 8, 9, 10, J, Q, K, A も同様である。二つの山をどのように混ぜても、以上のような、次第に大きな数の組み合わせになっている。1回だけリフルシャッフルしているためである。
　では、できたデッキを再び
　2, 3, 7, 4, 8, 9　と　10, 5, J, 6, Q, K, A
の左右の二つの山に分けたとする。そこで、右の山から、例えばクイーン（Q）を左の山の中の適当な位置に移動させて、
　2, 3, Q, 7, 4, 8, 9　と　10, 5, J, 6, K, A
となった二つの山にし、どちらかの山を読心術師の私に送ったとする。
　そこからQを見破るコツは以下の通りだ。
　まず左の山が送られてきたとする。その場合、それを作っている数字を次第に大きくなる順に並べ替えると、
　2, 3, 4, 7, 8, 9, Q
となり、2、3、4と7、8、9の二つの仲間にどうしてもQは加われない。つまりQはよそ者となる。また右の山が送られてきたとして、やはりそれを作っている数字を次第に大きくなる順に並べ替えると、
　5, 6, 10, J, K, A

となって、もしQが入れば5、6と10、J、(Q)、K、Aの二つの仲間に分かれる。つまり本来あるはずのQがない。いずれにしてもあなたが移動させたカードはQだ！ ただし、誤解しないで欲しい。以上の《読心術》トリックは無敵なわけではない。右の山の中のQでなく、同じ山の上の頂上の10を左の山に移動させると左の山は綺麗に2, 3, 4と7, 8, 9, 10に分かれるため、どのカードを移動させたかを当てることが不可能になる。頂上の10でなく底面のAを動かしてもだめである。だからこそ山の外面でなく内側のカードを移さなければならない。これこそがカードのデッキを表面の球面でなく内部を持った球体としてのボールとして考えるゆえんである。

以上の例では13枚のカードしか使っていないが、同じ方法で52枚すべての中から1枚だけを選び出す場合は大迫力だろう。もっと迫力を出そうとすれば、工場出荷の初期状態でなくても、自分で選んだルールに従って並び順をしっかりメモしておいてそのデッキを相手に渡せばよい。

シャッフルされたデッキが一様乱数的な順に並んでいないという事実が、以上のトリックの原点になっている。数学では《乱数》（ランダム）という言葉の使い方に十分な注意を払わなければならない。例えば、放り投げたときに66%の確率で《表》になるように工作されたコインによるコイン投げの結果はランダムではあるが、一様乱数的ではない。厳密にいうと、表しかないコインによるコイン投げもランダムだ！ 表になる確率は100%だから、ランダムといえないと思うかもしれないが、それは0が数値ではないと言っているのと同じだ。0は具体的な量を表しているわけではないが、量のなさ、を表しているからといって、数値ではないと勘違いしないで欲しい（例えば、1から始まる整数のことを自然数と呼ぶという、私が大嫌いな決まりもそういった誤解からきていると思われる。ゼロほど自然なものはない。どこにもないモノでも、数えきれないほどあるだろう？）。

カードのデッキを混ぜれば混ぜるほど一様乱数状態に近づいていく。それは当然に感じるかもしれないが、証明するのは困難だ。確率論を調べるために幾何学から遠去かっていた馴染みのポアンカレは、その事実を最も早く証明しようとした一人だった。その証明によれば、カードの優先的な並び方などはなく、しっかりと混ざれば、特定の並び方にたどり着く確率は他の並び方とほぼ同じになる。

同じ理由で、ジョーダンの読心術トリックの相手がデッキを2回リフルシャッフルしたら、出発点の記憶がなくなっていって、トリックが機能しなくなってしまう。その事実を知っていたダイアコニスとその共同研究者のデイヴ・ベーヤー*[22]たちは以下の疑問に答えようとした。カードトリックが一切できなくなるようにするにはデッキを何回シャッフルすればよいのだろうか？

ダイアコニスとベーヤーの研究の結果は《6》だった。すなわち、デッキの順を一様乱数にするためにはそのデッキを6回リフレシャッフルすればよいというわけだ。したがって、カード並び替えの幾何学の《半径》は6といえる。ここでの半径とは、その空間の中心点から最も遠くまで離れられる距離のことを表している。最大のエルデシュ数は13というのと同じように、カードの並び替えの最大のシャッフル数は6だ。したがって、カードシャッフルの幾何学の空間は大きい。しかし、直通の航空路に覆われて行き来が簡単な我々の空間と同じように、小さいとも言える。

とはいえ、6回のシャッフル後でも、いくつかの並び方は他の並び方より頻繁に現れる。デッキをいくらシャッフルしたとしても、すべての並び方の出現の確率を完全に等しくすることは不可能なのだ。とはいえ、その差異はあまりにも微妙すぎて、等しいのも同然だ。そのため、最も優秀なマジシャンでも、同じデッキ内であなたがどのカードを移動させたかを正確に当てることはできなくなる。ダイアコニスとベーヤーはその一様性への収束をほぼ正確に計量化できた。そのため、数学界では二人の成果は「7回のシャッフル定理」という名称で知られている。なぜなら、デッキを7回シャッフルすれば「十分に混ざっている」と断言できるからだ。

ダイアコニスはマジシャンだからカードシャッフルに興味があることは理解しやすいが、ポアンカレはそもそも何を目的にその研究に手を出したのだろうか？答は物理学にある。当時のほとんどの科学者たちはエントロピーという概念のせいで困惑していた。なぜなら、ニュートンの法則に従ってぶつかり合う粒子の運動によって物質の働きを説明したボルツマンのモデルがあまりにも明白で、優美に見えたからだ。しかし、ニュートンの法則は時間軸上でも逆転可能で、過去に戻っても、未来に進んでも、同じように働いている。したがって、熱力学第2法則によるエントロピーの永遠の増加はその分野において矛盾してしまった。熱いスープと冷たいスープを混ぜればぬるいスープになるが、ぬるいスープが突然半分ずつ熱い部分と冷たい部分に分かれることはあり得ない。

確率論はその疑問への一つの答を提供する。エントロピーは増大する、というわけではなく、下がる可能性が単に極めて低いかもしれない。カードのデッキのシャッフルも時間に対して逆転可能な操作だ。デッキをシャッフルしたことによって工場出荷状態に戻すことがほとんどあり得ないとしても、それは決して不可能と断言もできない。その確率が単に非常に低いだけだ。同じ原理により、ポケットに突っ込んだヘッドホンなどのコードは自然にごたごたになるが、それは物理学における《ごたごた増加の法則》が存在しているからではなく、一本の紐

＊22　ベーヤーは映画『ビューティフル・マインド』において、ラッセル・クローが黒板に書くときの代理役を務めたため、俳優のエッド・ハリス経由でベーコン数2を持っており、エルデシュが死んだ8年後に最大公約数についての共同研究を発表したダイアコニス経由でエルデシュ数2を誇っている。

がごたごたになりうる確率がまっすぐになる確率より遥かに高いからだ。そのため、ポケットのコードが移動などによるランダムな震えによってきれいにまとまる可能性はほとんどゼロだ。

そこで、ポアンカレが当時の物理学への挑戦を語る1904年のセントルイスでの博覧会に戻ろう。1890年代のポアンカレは物理への確率論の応用に固く反対していたが、何らかのイデオロギーの信奉者ではなかった。気に食わない確率論から逃げることもなく、真正面から接しながら、それを授業化できるまでに研究を極め、優れた応用も見出すことができた。そういった知恵を蓄積してきたポアンカレはセントルイスに集まっていた学者に対して以下のように語った。「もしも確率論による仮定が本当だったとすれば、物理の法則の姿も変わるだろう。微分方程式の領域を超え、確率論の法則に従うようになるのではないかと思う」。

世界中に友達は何人いるか

カードのデッキをシャッフルすることはロスの蚊のランダムウォークとよく似ている。シャッフルするときも、飛び回るときも、結局、予め定められた選択肢のメニューからランダムに一択を選んで、その過程を何回か繰り返す。蚊は東西南北のいずれかを選び、デッキは二束への分け方を選んでいるだけだ。

とはいえ、それ以降はそれぞれの幾何学は互いに離れていく。覚えてくれているかもしれないが、蚊の動きは極めて遅い。20×20マスのグリッド上を飛び回っているとすれば、そのグリッドの最も遠い対角線の隅にたどり着くまでに少なくとも20日間もかかるが、動き方がランダムなため、実際はそれよりも遥かに長い時間が必要になる。そのため、グリッド上の蚊の位置が本当にランダムになるまでに100手以上が必要だ。一方、デッキの分け方は蚊の位置と比べて非常に多いにもかかわらず、ランダムな状態にたどり着くまでに6手が十分で、7手後には一様乱数状態に達している。

蚊は4方向にしか動かないのに対して、シャッフルするときのカードの混ぜ方は4,000兆種類もある事実は真っ先に目に入る違いだと思われる。それはシャッフルの動きの早さには関係しない。カードの混ぜ方を4,000兆種類のうち四通りに限定したとしても、ランダムな状態までの道は相変わらず短い。

蚊がランダムに飛び回る経路とデッキをシャッフルする混ぜ方の違いの原因はそれらの構造にある。蚊の動きは空間の具体的な幾何学に紐づいているのに対して、デッキのシャフルはそうではない。このデッキの抽象的な幾何学は現実の空間に根差した幾何学より大分探索しやすい。たどり着く地点の数が等比数列的に増えていくため行きたいところに早く行ける。ルービックキューブの可能な配置の総数はなんと！ 4,300京通りを超えているが、初期配置から出発して20手以内にそのいずれもの配置にたどり着くことができる、というのと似ている。前節で語ったウクライナの数学者や孤独に働いている例外的な数学者以外の数学者の大半の最大のエルデシュ数がわずかの13である事実も同じ原理による。

とはいえ、数学は蚊やカードデッキが作るものではなく、人間が作るもので、人間はその人間が作るネットワークに対して必然的に高い関心を持つ。そういった人間が作るネットワークこそはパンデミック研究の中心的な関心事でもある。問題はそのネットワークの本質を正しく理解することだ。パンデミックの拡張パターンはシャッフルに近いのか、それとも飛び回る蚊に近いのか？

実をいうと、どちらかにつかず、両方との類似点がある。あなたの咳を受けて感染する人間の大半はあなたのすぐ近くに住んでいる可能性が高い。しかし長距離の絆も存在している。例えば武漢の実業家が仕事でカリフォルニアに飛んだり、北イタリアへスキーをしに行ったアイスランド人が帰国したりして感染することだってある。そういった長距離感染はレアケースでありながらも影響は無視できない。

このような長距離と短距離の接続から構成されているネットワークは、1960年代の社会心理学者スタンレー・ミルグラムに従って、グラフ理論では《スモールワールド》という名称で知られている。ミルグラムは権威者の指示に従う人間の心理状況を調べる事件などで知られているが、より当たり前の人間関係も研究したことがある。ミルグラムは知り合いのネットワークを探って、任意の二人の間に知り合いの連鎖が存在しているときに、その最大の長さはどれほどになるかを知ろうとした。ジョン・グエアの『六次の隔たり』という戯曲の登場人物の一人はそのミルグラムの研究成果をうまく要約している。

「私はどこかで、この地球に住んでいるすべての人は6人の知り合いでつながっているらしい、ということを読んだ。それを自分とこの地球の誰かとの間の六次の隔たりという。アメリカ大統領に対しても、ベニスのゴンドラの船頭に対しても同じだ。私は人類とそこまで近しい関係にあることについて、慰めと同時に脅威を感じている。なぜなら、その繋がりを結成するために6人だけ、あるいは6人も、見つけなければならないからだ。その6人は有名人でなくても、一般人でも誰でもよい。密林に生きている原住民でも、地球の果てに住んでいる人でも、エスキモーでも関係ない！」

以上のセリフはミルグラムの実際の結論と大分違う。なぜなら、ミルグラムの研究はアメリカ人に限定しており、ネブラスカ州オマハの市民を調査対象にマサチューセッツ州シャロン市に住んでいた特定の株式仲買人との繋がりを探ろうとしただけだから。

最終的に株式仲買人との繋がりが特定できたのは、調査した人数のわずかの21％に過ぎなかった。たいていの知り合いの連鎖は4～6人程度だったが、10人まで離れている者もいた。つまり、グエアはアメリカの白人が抱く人種的な不安を抱くたとえ話を作るためにその調査の結果を、創作上、微調整したわけだ。劇中の白人の登場人物たちは多様性に満ちた世界に生きていると信じたがっているが、同時に、密林およびその原住民たちからさほど離れていないことを不安に思っている（グエアはミルグラムの六次の関係にくっつけた《隔たり》という言葉に違う意味も暗示して込めた。何かというと、離れているが同じである、という裏声だ）。1970 年にミルグラムは、さらにロサンゼルスの 540 人の白人の市民を調査して、その 540 人とニューヨークの 9 人の白人と 9 人の黒人との繋がりを探った。調査された人間の 3 分の 1 は白人との繋がりがあったが、ニューヨークの黒人と繋がったロサンゼルスの白人は総人数の 6 分の 1 しかいなかった。

近年では六次の隔たりという概念は、《ケヴィン・ベーコンとの六次の隔たり》という名称で一般的に知られるようになっている。コロナの話にまた戻るが、ベーコン自身は 2020 年 3 月の自分のファンを相手にした社会距離意識拡大キャンペーンのためにそのネタを利用した。「私とあなたとの間に六次の隔たりしかない。それで他人の命を守るために私は自宅で隔離生活をしている。このウィルスの感染拡大を止めたいなら、誰もが同じ行動を取るようにお願いしたい」と、SNS に投稿した映像で呼びかけた。

ミルグラムの時代には、調査のためにいちいち絵葉書を送り合う必要があったが、現在では人間の間の隔たりを計る研究はもっとやりやすくなった。例えば、2011 年の時点ではフェイスブックのユーザー数が 7 億人ほどいて、その平均の友達数は 170 人程度だった。フェイスブックの研究部の数学者の全員はその巨大なネットワークにアクセス権を所有していて徹底調査できたのだ。その結果として、当時のフェイスブックにおける平均的な隔たりはわずかの 4.74 人だったことが分かった。さらに、その 99.6％の繋がりは六次以内だった。つまり、フェイスブックも非常に狭い世界だ（実は更に狭くなっていっていることも分かっている。2016 年に再調査した際にその平均の隔たりは 4.57 まで下がっていた）。フェイスブックの広範囲に届く《力》（いわゆるリーチ）は物理的な地理にも勝っている。例えば、米国のランダムな二人のユーザーの平均の隔たりは 4.34 で、ランダムな二人のスウェーデンのユーザー間の平均の隔たりは 3.9 だ。すなわち、フェイスブックの観点から見た世界全体はスウェーデンとほぼ同じ大きさにみえる！

そのグラフを分析するためには凄まじい計算力が必要だ。自分のフェイスブックのページをチェックしたら友達の数はすぐ分かるが、真剣な調査のためにその友達の友達の友達の人数も調べる必要がある。ただ、その総数を単に加算するだけでは何度も同じ人が繰り返されてしまうためあてにならない。繰り返しをなくすために数十万の個人データを記録して比較するという難題を解かなければならない。

その難題を解決してくれたのはいわゆる「フラジョレ＝マーティン・アルゴリズム」だった。そのアルゴリズムについて、概要だけを紹介する。

フェイスブックは自分の友達の友達の総数を教えてくれないが、例えばコンスタンスという名前の友達の友達を探すことはできる。私の場合は25人もいる。私と同世代のコンスタンスは百万人に100～300人しかいないことが人口調査で分かっているから、わが友達の名前がコンスタンスである確率がアメリカの平均と同じだったとすれば、私には8.5万人の友達と25万人の友達の友達がいることになる。そのやり方を他の（比較的に）珍しい名前の友達で試し続けたら、結果的に25万人前後の友達の友達がいることが推測できた。

フラジョレ＝マーティン・アルゴリズムは以上と似たような原理に基づいている。最初は友達の友達のリストを一人ずつたどりながら、今まで出会ったもっとも珍しい名前だけを覚えておく。さらに珍しい名前に出会ったときに新しく見つけた《最珍》の名前でその過程を繰り返していく。そのようにすれば、巨大なデータ量を蓄積する必要もなく、最珍の名前の珍しさから友達の友達リストにいるユニークな人物の数を逆算して推測することができる*[23]。

以上の計算について警告しておきたい。自分で試そうと思うなら、自分の友達は自分より多くの友達を持っている事実を知って、自尊心に傷をつける可能性が高いことに注意すべきだ。私は読者の社交能力をけなすつもりなどないが、2011年のフェイスブックネットワークの調査によると、92.7%のユーザーは各自の平均的な友達より少ない友達を持っていることが分かった。とはいえ、各自の友達が各自より多くの友達を持っていることは珍しい事実ではない。なぜなら、現実でもネット上でも、各自の友達はランダムに選ばれたグループではなく、各自と友達になっている時点でそもそも数多くの友達を持っている人物である可能性が高いからだ。

大きな世界と小さな世界

フェイスブックのように巨大なネットワークを端から端まで簡単に散歩できることなど、たいていの人々にとってはかなり信じがたい事実だ。しかし、1990年代後半のダンカン・ワッツとスティーヴン・ストロガッツの、数学を基本とした研究のおかげで、いわゆる《スモールワールドネットワーク》が普通であることが分かった。

ワッツとストロガッツは、隣り合うドットが円形に繋がり合っている丸い網状

---

*23　世界に一つしかないほど珍しい名前の友達がいた場合、友達の友達の概算は現実を遥かに超えることになってしまう。フェイスブックのアルゴリズムにはそれを防ぐための工夫も備わっている。

のネットワークの研究から出発した。そのネットワークを下図の左のように円周に沿って移動するには大変で、数千ドットから構成された円の場合はすべてを巡るために相当の時間がかかる。しかし実際には、下図の右のように、人同士は円の内部を通る直線状の網糸で長距離間の連絡を取り合う。このようなランダムな長距離関係を考えてみればどうなるだろうか？

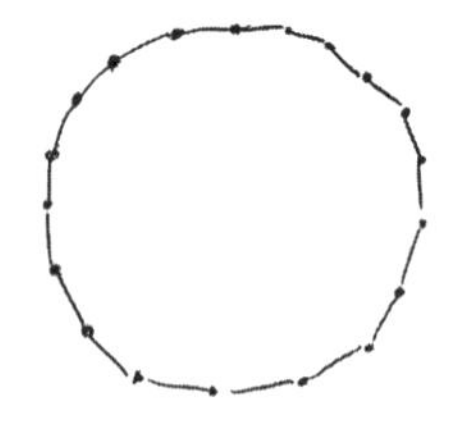

ビッグワールド

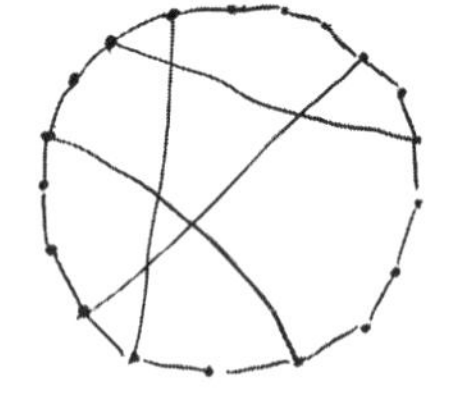

スモールワールド

ワッツとストロガッツは、そういった内部の長距離直線を網糸として足していけば、上図左の巨大世界「ビッグワールド」が右のような小世界（「スモールワールド」：円周上のすべての点が短い糸でつながっている網）に変わることに気が付いた。その結果としての次の言葉は未来を予言したかのように聞こえてくる。「伝染病はスモールワールドにおいて拡大しやすくなることが推測できる。このスモールワールドを作る内部の網糸の数の少なさに注目して頂きたい」。

スモールワールドネットワークの研究はミルグラムを驚かせた事実が実際に当たり前であることを証明した。「あり得ない」と思われることを「当然」に変える力こそは良質の数学研究の素晴らしさだ！

実践研究を行ったことや優れた自己宣伝能力のおかげでスタンレー・ミルグラムは六次の隔たり論の顔になった。例えば、実際の論文に2年も先立って、「サイコロジー・トゥデイ」という心理学の機関誌の創刊号に絵葉書実験を宣伝する記事を出して、早い段階で注目をひこうとした。といっても、ミルグラムは、ネットワーク化された世界の狭さを研究しようとした初めての学者ではなかった。マンフレッド・コーヘンとイシエル・デ・ソーラ・プールが公開はせずにすでに見つけていたスモールワールドについての仮定を証明しようとして有名な絵葉書実験を行ったのだ（後者の孫は私の大学時代のルームメイトだったことも改めて世界の狭さを思い知らせてくれる事実の一つだ）。さらに前の1950年代前半に生物学誌で自身の研究成果を発表したレイ・ソロモノフとアナトル・ラポポートは、エルデシュとレーニが後に純粋数学を使って発見した注目すべき点をすでに予測していた。ネットワークを構成している網糸が一定の密度に達したら、病気はどこでも発生して、どこまでも伝染していくことができるということを知ったのである。さらに、1930年代後半の心理学者ジェイコッブ・モレノとヘレン・ジェニングスはソロモノフとラポポートに先立って、ニューヨーク州立女子少年施設の社交ネットワークにおける連鎖関係を研究していた。

とはいえ、スモールワールドという概念の初登場は生物学でも社会学でもなく、文学だった。ハンガリー*24のカリンティ・フリジェシュは1929年に『鎖』という短辺小説で次のようなことを書いている。

「惑星の地球が今ほど小さくなった時代はかつてないだろう。地球をこんなに小さくさせたのは身体や言語によるコミュニケーションの高速化だ。この話は以前から知られているが、私が今思っていることや、していることや、欲しいことや、したいことを、地球のどこにでもいる誰でもが数分で知り得る事実は、今まで本格的に話題に上がったことはない……。そこで、地球の人間の間の隔たりが今までにないほど縮小したことを証明する実験を提案する。まず地球に150億人がいるとして、その中からランダムに一人を選び、ある人とその人を繋ぐ5人以内の互いの知り合いの連鎖を探す。例えば、私とセルマ・ラーゲルレーブを連絡してみよう。それは簡単だ！ セルマ・ラーゲルレーブはちょうどノーベル文学賞を受賞したところだから、その賞を授けたスウェーデンのグスタフ王と知り合ったはずだ。そしてグスタフ王はテニス愛好家だから、ケルリング*25氏と試合をしたことがあるはずだ。私はそのケルリング氏を知っている！」

地球の人口が1929年以降莫大に増えたこと以外、上記の文が2020年に書かれたと言われても不思議ではないだろう。語り手の言葉から感じ取れる不安感はマンハッタンのアパートに閉じ込められたグエアの作中人物やコロナ禍で自宅待機していた我々の不安感とほとんど同じで、それは最終的に我々が生きている世界の幾何学そのものに対する不安感に違いない。人類は自らで見たり、聞いたり、触ったりできるものだけを身近に思いながら進化してきたが、カリンティの1920年代の世界も今の世界もその過去の世界と大いに違う。カリンティは同小説で「19世紀末の世界観や考え方はすでに無用になった。その旧世界の規律は崩壊している」という名言も残している。

現在の幾何学的な世界はさらに狭くなり密接に繋がるようになって、時空にあまりにも多くの《しわ》ができてしまった。その現実を図示することは簡単ではない。そして、その図面化が手に負えなくなったときこそは幾何学による抽象化の出番だ！

＊24　おもしろい事実を教えてあげよう。エルデシュもレーニもハンガリー人だったが、実はミルグラムの父もそうだった！ 現在でもハンガリーはグラフ理論の分野で極めて強い。

＊25　(訳注)ケルリング・ベラ (1891-1937) は、テニスを含む数多くのスポーツで活躍したハンガリーの選手。1912年と1924年の夏季オリンピックに参加した。

第十四の章

民主主義を動かすのは幾何学だ！ 形だ！

ウィスコンシン州で長らく苦労してきた民主党の支持者たちは、2018 年 11 月 6 日の夜を喜び合いながら過ごした。なぜならその日に共和党のスコット・ウォーカー知事がようやく落選したからだ。ウォーカーは、国会に見られる極性化を州議会にもたらしながら、総選挙や再選挙を生き延び、2016 年には有力な大統領候補にもなった。そのウォーカーを破ったのは、公衆教育監を務めた教師のトニー・エバーズだった。エバーズを支持した民主党は、その日に行われた州のほとんどの選挙に久々に勝った。党の国会上院の候補者タミー・ボールドウィンは 2010 年以来の最大の点数差で当選したほか、民主党は司法長官と州財務官の席も奪った。国会レベルでは下院選で 41 議席も獲得することができた。

ところが、共和党が州の下院選で 63 対 36 の多数派を維持し、上院選でも席数を伸ばしたので、ウィスコンシン州の民主党はそれらの勝利を本格的には祝えなかった。

民主党にとって非常によい選挙年だった 2018 年に、ウィスコンシン州の結果は 2016 年とほとんど変わらなかったのはなぜだろうか？（2016 年には共和党のロン・ジョンソンが国会上院に再選され、ウォーカーも共和党の大統領予備選挙でドナルド・トランプらを破った）。

普通に考えれば、政治的な理由があるのかもしれない。ウィスコンシン州民は民主党の知事を選んでも政治的には共和党の方が優れていると評価していた可能性がある。その場合、一般投票ではエバーズを支持しながらも、選挙区ではウォーカーを支持したものもあるはずだ。つまり、2018 年のウィスコンシン州の一般投票の過半数は民主党に投票したが、選挙区の過半数は共和党を選んだ[*1]。

以上はおかしいアクシデントに見えるかもしれないが、アクシデントでも笑える出来事でもない。ウィスコンシン州の選挙区が共和党を支持するようになっていたのは、共和党員が選挙区の境界線を、共和党に有利なように強引に引いたからだ[*2]。

その結果、ウォーカーが 5 割をぎりぎりに超えて勝った選挙区が全 99 区のうち 63 区あった。それに対してエバーズは 36 区で 5 割をはるかに超えて勝った。

要するにエバーズは、選挙区の 3 割における大勝と残りの選挙区における接戦的な敗北によって最終的に勝利を握ることができた。

この結果を見て、ウィスコンシン州の民主党の勢いは、州全体の考え方を正確に反映していない一部の地域によるもの、と訴えたい人もいるかもしれない。いうまでもなく、ウィスコンシン州の共和党の考え方は正にその通りで、そのリーダーの一人だったロビン・ヴォスは「マディソンとミルウォーキーを選挙区から排除してしまえば、我々の圧勝になったのに！[*3]」と悲鳴を上げた。それに対して、民主党の立場からは、ウォーカーが 3 割以下しか獲得していない選挙区が 18 もあったのに、エバーズが大敗した選挙区は三つしかなかったことは注目に価するだろう。実は、州議会でウォーカーに投票した州民の 78％が共和党員に

＊1　(訳注)以下の左図は各選挙区におけるウォーカーの支持率、右図はウォーカーとエバーズの支持率の比較を示す。

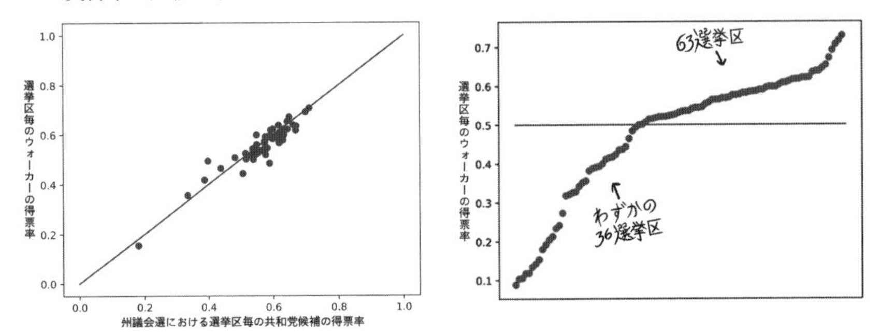

＊2　(訳注)このように選挙区の地図を不正に作製することを《ゲリマンダリング》(gerrymandering) という。その基礎には幾何学があり、それこそが大統領選挙初めアメリカの政治の要になる、というのが本章あるいは本書の中心的テーマになっている。参考までに、我が国での 2024 年衆院小選挙区の太線による新区割り図のうち東京の場合を下図に示す。

＊3　この発言は昔のユダヤ人のことわざを思い起こさせる。「おばさんに車輪がついていたら、お馬車ん（おばしゃん）になる。」

代表されているのに対して、民主党員に代表されているエバーズ投票者は全体の48%でしかなかった。

民主党も共和党も、選挙区の図の非対称性をウィスコンシン州の独特な《政治的地理》の結果として解釈しようとしているが、現実は違う。実際、その図を描いたのは政治界と関係深いマディソンの法律事務所に集まった共和党議員に仕える補佐官や顧問の集団だった。その企画自体は、共和党が2010年に得た議員選挙の勝利を、新たなる有利な選挙区地図作成に活かす連邦レベルの戦略の一角として起動した。この2010年の最後の桁《0》をしっかりと覚えていただきたい。なぜなら、米国では0で終わる年に国勢調査を行う決まりがあって、その結果として、既存の選挙区の大きさが自然な人口移動などによって変動したことが分かるからだ。そのため、10年ごとに選挙区を定め直す必要があって、それぞれの党派心の強い者たちが自分にとって有利に描き直そうとする。過去の国勢調査年では、ウィスコンシン州会の上下員のいずれもの椅子、あるいは知事自身の椅子、が共和党と民主党の間で均等に分けられていて、新しい選挙区の地図は、両党の承諾を要していた。そのため、それなりに平等に決められてきた。しかし、2010年には共和党が両議院を同時に制覇し、新知事のウォーカーは、知事室のカーテンの大きさを計る前に、大急ぎで共和党にとって有利な選挙区地図を作り直そうとした。それを阻止できるのは「政治的な礼儀作法」しかなかったが、残念ながら、これから紹介する物語では、正しい礼儀作法の勝利を祝うのではなく、不正な策略の暗躍を暴露する。

侵略的ジョー物語

ウィスコンシン州の新規選挙区作図は内密厳守の下で行われた。共和党の州会議員でさえ自分の選挙区しか見せてもらえず、その会話の内容を同僚と共有することも禁じられた。民主党員には何も見せてもらえず、新地図にまつわる機密は議員の投票の一週間前まで保持され続けて、最終的に党利党略の形で州律43号として制定された[*4]。

ジョーゼフ・ハンドリックは、数カ月がかりで共和党にとって圧倒的に有利な選挙地図を作ったチームの一員で、その道では経験豊かなベテランだった。10代のとき受けた新聞の取材に対して「僕は、今まで、州会議員を目指して生きてきた」と答えたことがあって、北部の地方代表として20歳の若さで出馬した。80年代には珍しく、データ分析に頼って選挙戦に挑み、ライバルの現職の民主党員が普段より人気を集めた選挙区を抽出して、その選挙区で減税や原住民漁業

＊4　ランダル市代表のサマンサ・カークマンは礼儀作法を守って反対票を投じた、たった一人の共和党議員だった。

反対のメッセージキャンペーンを広げた。当時の通念によれば、人気ある現職が、データシートを持った大学1年生に敗れるなんてあり得なかったが……。その通念はひとまず正しく、ハンドリックは落選した。それにもかかわらず、そのやり方は共和党内にセンセーションを起こして、のちに3期も務める議員になった。2011年には議員を辞して、ウィスコンシン州の共和党議員の顧問となった。ハンドリックによると、選挙戦で最も気に入っていたのは事前の作戦計画および戦略地図の作成だった。そして党の依頼を受けながら法律事務所に籠ってその趣味に没頭した。

地図作成チームは共和党にとって有利な地図に《断定的》（assertive）という形容詞、そしてさらに有利な地図に《侵略的》（aggressive）という形容詞を紐づけて、その形容詞と作成者の名前を組み合わせた名称で地図を整理していった。最終的に選定された地図の名前は《侵略的ジョー》（“Joe Aggressive”）で、ジョーゼフ・ハンドリックにちなむものだった。

オクラホマの政治学者のキース・ギャッディーの分析は、そのジョーが、いかに《侵略的》だったかを明らかにしている。それによると、共和党が一般投票の48％しか獲得できなかった場合でも、議員会で54-45の多数派を維持できるほどだった。そのため、民主党が政権を取り戻したければ、少なくとも一般投票の54％以上を獲得しなければならなくなった。

侵略的ジョーの効果をさらに鮮明に分かってもらうためには、2002年の選挙区と比べるとよい。そのときの地図は、共和党と民主党から提案されたすべての16枚の地図候補を全部ボツにして連邦地方裁判所が作ったものだった。

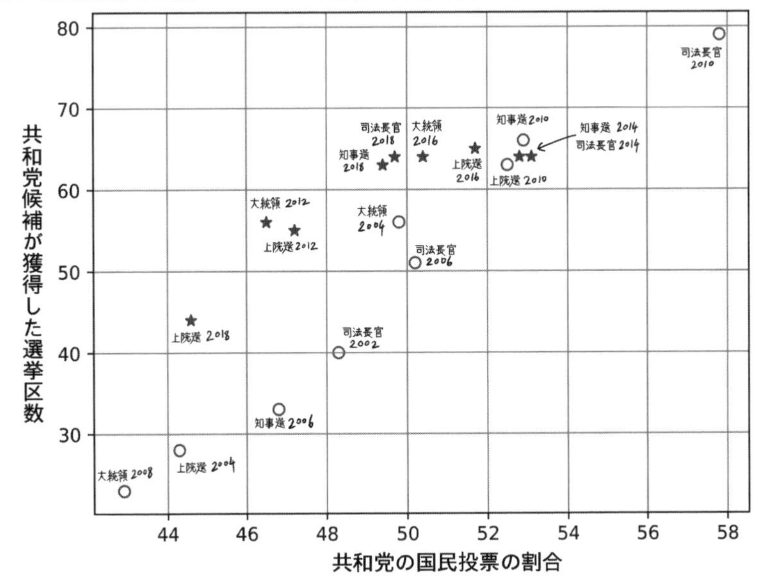

前ページ下の図は2002年と2018年の間に行われたウィスコンシン州の選挙の結果だ。横軸は共和党の得票率、縦軸は共和党が実際に多くの票を得た選挙区を民主党との比で表している。○は法廷が作った2002年の地図を使った結果で、★は侵略的ジョーを使った結果だ。気づいてくれたか？ 2004年には、ジョン・ケリーはウィスコンシン州で50.2%というわずかの差でジョージ・W・ブッシュに勝ったが、ブッシュは実に56もの区で勝利をおさめた。2016年のドナルド・トランプの大統領選とスコット・ウォーカーの2018年の知事選は、いずれも接戦だったにもかかわらず、共和党候補は99選挙区のうちの63区で勝った。

説明を詳しくすればするほど長くなるだけなので、代わりに図を見て欲しい。★は常に○の上に浮いているため、10年前と比べてウィスコンシン州民の投票パターンがさほど変わっていないにもかかわらず、共和党の勝率が上がったことが分かる。すなわち、2010年と2012年の間にウィスコンシン州民の政治観が変わったわけではなく、地図が変わっただけだ。

新しい地図の作成に参加したタッド・オットマンは共和党の地方幹部会に対して「我々が今年作成する地図によって次の10年の政治が決まる……。共和党にとって有利に作成するこの好機を活かす義務がある」。この言葉に注目してもらいたい。それは好機だけではなく、義務だと言っている。オットマンは、敵対的な選挙母体に対して自分たちの権力を守ることが政党の第一の義務とみなしているわけだ。ある党にとって有利な選挙区の地図を不正に作製する行為のことを英語で《ゲリマンダリング》(Gerrymandering) という。共和党寄りのアイオワ州やケンタッキー州と比べても、共和党が多い議会席を占める事態はゲリマンダリングの結果に違いない。

その事態は公平と言えるのだろうか？ 単刀直入に答えると、公平ではない。より正確な答を出したければ、幾何学が必要になってくる。

無理やりの差別

アメリカで訴訟事件を審理するときは、任意に12人を選び、帽子から12人の名刺を引いて、その12人の意見を参考に判決する。それと同じく、州や都市の統治にまつわる日常的な判断は行政に任されており、有権者の直接的な介入はほとんどない。それに対して行政の骨組みを成している法律は、国民の代理として選挙で選ばれた国会議員に作ってもらっている。

では、その代理人を正しく選ぶにはどうすればよいのだろうか。その話になると細部に注意を払わなければならない。例えば、フィリピンでは投票者各自が12人まで選ぶ権利を持っており、最終的に全員のリストを集計して、最も多くの投票を獲得したトップの12人が当選する。それに対して、イスラエルではそれぞれの政党が候補のリストを作って、投票者は人ではなく党を選ぶ。それぞれの党の議会議員の人数は一般投票の割合と正比例して決まり、そのリストの順番に従って席についていく。

アメリカでは《選挙区》という区分を設けて、それぞれの選挙区では独自の代理人としての国会議員を選ぶ。そのアメリカの選挙区は地図上で境界線を引いて決める。が、そうしなければならないという必然的な理由があるわけではない。例えば、ニュージーランドでは、原住民のマオリ族の専用選挙区は一般選挙区に重なっており、マオリ人にはその専用の選挙区か一般の選挙区のどちらかで投票する権利がある。地理的に決まらない選挙区の例もある。例えば、香港の立法会では、35 のいわゆる「職業代表議席」の一つとして、教育員しか投票できない議席がある。それに対して、古代ローマのケントゥリア民会の議席は資産力で分かれていた。アイルランドの国民議会にはダブリン大学トリニティ・カレッジの学生や卒業者のために 3 議席、そしてアイルランド国立大学の卒業生のためにさらに 3 議席が用意されている。イランの国会ではユダヤ人は特別な議席を保証されている、などとなっている。アメリカのやり方が唯一の正しい方法だと教え込まれてきたアメリカ人の一人として、私は、投票者たちを効率よく公平に選挙区に分ける自由自在なアメリカの方法を実に楽しく思っている。

アメリカ合衆国を構成している州は（少なくとも名目上で）それぞれ独自の目的を持った半独立的な自治体だ。それに対して、それぞれの州における選挙区は大した意味を持たないつぎはぎのようなものにすぎない。私は WI-2 と称されているウィスコンシン州の国会用第 2 選挙区に住んでいるが、同じ選挙区の住民でも WI-2 と書いてある T シャツなどを着る人は一人もおらず、その選挙区の地形のシルエットを見せられても自分が住んでいる場所として認識できない。ウィスコンシン州議会用の選挙区に対する認識はさらに薄く、本書を書く前に自分でも改めて調べる必要があった。それぞれの選挙区は独自の政治的な特徴は持っていないが、その大きさや形を決めるためには何らかの方法論が必要になる。誰かがどこかで州の地図を選挙区に分ける過程を《選挙区分け》という。いろいろな資料を使う多大な労力を要する長くて地味な仕事だ。地味すぎてテレビ番組などにならないため、たいていの人はそれについて何も知らないし知ろうともしない。

しかし、その区分け仕事の数学的、政治的な重要性に、次第に注目が集まりつつある。なぜなら、我々の生活に大きな影響を及ぼす法律を誰が作るかはその区分けによって決まるという事実があるのだ。言い換えれば区分けを任された《ハサミ工作師》たちは偉大なる力を持っている。そして、州の大半でそのハサミを持っているのは州議会議員自身だ。本来通り機能する民主主義では、投票者は自分たちの代理人である議員を選ぶはずだが、最近では議員たちが自分の投票者を選ぶようになってきたことになる！

区分け担当者が大きな力を振るっていることは、さほど理解しにくい現象ではない。例えば、私がウィスコンシン州の区分けを完全にコントロールできる立場に置かれたとすれば、自分と同じ考え方を持っている集団を集めて、その一人ひとりを各自の選挙区にし、残りの人びとを一つの大きな選挙区にまとめる。そうすれば、私が選んだ人たちは自分自身に投票して当選し、絶対多数的な議会を作ることができる。ざまあみろ！ これぞ民主主義だぜ！

それは公平ではない、ということは子供でも分かるだろう。私が選んだ集団以外のウィスコンシン州民は自分たちの考えや希望が議会に反映されないという悲鳴を上げるに違いない。そして、いうまでもないが、そんな偏屈な議会は民主主義的と呼べないことも明らかだ。ところが信じがたいことであるが、そういった議会が実際に存在したことがある。

例えば、イギリスでは、人口がほぼゼロに下がったにもかかわらず、国会に議員を送り続けた「腐敗選挙区」が数百年にわたって存在したことがある。ダニッチというイギリスの町は、かつてロンドンと比べるほど大きかったが、土地が次第に崩れて北海に滑り落ちたことによって 17 世紀にはゴーストタウンになった。それにもかかわらず、ウィグ党所属の総理大臣アール・グレイ（紅茶の発明者ではない）による 1832 年国民代表法で解除されるまで、二人もの議会議員を持っていた！ ちなみに、1832 年のダニッチには 32 人の有権者しか残っていなかった。といっても、それは最もひどい腐敗選挙区の例ではない！ オールド・セーラムは中世に大いに繁盛した大聖堂の町だったが、近くのソールズベリー大聖堂の建設によって存在価値を失い、1322 年の時点でそのすべての建物が解体され、素材として売りに出された。それにもかかわらず、500 年にわたって町の跡として残った丘の所有者が選んだ二人の議員を議会に送り込み続けた！ 伝統好きな保守派のエドモンド・バークでさえ「有権者の人数を超えているこれらの議員たちの唯一の役割は、我々にオールド・セーラムがかつて繁盛した商都だった事実を教えてくれることのみだ。残念ながら、今となってはその市街はトウモロコシ畑へと変貌し、産出物はもはや議員以外に何もなくなった」と厳しく批判した。

イギリスの植民地として始まったアメリカの政治はそれよりマシだったが、完璧とも言えない。腐敗選挙区はないものの、議員を出す一部のアメリカ人の声が他人と比べて大きかったことに変わりはなかった。そのため、建国したときの創設者の一人だったトーマス・ジェファーソンとかは、ヴァージニア州の選挙区の平等のなさを以下のようにしかっていた。「国民の全員が心配事などを訴える平等な権利を入手しない限り、わが国を共和国と呼んではいけない」。それにもかかわらず、例えばボルチモア市がメリーランド州の人口の半分を占めているのに、議会議員の 101 人のうちの 24 人しかもっていない状態が 20 世紀前半まで続いた。ボルチモア出身の司法長官アイザック・ローブ・ストロースはバークとジェファーソンを引用しながら、ボルチモア市民の公平な代表者選出について、次のように熱弁した。「ケント郡の一人の住民の代表力がボルチモア市民一人より 29 倍ある法学的、あるいは道徳的・哲学的・文学的・宗教的・医学的・物理学的・美学的・芸術的な理由を誰かが説明して欲しい！」（ストロースが民主主義の熱心な代弁者だったとは誤解しないように、同じ 1907 年の演説の続きも紹介しておく。「南北戦争によって非常に増えてきた、無教育で無責任の人間が、メリーランド州選挙でも、連邦選挙でも、選挙権を持っていることはこの上なく悲惨な事実だ」。つまり、アメリカの比喩に満ちた話し方に慣れていない読者のために言い換えておくと、ただ単に黒人の選挙権を阻止したかっただけだ）。

以上のような、不平等な代表制が 1964 年にようやく終焉を迎えた。そのときに米国最高裁判所が「レイノルズ対シムズ」事件（以降レイノルズ判決）でアラバマ州の選挙区の区分けを無効と判決した。当時の区分けでは、15,417 人のラウンズ郡民は一人の議員によって代表されていたが、60 万人の州都バーミングハム市民もわずか一人の代表者しか持っていなかったという極めておかしい状態にあった。アラバマ州を弁護した W・マックリーン・ピッツ氏は「一人一票制にしてしまえば、高い人口密度のエリアに住む州民が議会において圧倒的な力を振るうようになってしまうため、田舎に住んでいる者の声が政府まで届かなくなる」という危機を訴えた。にもかかわらず裁判所は、大きな郡に住む有権者から「平等な保護」を奪ったことによってアラバマ州は憲法 14 条を破ったという判決を 8 対 1 で下した。

とはいえ、平等な代表権を守ろうとしている限り、選挙区の境界線が定期的にいじられることについて、政府は防ぐことができなかった。なぜなら、選挙区の境界線をいじることは義務づけられていたからだ。住人が住居を変えたり、お年寄りがいなくなったり、赤ん坊が生まれたりして、選挙区の人口は必然的に増えたり減ったりするため、憲法的に妥当な選挙区分けが次回の人口調査の時点でその妥当性を失うことは不思議ではない。そのため、0 で終わる年はアメリカの民主主義にとって非常に大切だ。

現代人の耳におかしく聞こえるかもしれないが、今のアメリカは、「バーミングハム市民はただ単に多いゆえに法律制定に大きな影響を持ってはならない」という「W・マックリーン・ピッツ原理」の考え方に従って統治され続けている。なぜなら、議会上院では小さなワイオミング州でも、巨大なカリフォルニア州でも、同じ 2 人の議員を送っているからだ。その制度は建国時代以来賛否を巻き起こしてきた。

例えば、「ザ・フェデラリスト」22 号ではアレキサンダー・ハミルトンがその制度を以下のように批判した。

「比例や平等代表権の原理に従えば、非常に小さいロードアイランド州に、マサチューセッツ州、あるいはコネティカット州かニューヨーク州と同じ重みを与えることができないだろう。そして、同じように小さいデラウェア州の国会での発言力はペンシルベニア州やヴァージニア州やノースカロライナ州と同じであることもおかしい。その状況を許してしまえば、大多数の声で法律を制定する共和国の根本原理を否定することになる……。一部の州の議員が大多数を占めたとしても、それはアメリカ全体の多数派を代表している可能性がある。そういった偽りの区別や偏屈な理論に従って、アメリカ国民の３分の２が残りの３分の１の意のままに左右されることを簡単に許せるとは思えない[*5]。」

歴史はハミルトンの心配が正しかったことを証明した。連邦の最も小さな26州を代表している52人の上院議員はその上院の過半数を占めているのに、人口のわずかの18%しか代表していない[*6]。

この問題は上院に限らない。大統領選はいわゆる選挙人団の投票によって決まるが、米国を構成している州はそれぞれ選挙人団において少なくとも３票を持っている。例えば、579,000人のワイオミング州が３票を持っているため、１票は193,000人のワイオミング州民を代表しているといえる。それに対して、4,000万人のカリフォルニア州は55票しか持っていないので、その一票ずつは70万人のカリフォルニア州民も代表しているわけだ。

憲法の創設者弁護主義の友達を持つ読者は間違いなく「それはその通りだ！」と耳にしたことがあるだろう。現代のアメリカ人の大半は、国内有権者の投票の過半数による大統領の決め方こそ自然だと考えているが、創設者はそうでもなかった。

なかでもジェームズ・マディソンは例外とされるが、それでも国民投票を支持した理由は、他のやり方がいずれも最悪だと思っていたからだけだった。当時の小さな州民は、大きな州出身でなければ大統領になれない危険を恐れていた。マディソン以外の南部の住民たちは、国民投票によって南部が苦戦して手に入れた「５分の３妥協」[*7]の力が減ってしまうことを懸念していた。

この妥協のおかげで、南部の州は選挙権を持たない黒人奴隷の大きな人口を利

＊5　厳密にいうと、ハミルトンがここで非難したのは議会のことではなく、連合規約そのものだったが、憲法で定まった議会構成法を批判するときも同じような論議を使った。「州という人工的な法人の権利を守るために個人の権利を犠牲にすることは我々の大目的に反する自滅行為ではないだろうか？」

＊6　もっと正確にいうと、それは50州の人口でしかない。ワシントンDCやプエルトリコなどを含む、議員を持たない他の米国領土も数えたら、その割合はさらに下がってしまう。

＊7　（訳注）《５分の３妥協》とは、奴隷制度が経済を支えていた南の州の議会内の力を保ちながら、北部の議員によってその制度の廃止を防ぐことを目的とした憲法条項だった。南部の黒人奴隷は選挙権が認められないものの、下院議員の選出や課税基準において５分の３人と数えられていた。南北戦争後、奴隷制度を禁止した憲法修正第13条（1865）、並びに黒人に市民権を与えた第14条（1868）によって廃止された。「五分の三条項」ともいう。

用して、代表者の人数や選挙人団での投票数などを増やすことができた。それに対して、国民投票を導入してしまえば、州の発言力は投票有権者の人数に正比例するようになって、南部の力が大いに減っただろう。

憲法立案を書いた 1787 年の国会の夏季の主題は正に大統領選挙問題で、激しい討論を呼び起こした。数多くの提案が次々と出てきて、次々と否決された結果、国会で決めることができず、いくつかの賛否両論的な問題と共に、大統領選挙問題も不幸な 11 人から構成されていた「未解決問題委員会」に任せることになった。その 11 人が最終的に作った制度案はアメリカの創設者の優れた知恵の塊ではなく、苦戦した果てに届いた折衷案に過ぎない。

選挙人団の問題点が建国以来悪化してきた一方だ。例えば、1790 年の時点では、当時の最大の州だったヴァージニア州の人口は最小のロードアイランド州の人口の 11 倍だった。それに対して、現在では最大のカリフォルニア州は最小のワイオミング州の 68 倍にもなっている。建国当初のロードアイランドの人口は当時の 60 分の 1 にすぎていなかったとすれば、創設者たちはその州に今と同じような力を与えたのだろうか？

選挙人団の不平等問題を改善する一案としては、国会下院の人数を増やすという方法が考えられる。1912 年に下院議員の人数が 435 人に増員したが、現在の国の人口は 1912 年の 3 倍になったのに、下院議員数はいまだに変わらない。ところで、選挙人団におけるそれぞれの州を代表しているメンバーの人数が「上院議員＋下院議員」という方程式で決まる。

そこで、例えば下院を 1,000 人に増やせば、カリフォルニアを代表する議員が 120 人になるのに対して、ワイオミング州の代表者は 2 人になる。その結果として、カリフォルニアの選挙人団票数は 122 で、324,000 人に 1 票となり、ワイオミング州の票数は 144,500 人に 1 票の合計 4 票になる。

まだまだ不平等ではあるが、今と比べてマシだ。下院を大きくすれば、アメリカの国民の意志をより正確に反映することができるし、国民投票の結果もより正確に反映している選挙人団が得られるので、一石二鳥！ おまけに、創設者たちの意図を一切損なわずに済む。

こういう選挙の不平等をひどいと思うなら、もっとひどい時代が過去にあった。例えば、ネバダ州を連邦に入れた 1864 年の時点では、その人口は当時のニューヨーク州の 100 分の 1 にすぎず、わずかの 4 万人しかいなかった！ その大差は偶然の結果ではなかった。

リンカーン大統領が率いていた当時の共和党は、大統領選挙の 3 人の候補が票を分散しすぎて、選挙の結果が下院の投票によって決まる可能性を恐れ、ネバダの共和党支持者の票を得るために無理やりに連邦への加入を急がせた。ネバダは選挙の数週間前に州として認定され、おとなしくリンカーンに投票した。リンカーンのあだ名は《正直なエイブ》だったが、《必要に応じてずる賢いエイブ》

に変身することもあった。

おかげでネバダ州の人口が増えるまでに大分長い時間がかかった。1900 年の時点ではいまだにニューヨーク州の 171 分の 1 で、そこまでの 36 年の間にネバダの民主党議員が当選することは一度しかなかった。

こうした不平等は、人口が少ない州が地図上で大きくみえることによって隠されている。例えば、今の共和党議員たちは党を象徴しているまっ赤に染まったアメリカ中部の地図を見せながら自慢することを好んでいる。それに対して、民主党の支持者はカリフォルニアや北東部の狭い州に集中しているように見える。その地図だけを見れば、ワイオミング州があまりにも大きく見えて、二人の上院議員を持っても不思議に思わない人がいても当然だ。

いうまでもなく、以上の事実は我々の地図の描き方による副作用に過ぎない。しかし、議員は土地ではなく、人間を代表している。前章ではメルカトル図法などによる「巨大すぎるグリーンランド問題」をすでに紹介した。そこで、土地の広さではなく、人口密度を表すアメリカ地図を作ってみればどうなる？ そのような地図は国会の理想的な在り様を構築するために大いに役立つだろう。幾何学を使えば、そのような地図を次のように実際に作ることができて、カルトグラムと呼ぶ。

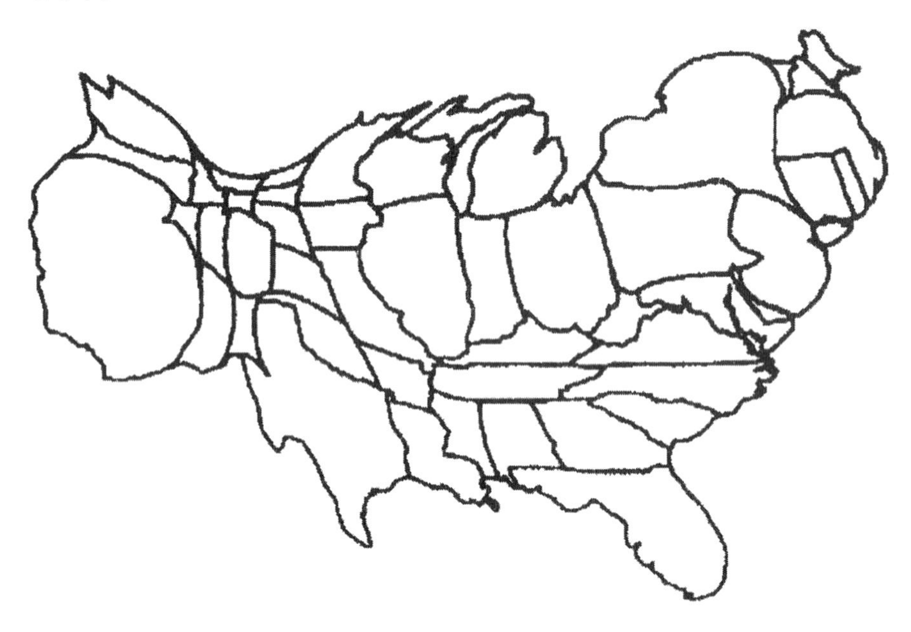

この地図からはアメリカの人口の大きな割合がいまだに建国当初の13州に集中しており、共和党を支持しがちなグレートプレーンズ部分の人口密度がいかに低いかが分かる。

さらに、ペンシルベニア州の有権者の投票力はニューハンプシャー州より弱いものの、プエルトリコや北マリアナ諸島やグアムなどに住みながら投票権を有しないアメリカ人より無限に強い（グアム人は選挙人団票を持っていないにもかかわらず、市民意識が高く、毎回大統領予備選も、大統領選も開催している。2016年にその投票率は69%に上り、本土の47州よりも上回った）。

アメリカの今の州の形を見ると固定していて、人工知能などを使って、人口を等分に再配布した地図を作ることなどは当分見込めない。そのため、圧倒的に小さな州が存在し続けるしかない。

それに対して、レイノルズ判決以降の選挙区を人口の観点から評価すると、大体全部同じ大きさだ。そうなると、選挙区の境界線を決める者の力は減るものの、ゼロにはならない。

レイノルズ判決における大多数の意見書を書いた最高裁判長のアール・ウォーレンは「政治的や歴史的や自然的な境界線などを無視した選挙区分けは党派心的なゲリマンダリングへの招待に過ぎないだろう」と警告を鳴らした。

歴史はウォーレンの懸念が正しかったことを証明した。自身の党の有利性を熱心に守ろうとする政治家は数多くのトリックを知っている。そのトリックの活用の仕方を理解してもらうために以下の（架空の）クレヨナ[*8]国の事例を見てもらいたい。

クレヨナ国の統治者

100万人都市クレヨナ国の政権を争うのは紫党と橙党の2党で、国民の6割は紫党、4割は橙党を支持している。10万人ずつにわかれた10区の選挙区があって、それぞれの選挙区からは首都クロモポリス[*9]の国会に一人ずつの議員を送っている。次ページの表に選挙区の区分け案を4種類示す。

＊8　（訳注）日本語・英語でも《クレヨン》（色鉛筆）から。
＊9　（訳注）《色の都》という意味。

	第1案		第2案	
	紫党	橙党	紫党	橙党
第1選挙区	75,000	25,000	45,000	55,000
第2選挙区	75,000	25,000	45,000	55,000
第3選挙区	75,000	25,000	45,000	55,000
第4選挙区	75,000	25,000	45,000	55,000
第5選挙区	75,000	25,000	45,000	55,000
第6選挙区	75,000	25,000	45,000	55,000
第7選挙区	35,000	65,000	85,000	15,000
第8選挙区	35,000	65,000	85,000	15,000
第9選挙区	40,000	60,000	80,000	20,000
第10選挙区	40,000	60,000	80,000	20,000

	第3案		第4案	
	紫党	橙党	紫党	橙党
第1選挙区	80,000	20,000	60,000	40,000
第2選挙区	70,000	30,000	60,000	40,000
第3選挙区	70,000	30,000	60,000	40,000
第4選挙区	70,000	30,000	60,000	40,000
第5選挙区	65,000	35,000	60,000	40,000
第6選挙区	65,000	35,000	60,000	40,000
第7選挙区	55,000	45,000	60,000	40,000
第8選挙区	45,000	55,000	60,000	40,000
第9選挙区	40,000	60,000	60,000	40,000
第10選挙区	40,000	60,000	60,000	40,000

それぞれの案に従う議会構成は大いに異なる。第1案では紫党が6議席、橙党が4議席、第2案では橙党が6議席、紫党が4議席、第3案では紫党が7議席、

橙党が3議席、第4案では紫党がすべての議席、をそれぞれ獲得している。

さて、以上の案の中で最も理にかなっているのはどれだろうか？

答は決まっていないが、私は選挙区分けについてあちらこちらで話をするたびに、視聴者に上の質問をしてきた。そうすると、たいていの人は案の1をベストに選ぶ。なぜなら支持率と議席の割合がちょうど同じだから。それに対して案の2を一番不公平と答える。なぜなら、4割の支持率しかない橙党が過半数の議席を占めている事態はおかしく見えるからだ。ユニテリアン宗派[*10]の信者に聞くと、案の4が明らかに最も理不尽だと答える。なぜなら、その案では片方の党は法律制定に関われないからだ。ユニテリアン信者以外にもそう思う人は少なくないと思う。

この質問は、そもそも数学の問題だとは言いきれない。むしろ、法律の問題でも、政治の問題でも、哲学の問題でもあって、それぞれの分野の意見を完全に独立させることは不可能だと考えている。この問題を純粋な数学で解決しようとしてきた数学者は少なくないが、それはあまりよくないと個人的に思っている。いうまでもなく、「ウィスコンシン州を全く同じ人口を持った選挙区に美しく切り分けようぜ！」と宣言するのは簡単であるが、そうしてしまうと、ウィスコンシン州の政治的な現実から大いに離れてしまう恐れがある。それぞれの選挙区は地図上ではきれいに見えるかもしれないが、おそらく、さまざまな集落や地域界隈を無理やりに分断してしまい、さらに郡の境界線を分断することによってウィスコンシン州憲法違反を起こす可能性がある。他方では、数学を無視して区分けを弁護士や政治家たちだけに任せてしまえば、数学的に決めた結果より良くはならないだろう。現在のおかしい選挙区は、数学を完全に無視して決めてきた結果だ。正しい区分けをしたければ、数値や形を数学や幾何学に助けられながら真剣に吟味する以外に道はない。

さて、クレヨナ国の選挙区に戻ろう。以上の表にまとめた数値はゲリマンダリングの量的な理由付けを明らかにしていると思われる。選挙区分けの力が自分の手にあったときは、相手の支持者をできるだけ少なめの選挙区に密集させるように境界線を決めていけばよい。かつて接戦になった選挙区からできるだけ多い相手の支持者を他の区に移動させることができたら、なおよい！ そして、自分の支持者を安定的な過半数を維持できる選挙区に集めておいた方が有利だ。案の2では正にそのような選挙区分けを描いた。紫党の支持者の大半は橙党が勝ちそうもない四つの選挙区に密集しており、残りの選挙区では橙党が55対45の安心で

---

*10　(訳注)キリストが神の息子であることを否定している宗派。16世紀後半にポーランドやトランシルヴァニアで誕生して、現在でもトランシルヴァニアで最も多い信者を持つが、原著者（エレンバーグ）は、おそらく、その宗派にルーツを持つアメリカのユニテリアン・ユニヴァーサリズム運動（通称UU）に属している者を言及していると思われる。UUに属している人は自由意志・協和・平等・個人の責任などに重点を置いている。

きる過半数を占めており、今のウィスコンシン州の事情にもっとも近いと言える。

少数派による支配

ゲリマンダリングについてもっとも有名な逸話は語源と密接に繋がっている。第一に、ゲリマンダリングの生みの親は、1812年にマサチューセッツ州知事だったエルブリッジ・ゲリーで、1812年の選挙での民主・共和両党にとっての、連邦党による脅威を防ぐためにマサチューセッツ州の選挙区を改めた。第二に、ゲリマンダリングを行えば、ゲリーがマサチューセッツ州で描いた《火とかげ型》（サラマンダー）の選挙区と同じくおかしい姿が生まれがちだ。当時の漫画家はそれを《ゲリマンダー》[*11]という名で風刺した。おかげで党派心に偏った選挙区分けの名称としていまだに使われている。

とはいえ、以上の逸話はいずれも間違っている。第一に、アメリカにおけるゲリマンダリングはゲリーよりも、そして言葉そのものよりも古くからある。1907年にシカゴ大学の博士論文として決定的なゲリマンダリング史を残したE・C・グリフィスによると、1709年のペンシルベニアの植民地議会において最古のゲリマンダリングが確認できるという。そして、米国誕生以来の最も有名な例はヴァージニア州知事パトリック・ヘンリーによるものだと思われる。ヘンリーは「私に自由を与えよ。然らずんば死を！」という名言で知られているが、自由よ

＊11　（訳注）1812年の「ボストン・センティネル」紙に掲載されたゲリマンダーの風刺画。

りもヴァージニア州での権力を維持しようとしたようで、新しい米国憲法に激しく反対した。そのため、その憲法の策定者の一人だった建築家のジェームズ・マディソンの1788年議会選挙での立候補を妨げようと決心した。それでヘンリーはマディソンの地元を憲法違反的な五つの郡と共に一つの選挙区にまとめ、それによってマディソンのライバルだったジェームズ・モンローが当選することを期待した。その選挙区は実際に皆がいうほど理不尽だったかどうかはいまだに賛否両論だが、マディソン支持者たちが、ヘンリーのやり方はあまりにも汚いと感じていたことは間違いない。その結果として、マディソンはニューヨークから故郷に戻り、楽勝するはず選挙区で数週間にわたる激しい政治運動を行わざるを得なくなった。痔核に苦しみながら、真冬の中でモンローとの討論を開催して顔に凍傷を負ったマディソンは（故郷のオレンジ郡での216対9の勝利も含め）最終的にヘンリーの計画を打ち破り、当選することができた。

とにかく、ゲリーのゲリマンダーの時代にゲリマンダリングそのものはすでによく知られている政治対策だったため、これもスティグラーの法則の一例といっても良いだろう。とはいえ、1891年の時点ではゲリマンダリングの使用があまりにもエスカレートしすぎて、当時の米国大統領ベンジャミン・ハリソン[*12]は年頭教書で次のような警告を鳴らすほどだった。

「わが国にとっての最大の危機は何かと聞かれたら、国民投票の妨害による大多数支配のくつがえしだと答えるしかない。それがいかに危険であるかは誰にも分かっているに違いない。それにもかかわらず、たいていの者はその状況を改善せず、責任を相手の党に回そうとしてきている。それで、改善への一歩として、わが国の党派は満場一致で大統領や議会選挙に悪影響を及ぼしているゲリマンダリングぐらいはなくそうじゃないか。」

ゲリマンダリングによって頽廃している民主主義を指摘したハリソンの次の言葉もいまだに有効だろう。

「ゲリマンダリングによって少数派による支配が成立した場合、それをくつがえそうと思えば、極めて激しい政治的な動乱という選択しか残らない。」

とはいえ、ゲリマンダリングが300年も行われてきたにもかかわらず、アメリカの民主主義がそれなりに生き残ったことも認めなければならない。そうだとしたら、今さら改善しなければならないという緊急性はどこにあるのだろうと疑う

＊12　皮肉なことに、ハリソン自身がゲリマンダリングで得しており、1888年に国民投票で負けながらも、選挙人団投票で当選した。

読者もいるだろう。

改善しなければならない理由は技術が大いに進化してきたことにある。私は、ウィスコンシン州の選挙期間中に、経験豊かな職員から昔の選挙区分けのやり方を聞き取ったことがある。それによると、昔、数十年にわたるウィスコンシン州での政治経験を重ねた天才がいて、すべての選挙区の特徴を把握していた。その天才は定期的に大きなテーブルに地図を広げ、変えるべき箇所に独断で印をつけて、新しい選挙区地図を完成させていった。

つまり、かつては芸術だったゲリマンダリングが、今やコンピューターによる精密な計算による科学に変わっているのである。侵略的ジョーのハンドリックとそのチームは正に紙とマーカーではなくコンピューターを使って、数多くの選挙地図をさまざまな政権状態で次々とシミュレーションし続けて、極端な変化がない限り、共和党の権力に揺るぎが生じない最適な地図を作製した。コンピューターを使った制作過程は昔と比べて早いだけではなく効率もよい。侵略的ジョーの選挙区分けを訴えた裁判に関わった弁護士の話によると、その地図は昔の選挙地図製作者が夢でも見られなかったほどの効率を成し遂げていると評価されている。

さらに、一度うまくいったゲリマンダリングは抜けにくい議員集団を作ってしまって、ただでさえ有利な党派をいっそう有利にする。なぜなら、その地図を見た野党の政治資金の寄贈者たちは勝ち目がないと判断して、その資金を、違う候補者に回そうと決め勝ちだからだ。したがって、ゲリマンダリングは自給自足の対策だといっても過言ではない。

1986 年のデイビス対バンデマー判決における反対意見書を作成したサンドラ・デイ・オコナー裁判官は、選挙区分けについて裁判所がそもそも判決するものではないと主張した。オコナー裁判官は、ゲリマンダリングをうまく行うためには、自分の党がそれなりに有利になる選挙区を作りながらも、相手の党が圧倒的に有利な選挙区も作らなければならないため、それなりのリスクを伴っているのではないかと指摘した。またそれぞれの党派はゲリマンダリングを過剰にやりすぎると予測つかない政治の変動によって権力を失うリスクも高まってくるため、必然的に自分たちで控えるのではないかと指摘した。「そのためゲリマンダリングはあくまでも自制的な行為であると考えられる」と結論づけている。

1986 年の技術レベルではオコナーの結論は間違っていなかったかもしれないが、現在の計算力は、その自制的な性質もふっとばしてしまった。自分の党を有利にするだけではなく、与党の議員たちの立場を強化するためにもコンピューターのプログラムは使える。しかも、それは計算力につきる問題でもない。投票者たちの考え方の変化とも関係するのだ。かつてアメリカ人は政治家の発言や性格などを客観的に評価して、党派心にとらわれずに冷静に投票できる能力を誇っていたが、最近では予測しやすくなってきた。そのため、現在のアメリカ人の大半は、支持している党の候補者に無条件で投票するようになってきている。20世紀中旬から1980年代にかけて存在した、いわゆる《浮動投票者》の割合は10％程度だったが、現在はそれが半分まで落ちている。投票者層が予測しやすくなると与党の議員の立場を維持できる地図も描きやすくなる。そうすると、人口調査後に同じ与党が自身にとって有利な地図を制作しなおす悪循環を永遠に維持できるようになってしまう[*13]。

ドナルドダックを蹴るな！

「見れば分かる」というのは、ゲリマンダリングについて長らく続いた勘違いの一つで、ポッター・スチュワート裁判官なども、それを違う法律的な解釈で指摘したことがある。

世の中におかしな姿をした選挙区が存在していることは間違いない。《イヤーマフ》（耳覆い）と呼ばれているイリノイ州第4選挙区はその代表例の一つで、互いに離れた二つの地域が一本の高速道路だけでつながっている。ペンシルベニアにある次のような形の「ドナルドダック（左）を蹴るグーフィー（右）」という名で知られている選挙区もその一つだ。

＊13　ゲリマンダリングの歴史家E・C・グリフィスがその事実も正しく予測した。「1840年の時点でアメリカの政治界は、争い合う二つの党に限定されるようになってしまった。そのようにして安定してきた政治の場では選挙の結果も予測しやすくなった。なぜなら、党派がこのように固定されてしまうと、党派との間の浮動投票者の人数も大いに減ってしまうからだ。したがって選挙の結果も、明白に定義できる限界の中でそれなりに正確に予測できるようになる」。

このペンシルベニアの第7選挙区は、あちらこちらに分散している共和党支持者を集めて共和党寄りの選挙区を目指して作成された。ドナルドとグーフィーはグーフィーの蹴っている足の先端にある病院の敷地でつながっており、グーフィーの首は大きなガレージになっている。

この選挙区は、2018年に、ペンシルベニア州最高裁判所によって、あまりにもひどすぎるゲリマンダリングの一つとして無効と判決され、それに対して、理にかなった形や整った形をした選挙区の勝利となった。その判断の根底には、選挙区の形さえきれいに整えればゲリマンダリングの力も減るのではないかという勘違いがあり、その勘違いのおかげで、一部の州では選挙区がディズニーキャラの形をし得ないようにするための法律まで制定されている。例えば、ウィスコンシン州では「選挙区は極力コンパクトな形にすべきだ」と決まっている。では《コンパクト》とはなんぞや？ その法律を決めた議員たちは実際にそれを明白に定義したことがない。それどころかそれを定義しようとしたとき物事が余計に分かりにくくなったこともある。例えば、ミズーリ州では、2018年に州憲法改革の一般投票を行って、「コンパクトな選挙区とは、自然が許す限りの正方形、長方形、あるいは六角形の形をした選挙区のことをいう」という掟を定めた。しかし、幾何学的に見ると異論が多い。何よりも、正方形とは長方形の特例でしかない。それに、直角を持たない四角形とか三角形や五角形の何が悪い？

実は、幾何学を真面目に応用すれば、形のコンパクト度を客観的に測ることができる。まずドナルドとグーフィーのギザギザした境界線はきわめて不適格であることは勘でも分かる。むしろ面積に対して周囲がさほど長くない形がいいかもしれない。

では周囲長1 km に対する最適な面積はいくらだろうか？ 大きければ大きいほどコンパクトになると思わないか？ 辺長4 km の正方形の場合、周囲長は16 km、面積は16 km^2、いずれにしても数字だけ見れば16になる。それを辺長40 km の正方形に拡大して数字だけ見れば、周囲は160、面積は1,600で、1,600/160=10になる。これをコンパクト度と言うのはどうだろうか。といっても、それは正に好ましくない考え方だ。正方形のコンパクト度はどんな大きさでも同じでないといけないと思うのに、大きさによって違うではないか。それにkm などという計量単位にも依存してはいけない。むしろコンパクト度を客観的に決めようと思えば、幾何学で《不変量》*14と呼ばれる値を使うのがお勧めだ。それは区の形が移動、回転、鏡映、拡大縮小したとしても変わらない値だ。その場合、区の形を平行移動したり、回転したり、鏡映したりするときは周囲も面積も変わらないので問題はない。拡大縮小の場合は、例えば10倍に拡大すれば、

＊14　具体的には、ここでは第三の章で紹介した類似性に対して変わらない値をもとめている。

周囲が 10 倍、面積は 100 倍になり、周囲を 2 乗すれば、面積/周囲^2 は 1 で変わらない。したがって 面積/周囲^2 は不変量として的確ではないかと思われる。

この比例は選挙区地図作成者の間で「ポールスビー＝ポッパー点数」と呼ばれている。ポールスビーとポッパーは 1990 年代にその比の重要性に気づいた弁護士の名前だが、それを裏付ける概念自体はもっと古い。半径 r の円形の場合の点数は

$(\pi r^2)/(2\pi r)^2 = \pi r^2/4\pi^2 r^2 = 1/4\pi = 0.079\cdots$

となって半径が変わってもその点数は変わらない。気づいたか？ 辺長 d の正方形の場合は

$d^2/(4d)^2 = d^2/16d^2 = 1/16 = 0.0625$

となって、辺長に依存しない。ただし、正方形の点数は円形より低い。実は、円形の点数 $1/4\pi$ は最高のポールスビー＝ポッパー点数だ！ その事実は人間の勘とも結構一致している。それを体感してもらうために、テーブルの上に紐を丸めて置いて、その紐を内部の領域ができるだけ大きくなるように、つまりできるだけ多くの物が詰め込めるような形にしてみて欲しい。円に近づいていくだろう？ その事実を初めて証明したのはユークリッドのおよそ 100 年後に生きたゼノドロスで、「等周定理」という名称で知られているが、現在の基準を満たす初めての証明が出るまでに 19 世紀を待つ必要があった。

したがって、ポールスビー＝ポッパー点数を選挙区の《丸さ》を表す数値として理解すれば間違いないが、それと同時に本当に目指すべき形であるかどうかを検討し始めるよいタイミングにもなる。丸い選挙区は本当に正方形の選挙区より的確だろうか？ 次のような、4/100＝0.04 といった点数を持った細長い正方形は丸と比べて何が悪い？

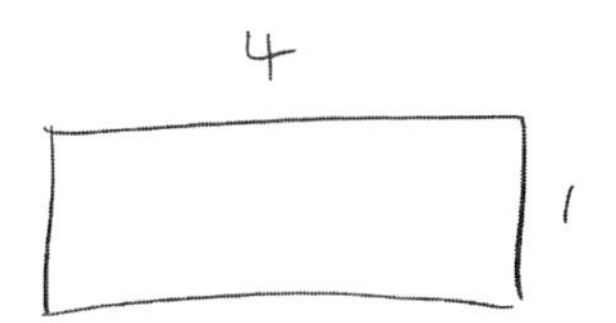

そもそも、《周囲》という単語は何を意味しているのだろうか？ 現実にある選挙区の境界線の一部は測量技師が引いた線ではあるが、一部分は、部分と同じような形で全体が広がっていく自己相似図形として知られる海岸線などから構成されている。したがって、境界線を細かい定規で細かく測れば測るほど全体は長くなる。選挙区の大きさが小さい定規の長さ次第でどうとでも変わるなどとはとんでもないことだ！

では、考え方を少し変えてみよう。一般的に、最も把握しやすい幾何学図形は凸の図形だ。大雑把に定義すると、凸の図形は《外》へしか曲がっていない図形のことをいう。

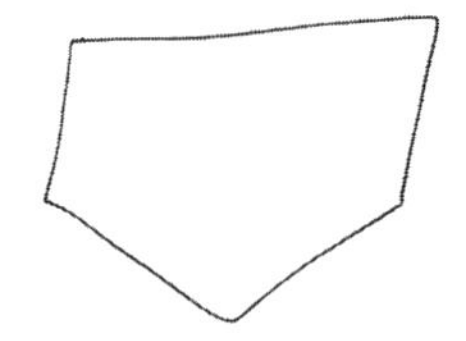

それに対して、凹の図形は《内》へと曲がっている。

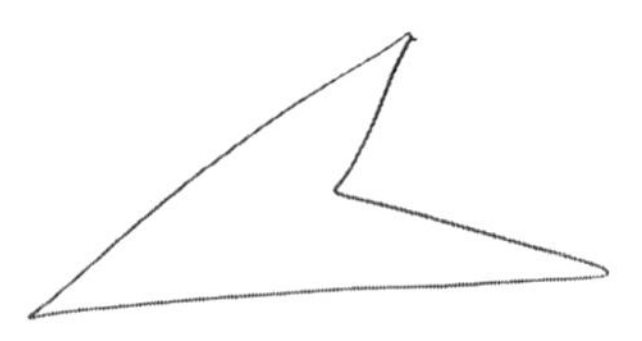

とはいえ、最もよく使われている定義は実に分かりやすい。それによると、下の図のように、ある図形の境界線あるいは内部にある任意の２点を結ぶすべての線分がその図形の内部に完全に含まれている場合は《凸》という（その定義は２次元だけではなく、３次元でも４次元でも、そして我々が、曲がる、という概念を想像もできない多次元でも成り立つため、実に素晴らしい）。上の矢印が凸ではないことは一目で分かる。

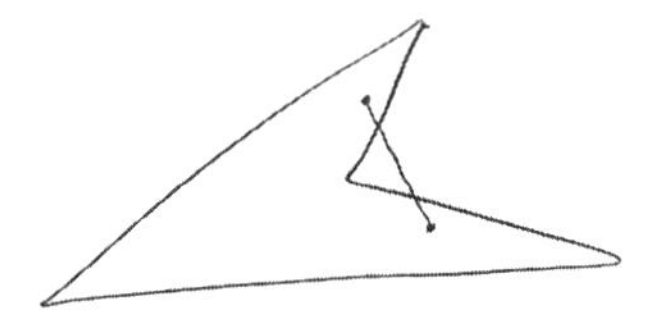

また、凹の図形内のすべての２点ずつを下図のように結んだ線分の集合を《凸包》という。

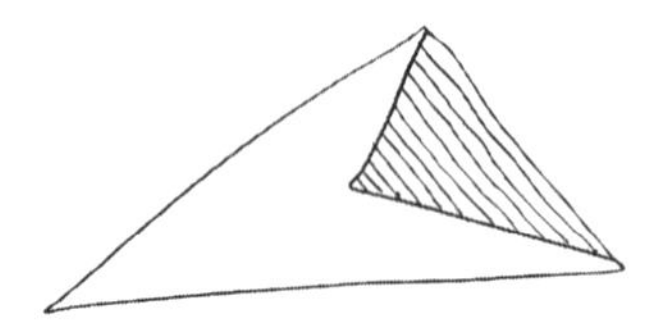

凸包は、すべての凹みを埋めた図形、あるいは凹の図形をしっかりとサランラップで包んだような図形のことをいう。例えば、数多くのディンプルと言われる窪みを持つゴルフボールの凸包は球体だ。なぜなら、サランラップに包めば、すべての凹みが埋まるからだ。それに対して、人間の凸法は姿勢によって変わる。手足をまっすぐにして体に添えれば、その凸包はとても小さくなるが、手足を広げていけば大きくなっていく。

この凸包に従って、選挙区の「人口多角形」（population polygon）という選挙区の形が定義され、その大きさは、その選挙区に実際に住んでいる人間と、同じ選挙区の凸包に住んでいる人間との比で示される。ドナルドとグーフィーの場合、選挙区の凸包に生きている人間の数があまりにも多く人口多角形の比は相当悪い。

この比は実際に誰がどこに住んでいるかを視野に入れているため、ポールスビー＝ポッパー点数より選挙区分けに向いている。こうしてコンパクト性の試験に合格しやすくなった。紙の地図の時代には、自分にとって有利な選挙区を作るためにおかしな形を作ってゲリマンダーする必要があったとしても、その時代は終わった。コンピューターは短い間に数百もの地図をシミュレーションしてくれて、最終的にきれいな形をして自分の目的を達成する選挙区を作ってくれるようになったのでね。ミルウォーキーの選挙区は正にそうで、ほとんどすべてが無邪気な正方形で区割りしていて、あらゆるコンパクト性の試験に合格できる。

S・D・オコナー裁判官はかつて選挙区の「見た目が大事だ」[*15]と指摘したことがある。つまり、サラマンダーに見えるような選挙区からは、なんとなく民主主義に違反している雰囲気が漂ってくる。しかし見た目が落ち着きながら、同じ偏りを持った選挙区をグーフィーとドナルドと入れ替えたところで民主主義の理念に戻れるわけではない。とはいえ、選挙区をよりコンパクトにしようとすること自体は原理として間違っていない。なぜなら、そうすることによって議員事務所までの道を短くしたり、選挙区民の政治的な距離範囲を狭めたりすることが（ある程度）できるからだ。しかし、ゲリマンダリングを防ぐ力は他のルールと比べてもさほど変わらない。地図作成者の選択肢を絞れば絞るほどひどいゲリマンダリングの確率は下げることができるが、丸さを計る点数を《高く》すればよいというわけではない。《丸く》しなければならないというルールを設ければ、州の分け方がただ単に限定されていくだけだ。

少なくとも、コンパクト性を計る伝統的なやり方だけでは、ゲリマンダリングを完全に阻止することはできないことが分かった。いうまでもなく、縛りをもっと厳しくしたり、郡の境界線をまたぐ選挙区を禁止したり、「選挙区の有権者数は素数でなければならない」などといった恣意的なルールを制定したりすることによって難しくすることはできるが、恣意的なルールを法律で制定することは事実上不可能だ。ゲリマンダリングを阻止することを目的とするなら、選挙区の人口の均一性とか丸さなどを計る値ではなく、その選挙区がいかにゲリマンダリングされているかを計る《ゲリマンダー度》的な値を計るべきである。それは極めて難しい問題ではあるが、幾何学が必ず力になってくれる！

＊15　それは人種差別的なゲリマンダリングに基づいた「ショー対リノ」判決だった。選挙区分けのそういった反面も非常に重要だ。

味方を集めよう！

伝説的な記者H・L・メンケンのとある名言[16]を数学的に言い換えれば、応用数学におけるすべての問題には単純明快でありながら、優美で、そしてきっと間違っている答がある。選挙区問題の場合、その答はいわゆる「比例代表制」だ。比例代表制では、それぞれの党の議会席数は一般投票で獲得した票数と正比例している。それは実際に理にかなった選挙区を作るための対策として極めて人気のある提案だ。

比例代表制が最も公平にみえることは、先に触れたクレヨナ国の選挙区案の中でたいていの人間が第1案を選択しがちな理由でもある。その案では一般投票の6割を獲得した紫党が6割の議席を手に入れているもの！

しかし、選挙区の地図を公平に制作したところでその結果は本当に比例代表制になると思ったら、それは大間違い！

実際にワイオミング州議会を例にしながら見てみよう。ワイオミング州はさまざまな意味でアメリカでも最も共和党色が濃い州といっても過言ではない。例えば、2016年の大統領選では人口の3分の2がドナルド・トランプに投票して、2018年の知事選でも同じ割合で共和党候補を選んだ。しかし、州議会の割合はそれと大いに違っており、27人の共和党議員とわずか3人の民主党議員で構成されている。そこで、その事態を理不尽というのは適当だろうか？ そもそも、人口の3分の2が共和党を支持しているということは、その州のどこに行っても、共和党支持者が過半数を占めていることを意味している。クレヨナ国の第4案で描いた、すべての選挙区がまったく同じ共和党と民主党の支持者を持っている極端なケースでは、一般投票の過半数を獲得した党はすべての議会席を占めることになる。しかし、その状態はゲリマンダリングのせいではなく、有権者の不思議な配分の結果に過ぎない。

例えば、国会下院では、アイダホ州もハワイ州もそれぞれ二人の議員を持っているが、それぞれの州の投票者の割合が半々に近いにもかかわらず、最近の10年の間に、一時期的な例外を除いて、アイダホからは共和党員のみ、ハワイからは民主党員のみしか席を持っていないことを誰もおかしく思っていない。残念ながら、アイダホには一人の民主党員と一人の共和党員の議員が毎回出るように、州を二つだけの《理にかなった》選挙区に分ける方法が存在しているとは考えにくい。さらに、アイダホの半分を占めながら、民主党支持者が過半数になるような不思議な形をした選挙区も制作不可能ではないかと思われる。

＊16　（訳注）「人類のあらゆる問題には単純明快でありながら、優美で、そしてきっと間違っている答がある。」（H・L・メンケン『偏見・第2巻』1920年）

それなら、かわいそうな自由意志党のことはどうする？ アメリカでは、毎回の議会下院の選挙で国民の１％ぐらいはその党に投票するが、自由意志党の下院議員は一度も当選したことがない。比例代表制では、その人たちの選択も尊重するなら、3～5人ほどいるはずだが。

それに対して、比例代表制自体は間違いなく理にかなった政治体制で、多くの国で実施されている。しかし、アメリカの制度ではないため、アメリカの選挙の結果として比例代表制を期待することは無謀だ。それにもかかわらず、比例代表制の話はゲリマンダリングにまつわる議論にたびたび出没してくる。

例えば、隠しマイクで録音された、有利な選挙区分けの仕方を教える共和党員向けの講習会では、共和党の選挙弁護士ハンス・フォン・スパコフスキーは以下のように注意喚起をしていた。

「裁判で選挙区地図を無効化しようとする者が民主党の大統領候補が州の票の６割を獲得したことは同党が下院議席の６割、国会議員席の６割、を獲得すべきだと主張している。」

その発言は偽りであるが、スパコフスキー自身がその事実を知っているかどうかは分からない。とにかく、アメリカの選挙制度を改革しようとしている者たちの目的は比例代表制ではない。そうだとすれば、改革派の本当の目的は何だろうか？

ギャップに注意！

最高裁判所はある判決によってアメリカの党派心的なゲリマンダリングを忘却状態にしてしまった。なぜなら、４人もの裁判官がゲリマンダリングに対して明白な審判が不可能だと感じたからだ。その考え方によると、ゲリマンダリングは生粋な政治的な問題で、裁判官が関わるものではない。それに対して、４人の裁判官は、ゲリマンダリングされた地図が国民の代表の権利を侵害しているため、憲法違反に相当すると酷評した。

そこで、当時の最高裁判所のかなめ的な存在だったアンソニー・ケネディ裁判官はゲリマンダリングされた地図自体を批判することを控えたが、審判できないという意見に対して異論を示した。ケネディによると、ゲリマンダリングを阻止することは裁判官の義務の一つではあるが、そのために特定の地図が憲法違反であるかどうかを断定できる何らかの客観的な基準が必要だ。そのための新鮮なアイデアを提供してくれたのは政治学者のエリック・マックギーと法律学者のニコラス・ステファノプロスで、「効率ギャップ」という名称で一般に知られるようになった。

ゲリマンダリングしたときは、自分の党が多くの地区に小差で勝って、いくつかの地区に大差で負ける必要があることを覚えているね？ そのため、ゲリマンダリングのことを、あなたの派の投票者にとっては、効率的な割り当て分、として理解してもらった方が正しいかもしれない。その観点からクレヨナ国の第２案を評価したら、紫党にとってはあまりにも非効率的であることが分かる。第７区での 85,000 対 15,000 の勝利で大して得をしていないだろう？ その代わりに、１万人の紫党支持者を第６区に移動させて、代わりに第６区から１万人の橙党の支持者を７区に持ってきた方がよかった。そうした方が７区に 75,000 対 25,000 の大差で勝利をおさめながら、６区で負ける代わりに 55,000 対 45,000 の差で勝つことができた。紫党の立場から見たら、第７区の多くの支持者の票は無駄になってしまっている。ステファノプロスとマックギーは《無駄な票》を以下の条件を満たす票として定義している。

・自分の党が負けた選挙区で獲得した票
・自分の党が勝った選挙区における 50％を超えた分の票

その基準に従えば、第２案では紫党は正に大量の票を無駄にしている。

負けたそれぞれの６区で 45,000 票ずつを無駄にしながら、７と８区で余分な 35,000 票も無駄になっている。加えて、第９と第 10 区でなんと紫党の 16 万票のうちの６万票が無駄になっている！ 合計すると、6×45,000＋70,000＋60,000＝400,000 もの票が無駄になった。

それに対して、その案での橙党は非常に効率的だ。最初の６区ではそれぞれ 5,000 票しか無駄にしていない。負けている 7～10 選挙区ではそれぞれ３万～４万票しか無駄にしていない。したがって、橙党が無駄にしたのは 10 万票だけで、紫党より 30 万票も少ない。

効率ギャップは、２党が無駄にした票の差を全体の票数の割合として表現した値である。つまり、以上の第２案における効率ギャップは 300,000/1,000,000＝30％ だ。いうまでもないが、それは極めて巨大なギャップだ。現実の選挙ではそのギャップはもっと小さくて、普通は 10％以下になっている。そもそも、一部の弁護士は効率ギャップが７％を超えた場合、選挙違反の真剣な捜査を勧めている。

クレヨナ国の他の案のギャップはそこまでひどくない。比例代表制を満たす第１案を見れば、紫党は合計 30 万票を無駄にしているのに対して、橙党は 20 万票を無駄にしている。その効率ギャップは (300,000－200,000)/1,000,000＝10％だが、負けた党の方が効率がよい。それに対して、第４案では３割という巨大な効率ギャップが確認できるが、紫党の方が効率的だ。では、第３の案はどうだろうか？ この案では両党はそれぞれ 25 万票を無駄にしているため、その効率ギャップはゼロだ！ つまり、効率ギャップの観点から見たこの案は最も理にかなっているが、その結果は比例代表的ではない。

効率ギャップによるクレヨナ国の票配分３案の分析

無駄な紫票数	紫票数	橙票数	無駄な橙票数
45,000	45,000	55,000	5,000
45,000	45,000	55,000	5,000
45,000	45,000	55,000	5,000
45,000	45,000	55,000	5,000
45,000	45,000	55,000	5,000
45,000	45,000	55,000	5,000
35,000	85,000	15,000	15,000
35,000	85,000	15,000	15,000
30,000	80,000	20,000	20,000
30,000	80,000	20,000	20,000

無駄な紫票数	紫票数	橙票数	無駄な橙票数
25,000	75,000	25,000	25,000
25,000	75,000	25,000	25,000
25,000	75,000	25,000	25,000
25,000	75,000	25,000	25,000
25,000	75,000	25,000	25,000
25,000	75,000	25,000	25,000
35,000	35,000	65,000	15,000
35,000	35,000	65,000	15,000
40,000	40,000	60,000	10,000
40,000	40,000	60,000	10,000

無駄な紫票数	紫票数	橙票数	無駄な橙票数
30,000	80,000	20,000	20,000
20,000	70,000	30,000	30,000
20,000	70,000	30,000	30,000
20,000	70,000	30,000	30,000
15,000	65,000	35,000	35,000
15,000	65,000	35,000	35,000
5,000	55,000	45,000	45,000
45,000	45,000	55,000	5,000
40,000	40,000	60,000	10,000
40,000	40,000	60,000	10,000

しかし、私はそれが決して悪いとは思っていない。なぜなら、中立の製作者によって作られた現実の選挙区地図は比例代表制に近づくことが極めてまれだから。一般投票の結果も獲得議会席も50-50という割合に近いときの結果は比例代表制に近くなるが、現実における獲得席の割合は一般投票の割合と異なることがほとんどだ。そのため、効率ギャップの基準から見れば、片方の党が国民投票の6割を得ながら、議会席の6割も得た選挙はゲリマンダリングによる結果に見えてしまう。

それにもかかわらず、効率ギャップは客観的で、計算しやすく、ウィスコンシン州と同じようにゲリマンダリングされまくった地図で分かりやすく増える値であることに間違いはない。そのため、ゲリマンダリングされた地図の妥当性に対して異議申し立てを持つ人たちから好まれており、数年にわたるウィスコンシン州の地図を無効にした判決にも大いに活用された。

ただし、効率ギャップが人気を持つようになったのとほぼ同時期に否定もされ始めた。効率ギャップの長所は否定できないものの、深刻な欠点も認めざるを得ない。第一に、非連続的すぎる：票が無駄にされているかどうかはそれぞれの区を勝った党に依存しているため、選挙結果の微々たる変動でも、効率ギャップが大きく変動してしまうことがあり得る。例えば、とある区で紫党が50,100対49,900票という接戦に勝った場合、橙党がその区で49,900票を無駄にしたことになるが、紫党は100票しか無駄にしていない。しかし、もしも次回に橙党が同じ区に50,100対49,900票で勝ったら、立場が逆転して、その一区だけで効率ギャップが10%ほど変動してしまう！ 一般的に認められる基準が変化にこれだけ弱いというのは困る。

効率ギャップのもう一つの弱点は数学ではなく法学上の問題だ。アメリカでは、とある選挙区地図を無効化に判決してもらうためには訴訟側に当事者適格が必要不可欠だ。つまり、自分が原告だった場合、抗議している選挙区地図が自分の憲法で保障された権利を侵害していることを証明しなければならない。選挙区の大きさが大いに違うときは、被害者は明白だ。極端に大きな選挙区に住んでいたら、自分の票の重みは小さい選挙区の住居者よりはるかに軽い。残念ながら、ゲリマンダリングされた地区の場合は、当事者適格を証明することが難しくなって、効率ギャップにも頼りにならない。接戦になるような選挙区では一票一票が大切で、権利が侵害されたと主張しにくくなる。

効率ギャップには硬すぎるという短所もある。例えば、我々のクレヨナの場合と同じくすべての選挙区の投票数が同じだった場合、効率ギャップは次の方程式で計算できる。

効率ギャップ＝(勝利した党の一般投票差)－(勝利した党が獲得した議席差/2)

したがって、議席で数えた勝利差は一般投票での票差の 2 倍だったときに効率ギャップはゼロになって、その《標準状態》に近づければ近づくほどギャップは少なくなる。クレヨナ国では紫党は 20 点の票差で一般投票に勝っている。したがって、効率ギャップの観点からみた議会選での《正しい》票差はその 2 倍の 40 点だ。紫党は議席の 7 割を獲得している第 3 案は正にその状態で、効率ギャップはゼロになっている。それに対して、紫党が一般投票も議会選も 20 点の票差で勝つ第 1 案では、その効率ギャップは 20%－10%＝10% になる。

ここまでは、効率ギャップと比例代表制の相性は悪いと主張してきたが、実はその相性がよくなる場合もある。それは両党がちょうど一般投票の半分を獲得したときだ。その場合は必然的な対称性を持っており、投票者が半々に分かれている州では議会も半々に分かれても文句を言う人はいないだろう。

ウィスコンシン州の共和党はそういった場合でも文句をいう。私は 2011 年のゲリマンダリングを許せないものの、その文句は間違っていないことも認めざるを得ない。

クレヨナ国の第 2 案では、橙党が一般投票に負けても、議会席の過半数を獲得することに成功している。ちょっと見では「それはおかしいだろう！」と言いがちかもしれないが、例えば、紫党の支持者たちがいくつかの大都市に密集しており、橙党の支持者が残りの広い田舎に散らばっていたときはどうなる？ その場合は、ゲリマンダリングをしなくても同じような結果になる可能性が高い。なぜなら、紫党の支持者たちはみずからの居場所の選択そのもので自分たちをゲリマンダリングしてしまっているからだ。だとしたら、選挙に敗れても理不尽とは言えない。

ウィスコンシン州の共和党推薦の司法長官ブラッド・シメルは州最高裁判所に寄せた準備書面で正に同じ論議を展開した。一般投票が 50-50 の割合で分かれたときに議会席も 50-50 で分かれるべきという理論が、ウィスコンシン州だけではなく、アメリカのほとんどすべての州で共和党にとって理不尽であるとシメルが主張した。なぜなら、すべての州の高人口密度の都会は民主党支持者から構成されがちだから。

酔って選挙区を描き直す

こうした数値による《公平さ》の定義を探そうとしても失敗に終わるだろう。我々が基本的な哲学上の過ちを犯すからだ。それはゲリマンダリングの反対は比例代表制でもなく、ゼロの効率ギャップでもなく、そして何らかの特定の方程式でもないという事実を示している。したがって、任意の選挙区が公平に決められたかどうかを知りたいときは、問題を次のように改めなければならないと思われる。

「この選挙区地図で行った選挙では、完全に中立の者による選挙区分けと同じような結果が出せるだろうか？」

数字に頼る弁護士などはこの質問を嫌う傾向にある。なぜなら、それはいわゆる《非現実的》な、すなわち現実と違って、もっと公平で、架空の世界についての質問だからだ。もちろん数学的でもない。そもそも数学にとっては人の要望などどうでもいいのさ！

幸いなことに、政治学者たちのジョウェイ・チェンとジョナサン・ロッデンはその困難な質問に答を出すための最初の一歩をすでに踏んでくれた。二人はゲリマンダリングを計ろうとする伝統的なやり方に対して不満を抱いていた。いずれかの党の支持者が都会に密集する現象は、田舎に支持者を持つ党にとって有利で、いわゆる「無故意のゲリマンダリング」を作ることができるのは明らかだからだ。我々もその事実をクレヨナ国の事例で確認できた。数少ない選挙区に密集している支持者を持っている党は、投票数の過半数以上を占めても、議会席を獲得しにくい。しかし、そういった非対称的な現象はアメリカの選挙結果を十分に説明できるか？ それを判断するために完全に中立な者に新しい選挙区の地図を描いてもらう必要がある。そして、中立の者がいなければ、代わりに感情や政治的な忠誠心などを持たないコンピューターにその役割を任せればよい。要するに、チェンとロッデンの主なアイデアは、それぞれの党の有利不利を考えない自動的な過程によって数多くの選挙地図を生成していくことだった。つまり本節を始めた問いかけは以下のように改善される。

「この選挙区地図で行った選挙では、コンピューターによる選挙区分けと同じような結果が出せるのだろうか？」

いうまでもなく、コンピューターは数多くのバリエーションを作ることができる。そのため、その偉大な計算力を活かして、あらゆる可能性を探ってみればどうだろうか。そうすれば、我々の問いかけも数学らしく聞こえるような言葉に置き換えることができる。

「この選挙区地図で行った選挙では、すべての合法的な地図の中からランダムに選んだ地図と同じような結果が出せるのだろうか？」

純粋な勘で考えると、以上の問いかけは理にかなったかのように聞こえる。誠に中立的な地図製作者は（原理上で）どの地図でも満足するはずだ。ところが、そう簡単にはいかない。そもそも、一部の地図は他の地図よりよくできている。また、選挙区は非連続的*[17] だったり、少数派有権者の権利を損傷したりしている地図も少なくない。

さらに、合法的な地図についてもいろいろな好みがある。例えば、州の中には郡や村集落や界隈に分けずに政治状態に応じて自然に分けている場合がある。それに我々はできるだけコンパクトで、ギザギザしている境界線のない場所で住みたい。こういった追加条件は、一般に「伝統的な選挙区分基準」と呼ばれているが、私はそれらをまとめて「ハンサムスタイル」と呼ぶことにしたい。数学者としてそれぞれの地図のスタイルの良さを計る点数をつけたいのである。そうすれば、ランダムに地図を選ぼうとしたときに、スタイルが良い地図が選ばれる確率を上げる近道も計算することができる。言い換えると、

「この地図で行った選挙では、すべての合法的な地図の中からランダムに選んだスタイルの良い地図と同じような結果が出せるのだろうか？」

ところで、コンピューターをひたすら働かせて、最もスタイルの良い地図を見つけてもらったらよいのではないかと思っている読者も少なくないだろう。

それをしない理由は少なくとも二つ考えられる。第一の理由は政治的ということだ。私を含めて、州政府と仕事をしたことがある専門家の経験によると、州政府の議員やその取り巻き連中はコンピューターが描いた地図を嫌いがちだ。そうした人たちは州民が代表として選んだ議員が選挙区分けを行うべきだと考えている。

第二の理由は、現在のコンピューターの計算力では、そういう図を描くことはほとんど不可能な仕事であるという現実だ。コンピューターに 10 万枚か 100 万枚の地図を渡せば、中から最もスタイルがよいものを探し出すことはできるが、それに使う地図の枚数がとてつもなく多いことがよくある。カードのデッキの可能なシャッフル数（52！）を覚えているか？ その枚数でさえ、ウィスコンシン州を（大体）同じ人口を持った連続的な 99 の選挙区に分ける方法の数に比べると微々たるものに過ぎない*18。したがって、コンピューターでさえ、最もスタイルの良い地図を見つけることはできない。その代わり、可能な地図のごく一部（具体的に 19,184 枚の地図）を選んで、評価していった結果は次の図のようなグラフになる。

---

*17　実は、ネバダ州では非連続的な選挙区も法律上で認められている。

*18　その数値を正確に計算、あるいは概算する方程式さえ知られていない。例えば、81 個の箱を 9×9 の正方形に並べたときに、それらを九つの同面積の連続的な領域に分ける方法は 706,152,947,468,301 通りがある。それに対して、ウィスコンシン州には 99 区に分けなければならない 6,672 の投票区も存在している（訳注：原著の district は選挙区、それをさらに学区のように細分割した ward は投票区と訳す）。

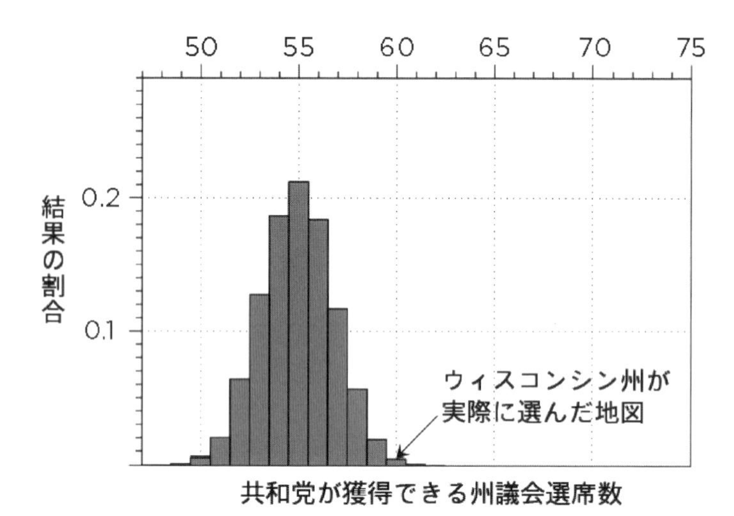

このグラフはいわゆる「統計集団」を描いており、デューク大学のグレゴリー・ハーシュラグ、ロバート・レイヴィアとジョナサン・マッティングリーがプログラムしたものだ。三人は 2012 年の州議会選における実際の共和党と民主党の票を 19,184 枚のランダム生成された新しい選挙区に再配布していった。そして、それぞれの地図において共和党が票の過半数以上を獲得した選挙区を計算して、グラフに記録する。コンピューターが生成した地図の 5 分の 1 以上に共和党が 55 議会席も獲得していたが、場合によっては 54 か 56 議会席を手に入れることもある。55 議会席獲得といった、最も確率の高い結果から離れていくと、グラフはベル曲線と同じく左右に急落下していく。すなわち、共和党が 55 議会席を獲得する場合以外の結果のすべてはいわゆる《外れ値》になっている。

統計集団のグラフはウィスコンシン州政府による州の選挙区地図の弁護における真実と偽りを見分けるスベも提示してくれている。政府の話によると、民主党支持者が大都会に密集し続けていく限り、一般投票が半々に分かれたとしても、共和党が議会選で圧勝をおさめることを阻止できない。

それは真実だ！ しかし、グラフを使って、その《真実度》を計ることはできる。2012 年の投票率に対して中立的に制作したたいていの地図では共和党が 55 対 44 議会席の過半数を獲得できる。それは議員が実際に獲得した 60 議会席より大分少ない。それに対して、2018 年のスコット・ウォーカー知事が少しだけ過半数以下の票を獲得したが、中立的な地図でそれは 57 区での勝利に相当している。ところが、共和党員が提示した地図ではウォーカーが 63 区も獲得できるように作図されている！ 要するに、ウィスコンシン州の政治的な地理は共和党にとって有利となるが、ゲリマンダリングも使えば、その有利性に拍車をかけることができた。

というより少なくとも拍車をかけることもできると言った方が正しい。例えば、アメリカ全体が共和党寄りになっていた 2014 年の中間選挙では、共和党は州議会選票の 52％を獲得したにもかかわらず、議会での過半数を 3 席でしか増やすことができなかった。しかし、その選挙の結果を 19,184 枚のランダム生成の地図と比較してみると、その年に共和党が、ちょうど 63 席を獲得する可能性が高いことが分かる。

何が起こったのだろうか？　たった 2 年だけでゲリマンダリングの力が尽きたのか？　もしもそうだったとしたら、オコナー裁判官の「自然消滅説」は今や正しく聞こえる。しかし、現実は違っている。どちらかという、「フォルクスワーゲン事件」とよく似ている。数年前にフォルクスワーゲン社が車検で嘘をついて、自社の車は EU などの規制機関が定めた基準を満たしていると騙そうとした。そのやり方は簡単で、検査の間こそ車のソフトは汚損防止システムを起動していたが、そのとき以外は汚染空気を排出しながら車は走っていた。

ウィスコンシン州のゲリマンダリングされた地図にも似たような工作が隠されていた。それは統計集団法によって暴露することができる。なぜなら、その方法は、州選挙で実際に起こったことだけではなく、選挙が違う流れになったときの結果も教えてくれるからだ。例えば、2012 年の州議会選における 6,672 の選挙域のすべての結果を、民主党あるいは共和党寄りへと 1 ％でシフトしたときにゲリマンダリングされた地図が耐えるか、それとも崩壊してしまうのかを調べることができる。それは共和党員がその地図を制作した段階でキース・ギャッディー氏が行った思考実験とよく似ている。ところで、そのテストを行ってみると、ゲリマンダリングの効果は民主党寄りの選挙区で目立ってくる。273 ページの下のグラフで見られる通り、そういった選挙区ではゲリマンダリングはある種の《防火壁》と似たような役割を果たして、共和党の過半数を守ってくれている。共和党がうまく行った選挙年には○と★がさほど離れていないが、共和党の人気がなかった選挙年では、★が○から離れて、共和党が 50 席の過半数を維持している線の上に浮き、そこから中々落ちてこない。

デューク大学のチームは、統計集団法の検査によって、ゲリマンダリングされた地図はギャッディーが予測した結果を保証していることを証明した。その場合、民主党が一般投票を 8～12％の大差で勝たない限り、共和党が議会を手放すことはあり得ない。ウィスコンシン州と同じように、投票意志が半々に分かれている州ではそのような差で勝つことはがほとんど不可能だ。数学者としてその賢さに感動するしかないが、ウィスコンシン州の投票有権者としては気分が悪い。

ここで、いまだに疑問を抱いている読者もいると思うので、もう一つのことを説明しておこう。以上では、可能な選挙地図の数があまりにも多いため、ベストを探すのは難しいといったが、その作業には幾何学者が必要不可欠だ。ムーン・ダチンは幾何学的群論を専門としているマサチューセッツ州のタフツ大学女性教授で、シカゴ大学での博士論文はランダムウォークをテーマにしていた。

覚えているか？ 各地の地図の間をさまよい歩くためには、それぞれの地図がどの地図と、隣り合っているか、を知る必要がある。それを知るためには幾何構造に従ってランダムに歩くことになる。その歩き方について、私は、ダチンが、ダリル・デフォードならびにジャスティン・ソロモンと一緒に開発した《組み直し》（recombination）、略して《リコム》（ReCom）を最も好む。それによるランダムウォークの各歩は次のようになる。

1．地図上で、共通の境界線で接している二つの選挙区をランダムに選ぶ。
2．選んだ２選挙区を合体させて２倍の大きさの選挙区にする。
3．合体した選挙区の投票区をランダムに２分割して新しい選挙区とする。
4．得られた選挙区が合法的であるかどうかをチェックし、違法だった場合は３に戻る。
5．以上の操作を１から繰り返す。

第２歩と第３歩における合体分割／組み直し（リコム）は、カードにたとえるならシャッフルに相当する。その場合、カードと同じく、比較的少ない手数を使って数多くのバリエーションを調べることができる。まさにスモールワールドだね。その結果として得られた一群の地図の枚数は、ゲリマンダリング疑いの地図を探すのに十分な量となる。

このような方法の目的は党派心的なゲリマンダリングを絶滅させることではない。なぜなら、選挙区の作図のすべてはやむを得ずどちらかの政党が有利になる効果を持っているからだ。そのため、目的は（そもそも不可能である）絶対的な中立性を目指すことではなく、最悪のゲリマンダリングを阻止することだ。要するに、子供による万引きを阻止したいなら、店の扉の近くに甘い駄菓子を置くな！

グラフとツリーへの帰還

２倍の大きさの選挙区を２分割するリコムについてさらに説明できるが、ここでは省くとして、むしろ本書を最初から飾ってきたリコムに関係する二つの幾何学について振り返ってみたい。

まず一つ目は、選挙区の中を小分けにする投票区が、映画の中の俳優か炭素化合物の原子かのように作るネットワーク、つまりＪ・Ｊ・シルベスターのいうグラフ、に関係する幾何学である。このグラフの頂点は各投票区、稜線は隣り合わせの投票区が接する辺に対応する。つまり一つの選挙区とＡからＦまでの六カ所の投票区は次図の左のような関係にあり、それをグラフで表現すれば同図右のようになる。

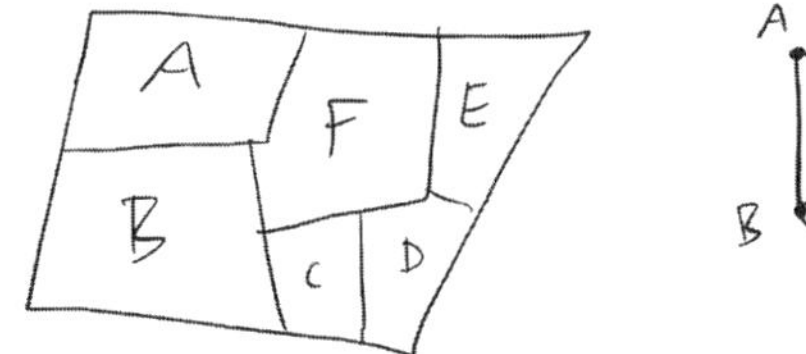

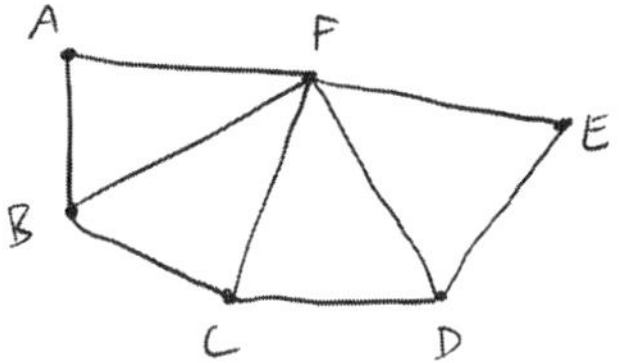

リコムとの関係で言えば、このグラフで、6 個の頂点（六カ所の投票区）を互いにつなげながら、二つのグループに分けることになる。例えば、上図の場合、次のように A、B、C と D、E、F に分ける。

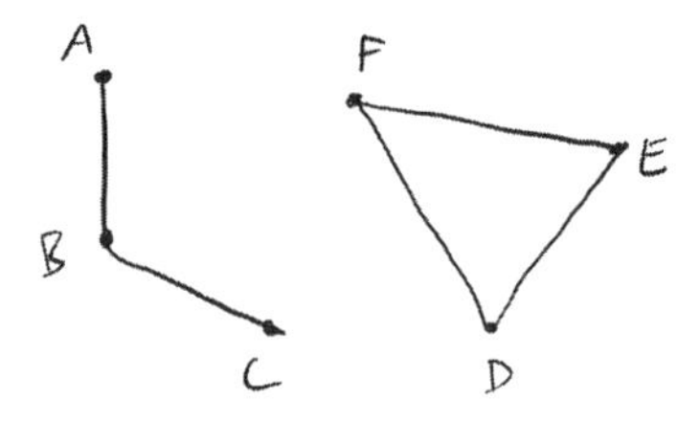

この場合、C、D、F をグループにすれば、次図のように、残りの A、B、E は一つのグループにならない。

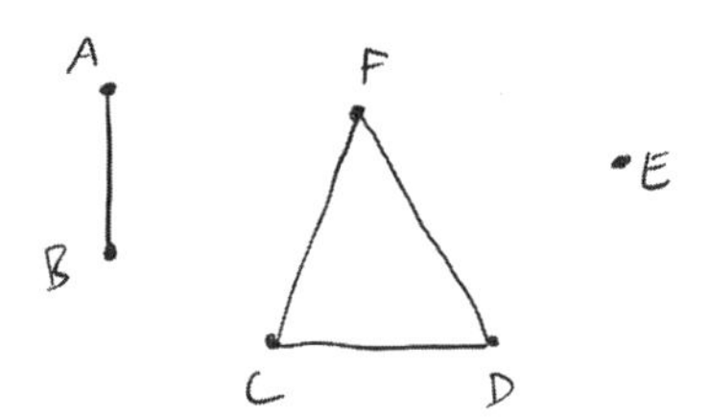

ここまで来たら、「グラフ理論」の入り口は目の前だ！ かつてアメフトのボルチモア・レイブンズのオフェンシブ・タックルだったジョン・アーシャルは 2017 年に引退して、グラフ理論の研究者になり、第十二の章で紹介した固有値論を使ってグラフを連続的な部分に分割する方法を解明する論文を引退直後に発表している。

実は、グラフを分割する方法は数多く存在している。以上のような小さなグラフの場合はその数が極めて少なく、すべてをリストアップしてから、その中からいくつかを選べばよい。しかし、そのグラフが少しでも大きくなれば、問題も極めて複雑になる。それにもかかわらず、数多くの分割方法の中からどちらか一つだけをランダムに選ぶトリックがあって、それを説明するために本書で知り合った馴染みの二人の友達の手を借りようと思う。

アクバルとジェフが新しいゲームを遊び始めたとしよう。そのゲームでは、それぞれのプレーヤーが与えられた連続的なグラフの辺を交互に一本ずつ外していって、グラフを非連続的なパーツに分けてしまった者の負けになる。上のグラフでは、アクバルが最初に AF を外したあと、ジェフが DF を外すところから始める。その後、アクバルは、AB を外すと負けるため、EF を外すとしよう。そこでジェフが BF を外したら、アクバルに勝つ選択肢が残されないため、アクバルの負けになる。

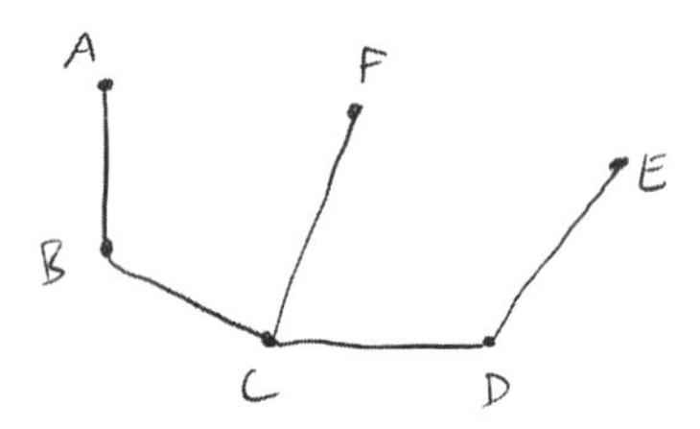

では、そもそもアクバルに勝ち目があるのだろうか？ 実は、このゲームには秘密が隠されているため、アクバルはどうしても勝てない。いずれかのプレーヤーがわざと過ちを犯さない限り、手の順は結果と関係ないからである。どのように遊んだとしても、ゲームは 4 ターン後に必ずアクバルの負けで終了してしまう。その場合、グラフの手数はいくら大きくても決まっており、辺数－頂点数＋1 となる。上の図の 9 本の辺で分けられている 6 個の頂点（地域）に当てはめると、9－6＋1＝4 となる。5 本の辺しか残っていないゲームの終了時の値は 5－6＋1＝0 だ。そのタイミングでのグラフの形は特殊になる。元のグラフでは A から F まで、そして再び A に戻る閉回路が存在するのに対して、最終的なグラフには閉回路が存在しない。なぜなら、存在していれば、その回路から 1 辺を外すことによってゲームを続けることができるようになる。したがって、最後に残されるのは必然的に閉回路のないグラフだ。閉回路を持たないグラフのことをツリーという。

本書のはじめにストローやズボンの中の穴の数を数えただろう？「あるグラフの穴の数を数えろ」と言われたら、戸惑うかもしれないが、すでに答は教えてある！ 任意のグラフの穴数は、辺数－頂点数＋1 だ！ 閉回路から一本の辺を外すことは、実に穴一個分を減らすことに相当している。そして辺が消せなくなったときに残されるグラフは穴が一つも空いていないツリーだ。以上の話は単なるたとえ話ではない。どの空間でも「オイラー標数」という不変量が存在している。おおざっぱには、その空間内の穴の数*19 を教えてくれる式として理解すればよ

＊19　もう少しだけ正確にいうと、オイラー標数＝偶数(0, 2)次元の穴数－奇数(1) 次元の穴数となる。

い。ストローやズボンからネットワークや超弦理論の26次元時空間まで、万物はオイラー標数を持っている！

お帰り、ツリーの幾何学よ！ 先ほどの辺削除ゲームの最後に作られるネットワーク型グラフのすべての頂点を含むツリーは《全域木》と呼ばれて、数学のあちらこちらに登場する。例えば、前章で取り上げたマンハッタンに見られる碁盤の目の都市計画は《迷路》という全域木の一種だ（下図の迷路では辺を白で記した。この迷路におけるあらゆる隅角の点を結ぶ白い道は1本だけあることを鉛筆で確認して欲しい（私が書いた本だし、お気軽に落書きしていいよ！）。

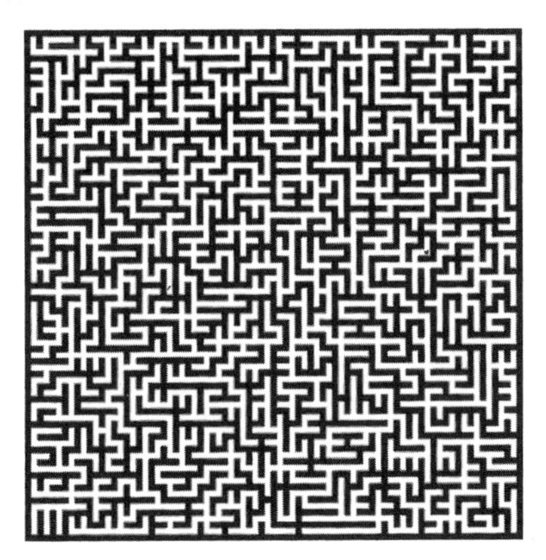

上のような迷路を選挙区のグラフと同じように頂点と辺だけで描けば次のようになる。

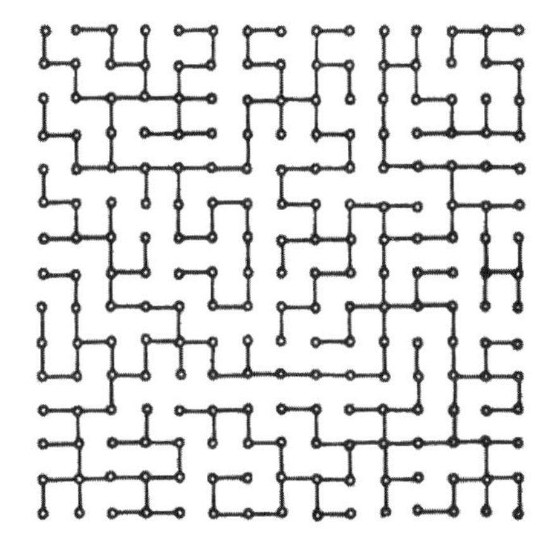

それなりの大きさのグラフは数多くの全域木を持っている。19世紀の物理学者グスタフ・キルヒホフはその数を計算する方程式を発見して以来、これらの木

は豊かな研究分野を成しており、未だに数多くの数学者の課題となっている。規則性や構造はそういった課題の一つだ。例えば、ランダムな迷路における行き止まりの数はいくらだろうか？ いうまでもなく、迷路が大きければ大きいほど行き止まりの数も多いと思われるが、そういった問いかけの本当の意味は行き止まりの割合を探ることだ。1992 年に発表されたマンナ、ダール＆マジュムンダールによる興味深い定理によると、迷路が大きくなっていけばなっていくほど行き止まりの割合は 0 でも 1 でもなく、なぜか 30％に近い $(8/\pi^2)(1-2/\pi)$ に収束する。他方ではランダムなグラフ内の全域木の数もランダムであると思いやすいが、2017 年に、わが親友メラニー・マットチェット・ウッドはランダムに選んだグラフ[*20] 内の全域木の数は偶数である可能性が奇数より高いことを証明した。正確にいうと、全域木の数が奇数である確率は以下の無限掛け算の積だ。

$(1-1/2)(1-1/8)(1-1/32)(1-1/128)\cdots$

それぞれの分数の分母は直前の分母の 4 倍になっている（あれ！ 幾何数列が出てきた！）。結果はおよそ 41.9％で、5 割から大分離れている。その非対称的な結果は全域木群における更に深い幾何学的な構造の特徴にもなっている。

全域木を一度手に入れたら、ネットワークを 2 分割することが簡単になる。上に記したゲームと同じように、全域木のどの辺でも切ってしまえば、その結果はつながらなくなった二つのグラフだ。あと少し追加するだけでそれぞれのグラフは大体同じサイズになるようにすることもできる（それができない場合、新しいツリーを選んで、同過程を最初から繰り返せばよいだけだ）。次の図では鉛筆で陰影をつけることによって迷路を二つに分けた。

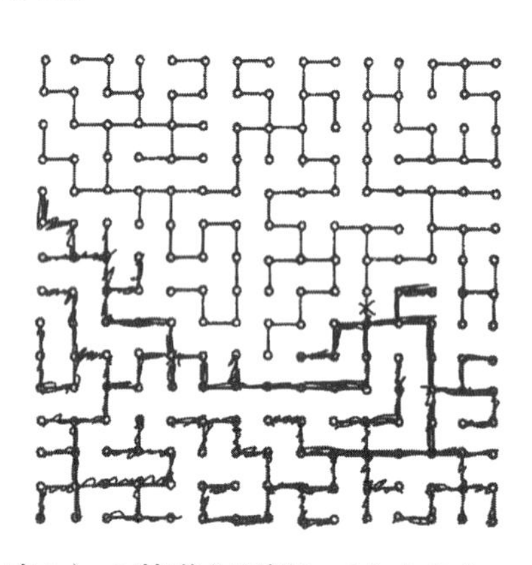

簡単ではあったが、これでリコム（組み直し）の基礎を理解してもらえたのではないかと思う。もう一度手法を要約すると、次ページの図のように、選挙区の

＊20　第十三の章で紹介したエルデシュとレニーによるランダム性の定義に従う。

統合によって生まれる2倍の選挙区に対してランダムに遊んだ辺の削除ゲームによってランダムな全域木の一つを選定したあと、最後にその中のランダムな一本の辺を削除することでグラフを二つの新しい選挙区に分ける。

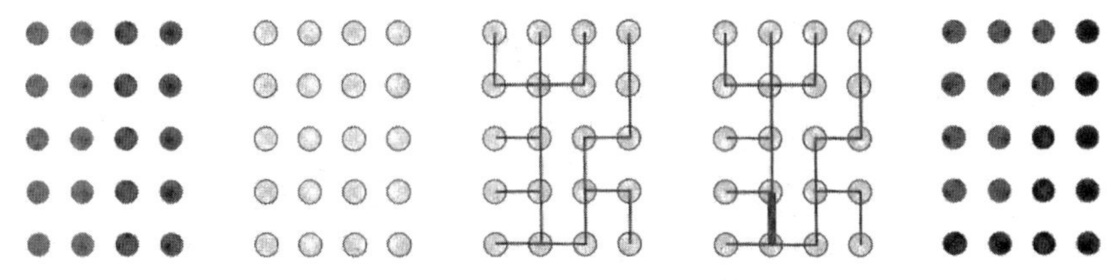

リコムによる選挙区の2分割

ゲリマンダーは憲法違反か

ランダムウォークによって作られた地図群は2019年春に最高裁判所が審問したゲリマンダリング事件の中心的物件となった。ただし、その地図群が意図的なゲリマンダリングだったかどうかを証明することは目的ではなかった。なぜなら、その問題は解決済みだったから。というのは、ノースカロライナ州の地図製作者トーマス・ホフェラーが「共和党が勝てる選挙区数を極力最大にし、民主党が勝てる選挙区数を最小化する」ことこそ自分の目的だったという事実を法廷で証言した。裁判官の仕事はその目的が本当に機能したかどうかを判断することだった。不公平に作ってみようとして作られた地図を有罪として判決することはできない。有罪にするには、その地図によって実際に不公平が発生した事実を明らかにしなければならない。

提出された地図群はそのことをはっきりさせるための最有力なツールだった。そのため、効率ギャップなどといった古い考え方は訴訟に登場しなかった。原告は裁判官にノースカロライナ州の選挙地図がひどい外れ値だったことを認めてもらいたくて、地図群の分析こそは判事がもとめている審判可能な基準に適していると主張した。

それに対して多くの裁判官は、比例代表制に焦点を当てて、それを自分たちが審判すべき事柄と解釈してしまった。例えば、ゴーサッチ裁判官は以下のことを心配していた。「我々はこれからの選挙区分けにまつわるすべての事件で比例代表制からどれほど外れているかをいちいち決めなければならないことになるのでしょうか？ それが原告者の知りたいことですか？」

実はそれは原告者が知りたいことではなかった。それにもかかわらず、ゴーサッチ裁判官は、それこそ知りたいことに違いないと確信していた。しかし原告の女性有権者連盟代表のアリソン・リッグスは、平均値から最もひどく外れているゲリマンダリングされた地図のみを禁止するように要求していたのである。それを見抜いたのがケイガン裁判官で、ゴーサッチに「求められているのは、党派心に依存せずに州が作った地図と比べてひどく外れた地図を禁止することだ」と説得した。

以上の口頭弁論の議事録を数学者の立場で読んでいくと、たった一人の学生しか教科書を読んでいないように聞こえる。その学生はケイガン裁判官で、上の一言で訴訟を見事に要約してくれた。

あなた方の多くは以上の事件の結末を知っていると思うが、知らなくても想像はつくだろう。2019 年 6 月 27 日に、米国裁判所は、党派心によるゲリマンダーが憲法違反であるかどうかは連邦裁判所の裁判権外にある、と 5 対 4 で判決した。一言で言うと、「審判不可」と判決された。さらに分かりやすく言い換えると、それぞれの州は自らの選挙地図を自らの基準に従って好き放題にゲリマンダリングすればよいということだ。

結局、最高裁判の判決は、党派心によるゲリマンダリングは政治的には問題であるため、憲法違反だったとしても、それを禁止することは最高裁判の権威外である、といった解釈に基づいている。ゲリマンダリングの結果は「常識的に考えて理不尽である」かどうか、あるいは「民主主義の原理から離脱しているか」どうかは問われていない。

たとえゲリマンダリングが理不尽で、民主主義の原理と矛盾しながら著しく効果的であっても、最高裁判所はそれが憲法に対して違反であるかどうかを決められないと結論づけた。言い換えると、ゲリマンダリングはいかさま臭いが、その匂いを米国憲法によって察知するほどではないというわけだ。

ハッピービギニング

いうまでもないが、ゲリマンダリング反対派にとっての最高裁判所の判決は待望のハッピーエンドとは言えない。とはいえ、私はそれは「ハッピービギニング」だと思いたい。選挙制度の改革の仕方は他にもたくさんあるというロバーツ裁判官の指摘は間違っていない。例えば、ノースカロライナ州の法廷はゲリマンダリングされていた選挙区地図を州憲法違反の疑いで無効にした。ペンシルベニア州でも、2018 年に州最高裁判所は選挙区地図を無効にし、リコムのアルゴリズムを考えた数学者のダチンに協力を求めて、より公平な地図を作ってもらった。そしてさらに、国会下院は下院選挙のための中立な選挙区地図製作委員会を設立させる法案を可決した（残念ながら、本書刊行の時点ではその法案は上院の指導部によって拒否されている）。その上、最高裁判所が以上の事件を審問したおかげで全国におけるゲリマンダリングに対する認識が大いに盛り上がってきた。例えば、メジャーなケーブル局である HBO が毎週放送している「ラスト・ウィーク・トゥナイト」という番組ではその事件のために 20 分も割いたことがある。そのうえゲリマンダリングによって変な形になっているテキサスの第10選挙区の3人兄弟はゲリマンダリングをテーマにしたボードゲーム「マップメーカー」を発表し、またゲリマンダリングの宿敵の一人であるアーノルド・シュワルツェネッガーによるSNSブーストのおかげもあって、昔と比べてゲリマンダリングを意識している人数が大きく増えてきた。その大半は、なくしてほしい、という声をあげている。本章の話題になっているウィスコンシン州でも、党派を問わず、99区のうちの72もの選挙区民は中立的な選挙区分けを求める決議案を議会に提出した。ミシガン州とユタ州の有権者たちも中立的な選挙区地図製作委員会の設立を州民投票で可決した。共和党によってゲリマンダリングされていた地図を持つヴァージニア州でさえ、州議会における超党派の議会員団の努力によって選挙区分けを独立の委員会に任せる法案が可決された。

では私のいるウィスコンシン州での、最高裁判所の判決後の、公平な選挙地図を作る運動はどうなっているだろうか？ 州憲法における選挙区を扱う箇条は極めて少なく、その軽薄な内容のため、現状ではそんな運動はすでに無視されている。つまり運動の勝ち目はほとんどない*21。州民投票でやるには、まず州議会の可決が必要となるが、州議会はいうまでもなく今のゲリマンダリングされた地図を大分気に入っている。そこでその地図を拒否する知事を選べばよくて、2018年に実際にそうしたが、議会をコントロールしている共和党が、法廷を使ってそれを妨害しようとしている。もしもその妨害が成功してしまえば、ウィスコンシン州民は選挙区分けに対してほとんど口を出せなくなるだろう。

とはいえ私は楽観主義者であり続けたい。ゲリマンダリングされておかしな形をした選挙区地図に対してアメリカ人は最近までほとんど反応せずに、それを単なる政治の当然の結果として認識しがちだったが、今や多くの人は、そのような地図を見せられたらショックを受ける。我々人間は不公平なことを嫌う本能を備えており、その本能は数学的な思考と密接に繋がっていると考えられる。そして、ゲリマンダリングについて話し合うことは何よりも数学を教えるよいきっかけになる。皆が関心を持っている権力や政治や代表参加を数学と結び付けたら、人間の考え方を変える力になるに違いない。暗闇で秘密裡に行われるゲリマンダリングは効果的かもしれないが、それを光溢れる教室にひっぱり出して明らかにしてしまえば、その力を完全に破壊してしまうことになるのではないか、と私は信じている。

---

*21　とはいえ、退職していたウィスコンシン州の裁判官に対して、私がその事実を指摘したとき、裁判官は世にもあきれた目線を投げかけながら「君は訴訟弁護士のことを何も知らないね」というばかりだった。

おわりに

植民地時代にニューデリーの新しい都市計画を手掛けたイギリスの建築家ハーバート・ベイカーは、その新しい計画を幾何学的に整った新古典主義風に作らなければならないと主張した。なぜなら、現地の建築の伝統に基づく計画では、大英帝国の規律重視の姿勢を表現できないと考えたからだ。「現地の建築様式のスタイルを使えば、インドの伝統的な魅力は表現できるものの、混沌状態の中に規律や治安をもたらした大英帝国の原理を伝えることはできないだろう」と言うのである。新古典主義風の基礎になっている幾何学はこのようにして「疑えないがゆえに疑わない」権威を裏付けるために利用され、王族あるいは父親あるいは植民地政府などを中心とする《自然な》秩序を数学的に表現したものだった。

同じような考え方をしたフランスの王族も、多大な資産を使って、王宮を中心とする完璧な幾何学に基づいた敷地図を持った庭を作って、当たり前とされていた西洋封建制度を建築で象徴しようとした。

イギリスの小学校長で牧師のエドウィン・アボットが 1884 年に書いた『フラットランド』（平面の国）という小説はそんな考え方を、文学としてもっともうまく表現したのではないかと思われる。フラットランドの語り手は正方形で、そもそも著者は「正方形」というペンネームを使っていた[*1]。物語の舞台は直交2直線が指し示す東西南北で決められる2次元の平面世界で、何もかもが幾何学で決められている。住民は多角形たちで、それぞれの形で身分が決まっている。つまり辺の数が多ければ多いほど偉い。最も偉い聖職者は円で、円に近いほど多くの辺を持つ多角形は社会のトップに立つ2次元人になっている。身分の低い2次元人は二等辺三角形で、頂角の大きさにより階級が決まっている。頂角が小さく、細くて鋭い三角形たちは兵隊である。さらにその下にあるのが線分でしかない女性だ。その女性の描写は特別にひどく、自分の考えをほとんど持たない。しかも真正面からは点になってしまって見えず、矢のように尖った危ない生き物となっている（二等辺三角形以外の不等辺三角形は全員不良品に指定され、社会から排斥されたり安楽死されたりしている）。

＊1　それはもしかすると著者によるダジャレでもあったかもしれない。なぜなら、アボットのフルネームはエドウィン・アボット・アボットで、イニシャルは EAA だから、数学的に EA^2（イー・エー・スクエアー）として示せるからだ。

ある夜、主人公の正方形は、夢の中で1次元の「ラインランド」（線の国）を訪れ、その国の1次元の王様に自分の住んでいる2次元の世界を説明しようとするが、理解してもらえない。悩みながら目覚めたところへ、正方形さんの家（その平面はなぜか正五角形）の中にどこからか円が入り込んできて、声を掛けられ、びっくりする。その円は不思議にも拡大縮小し続けていた。というのは、やってきたのは実は3次元の球で、3次元で動くたびに2次元の平面の国による切り口の円が拡大縮小していたのである。球は正方形に3次元のことを説明しようとするが、うまくできない。それで正方形を3次元に持ち上げて3次元の世界とその中の2次元の国を正方形に確かめさせる。3次元の凄さを知った正方形は仲間にその凄さを教えようとするが、狂ったことを言う変わり者として刑務所に入れられて、物語は終わる。

出版当初、『フラットランド』は評論家などによる誤解や嘲笑に衝突してしまった。例えば「ニューヨークタイムズ」紙では「これは正に不思議でおかしな著作で、米国とカナダを合わせても、それを楽しむ者は6~7人程度しかいないだろう」と酷評した。しかし、時と共に数学愛好家の間で大評判になって、何度も映画化され出版し続けられている。子供の私も何度も読み直した本だった。

しかし、子供時代には、その物語が、当時のイギリス帝国の偏見に満ちた世界観を風刺していた、ということを理解できなかった。アボット自身は、実際には女性差別をするどころか、教育における男女平等を熱心に訴える先進的な思考の持ち主で、女性の中等教育費を集める非政府組織の役員にもなっていた。そして、いうまでもないが、この物語はキリスト教的な寓話という反面も持っていた。アボットの本職は英国国教会の司祭で、幾何学の原理を、重苦しい社会制度の基盤ではなく、逆にその重苦しい世界を乗り越えるための鍵と考えていた。

『フラットランド』は、2次元人の考え方や幾何学の力だけでは直接視察できない3次元の世界を想像する、といった破天荒な心がけを描いている。例えば、正方形は、自分の姿から判断して、自分の3次元版の立方体は8個の頂点と6枚の正方形で構成されているだろうと推測していく。ただし新しい幾何学を避けたがるキリスト教との類似性が多少揺らいでしまう点もある。なぜなら、正方形が球に4次元のことを尋ねたとき、球は「4次元なんて、そんな馬鹿げたものが存在するか？」と答えてしまうからである。アボットは、おそらく、我々の既知の幾何学は今までの規律や習慣を保守するために活用できるものの、未知の幾何学は同じ規律にとっては脅威だと見ていたのではないだろうか。例えば、17世紀のイエズス会は無限小の存在や、当時まで計算されていなかった立体の体積の計算などを一生懸命阻止しようとした。ユークリッドを超えるすべての幾何学は危険でいかがわしく思われていたのである。ニュートンの代数研究は教会による非難を受け続けていた。ジェームズ・ジューリンなどは『幾何学は無信仰の友達ではない』といった著書で幾何学を弁論しなければならなかった。とはいえ、違った定理を信じてしまえば、幾何学も十分に無信仰の友達になり得ると思うがね！特にいわゆる「新しい幾何学」は、既存の定理を覆す根拠を提供する。幾何学は社会を動かす力を持っている！

事実の魂

ピュリッツァー賞を受賞したリタ・ダヴは、米国指定桂冠詩人としての女性詩人で、かつてアメリカに深い数学思考を輸入したトーマス・ジェファーソンとJ・J・シルベスターが所属していたヴァージニア州立大学で英文学教授を務めた。しかし、1960 年代前半のダヴは、まだまだオハイオ州のアクロン市で育つオタクっぽい少女だった。父親はタイヤメーカーのグッドイヤーに所属する最初の黒人工業化学者で、ダヴは少女時代を次のように振り返っている。

「私はお兄さんと一緒に数学の宿題をしていました。時には解くのに数時間もかかる難しい問題もあり、どうしても解けなかったときは、本当の数学天才だったお父さんの助けを借りました。ところが、代数の問題の場合、お父さんが、ふむ、それは対数を使った方が解きやすいだろう、と言うことがあって、私たちは、だって、まだ対数のことを教えてもらってないもの、と反論しました。それでもお父さんは計算尺を出してきて、あっというまに私たちに対数についての必要な知識をすべて教えてくれました。」

ダヴはその記憶を『フラッシュカード』という詩に変えた。

フラッシュカード
私はリンゴとミカンが好きな数学少女だ。
「分からないことこそ極めなさい」、
と敬愛する父は問題を出した。私がそれを
早く解けば解くほど、次の問題は早く出た。

先生が持っているテンジクアオイのつぼみを見た。
濡れた窓ガラスにハチがバタバタ当たる。
ユリノキはいつも大雨を引きずりまわすので、
私は頭を縮めてペタペタ歩きながら帰宅した。

仕事から帰ってきた父はくつろぎながら、
ハイボールを手に『リンカーンの生涯』を読んでいた。
夕食後に一緒に算数問題を解いたあと、闇の中へ入った。

闇の中で眠ろうとすると、低いささやき声が聞こえてきて、
車輪の上にいるように目が回り始めた。答えなければいけない。
「十」と言い続けた。「私はたった十歳だ」。

この詩は強制的に教え込まれる数学教育の有様を描いている（その権威を象徴しているのが、厳しいお父さんと数学好きのリンカーンである！）その中に、二人に対する愛情も十分に感じ取れる。ダヴ自身が「親が自分の教育のためにそれなりの時間を割いてくれている姿を振り返ってみると、私をいかに大事にしてくれていたのかがよく分かる。私のお父さんは非常に厳しく、眠る前に必ずフラッシュカードを出さなければならなかった。当時はそのカードは大嫌いだったが、今は感謝している」と語っている。しかし、最後には、あなたは、暗闇の中で一輪車に乗って、正しい答をできるだけ早く出さなければならないではないか。それこそが多くの児童生徒が体験している数学なのだ。

偉大な詩人が数学についての詩を作ることは滅多にないが、ダヴは二つも書いた。上の「フラッシュカード」と次の「幾何学」である。

幾何学

定理を証明すると家[*2]は広がる。
窓は壁から外れて、天井まで飛び上がり、
天井はため息をつきながら飛び去る。

壁たちがすべて透明になっていくとともに、
カーネーションの香りも消えていく。
私は解放されたのだ。

窓たちは空を飛ぶ蝶へと変身して、
太陽の光を浴びながら輝いている。
窓は、確かとはいえ、証明されていない場所へ去っていく。

先ほどの算術についての詩曲と大分違うだろう？ 算術が息苦しい作業としか感じられないのに対して、幾何学は開放感に満ちているとして描かれている。その幾何学によるひらめきはあまりにも力強く、建物の壁を爆破させていくほどである。空間のあちらこちらで接触しあう平面たちは、自由に飛び回る生き物へと

＊2　ダヴは、おそらく、英語で「ハウス」と略されるアメリカ議会下院のことを比喩的に表そうとしていないだろうが、詩の解釈は自由だから、その１行には下院を大きくして選挙団員の代表力を高めることについてのコメントが含まれていると解釈したい。

変身して、2次元の紙面上に書き留めることはできないまま、実体を持って目に見えるようになる。そういったひらめきは算術における理論的な重苦しさと比べられないほど楽しい。

そうだ！ 幾何学にはこうした詩を書きたくなる特別な何かがある。学校のカリキュラムに入っている幾何学以外の知識を身に着けたければ、学校の授業を受けたり、教科書の内容をしっかり読んだりするしかない。それに対して、幾何学は自らの手で学べるのだ！ すべての力はあなたの手に。

人間の自由な考えだけで知識の領域を広げられることこそは、フラットランドの住民やイタリアのイエズス会が幾何学を危険視した理由である。なぜなら、幾何学は神の代わりとなり得る新しい権威の源とみなせるからだ。見ろ！ ピタゴラスの定理が正しいことはピタゴラスに頼らなくても誰でも証明できるのだ！

ここで、証明と正しさは同じものではないことも忘れてはいけない。ダヴの詩も「確かとはいえ、証明されていない場所」で終わっており、直観の重要性を主張するポアンカレの次の言葉を思い起こさせる。

「私が言ったことは、幾何学者の自由意志を、何らかの機械的な過程と入れ替えようとする試みがいかに無駄であるかを十分に説明していると考えられる。つまり、価値のある発明にたどり着くために算術をひたすら重ねたり機械で情報を整理したりしても無駄だ。なぜなら、真の価値は規律そのものだけではなく、予期しない規律にもあるからだ。機械は事実そのものを把握できたとしても、その事実の《魂》を突き止めることはできない。」

我々幾何学者は、自身の直観的研究を長引かせる足場として証明を使うが、それを作る前に到達地点がなんとなく直観で見えていなければ、どこにもつながらない無駄な足場になってしまう。

他方では、数学者たちは、証明されている自身の知恵のすべては永久で無敵であるとして紹介しがちだ。証明は間違いなく確実性を計るためのかけがえのない道具だが、その道具を作ることは数学の目的ではない。目的は物事を正しく理解することだ。我々が求めているのは事実だけではなく、ポアンカレがいう《事実の魂》だ。そして、その魂をつかんだ瞬間に壁が消えたり、天井が舞い上がったりして、本格的な幾何学に取り掛かれるようになる。

2003年、ロシアのグリゴリー・ペレルマンは「ポアンカレ予想」[*3]を証明することに成功した。これはポアンカレだけによる予想ではないが、証明するのは特

＊3 （訳注）3次元空間では、2次元の広がりを持つ貫通孔のない閉じた曲面は膨らませると2次元の球面になり、それをすぼませると1点となる。つまり表面上に輪ゴムを掛けて滑らせると輪ゴムは自然に外れる。その4次元版も正しいだろうと言う予想。

別に困難で、多くの数学者たちがその証明を試みた。その途中、数多くの新しい数学上の定理が分かったためポアンカレの名前で広まっている。

ポアンカレの予想をここで正確に紹介するつもりはないが、その目的は4次元空間の中で3次元空間がどのように曲がっているかを調べることにある。ポアンカレが語る3次元空間は、4次元から見ると我々が生きている空間よりもっと豊かで、さまざまに湾曲し謎に満ちている。その謎の一つが、4次元空間で3次元空間が作る貫通孔のない超曲面を膨らませば4次元超球面になり、それをすぼませば1点になるだろうか、と言う問題である。その謎を解くには、超球面上に輪ゴムを掛けた場合、その輪ゴムは自然に外れるかどうかを調べればよい。3次元で言えば、球面上に輪ゴムを掛けて、それが自然に外れるかどうか調べることになる。

フラットランドの正方形は3次元空間から見て自分は平面の国に住んでいるということを知った。ところが、実は平たい平面ではなく、球やドーナツ形のような曲面の部分に住んでいるかもしれない[*4]。もしドーナツ形なら、表面上に輪ゴムを次の図のように掛けるとする。

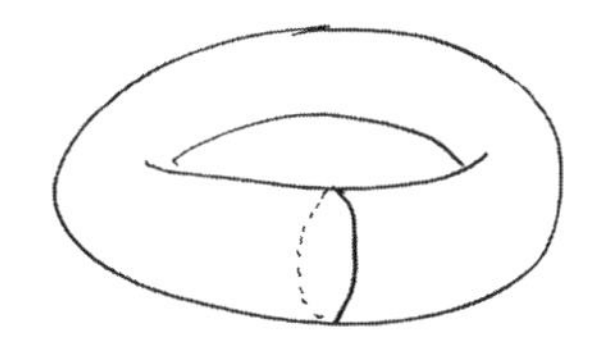

その場合、輪ゴムをドーナツの表面上でいくらひっぱったり、移動させたりしても、丸く閉じたままで外せない。外すには切る以外にない。それに対して、球面上ではどんな輪ゴムでも切らずに外せる。つまり球面ともども1点に縮小させることができる。

同じように、我々の住んでいる3次元空間も平たく広がっているのではなく4次元から見れば球面状やドーナツ形に曲がっているかも知れない。その様子を3次元から見るのは難しいが、4次元の広がりを持つと言われる宇宙の中で見るとして調べてみよう。その宇宙を光速の何倍かで旅した後に地球に戻った宇宙船があるとすると、その路線は宇宙に広がる巨大な輪ゴムのようなループを描くに違いない。ではその輪ゴムを1点に縮めることはできるかどうか。ポアンカレは、その現象を、極大の宇宙から極微のエレクトロンの世界にまで共通する根本的な幾何学的原理に関係すると見ていた。すべてのループを切断せずに1点に縮めることができれば、宇宙は4次元の球になっていると言える。

＊4　オランダの教師ディオニス・ブルガーは正にその落ちを持った『スフィアランド』を『フラットランド』の続編として著した。作中の社会は角度の総和が180度を超える三角形の存在に偉大な衝撃を受けることになっている。

正直いうと、ポアンカレの予想の内容は厳密には、以上と一致していないことを認めなければならない。博覧会の1904年に発表した論文では、宇宙との関係などは問わず、我々の3次元空間の形について幾何学的に問いかけただけだ。ポアンカレが決定的な答を出さなかったのは、独特の保守的な性格だったからかもしれない。あるいは、似たような予想について、間違っていたことを同じ1904年の論文で自ら証明したため、再び過ちを犯すことを恐れていたのかもしれない。数学者が誤った予想をすることは意外とよくあり、恥ずかしいことではない。誤った予想をしない数学者は、おそらく、十分な努力をしていないだけだ。

ペレルマンは、20世紀初頭の数学者が想像さえつかなかった方法を使って、100年後に、ポアンカレの予想を調べ直した。その証明方法は非常に高いレベルに達していて決して簡単ではない。すべての幾何学を利用しながら、4次元で見る3次元空間を、我々にとってなじみの3次元空間に結び付けた。

ペレルマンの新しいアイデアは、似たような抽象的な理論にまつわる豊かな研究活動に火をつけた。しかし、ペレルマンはその研究の発展には参加しなかった。知恵の爆弾を落としてから、フィールズ賞もクレイ財団からの百万ドルの賞金も拒否して、サンクトペテルブルクの小さなアパートで隠居する道を選んだ。

では、次のような思考実験を行ってみよう。ポアンカレの予想を証明したのは内省的なロシアの数学者ではなく、機械だったとしよう。例えば、チヌークの孫の孫にあたるプログラムが、チェッカーに勝つ問題ではなく、3次元幾何学の未解決の問題を解決したとしよう。そして、チヌークの無敵なチェッカー戦略と同じく、その証明は人間にとってほとんど不透明で、正しいことが確かめられる数値と記号の連鎖でありながらも、我々人間の力で正しく理解することが不可能だと仮定しよう。

それでも私は平気だ！ なぜなら、数学の目的は真実と虚偽を見分けることだけではないからだ。そもそも真実と虚偽そのものはさほどおもしろくなくて、魂のない事実に過ぎない。第一、ペレルマンが利用した、非ユークリッド的3次元幾何学の整理方法を確立したビル・サーストンでさえ「真実を作る工場」という数学の見方を横目で見て否定していた。「我々数学者の仕事は定義や定理を考えその証明をすることではない。一般人の、数学についての理解がいかに深まっていったかこそが数学者の成功を計るためのたった一つの妥当な尺だ」。数学者のデーヴィッド・ブラックウェルも同じことを単刀直入に表現して、「僕は研究なんて興味がないし、一度も興味なかった。興味があるのは物事の理解だけだ」と言っている。

要するに幾何学は人間が作っているのだ。一方では、時代や国境を越えて普遍的にあらゆる場所で出没してきたが、他方では人間と人間との間の時間や空間に深く関係している。幾何学は、どこでもいつでも誰にでも、新しいことを教えてくれて、人間の世界を広げ発展させてくれる存在なのである。

ブラックウェルは確率論者で、マルコフ連鎖の専門家だったが、リンカーン大統領や詩人のダヴや医者のロナルド・ロスなどと同じく、ユークリッド原論に着想を得て、「数学をアイデアに満ちた美しきものとして明かしてくれたのは幾何学だ」と認めた。「ロバの橋」の証明については次のように振り返っている。「僕はいまだに補助線のありがたさを覚えている。謎にしか見えない問題を目の前にして悩んでいたとき、誰かが一本の線を引いてくれたとたん、すべてが明らかになったんだ。なんとも言えない美しい瞬間だった！」

我が子に敗れた！

「アクナイのかまど」はユダヤ教の説話集タルムードに出てくる有名な説話の一つだ。ユダヤ教の祭司（ラビ）のグループがいつも通り熱く議論し合っている。話の中心は、ばらばらになってから再構築されたカマドは、一つの石から作られたカマドと比べて、聖書に定められた清潔さの掟を満たしているかどうかということだ。実はカマドはそんなに大切なテーマではなく、ラビの一人だったエリエゼル・ベン・ヒュルカヌスが、掟を満たしている、と言い張って皆の意見に反対するところが主題になっている。エリエゼルは次々と様々な証明を提示し続けても、他のラビたちはそれらすべてを無視し続けている。そこで憤慨したエリエゼルは「イナゴマメの木よ、私が正しいことを証明してくれたまえ！」と叫ぶ。すると、近くの木が地面から飛び上がって、50 メートル先まで飛んでいった。それに対して、話相手の一人だったラビのヨシュアは「そんなのは証明にはならない」と返してくる。「では、川よ、私が正しいことを証明してくれたまえ！」それを聞いた川は逆流し始めたが、ラビたちはそれも証明として受け付けない。「それなら、学校の壁よ、私が正しいことを証明してくれたまえ！」と叫んだ。すると、周辺の壁が曲がり始めるが、相手のラビたちの考えを改めさせることはできない。そこでエリエゼルは最後の一枚のカードを切って、「天よ、私が正しいことを証明してくれたまえ！」と声を上げた。それに対して、天から神の声が響いた。「皆聞け！ 何でエリエゼルをいじめ続けているのだ？ エリエゼルの証明は常に正しいということを知らないのか！」

それに対してヨシュアは次のように返す。「神様の声でさえ証明にならない！なぜなら、その証明は天でされていて地上でされているのではない。地上での証明は地上での過半数で決まり、過半数はエリエゼルの解釈を否定している！」

それを聞いた神様は大笑いする。そして「わが子に敗れた！ わが子に敗れた！」とうれしそうに言いながら静かに姿を消す。

意見の食い違いを語るこの説話についての見方もいろいろ食い違っている、といっても誰も驚かないだろう。一部の人間は、プロメテウスと同じように神に歯向かうヨシュアをヒーローとして見ている。地方巡回の弁護士たるリンカーン大統領ならヨシュアの味方になるのではないか。リンカーンの同僚ハーンドンの言葉を借りると、「リンカーンは事実や原理を容赦なく分析していった。そして、そうすることを自分の意見を述べるための必要不可欠な条件としていた。リンカーンは伝統や権威ばかりに頼る弁論を一切相手にしなかった」。他方では、結託している反対派に対して一人で戦うエリエゼルをヒーローと見ている人も少なくない。例えば、ホロコースト生還者のエリ・ヴィーゼルは自分と同名のエリエゼルについて「私はエリエゼルが孤独だからこそ好きだ……。誰にも負けずに、自分の考えを誠実に守り続けている。孤独になることを恐れていなかったわけだ」。その言葉は 1960 年代に幾何学を基礎から一人で再構築し、次のように言う数学者アレクサンドル・グロタンディークの考えにも通じる。

「私は、学生時代に孤独になる術を身に着けたのだ。それは過半数の意見や既存の権威などに頼らずに、学びたいことを自らの力で求める術だ。高校や大学時代には、体積などといった《自明》な概念を一切疑うなと教えられた。しかし、私はその教師たちの限界を遥かに超えることができた。限界を乗り越えること、そして過半数の奴隷ではなく、自身の道を切り開くこと、さらに他人が作った囲いを破ること、といった孤独な行為こそは創造の本質だ。それ以上のことはそこから当たり前のように生まれてくる。」

しかし、グロタンディークの革命を可能にしたのは活気に満ちたフランス幾何学界、そしてその考え方を認めて積極的に取り入れた数多くのフランスの幾何学者たちだった。

パンデミックの行方やゲームの戦略木、あるいは民主主義の改善への道、などを考えたり、物事の類似性を探ったり、室内にいながら自宅の室外からの見た目を想像しようとしたり、そしてリンカーンと同じように自身の信念や先入観を疑ったりしようとして、幾何学のことを真剣に考えようとするのは常に孤独な行為だ。しかし、それは世界の誰とも一緒にいながらの独特な孤独だ。やり方がそれぞれ違っても、世界各地で多くの人が幾何学に夢中になっている。そもそも、幾何学のギリシア語名は「世界を計る術」だ。したがって、それは必然的に自分自身を計る術にもなるのだ。

これでおしまい。

訳者あとがき

私は、本書の原著を、行きつけの丸善京都本店で一目見たとき、社会的な大事件を、溢れるばかりの魅力的な逸話や物語を盛り込みながら、手書きの図で幾何学的に説明していることに感激し、すぐにでも翻訳に挑みたいという思いに駆られました。

最も気に入ったのは、現在のアメリカの基礎を築いてきた代々のアメリカ大統領、そして特に（私自身の深い尊敬の的でもある）16代目のエイブラハム・リンカーンの、幾何学に対する熱い想いを語る場面です。とはいえ、奴隷解放に取り組んだリンカーンとアメリカの創設者ジェファーソンの声を聞くことはできるのに、彼らを含むある種の「アメリカ史の三位一体」を完成させるもう一人の言葉が一度も登場しないことには不思議を感じました。ですが、直接引用されていないものの、その三人目の言葉の響きは、本書の「おわりに」のところに出てくる、ピュリッツァー賞を受賞した桂冠詩人リタ・ダヴの『幾何学』という詩曲からうっすらと聞こえてきます。それに気づくためには、リタの父レイの履歴をより深く知る必要があります。

レイ・ダヴ（1921-2020）は、第二次世界大戦でのイタリア遠征で活躍して武勇が認められ三つものアメリカ軍青銅星章を授けられたあと、戦後に化学の学位を取得して、アメリカの大手タイヤメーカーに勤めた初めての黒人の研究者でした。それは史実ですが、レイの物語の一部にすぎません。実際、レイを1946年に雇ったグッドイヤー社では彼の学業成就を認めるまでに6年も掛かりました。その間、同社は単なる貨物エレベーターの操縦士として働かせていたのです。娘のリタにはその差別の真相を隠していましたが、それにそれとなく気づきながら大人になったリタの文学作品には、そうした、子供時代の背景となっていたアフリカ系アメリカ人公民権運動の声がBGMのように常に聞こえてきます。

つまり『幾何学』からは、その運動の指導者の一人で、現代アメリカの始祖として先述の三位一体の一人になっているマーティン・ルーサー・キング・ジュニア（1929-67）による、幾何学から出発する説教が聞こえてくるのです。キング牧師はその説教をリタが2歳だった1954年からし始め、1960年代にかけて何度も行ったと考えられていて、今では「完成した人生の三次元」という題名で知られています。これは、リンカーンと同時期に奴隷解放を力強く訴えた牧師フィリップス・ブルックス（1835-93）の『人生のシンメトリー』という短い説教を明白化し拡大させたものです（ブルックスは「シンメトリー」という言葉を現代的な「対称性」という意味ではなく、《寸法》あるいは《比例》、すなわち《形》という古典的な意味で使っていたことに注意していただきたいです）。二人の牧師の出発点はいずれも新約聖書の黙示録 21：16-17 に見る「神の都」の記述にあります。それによると、空中に現れる神の都は 1 辺 12,000 スタディオン（富士山の高さのおよそ 600 倍前後）の立方体といいます。

キングは、天から降りてきた、空間の 3 軸に沿って均等に広がる神の都の形を、綺麗にバランスの取れた人生に例え、聖ヨハネの命名規則を借りて、3 軸のそれぞれの寸法を《長さ》（奥行）・《幅》・《高さ》と呼んでいます。とはいえ、人生は固定しているのではなく、進化するものですので、キングは長さ・幅・高さを第八の章で紹介したベクトルのようなものとして解釈しているように聞こえます。その最初の長さのベクトルは一人ひとりの人間が自分自身の道を見つけたうえ、その自分を磨きながら、ベストを尽くすために一生懸命に頑張っていこうとする志を表しているようです。とはいえ、自身の成長に限って集中してしまうと、他人の役に立てず、自己中心的で、実りのない人生を送ってしまうことになってしまいます。キングは、そういったベクトルに沿うと、特定の人間のグループの、優位性を主張しながらも《よそ者》を抑圧しようとする思想が展開しやすいと警告しています。それに対して横の広がりを表す幅を説明するためには、大好きな「善きサマリア人のたとえ」（ルカによる福音書 10：27-35）を引用しながら、「人生の幅」とは他人に対する思いやり、そして（その必要があれば）自身を犠牲にしてでも、苦労している他人を助ける道筋であると解釈しています。

最後に、リタの詩曲において窓や壁が外れて天空へと飛び去るのと同じように、キングは自分の話の視聴者たちの視線を上へと向けさせて、精神の世界へ導こうとします。牧師にとっての人生の高さとは、いうまでもなく、最終的な道徳権威の持ち主であるキリスト教の神に対する信仰心を意味しますが、神を信じない人間でも、キングの言葉を有意義に拡大解釈できると思います。人生の二つの次元ともなる長さ（奥行）と幅が「フラットランド」を作っているとすれば、第三の次元である高さは、リタの言葉を借りれば、「確かとはいえ、証明されていない場所」を目指す一人ひとりの卓越的な人生志向として理解できます。それは、キングと同じく、より平等で、より良い世界を築こうとする向上心でもいいし、本書の原著者エレンバーグ氏と同じように、科学によって世界をより正確に理解して、より理にかなった形で再編成しようとする野心でもよいのではないでしょうか。

本書の読者の中には、歴史に残る新型コロナの流行を乗り越えアメリカの大統領が決まった今でも、心落ち着かず逆に恐ろしくなってきて、不安や絶望感を抱いている方も少なくないのではないでしょうか。そう！ 狭い牢獄で壮大な神の都を見つめたヨハネも、内戦によって自身の国の崩壊が目の前に迫ってきたリンカーンも、そしてきわめて許しがたい差別に対して立ち上がったキング牧師も正にそうだったのです！ しかしながら、こうした偉人たちは、希望を捨てずそして不正な世界と妥協せず、自らが描いたより良い世界図を良き人々と共有することによって、「確かとはいえ、証明されていない場所」までの道を短くしてくれたと思います。

我々も、新しく誕生したアメリカ合衆国が進むべき真っすぐのベクトルを目指したジェファーソンの勇気、過酷な労働に苦しんでいた弱者を助けようとしたリンカーンの思いやり、そして保守的な社会の狭い視野を広げて平等な未来を見つめたキング牧師の、常に上に向けていた眼差しにならって、「完成した人生の象徴である神の都を目指しながら、個人としての人生、そして自国の市民としての人生において奥行と幅と高さを等しくするように努めていきましょう」(1960年12月11日のフィラデルフィアのジャーマンタウン・ユニテリアン教会での説教)。

最後に、本書の挿絵について一言申し添えたいと思います。原著の挿絵の文字については、その手書き感の味を維持することを優先して、私自身の手書きの日本語で書き直しました。多少の読みにくさがあるかと思いますが、ご容赦とご了承を頂けたら幸いです。

［謝辞］本訳書の原稿を完成させるにあたり、訳文を推敲している段階で図形的な内容や訳文について数多くの助言を頂いた恩師宮崎興二先生、そして各種の時事問題が逞しく解説される本書を日本語で紹介する機会を作って下さった丸善出版企画・編集第三部長小林秀一郎氏に深く感謝します。

2024年12月　　　　訳者記

【図版クレジット】

p. 41：J. B. Listing, *Vorstudien zur Topologie* (Göttingen: Vandenhoeck und Ruprecht, 1848), 56.

p. 49：H. S. M. Coxeter and S. L. Greitzer, *Geometry Revisited* (Washington, D. C.: The Mathematical Association of America, 1967), 101, genealogical tree illustration. © 1967 held by the American Mathematical Society. をもとに作成

p. 56：R. Ross, "The Logical Basis of the Sanitary Policy of Mosquito Reduction," Science (new series) 22, no. 570 (December 1, 1905): 693.

p. 90：*Speculum Virginum*, folio 25v, digital reproduction from the Walters Art Museum, https://thedigitalwalters.org/Data/WaltersManuscripts/W72/data/W.72/sap/W72_000056_sap.jpg.

p. 92：Image from New York and Erie Railroad Company, 1855. Digital reproduction from the Library of Congress at, https://www.loc.gov/item/2017586274.

p. 101 上：Edward U. Condon, Gereld L. Tawney, and Willard A. Derr. Machine to Play Game of Nim. U.S. Patent 2215544, filed June 26, 1940, and issued September 24, 1940. Digital reproduction by Google Patents.

p. 101 下：E. U. Condon, Westinghouse Electric and Manufacturing Co., "The Nimatron," *The American Mathematical Monthly* 49, no. 5 (May 1942), reprinted by permission of the publisher (Taylor & Francis Ltd, http://www.tandfonline.com).

p. 157：Digital image from the Manchester Archive.

p. 161：Seymour Rosenberg, Carnot Nelson, and P. S. Vivekananthan. "A Multidimensional Approach to the Structure of Personality Impressions." *Journal of Personality and Social Psychology* 9, no. 4 (1968): 283, copyright American Psychological Society. をもとに作成

p. 181：Images used by permission of Cosma Shalizi.

p. 185：Reprinted from "An Enumeration of Knots and Links, and Some of Their Algebraic Properties," in *Computational Problems in Abstract Algebra* (Oxford: Pergamon, 1970), 330, with permission from Elsevier.

p. 239：Adoniram B. Judson, "History and Course of the Epizootic Among Horses upon the North American Continent in 1872–73," *American Public Health Association Reports* 1 (1873).

p. 241：Excerpts from *A Wrinkle in Time* by Madeleine L'Engle. Copyright © 1962 by Madeleine L'Engle. Reprinted by permission of Farrar, Straus and Giroux Books for Young Readers. All Rights Reserved.

p. 287：From *The Philadelphia Inquirer*. © 2018 Philadelphia Inquirer, LLC. All rights reserved. をもとに作成

p. 305 上：Digital image used with permission of Russell Lyons.

事 項 索 引

●あ行

●か行

●さ行

●た行

●な行

●は行

●ま行

●や行

●ら行

●わ行

人名索引

●あ行

●か行

●さ行

●た行

●な行

●は行

●ま行

●や行

●ら行

●わ行

原著者
ジョーダン・エレンバーグ（Jordan Ellenberg）
　ウィスコンシン大学マディソン校数学科教授
編訳者
宮崎興二（みやざき・こうじ）
　京都大学名誉教授
訳　者
パウロ・パトラシュク（Paul Patrashcu）
　ゲーム・デザイナー、多言語翻訳家

SHAPE
「形」で解き明かす社会の難問！

令和7年2月15日　発　行

編訳者　宮　崎　興　二

訳　者　パウロ・パトラシュク

発行者　池　田　和　博

発行所　丸善出版株式会社
〒101-0051　東京都千代田区神田神保町二丁目17番
編集：電話(03)3512-3264／FAX(03)3512-3272
営業：電話(03)3512-3256／FAX(03)3512-3270
https://www.maruzen-publishing.co.jp

組版印刷・創栄図書印刷株式会社／製本・株式会社 松岳社

ISBN 978-4-621-31079-3　C 1041　　Printed in Japan